工程数学——线性代数与概率统计

吕 陇 主 编

姚小娟 李建生
郭中凯 任秋艳 杨 宏 副主编

清华大学出版社

北 京

内 容 简 介

本书是在高等教育大众化和办学层次多样化的新形势下，结合工科学生工程数学教学的基本要求，在独立学院多年教学经验的基础上编写而成的.

全书系统地介绍了工程数学的基本理论，内容包括：线性代数、概率论、数理统计等. 本书保持了对数学基础课程的较高要求，同时力争适应工科学生的应用性特点，在内容和结构的处理上尽量削枝强干、分散难点，力求结构完整、逻辑清晰、通俗易懂，并附有大量的例题和习题.

本书适合高等院校工科各专业本科学生使用，也可供教师、工程技术人员参考.

图书在版编目(CIP)数据

工程数学——线性代数与概率统计/吕陇主编. —北京：清华大学出版社，2018（2024.8重印）
ISBN 978-7-302-48455-4

Ⅰ. ①工…　Ⅱ. ①吕…　Ⅲ. ①工程数学—高等学校—教材 ②线性代数—高等学校—教材 ③概率论—高等学校—教材　Ⅳ. ①TB11

中国版本图书馆 CIP 数据核字(2017)第 225960 号

责任编辑： 陈立静
封面设计： 李　坤
责任校对： 吴春华
责任印制： 杨　艳
出版发行： 清华大学出版社
网　　址：https://www.tup.com.cn，https://www.wqxuetang.com
地　　址：北京清华大学学研大厦 A 座　　邮　　编：100084
社 总 机：010-83470000　　邮　　购：010-62786544
投稿与读者服务：010-62776969, c-service@tup.tsinghua.edu.cn
质量反馈：010-62772015, zhiliang@tup.tsinghua.edu.cn
课件下载：https://www.tup.com.cn，010-62791865
印 装 者： 北京同文印刷有限责任公司
经　　销： 全国新华书店
开　　本： 185mm×260mm　　**印　张：** 16　　**字　数：** 389 千字
版　　次： 2018 年 1 月第 1 版　　**印　次：** 2024 年 8 月第 16 次印刷
定　　价： 38.00 元

产品编号：076939-03

前　　言

工程数学是继高等数学之后大学数学课程中又一门重要的基础课，一般包括线性代数和概率统计两大部分. 线性代数中的矩阵、线性方程组在工程技术领域有着广泛的应用，概率论与数理统计则是解决和处理工程领域大量随机现象问题的有力工具. 实践证明，学生在学习这两部分内容并把它们应用于实际时，常常感到困惑，无所适从. 线性代数中，基本概念和重要结论多而抽象；概率统计不仅思维缜密，而且有异于确定性数学中所习惯的形式逻辑的思维方式. 因此，把握教学改革的发展趋势，探索教学体系和教学内容的变迁轨迹，编写一本能适应办学层次多样化形势需要的工程数学教材是非常有必要的.

工程数学作为高等院校理工科一门重要的基础理论课，对提高学生的素质，优化知识结构，培养学生的逻辑思维能力、抽象思维能力、分析问题和解决工程问题的能力，提高创新意识，并为后续课程的学习打下坚实的数学基础起着重要的作用.

我们结合在独立学院多年的教学实践，编写了本教材. 全书共 13 章，主要介绍线性代数、概率论和数理统计等基础知识. 本书内容紧扣教学大纲，力求结构严谨、逻辑清晰、通俗易懂，适合高等院校工科各专业学生和教师使用.

本书由吕陇担任主编，并负责全书的统稿工作。具体编写分工如下：第 1～2 章由李建生编写，第 3～4 章由郭中凯编写，第 5～6 章由姚小娟编写，第 7 章由任秋艳编写，第 8～13 章由吕陇、杨宏编写，附录材料与图表由李建生绘制.

本书在编写过程中得到了兰州理工大学技术工程学院的大力支持与帮助，在此表示衷心的感谢.

由于编者水平所限，书中尚有不妥及错误之处，恳请同行和读者批评指正.

编　者

目　录

第1章　行　列　式

本章主要介绍n阶行列式的定义、性质和计算方法；用行列式的定义和有关定理计算较简单的n阶行列式的方法，以及用n阶行列式求解n元线性方程组的克莱姆(Gramer)法则.

1.1　行列式的定义

1.1.1　全排列与逆序数

定义 1.1.1　由n个不同的数$1,2,\cdots,n$组成的一个有序数组$i_1i_2\cdots i_n$称为一个n级(元)**排列**. 所有的n级排列的总数为$n!$.

在一个n级排列$i_1i_2\cdots i_t\cdots i_s\cdots i_n$中，若数$i_t>i_s$，则称数$i_t$与$i_s$构成一个**逆序**. 一个$n$级排列中逆序的总数称为该排列的**逆序数**，记为$\tau(i_1i_2\cdots i_n)$. 例如：

$$\tau(31254)=2+0+0+1+0=3;$$
$$\tau(263451)=1+4+1+1+1=8;$$
$$\tau(12345)=0+0+0+0+0=0.$$

如果排列$i_1i_2\cdots i_n$的逆序数为奇数，则称该排列为**奇排列**；如果$i_1i_2\cdots i_n$的逆序数为偶数，则称该排列为**偶排列**；一个排列中任意两个元素对换，排列改变奇偶性.

例 1.1.1　求下列排列的逆序数：

(1) $23\cdots(n-1)n1$；　　　(2) $13\cdots(2n-1)24\cdots(2n)$.

解　(1) $23\cdots(n-1)n1$的逆序为：$21,31,\cdots,(n-1)1,n1$，逆序数为$n-1$.

(2) $13\cdots(2n-1)24\cdots(2n)$所含逆序为：

和2构成逆序的有$3,5,7,\cdots,2n-1$，共$n-1$个；

和4构成逆序的有$5,7,9,\cdots,2n-1$，共$n-2$个；

和$(2n-2)$构成逆序的有$2n-1$，共1个.

逆序数为$(n-1)+(n-2)+\cdots+1=\dfrac{n(n-1)}{2}$.

1.1.2　二阶行列式、三阶行列式

用消元法解二元线性方程组

$$\begin{cases}a_{11}x_1+a_{12}x_2=b_1,\\ a_{21}x_1+a_{22}x_2=b_2.\end{cases}\tag{1.1.1}$$

当$a_{11}a_{22}-a_{12}a_{21}\neq 0$时，得式(1.1.1)的唯一解为

$$x_1=\frac{b_1a_{22}-a_{12}b_2}{a_{11}a_{22}-a_{12}a_{21}},\quad x_2=\frac{a_{11}b_2-b_1a_{21}}{a_{11}a_{22}-a_{12}a_{21}}\tag{1.1.2}$$

观察式(1.1.2)可知分子、分母都是由四个数相乘再相减而得. 其中分母都是由方程组(1.1.1)的四个系数确定，把这四个数按照它们在方程组(1.1.1)中的位置排成二行二列(横排称行、竖排称列)的数表

$$\begin{matrix} a_{11} & a_{12} \\ a_{21} & a_{22} \end{matrix} \tag{1.1.3}$$

表达式 $a_{11}a_{22}-a_{12}a_{21}$ 称为数表式(1.1.3)所确定的**二阶行列式**，并记作

$$\begin{vmatrix} a_{11} & a_{12} \\ a_{21} & a_{22} \end{vmatrix} \tag{1.1.4}$$

此时，方程组(1.1.1)的唯一解可表示为

$$x_1=\frac{\begin{vmatrix} b_1 & a_{12} \\ b_2 & a_{22} \end{vmatrix}}{\begin{vmatrix} a_{11} & a_{12} \\ a_{21} & a_{22} \end{vmatrix}},\ x_2=\frac{\begin{vmatrix} a_{11} & b_1 \\ a_{21} & b_2 \end{vmatrix}}{\begin{vmatrix} a_{11} & a_{12} \\ a_{21} & a_{22} \end{vmatrix}}$$

由此可知，二阶行列式是由 2^2 个元素按一定的规律运算所得到的一个数，这个规律性在行列式的记号中称为“对角线法则”，如图 1.1.1 所示.

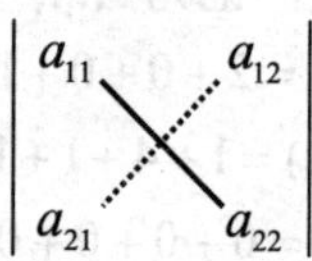

图 1.1.1

类似地，对于三元线性方程组

$$\begin{cases} a_{11}x_1+a_{12}x_2+a_{13}x_3=b_1 \\ a_{21}x_1+a_{22}x_2+a_{23}x_3=b_2 \\ a_{31}x_1+a_{32}x_2+a_{33}x_3=b_3 \end{cases}$$

其对应的三行三列的数表

$$\begin{matrix} a_{11} & a_{12} & a_{13} \\ a_{21} & a_{22} & a_{23} \\ a_{31} & a_{32} & a_{33} \end{matrix}$$

称为三阶行列式，记作

$$\begin{vmatrix} a_{11} & a_{12} & a_{13} \\ a_{21} & a_{22} & a_{23} \\ a_{31} & a_{32} & a_{33} \end{vmatrix}=a_{11}a_{22}a_{33}+a_{12}a_{23}a_{31}+a_{13}a_{21}a_{32}-$$

$$a_{13}a_{22}a_{31}-a_{12}a_{21}a_{33}-a_{11}a_{23}a_{32}\,. \tag{1.1.5}$$

比较上述定义，发现二阶行列式含有两项，三阶行列式含有六项，每行均为不同行不同列的三个元素的乘积再冠以相应的正负号，**请读者结合全排列与逆序数的概念总结冠以相应的正负号的规律**.

例 1.1.2 行列式$\begin{vmatrix} k & 2 & 1 \\ 2 & k & 0 \\ 1 & -1 & 1 \end{vmatrix}=0$的充分条件是(   ).

A. $k=0$ B. $k=1$ C. $k=2$ D. $k=3$

解

$$\begin{vmatrix} k & 2 & 1 \\ 2 & k & 0 \\ 1 & -1 & 1 \end{vmatrix}=k\cdot k\cdot 1+2\times 0\times 1+2\times(-1)\times 1-1\cdot k\cdot 1-$$

$$2\times 2\times 1-0\times(-1)\times k=k^2-k-6=(k+2)(k-3)$$

所以，使行列式为零的充分条件是$k=3$. 答案为 D.

例 1.1.3 解方程$\begin{vmatrix} 3 & 1 & 1 \\ x & 1 & 0 \\ x^2 & 3 & 1 \end{vmatrix}=0$.

解 $\begin{vmatrix} 3 & 1 & 1 \\ x & 1 & 0 \\ x^2 & 3 & 1 \end{vmatrix}=3+3x-x^2-x=-x^2+2x+3=-(x+1)(x-3)=0$，解得$x_1=-1$，$x_2=3$.

为解决实际问题的需要，只研究二阶和三阶行列式远远不够，为研究更高阶的行列式，需要介绍全排列与逆序数的概念.

1.1.3 *n* 阶行列式的定义

观察式(1.1.5)展开的三阶行列式的六项，行号固定为自然数顺序 1，2，3，列号为任意排列 $j_1j_2j_3$. 又知 $j_1j_2j_3$ 所有可能排列相应的逆序数具体如下：

$$\begin{aligned}
&j_1\to j_2\to j_3\to(-1)^{\tau(j_1j_2j_3)}\\
&1\to 2\to 3\ \to\ (-1)^{\tau(j_1j_2j_3)}=(-1)^{\tau(123)}=(-1)^0=1\\
&1\to 3\to 2\ \to\ (-1)^{\tau(j_1j_2j_3)}=(-1)^{\tau(132)}=(-1)^1=-1\\
&2\to 1\to 3\ \to\ (-1)^{\tau(j_1j_2j_3)}=(-1)^{\tau(213)}=(-1)^1=-1\\
&2\to 3\to 1\ \to\ (-1)^{\tau(j_1j_2j_3)}=(-1)^{\tau(231)}=(-1)^2=1\\
&3\to 1\to 2\ \to\ (-1)^{\tau(j_1j_2j_3)}=(-1)^{\tau(312)}=(-1)^2=1\\
&3\to 2\to 1\ \to\ (-1)^{\tau(j_1j_2j_3)}=(-1)^{\tau(321)}=(-1)^3=-1
\end{aligned}$$

共计$3!=6$种.

故

$$\begin{aligned}
\text{式(1.1.5)}&=(-1)^0a_{11}a_{22}a_{33}+(-1)^1a_{11}a_{23}a_{32}+(-1)^1a_{12}a_{21}a_{33}+\\
&\quad(-1)^2a_{12}a_{23}a_{31}+(-1)^2a_{13}a_{21}a_{32}+(-1)^3a_{13}a_{22}a_{31}\\
&=a_{11}a_{22}a_{33}-a_{11}a_{23}a_{32}-a_{12}a_{21}a_{33}+a_{12}a_{23}a_{31}+a_{13}a_{21}a_{32}-a_{13}a_{22}a_{31}\\
&=a_{11}a_{22}a_{33}+a_{12}a_{23}a_{31}+a_{13}a_{21}a_{32}-a_{11}a_{23}a_{32}-a_{12}a_{21}a_{33}-a_{13}a_{22}a_{31}\\
&=\sum_{j_1j_2j_3}^{3}(-1)^{\tau(j_1j_2j_3)}a_{1j_1}a_{2j_2}a_{3j_3}.
\end{aligned}$$

据此可以把行列式推广到更一般的情形.

定义 1.1.2 由 n^2 个元素 $a_{ij}(i,j=1,2,\cdots,n)$ 排成 n 行 n 列组成的

$$\begin{vmatrix} a_{11} & a_{12} & \cdots & a_{1n} \\ a_{21} & a_{22} & \cdots & a_{2n} \\ \vdots & \vdots & & \vdots \\ a_{n1} & a_{n2} & \cdots & a_{nn} \end{vmatrix} = \sum_{j_1j_2\cdots j_n} (-1)^{\tau(j_1j_2\cdots j_n)} a_{1j_1}a_{2j_2}\cdots a_{nj_n} \qquad (1.1.6)$$

称为 n **阶行列式**，记作 $\det(a_{ij})$．其中 $\sum\limits_{j_1j_2\cdots j_n}$ 表示对所有 n 级排列 $j_1j_2\cdots j_n$ 求和. $(-1)^{\tau(j_1j_2\cdots j_n)}a_{1j_1}a_{2j_2}\cdots a_{nj_n}$ 为行列式的**一般项**.

数 $a_{ij}(i,j=1,2,\cdots,n)$ 称为行列式(1.1.6)的元素或元．元 a_{ij} 的第一个下标称为行标，表示元素位于第 i 行；第二个下标称为列标，表示元素位于第 j 列．位于第 i 行第 j 列的元素称为行列式(1.1.6)的 (i,j) 元.

思考 n 阶行列式是否可表示为 $\begin{vmatrix} a_{11} & a_{12} & \cdots & a_{1n} \\ a_{21} & a_{22} & \cdots & a_{2n} \\ \vdots & \vdots & & \vdots \\ a_{n1} & a_{n2} & \cdots & a_{nn} \end{vmatrix} = \sum\limits_{j_1j_2\cdots j_n} (-1)^{\tau(j_1j_2\cdots j_n)} a_{j_11}a_{j_22}\cdots a_{j_nn}$.

例 1.1.4 计算行列式 $\begin{vmatrix} a_1 & a_2 & a_3 & a_4 & a_5 \\ b_1 & b_2 & b_3 & b_4 & b_5 \\ 0 & 0 & 0 & c_1 & c_2 \\ 0 & 0 & 0 & d_1 & d_2 \\ 0 & 0 & 0 & e_1 & e_2 \end{vmatrix} =$________.

分析 行列式的完全展开式中，每一项都包含最后三行中位于不同列的元素，而后三行中只有第 4 列和第 5 列的元素不为 0，因此每一项都包含 0，从而这个行列式的值为 0.

例 1.1.5 计算对角行列式 $\begin{vmatrix} \lambda_1 & & & \\ & \lambda_2 & & \\ & & \ddots & \\ & & & \lambda_n \end{vmatrix}$ 与 $\begin{vmatrix} & & & \lambda_1 \\ & & \lambda_2 & \\ & \iddots & & \\ \lambda_n & & & \end{vmatrix}$，其中未写出的元素都是 0.

证明 对第一式若记 $\lambda_i = a_{ii}$，则依行列式的定义，有

$$\begin{vmatrix} \lambda_1 & & & \\ & \lambda_2 & & \\ & & \ddots & \\ & & & \lambda_n \end{vmatrix} = (-1)^{\tau(12\cdots n)} a_{11}a_{22}\cdots a_{nn} = \lambda_1\lambda_2\cdots\lambda_n.$$

对第二式若记 $\lambda_i = a_{i,n-i+1}$，则依行列式的定义，有

$$\begin{vmatrix} & & & \lambda_1 \\ & & \lambda_2 & \\ & \iddots & & \\ \lambda_n & & & \end{vmatrix} = (-1)^{\tau(n\cdots 21)} a_{1n}a_{2,n-1}\cdots a_{n1} = (-1)^{\frac{n(n-1)}{2}} \lambda_1\lambda_2\cdots\lambda_n.$$

注：请读者自己计算下三角行列式(主对角线以上元素全为 0)

$$\begin{vmatrix} a_{11} & 0 & \cdots & 0 \\ a_{21} & a_{22} & \cdots & 0 \\ \vdots & \vdots & & \vdots \\ a_{n1} & a_{n2} & \cdots & a_{nn} \end{vmatrix} = a_{11}a_{22}\cdots a_{nn}$$

和上三角行列式(主对角线以下元素全为 0)

$$\begin{vmatrix} a_{11} & a_{12} & \cdots & a_{1,n-1} & a_{1n} \\ 0 & a_{22} & \cdots & a_{2,n-1} & a_{2n} \\ \vdots & \vdots & \vdots & \vdots & \vdots \\ 0 & 0 & \cdots & a_{n-1,n-1} & a_{n-1,n} \\ 0 & 0 & \cdots & 0 & a_{nn} \end{vmatrix} = a_{11}a_{22}\cdots a_{nn}.$$

1.2　行列式的性质

用行列式的定义计算行列式是非常复杂的. 为了能够计算行列式，下面来研究行列式的性质.

记

$$D = \begin{vmatrix} a_{11} & a_{12} & \cdots & a_{1n} \\ a_{21} & a_{22} & \cdots & a_{2n} \\ \vdots & \vdots & & \vdots \\ a_{n1} & a_{n2} & \cdots & a_{nn} \end{vmatrix}, \quad D^{\mathrm{T}} = \begin{vmatrix} a_{11} & a_{21} & \cdots & a_{n1} \\ a_{12} & a_{22} & \cdots & a_{n2} \\ \vdots & \vdots & & \vdots \\ a_{1n} & a_{2n} & \cdots & a_{nn} \end{vmatrix},$$

行列式 D^{T} 称为行列式 D 的**转置行列式**.

性质 1.2.1　行列式与其转置行列式相等，即 $D^{\mathrm{T}} = D$.

证明　设

$$D = \begin{vmatrix} a_{11} & a_{12} & \cdots & a_{1n} \\ a_{21} & a_{22} & \cdots & a_{2n} \\ \vdots & \vdots & & \vdots \\ a_{n1} & a_{n2} & \cdots & a_{nn} \end{vmatrix}$$

并记

$$D^{\mathrm{T}} = \begin{vmatrix} a_{11} & a_{21} & \cdots & a_{n1} \\ a_{12} & a_{22} & \cdots & a_{n2} \\ \vdots & \vdots & & \vdots \\ a_{1n} & a_{2n} & \cdots & a_{nn} \end{vmatrix} = \begin{vmatrix} b_{11} & b_{12} & \cdots & b_{1n} \\ b_{21} & b_{22} & \cdots & b_{2n} \\ \vdots & \vdots & & \vdots \\ b_{n1} & b_{n2} & \cdots & b_{nn} \end{vmatrix}$$

即 $b_{ij} = a_{ji}(i, j = 1,2,\cdots,n)$，那么由行列式的定义知

$$\begin{aligned} D^{\mathrm{T}} &= \sum_{j_1 j_2 \cdots j_n} (-1)^{\tau(j_1 j_2 \cdots j_n)} b_{1j_1} b_{2j_2} \cdots b_{nj_n} \\ &= \sum_{j_1 j_2 \cdots j_n} (-1)^{\tau(j_1 j_2 \cdots j_n)} a_{j_1 1} a_{j_2 2} \cdots a_{j_n n} = D \end{aligned}$$

性质 1.2.2 交换行列式的两行(列)，行列式变号.

以 r_i 表示行列式的第 i 行，以 c_i 表示行列式的第 i 列. 交换 i, j 两行，记作 $r_i \leftrightarrow r_j$，交换 i, j 两列，记作 $c_i \leftrightarrow c_j$.

性质 1.2.3 若一个行列式有两行(列)的对应元素相同，则此行列式的值为零.

性质 1.2.4 用数 k 乘行列式的某一行(列)，等于用数 k 乘此行列式，即

$$D_1 = \begin{vmatrix} a_{11} & a_{12} & \cdots & a_{1n} \\ \vdots & \vdots & & \vdots \\ ka_{i1} & ka_{i2} & \cdots & ka_{in} \\ \vdots & \vdots & & \vdots \\ a_{n1} & a_{n2} & \cdots & a_{nn} \end{vmatrix} = k \begin{vmatrix} a_{11} & a_{12} & \cdots & a_{1n} \\ \vdots & \vdots & & \vdots \\ a_{i1} & a_{i2} & \cdots & a_{in} \\ \vdots & \vdots & & \vdots \\ a_{n1} & a_{n2} & \cdots & a_{nn} \end{vmatrix} = kD.$$

第 i 行(或列)乘以数 k，记作 $r_i \times k$(或$c_i \times k$).

性质 1.2.5 若行列式有一行(列)的元素全为零，则行列式等于零.

性质 1.2.6 若行列式有两行(列)的对应元素成比例，则行列式等于零.

性质 1.2.7 若行列式的某一行(列)各元素都是两数之和，即

$$D = \begin{vmatrix} a_{11} & a_{12} & \cdots & a_{1n} \\ \vdots & \vdots & & \vdots \\ b_{i1}+c_{i1} & b_{i2}+c_{i2} & \cdots & b_{in}+c_{in} \\ \vdots & \vdots & & \vdots \\ a_{n1} & a_{n2} & \cdots & a_{nn} \end{vmatrix},$$

则

$$D = \begin{vmatrix} a_{11} & a_{12} & \cdots & a_{1n} \\ \vdots & \vdots & & \vdots \\ b_{i1} & b_{i2} & \cdots & b_{in} \\ \vdots & \vdots & & \vdots \\ a_{n1} & a_{n2} & \cdots & a_{nn} \end{vmatrix} + \begin{vmatrix} a_{11} & a_{12} & \cdots & a_{1n} \\ \vdots & \vdots & & \vdots \\ c_{i1} & c_{i2} & \cdots & c_{in} \\ \vdots & \vdots & & \vdots \\ a_{n1} & a_{n2} & \cdots & a_{nn} \end{vmatrix}.$$

性质 1.2.8 将行列式某一行(列)所有元素都乘以数 k 后加到另一行(列)对应位置的元素上，行列式的值不变.

第 i 行(或列)乘以数 k 加到第 j 行(或列)上，记作 $kr_i + r_j$(或$kc_i + c_j$).

以上性质请读者自己证明.

例 1.2.1 设 D 为 n 阶行列式，则 $D=0$ 的充分必要条件是(　　).

A. D 中有两行(列)的对应元素成比例

B. D 中有一行(列)的所有元素全为零

C. D 中有一行(列)的所有元素均可以由行列式的性质化为零

分析 三个选项都是 $D=0$ 的充分条件，而 $D=0$ 只能推出 D 中有一行(列)的所有元素均可以由行列式的性质化为零，即 C.

答案 C.

例 1.2.2 计算行列式 $D=\begin{vmatrix} 0 & -1 & -1 & 2 \\ 1 & -1 & 0 & 2 \\ -1 & 2 & -1 & 0 \\ 2 & 1 & 1 & 0 \end{vmatrix}$.

解 $D \xlongequal{r_1 \leftrightarrow r_2} -\begin{vmatrix} 1 & -1 & 0 & 2 \\ 0 & -1 & -1 & 2 \\ -1 & 2 & -1 & 0 \\ 2 & 1 & 1 & 0 \end{vmatrix} \xlongequal[r_4+(-2)r_1]{r_3+r_1} -\begin{vmatrix} 1 & -1 & 0 & 2 \\ 0 & -1 & -1 & 2 \\ 0 & 1 & -1 & 2 \\ 0 & 3 & 1 & -4 \end{vmatrix}$

$$\xlongequal[r_3+r_2]{r_4+3r_2} -\begin{vmatrix} 1 & -1 & 0 & 2 \\ 0 & -1 & -1 & 2 \\ 0 & 0 & -2 & 4 \\ 0 & 0 & -2 & 2 \end{vmatrix} \xlongequal{r_4-r_3} -\begin{vmatrix} 1 & -1 & 0 & 2 \\ 0 & -1 & -1 & 2 \\ 0 & 0 & -2 & 4 \\ 0 & 0 & 0 & -2 \end{vmatrix} = -4$$

计算行列式时，常用行列式的性质，将其化为三角形行列式来计算．例如，化一般行列式为上三角形行列式的步骤如下。

如果第一列第一个元素为 0，先将第一行(列)与其他行(列)交换，使第一列第一个元素 $a_{11} \neq 0$；然后把第一行分别乘以适当的数加到其他各行，使第一列除第一个元素 a_{11} 外其余元素全为 0；再用同样的方法处理除去第一行和第一列后余下的 $n-1$ 阶行列式；依次作下去，直至使其成为上三角形行列式，这时主对角线上元素的乘积就是行列式的值．

例 1.2.3 证明 $\begin{vmatrix} a_1+c_1 & b_1+a_1 & c_1+b_1 \\ a_2+c_2 & b_2+a_2 & c_2+b_2 \\ a_3+c_3 & b_3+a_3 & c_3+b_3 \end{vmatrix} = 2\begin{vmatrix} a_1 & b_1 & c_1 \\ a_2 & b_2 & c_2 \\ a_3 & b_3 & c_3 \end{vmatrix}$.

证 将左端行列式按照性质 1.2.7 分为 8 个行列式之和

$$\begin{vmatrix} a_1+c_1 & b_1+a_1 & c_1+b_1 \\ a_2+c_2 & b_2+a_2 & c_2+b_2 \\ a_3+c_3 & b_3+a_3 & c_3+b_3 \end{vmatrix} = \begin{vmatrix} a_1 & b_1 & c_1 \\ a_2 & b_2 & c_2 \\ a_3 & b_3 & c_3 \end{vmatrix} + \begin{vmatrix} a_1 & b_1 & a_1 \\ a_2 & b_2 & a_2 \\ a_3 & b_3 & a_3 \end{vmatrix} +$$

$$\begin{vmatrix} a_1 & c_1 & c_1 \\ a_2 & c_2 & c_2 \\ a_3 & c_3 & c_3 \end{vmatrix} + \begin{vmatrix} a_1 & c_1 & a_1 \\ a_2 & c_2 & a_2 \\ a_3 & c_3 & a_3 \end{vmatrix} + \begin{vmatrix} b_1 & b_1 & c_1 \\ b_2 & b_2 & c_2 \\ b_3 & b_3 & c_3 \end{vmatrix} + \begin{vmatrix} b_1 & b_1 & a_1 \\ b_2 & b_2 & a_2 \\ b_3 & b_3 & a_3 \end{vmatrix} +$$

$$\begin{vmatrix} b_1 & c_1 & c_1 \\ b_2 & c_2 & c_2 \\ b_3 & c_3 & c_3 \end{vmatrix} + \begin{vmatrix} b_1 & c_1 & a_1 \\ b_2 & c_2 & a_2 \\ b_3 & c_3 & a_3 \end{vmatrix} = \begin{vmatrix} a_1 & b_1 & c_1 \\ a_2 & b_2 & c_2 \\ a_3 & b_3 & c_3 \end{vmatrix} + \begin{vmatrix} b_1 & c_1 & a_1 \\ b_2 & c_2 & a_2 \\ b_3 & c_3 & a_3 \end{vmatrix}$$

$$= 2\begin{vmatrix} a_1 & b_1 & c_1 \\ a_2 & b_2 & c_2 \\ a_3 & b_3 & c_3 \end{vmatrix}.$$

例 1.2.4 设 n 阶行列式 $D=\begin{vmatrix} a_{11} & \cdots & a_{1k} & 0 & \cdots & 0 \\ \vdots & & \vdots & \vdots & & \vdots \\ a_{k1} & \cdots & a_{kk} & 0 & \cdots & 0 \\ c_{11} & \cdots & c_{1k} & b_{11} & \cdots & b_{1n} \\ \vdots & & \vdots & \vdots & & \vdots \\ c_{n1} & \cdots & c_{nk} & b_{n1} & \cdots & b_{nn} \end{vmatrix}$,

$$D_1=\begin{vmatrix} a_{11} & \dots & a_{1k} \\ \vdots & & \vdots \\ a_{k1} & \dots & a_{kk} \end{vmatrix},\quad D_2=\begin{vmatrix} b_{11} & \dots & b_{1n} \\ \vdots & & \vdots \\ b_{n1} & \dots & a_{nn} \end{vmatrix}$$

证明 $D=D_1D_2$.

证 对 D_1 作运算 kc_i+c_j 化为下三角行列式，设为

$$D_1=\begin{vmatrix} p_{11} & & 0 \\ \vdots & \ddots & \\ p_{k1} & \dots & p_{kk} \end{vmatrix}=p_{11}\dots p_{kk};$$

对 D_2 作运算 kc_i+c_j 化为下三角行列式，设为

$$D_2=\begin{vmatrix} q_{11} & & 0 \\ \vdots & \ddots & \\ q_{k1} & \dots & q_{kk} \end{vmatrix}=q_{11}\dots q_{kk}.$$

相当于，对 D 的前 k 列作运算 kc_i+c_j，对 D 的后 n 列作运算 kc_i+c_j，把 D 化为下三角行列式

$$D=\begin{vmatrix} p_{11} & & & & & 0 \\ \vdots & \ddots & & & & \\ p_{k1} & \cdots & p_{kk} & & & \\ c_{11} & \cdots & c_{1k} & q_{11} & & \\ \vdots & & \vdots & \vdots & \ddots & \\ c_{n1} & \cdots & c_{nk} & q_{n1} & \cdots & q_{nn} \end{vmatrix}$$

所以 $D=p_{11}\dots p_{kk}q_{11}\dots q_{nn}=D_1D_2$.

1.3 行列式按行(列)展开

一般情况下，低阶行列式的计算比高阶行列式的计算简便，本节考虑用低阶行列式来表示高阶行列式的问题．先给出行列式元素的余子式和代数余子式的概念．

1.3.1 行列式元素的余子式和代数余子式

定义 1.3.1 记 n 阶行列式为 $D=\det(a_{ij})$，把 $D=\det(a_{ij})$ 中 a_{ij} 所在的第 i 行和第 j 列划去后所成的 $n-1$ 阶行列式称为 a_{ij} 的**余子式**，记作 M_{ij}；记 $A_{ij}=(-1)^{i+j}M_{ij}$，则称 A_{ij} 为 a_{ij} 的**代数余子式**.

例如，三阶行列式

$$\begin{vmatrix}1 & 2 & 3\\4 & 5 & 6\\7 & 8 & 9\end{vmatrix}$$

中 $a_{11}=1$ 和 $a_{23}=6$ 的余子式分别是

$$M_{11}=\begin{vmatrix}5 & 6\\8 & 9\end{vmatrix}，M_{23}=\begin{vmatrix}1 & 2\\7 & 8\end{vmatrix}$$

它们的代数余子式分别是

$$A_{11}=(-1)^{1+1}M_{11}=M_{11}，A_{23}=(-1)^{2+3}M_{23}=-M_{23}.$$

1.3.2 行列式按某一行(列)展开定理

定理 1.3.1 一个 n 阶行列式，如果其中第 i 行所有元素除 a_{ij} 外都为零，那么这个行列式等于 a_{ij} 与它的代数余子式的乘积.

证 (1) 设 $(i,j)=(1,1)$，此时设 $D=\begin{vmatrix}a_{11} & 0 & \cdots & 0\\a_{12} & a_{22} & \cdots & a_{2n}\\\vdots & \vdots & & \vdots\\a_{n1} & a_{n2} & \cdots & a_{nn}\end{vmatrix}$，

由例 1.2.4 得 $D=a_{11}M_{11}=a_{11}(-1)^{1+1}M_{11}=a_{11}A_{11}$.

(2) 一般情形，此时设

$$D=\begin{vmatrix}a_{11} & \dots & a_{1j} & \dots & a_{1n}\\\vdots & & \vdots & & \vdots\\0 & \dots & a_{ij} & \dots & 0\\\vdots & & \vdots & & \vdots\\a_{n1} & \dots & a_{nj} & \dots & a_{nn}\end{vmatrix}.$$

为了利用(1)的结果把 D 的第 i 行依次与前一行对调，再把第 j 行依次与前一列对调，这样经过 $(i-1)+(j-1)=i+j-2$ 次调换，把数 a_{ij} 调成 $(1,1)$，由性质 1.2.2 知，所得行列式 $D_1=(-1)^{i+j-2}D$，而 D_1 中 $(1,1)$ 元的余子式就是 D 中 (i,j) 元的余子式 M_{ij}.

利用(1)的结果，有 $D_1=a_{ij}M_{ij}$，于是，

$$D=(-1)^{i+j-2}D_1=(-1)^{i+j}D_1=(-1)^{i+j}a_{ij}M_{ij}=a_{ij}A_{ij}.$$

定理得证.

定理 1.3.2 n 阶行列式 $D=\det(a_{ij})$ 等于它的任一行(列)的各元素与其对应的代数余子式乘积之和. 即可以按任一第 i 行展开：

$$D=a_{i1}A_{i1}+a_{i2}A_{i2}+\cdots+a_{in}A_{in}\quad(i=1,2,\cdots,n)；$$

或可以任一第 j 列展开

$$D=a_{1j}A_{1j}+a_{2j}A_{2j}+\cdots+a_{nj}A_{nj}\quad(j=1,2,\cdots,n).$$

证

$$D=\begin{vmatrix} a_{11} & a_{12} & \cdots & a_{1n} \\ \vdots & \vdots & & \vdots \\ a_{i1}+0+\cdots+0 & 0+a_{i2}+\cdots & \cdots & 0+\cdots+0+a_{in} \\ \vdots & \vdots & & \vdots \\ a_{n1} & a_{n2} & \cdots & a_{nn} \end{vmatrix}$$

$$=\begin{vmatrix} a_{11} & a_{12} & \cdots & a_{1n} \\ \vdots & \vdots & & \vdots \\ a_{i1} & 0 & \cdots & 0 \\ \vdots & \vdots & & \vdots \\ a_{n1} & a_{n2} & \cdots & a_{nn} \end{vmatrix}+\begin{vmatrix} a_{11} & a_{12} & \cdots & a_{1n} \\ \vdots & \vdots & & \vdots \\ 0 & a_{i2} & \cdots & 0 \\ \vdots & \vdots & & \vdots \\ a_{n1} & a_{n2} & \cdots & a_{nn} \end{vmatrix}+\cdots+\begin{vmatrix} a_{11} & a_{12} & \cdots & a_{1n} \\ \vdots & \vdots & & \vdots \\ 0 & 0 & \cdots & a_{in} \\ \vdots & \vdots & & \vdots \\ a_{n1} & a_{n2} & \cdots & a_{nn} \end{vmatrix},$$

由定理 1.3.1 得，$D=a_{i1}A_{i1}+a_{i2}A_{i2}+\cdots+a_{in}A_{in}\quad(i=1,2,\cdots,n)$.

同理得 $D=a_{1j}A_{1j}+a_{2j}A_{2j}+\cdots+a_{nj}A_{nj}\quad(j=1,2,\cdots,n)$.

例 1.3.1 计算 5 阶行列式 $D=\begin{vmatrix} 1 & 2 & 3 & 4 & 5 \\ 2 & 3 & 4 & 5 & 1 \\ 3 & 4 & 5 & 1 & 2 \\ 4 & 5 & 1 & 2 & 3 \\ 5 & 1 & 2 & 3 & 4 \end{vmatrix}$.

解 利用各行的元素之和相同的特点，把除第 1 列以外的各列加到第 1 列，第 1 列提出公因子 15，然后再给第 5 行减去第 4 行、……、第 2 行减去第 1 行，得

$$D=\begin{vmatrix} 15 & 2 & 3 & 4 & 5 \\ 15 & 3 & 4 & 5 & 1 \\ 15 & 4 & 5 & 1 & 2 \\ 15 & 5 & 1 & 2 & 3 \\ 15 & 1 & 2 & 3 & 4 \end{vmatrix}=15\begin{vmatrix} 1 & 2 & 3 & 4 & 5 \\ 1 & 3 & 4 & 5 & 1 \\ 1 & 4 & 5 & 1 & 2 \\ 1 & 5 & 1 & 2 & 3 \\ 1 & 1 & 2 & 3 & 4 \end{vmatrix}$$

$$=15\begin{vmatrix} 1 & 2 & 3 & 4 & 5 \\ 0 & 1 & 1 & 1 & -4 \\ 0 & 1 & 1 & -4 & 1 \\ 0 & 1 & -4 & 1 & 1 \\ 0 & -4 & 1 & 1 & 1 \end{vmatrix}\xlongequal{\text{按第1列展开}}15\begin{vmatrix} 1 & 1 & 1 & -4 \\ 1 & 1 & -4 & 1 \\ 1 & -4 & 1 & 1 \\ -4 & 1 & 1 & 1 \end{vmatrix},$$

将上面最后一个行列式的各行加到第 1 行并提取第 1 行的公因子 (–1)，得

$$D=-15\begin{vmatrix} 1 & 1 & 1 & 1 \\ 1 & 1 & -4 & 1 \\ 1 & -4 & 1 & 1 \\ -4 & 1 & 1 & 1 \end{vmatrix}=-15\begin{vmatrix} 1 & 1 & 1 & 1 \\ 0 & 0 & -5 & 0 \\ 0 & -5 & 0 & 0 \\ -5 & 0 & 0 & 0 \end{vmatrix}=1875\begin{vmatrix} 1 & 1 & 1 & 1 \\ 0 & 0 & 1 & 0 \\ 0 & 1 & 0 & 0 \\ 1 & 0 & 0 & 0 \end{vmatrix},$$

在上面最后一个行列式中，交换第 1 行和第 4 行，再交换第 2 行和第 3 行，得

$$D=(-1)^2\times 1875\begin{vmatrix}1&0&0&0\\0&1&0&0\\0&0&1&0\\1&1&1&1\end{vmatrix}=1875\cdot$$

1.3.3 异乘变零定理

定理 1.3.3 n阶行列式$D=\det(a_{ij})$的某一行(列)的元素与另一行(列)对应元素的代数余子式乘积之和等于零，即

$$a_{i1}A_{s1}+a_{i2}A_{s2}+\cdots+a_{in}A_{sn}=0\ (i\neq s);$$

或

$$a_{1j}A_{1t}+a_{2j}A_{2t}+\cdots+a_{nj}A_{nt}=0\ (j\neq t).$$

请读者自己举例理解本定理.

1.4 克莱姆法则

特别地，对含有n个未知量$x_1,x_2,\cdots,x_n$的n个线性方程构成的方程组

$$\begin{cases}a_{11}x_1+a_{12}x_2+\cdots+a_{1n}x_n=b_1\\a_{21}x_1+a_{22}x_2+\cdots+a_{2n}x_n=b_2\\\qquad\vdots\\a_{n1}x_1+a_{n2}x_2+\cdots+a_{nn}x_n=b_n\end{cases}\tag{1.4.1}$$

当$b_1,b_2,\cdots,b_n$全为零时，称为n元齐次线性方程组；否则，称为n元非齐次线性方程组.

克莱姆法则 与二元、三元方程组类似，若n元线性方程组

$$\begin{cases}a_{11}x_1+a_{12}x_2+\cdots+a_{1n}x_n=b_1\\a_{21}x_1+a_{22}x_2+\cdots+a_{2n}x_n=b_2\\\qquad\vdots\\a_{n1}x_1+a_{n2}x_2+\cdots+a_{nn}x_n=b_n\end{cases}$$

的系数行列式$D=\begin{vmatrix}a_{11}&a_{12}&\cdots&a_{1n}\\a_{21}&a_{22}&\cdots&a_{2n}\\\vdots&\vdots&&\vdots\\a_{n1}&a_{n2}&\cdots&a_{nn}\end{vmatrix}\neq 0$，则方程组有唯一解，其解为

$$x_j=\frac{D_j}{D}(j=1,2,\cdots,n)$$

其中，$D_j\,(j=1,2,\cdots,n)$是将系数行列式D中第j列元素$a_{1j},a_{2j},\cdots,a_{nj}$对应地换成方程组右端的常数项$b_1,b_2,\cdots,b_n$，而其余各列保持不变得到的行列式.

这个法则的证明待学习完第2章可逆矩阵后请读者自己给出.

定理 1.4.1 如果线性方程组(1.4.1)的系数行列式$D\neq 0$，则方程组(1.4.1)一定有解，且解是唯一的.

定理 1.4.2 如果线性方程组(1.4.1)无解或有两个不同的解，则它的系数行列式必为零.

特殊地，对于有n个方程的n元齐次线性方程组总是有解，$x_1=0,x_2=0,\cdots,x_n=0$一定是它的解.

由定理 1.4.1 与定理 1.4.2 得：

推论 1.4.1 如果含有n个方程的n元齐次线性方程组的系数行列式$D\neq 0$，则该方程组只有零解.

推论 1.4.2 如果含有n个方程的n元齐次线性方程组有非零解，则该方程组的系数行列式$D=0$；如果含有n个方程的n元齐次线性方程组的系数行列式$D=0$，则该方程组有非零解.

例 1.4.1 如果齐次线性方程组

$$\begin{cases} kx+y+z=0 \\ x+ky-z=0 \\ 2x-y+z=0 \end{cases}$$

有非零解，k应取什么值？

解 齐次线性方程组的系数行列式$D=\begin{vmatrix} k & 1 & 1 \\ 1 & k & -1 \\ 2 & -1 & 1 \end{vmatrix}$

$=k^2-2-1-2k-1-k=k^2-3k-4=(k+1)(k-4)$.

如果方程组有非零解，则$D=0$，即$(k+1)(k-4)=0$，解得$k=-1$或$k=4$，所以，当$k=-1$或$k=4$时，该齐次线性方程组有非零解.

习 题 1

1. 求下列排列的逆序数.

(1) 1 2 3 4 (2) 4 1 3 2 (3) 1 3⋯$(2n-1)(2n)(2n-2)\cdots 2$

2. 已知排列$x_1x_2\cdots x_n$的逆序数为a，则排列$x_nx_{n-1}\cdots x_2x_1$的逆序数为多少？

3. 解方程$\begin{vmatrix} x & 3 & 4 \\ -1 & x & 0 \\ 0 & x & 1 \end{vmatrix}=0$.

4. 根据行列式的定义计算下面的行列式：

(1) $\begin{vmatrix} a & 0 & 0 & b \\ 0 & c & d & 0 \\ 0 & e & f & 0 \\ g & 0 & 0 & h \end{vmatrix}$； (2) $\begin{vmatrix} a_1 & a_2 & a_3 & \cdots & a_{n-1} & a_n \\ b_1 & 0 & 0 & \cdots & 0 & 0 \\ 0 & b_2 & 0 & \cdots & 0 & 0 \\ \vdots & \vdots & \vdots & & \vdots & \vdots \\ 0 & 0 & 0 & \cdots & b_{n-1} & 0 \end{vmatrix}$.

5. 行列式$\begin{vmatrix} 5x & x & 1 & x \\ 1 & x & 1 & -x \\ 3 & 2 & x & 1 \\ 3 & 1 & 1 & x \end{vmatrix}$是$x$的几次多项式？分别求出$x^4$项和$x^3$项的系数.

6. 用行列式性质证明$\begin{vmatrix} a_1+kb_1 & b_1+c_1 & c_1 \\ a_2+kb_2 & b_2+c_2 & c_2 \\ a_3+kb_3 & b_3+c_3 & c_3 \end{vmatrix}=\begin{vmatrix} a_1 & b_1 & c_1 \\ a_2 & b_2 & c_2 \\ a_3 & b_3 & c_3 \end{vmatrix}$.

7. 计算行列式 $D=\begin{vmatrix} 3 & 4 & 6 \\ -2 & 2 & -4 \\ 4 & -7 & 8 \end{vmatrix}$.

8. 形如 $D=\begin{vmatrix} 0 & a_{12} & a_{13} & \cdots & a_{1n} \\ -a_{12} & 0 & a_{23} & \cdots & a_{2n} \\ -a_{13} & -a_{23} & 0 & \cdots & a_{3n} \\ \vdots & \vdots & \vdots & & \vdots \\ -a_{1n} & -a_{2n} & -a_{3n} & \cdots & 0 \end{vmatrix}$ 的行列式称为反对称行列式，其特点是元素 $a_{ij}=-a_{ji}\,(i\neq j)$； $a_{ij}=0\,(i=j)$．证明奇数阶反对称行列式的值为零.

9. 设 $\begin{vmatrix} a_{11} & a_{12} & a_{13} \\ a_{21} & a_{22} & a_{23} \\ a_{31} & a_{32} & a_{33} \end{vmatrix}=1$，求 $\begin{vmatrix} 10a_{11} & -5a_{12} & -5a_{13} \\ -6a_{21} & 3a_{22} & 3a_{23} \\ -2a_{31} & a_{32} & a_{33} \end{vmatrix}$.

10. 计算4阶行列式 $D=\begin{vmatrix} 1 & 1 & 1 & 1 \\ 1 & 1 & -4 & 1 \\ 1 & -4 & 1 & 1 \\ -4 & 1 & 1 & 1 \end{vmatrix}$.

11. 计算行列式 $D=\begin{vmatrix} 4 & 1 & 1 & 1 \\ 1 & 4 & 1 & 1 \\ 1 & 1 & 4 & 1 \\ 1 & 1 & 1 & 4 \end{vmatrix}$.

12. 计算行列式 $D=\begin{vmatrix} x & a_1 & a_2 & a_3 \\ b_1 & 1 & 0 & 0 \\ b_2 & 0 & 2 & 1 \\ b_n & 0 & 0 & 3 \end{vmatrix}$.

13. 计算行列式 $D=\begin{vmatrix} a & b & c & d \\ a & a+b & a+b+c & a+b+c+d \\ a & 2a+b & 3a+2b+c & 4a+3b+2c+d \\ a & 3a+b & 6a+3b+c & 10a+6b+3c+d \end{vmatrix}$.

14. 解方程

$$\begin{vmatrix} 1 & 2 & 1 & 1 \\ 1 & x & 2 & 3 \\ 0 & 0 & x & 2 \\ 0 & 0 & 2 & x \end{vmatrix}=0 .$$

15. λ 取何值时，线性方程组 $\begin{cases} (\lambda-3)x_1-x_2+x_4=0 \\ -x_1+(\lambda-3)x_2+x_3=0 \\ x_2+(\lambda-3)x_3-x_4=0 \\ x_1-x_3+(\lambda-3)x_4=0 \end{cases}$ 有非零解？

第2章 矩　　阵

矩阵是代数研究的主要对象和工具，是线性代数的主要内容，也是研究线性方程组、线性变换和二次型等的数学工具. 它贯穿在线性代数的各个方面，并且在数学以及自然科学、工程技术、经济学、管理学及社会科学中有着广泛的应用.

2.1 矩阵的概念

2.1.1 矩阵的定义

线性方程组的主要信息可以紧凑记录在一个矩形阵列里.

例如 对线性方程组$\begin{cases} x_1 - 2x_2 + x_3 = 0 \\ 2x_2 - 8x_3 = 8 \\ -4x_1 + 5x_2 + 9x_3 = -9 \end{cases}$，将每个变量的系数对齐成一列，则可得矩形阵列$\begin{bmatrix} 1 & -2 & 1 \\ 0 & 2 & -8 \\ -4 & 5 & 9 \end{bmatrix}$.

用此简单形式表示线性方程组，有助于方程组的求解，我们称此矩形阵列为矩阵.

定义 2.1.1 由 $m \times n$ 个数 a_{ij} $(i=1,2,\cdots,m;\ j=1,2,\cdots,n)$ 排成一个 m 行 n 列的并括以圆括弧(或方括弧)的矩形阵列，称为 $m \times n$ **矩阵**. 记为

$$\begin{bmatrix} a_{11} & a_{12} & \cdots & a_{1n} \\ a_{21} & a_{22} & \cdots & a_{2n} \\ \vdots & \vdots & & \vdots \\ a_{n1} & a_{n2} & \cdots & a_{nn} \end{bmatrix}$$

其中，a_{ij} 称为矩阵的第 i 行、第 j 列的元素，通常用大写英文字母 $\boldsymbol{A},\boldsymbol{B},\boldsymbol{C},\cdots$ 表示矩阵，若需表明它的行数 m 和列数 n，可用 $\boldsymbol{A}_{m\times n}$ 表示，或记为 $(a_{ij})_{m\times n}$.

例如 $\boldsymbol{A}=\begin{pmatrix} 4 & 2 & 0 \\ 1 & 3 & 7 \end{pmatrix}$ 或 $\boldsymbol{A}_{2\times 3}=\begin{pmatrix} 4 & 2 & 0 \\ 1 & 3 & 7 \end{pmatrix}$ 是 2×3 的矩阵. 元素是实数的矩阵称为**实矩阵**(如上例)，元素是复数的矩阵称为**复矩阵**. 例如

$$\begin{pmatrix} 1 & i & 0 \\ -3+i & 2 & 2-i \end{pmatrix}$$

本书中若不特别说明，所有矩阵都是指实矩阵.

把矩阵 $\boldsymbol{A}=(a_{ij})_{m\times n}$ 中各元素，变为相反数得到的矩阵，称为 $\boldsymbol{A}$ 的**负矩阵**，记为 $-\boldsymbol{A}$，那么 $-\boldsymbol{A}=(-a_{ij})_{m\times n}$.

例如 $\boldsymbol{A}=\begin{pmatrix} 2 & 4 & -1 \\ 9 & 0 & 3 \end{pmatrix}$，则 $-\boldsymbol{A}=\begin{pmatrix} -2 & -4 & 1 \\ -9 & 0 & -3 \end{pmatrix}$ 是 $\boldsymbol{A}$ 的负矩阵.

如果两个矩阵具有相同的行数与相同的列数，则称这两个矩阵为**同型矩阵**.

定义 2.1.2　设 $\boldsymbol{A}=(a_{ij})$，$\boldsymbol{B}=(b_{ij})$ 都是 $m\times n$ 矩阵(即为同型矩阵)，且它们的对应元素相等，即 $a_{ij}=b_{ij}$ $(i=1,2,\cdots,m;\ j=1,2,\cdots,n)$，则称矩阵 A 与 B **相等**，记作 $\boldsymbol{A}=\boldsymbol{B}$.

例 2.1.1　设 $\boldsymbol{A}=\begin{pmatrix}4 & x-1 & 3\\ 0 & 2 & -3z\end{pmatrix}$，$\boldsymbol{B}=\begin{pmatrix}4 & x & 3\\ 0 & y & 2-z\end{pmatrix}$，已知 $\boldsymbol{A}=\boldsymbol{B}$，求 x,y,z.

解　由已知 $\boldsymbol{A}=\boldsymbol{B}$，得 $\begin{cases}x-1=-x\\ y=2\\ -3z=2-z\end{cases}$，解得　$x=\dfrac{1}{2}$，$y=2$，$z=-1$.

注意：虽然矩阵和行列式形式上相似，但它们是两个完全不同的概念.

(1) 行列式表示由其元素按照特定运算规律所确定的一个代数式，而矩阵表示一个数表；

(2) 行列式的行数与列数相等，而矩阵的行数与列数不一定相等；

(3) 行列式用竖线表示，而矩阵用方(圆)括号表示.

2.1.2　几种特殊矩阵

1. 方阵

若矩阵 $\boldsymbol{A}=(a_{ij})$ 的行数与列数都等于 n，则称 $\boldsymbol{A}$ 为 n **阶方阵**，记为 $\boldsymbol{A}_n$.

例如　$A_3=\begin{pmatrix}2 & 1 & 3\\ -1 & 4 & 0\\ 7 & 9 & 1\end{pmatrix}$ 是三阶方阵.

一个 n 阶方阵从左上角到右下角的对角线称为方阵的**主对角线**，从右上角到左下角的对角线称为方阵的**次对角线**.

在 n 阶方阵 $\boldsymbol{A}=(a_{ij})$ 中，$a_{11},a_{22},\cdots,a_{nn}$ 称为**主对角线上的元素**.

2. 行矩阵

只有一行元素的矩阵 $\boldsymbol{A}=(a_1,a_2,\cdots,a_n)$ 称为**行矩阵**或**行向量**. 记为 $\boldsymbol{A}=(a_1,a_2,\cdots,a_n)$.

3. 列矩阵

只有一列元素的矩阵称为**列矩阵**或**列向量**. 记为 $\boldsymbol{B}=\begin{pmatrix}b_1\\ b_2\\ \vdots\\ b_m\end{pmatrix}$.

4. 零矩阵

元素都为零的矩阵称为**零矩阵**，记为 $\boldsymbol{0}$.

注意：不是同型的零矩阵是不相等的.

5. 三角矩阵

主对角线一侧的所有元素全为零的方阵称为**三角矩阵**.

主对角线下侧的所有元素全为零的方阵称为**上三角矩阵**，即

$$\boldsymbol{A}=\begin{bmatrix} a_{11} & a_{12} & \cdots & a_{1n} \\ 0 & a_{22} & \cdots & a_{2n} \\ \vdots & \vdots & & \vdots \\ 0 & 0 & \cdots & a_{nn} \end{bmatrix};$$

主对角线上侧的所有元素全为零的方阵称为下三角矩阵，即

$$\boldsymbol{A}=\begin{bmatrix} a_{11} & 0 & \cdots & 0 \\ a_{21} & a_{22} & \cdots & 0 \\ \vdots & \vdots & & \vdots \\ a_{n1} & a_{n2} & \cdots & a_{nn} \end{bmatrix}.$$

6. 对角矩阵

除主对角线上的元素外，其他元素全为零的方阵，称为**对角方阵**(简称为**对角阵**)，即

$$\boldsymbol{A}=\begin{bmatrix} a_1 & 0 & \cdots & 0 \\ 0 & a_2 & \cdots & 0 \\ \vdots & \vdots & & \vdots \\ 0 & 0 & \cdots & a_n \end{bmatrix}.$$

7. 数量矩阵

在 n 阶对角阵 $\boldsymbol{A}=(a_{ij})$ 中，若元素满足 $a_{11}=a_{22}=\cdots=a_{nm}=a$，则称 $\boldsymbol{A}$ 为**数量矩阵**，即

$$\boldsymbol{A}=\begin{bmatrix} a & 0 & \cdots & 0 \\ 0 & a & \cdots & 0 \\ \vdots & \vdots & & \vdots \\ 0 & 0 & \cdots & a \end{bmatrix}.$$

8. 单位矩阵

主对角线上的元素均为 1 的 n 阶数量矩阵称为 **n 阶单位矩阵**. 记作 $\boldsymbol{E}_n$ 或 $\boldsymbol{I}_n$，简记为 $\boldsymbol{E}$ 或 $\boldsymbol{I}$，即

$$\boldsymbol{E}=\begin{bmatrix} 1 & 0 & \cdots & 0 \\ 0 & 1 & \cdots & 0 \\ \vdots & \vdots & & \vdots \\ 0 & 0 & \cdots & 1 \end{bmatrix}.$$

2.2 矩阵的运算

2.2.1 矩阵的加法

定义 2.2.1 设有两个同型矩阵 $\boldsymbol{A}=(a_{ij})_{m\times n},\boldsymbol{B}=(b_{ij})_{m\times n}$，那么矩阵 $\boldsymbol{C}=(a_{ij}+b_{ij})_{m\times n}$ 称为矩阵 $\boldsymbol{A}$ 与 $\boldsymbol{B}$ 的和，记为 $\boldsymbol{A}+\boldsymbol{B}$，即

$$A+B=(a_{ij}+b_{ij})_{m\times n}=\begin{bmatrix} a_{11}+b_{11} & a_{12}+b_{12} & \cdots & a_{1n}+b_{1n} \\ a_{21}+b_{21} & a_{22}+b_{22} & \cdots & a_{2n}+b_{2n} \\ \vdots & \vdots & & \vdots \\ a_{m1}+b_{m1} & a_{m2}+b_{m2} & \cdots & a_{mn}+b_{mn} \end{bmatrix}.$$

只有两个同型矩阵才能进行加法运算. 两个同型矩阵的和即为两个矩阵对应位置上的元素相加得到的矩阵.

前面我们定义了负矩阵，显然有：$A+(-A)=0$.

由此规定矩阵的减法为：$A-B=A+(-B)=(a_{ij}-b_{ij})_{m\times n}$.

例 2.2.1 设 $A=\begin{pmatrix} 4 & 1 & 5 \\ -3 & 0 & 2 \end{pmatrix}, B=\begin{pmatrix} 2 & 0 & 0 \\ -5 & 10 & 1 \end{pmatrix}, C=\begin{pmatrix} -3 & 0 \\ 2 & 1 \end{pmatrix}$

$A+B=\begin{pmatrix} 6 & 1 & 5 \\ -8 & 10 & 3 \end{pmatrix}, A-B=\begin{pmatrix} 2 & 1 & 5 \\ 2 & -10 & 1 \end{pmatrix}$，但是 $A+C$ 没有定义，因为 A 和 C 不同型.

矩阵的加法满足下列运算规律：

设 A、B、C、$\mathbf{0}$ 都是 $m\times n$ 矩阵.

(1) 交换律：$A+B=B+A$；

(2) 结合律：$(A+B)+C=A+(B+C)$；

(3) $A+\mathbf{0}=\mathbf{0}+A=A$；

(4) $A+(-A)=\mathbf{0}$.

2.2.2 矩阵的数乘

定义 2.2.2 设矩阵 $A=(a_{ij})_{m\times n}$ ，k 是一个数，数 k 与矩阵 A 的乘积记作 kA 或 Ak，规定为：

$$kA=Ak=(ka_{ij})_{m\times n}=\begin{pmatrix} ka_{11} & ka_{12} & \cdots & ka_{1n} \\ ka_{21} & ka_{22} & \cdots & ka_{2n} \\ \vdots & \vdots & & \vdots \\ ka_{m1} & ka_{m2} & \cdots & ka_{mn} \end{pmatrix}$$，称之为**数乘运算**.

例 2.2.2 设 $A=\begin{pmatrix} 1 & 3 & 1 \\ 0 & -4 & 2 \end{pmatrix}$，$k=2$，则

$$kA=\begin{pmatrix} 2\times 1 & 2\times 3 & 2\times 1 \\ 2\times 0 & 2\times(-4) & 2\times 2 \end{pmatrix}=\begin{pmatrix} 2 & 6 & 2 \\ 0 & -8 & 4 \end{pmatrix}.$$

矩阵的数乘满足下列运算规律.

设 A、B、C 都是 $m\times n$ 矩阵，k,l 是数.

(1) $(kl)A=k(lA)$；

(2) $(k+l)A=kA+lA$；

(3) $k(A+B)=kA+kB$；

(4) $-A=(-1)A$；

(5) $0\cdot A=0$.

例 2.2.3 设矩阵 A、B 是例 2.2.1 中的矩阵，则

$$3\boldsymbol{A}-2\boldsymbol{B}=\begin{pmatrix}3\times4 & 3\times1 & 3\times5\\ 3\times(-3) & 3\times0 & 3\times2\end{pmatrix}-\begin{pmatrix}2\times2 & 2\times0 & 2\times0\\ 2\times(-5) & 2\times10 & 2\times1\end{pmatrix}$$

$$=\begin{pmatrix}8 & 3 & 15\\ 1 & -20 & 4\end{pmatrix}.$$

例 2.2.4 设 $\boldsymbol{A}=\begin{pmatrix}1 & 2 & 1 & 2\\ 2 & 1 & 2 & 1\\ 1 & 2 & 3 & 4\end{pmatrix}$，$\boldsymbol{B}=\begin{pmatrix}4 & 3 & 2 & 1\\ -2 & 1 & -2 & 1\\ 0 & -1 & 0 & -1\end{pmatrix}$，且 $(2\boldsymbol{A}-\boldsymbol{X})+2(\boldsymbol{B}-\boldsymbol{X})=\boldsymbol{0}$，求 $\boldsymbol{X}$.

解 由条件 $(2\boldsymbol{A}-\boldsymbol{X})+2(\boldsymbol{B}-\boldsymbol{X})=\boldsymbol{0}$，可得 $2\boldsymbol{A}+2\boldsymbol{B}-3\boldsymbol{X}=\boldsymbol{0}$，

则

$$\boldsymbol{X}=\frac{2}{3}(\boldsymbol{A}+\boldsymbol{B})=\frac{2}{3}\begin{pmatrix}5 & 5 & 3 & 3\\ 0 & 2 & 0 & 2\\ 1 & 1 & 3 & 3\end{pmatrix}=\begin{pmatrix}\frac{10}{3} & \frac{10}{3} & 2 & 2\\ 0 & \frac{4}{3} & 0 & \frac{4}{3}\\ \frac{2}{3} & \frac{2}{3} & 2 & 2\end{pmatrix}.$$

2.2.3 矩阵的乘法

定义 2.2.3 设矩阵 $\boldsymbol{A}=(a_{ij})_{m\times k}$，$\boldsymbol{B}=(b_{ij})_{k\times n}$，那么矩阵 $\boldsymbol{C}=(c_{ij})_{m\times n}$ 称为 $\boldsymbol{A}$ 与 $\boldsymbol{B}$ 的乘积，记作 $\boldsymbol{C}=\boldsymbol{AB}$，其中 $c_{ij}=a_{i1}b_{1j}+a_{i2}b_{2j}+\cdots+a_{ik}b_{kj}=\sum\limits_{l=1}^{k}a_{il}b_{lj}\ (i=1,2,\cdots,m;\ j=1,2,\cdots,n)$.

记号 $\boldsymbol{AB}$ 常读作 $\boldsymbol{A}$ 左乘 $\boldsymbol{B}$ 或 $\boldsymbol{B}$ 右乘 $\boldsymbol{A}$.

从定义可以看出矩阵乘法的两个要点.

(1) 若要 $\boldsymbol{A}$ 与 $\boldsymbol{B}$ 相乘，只有左边矩阵 $\boldsymbol{A}$ 的列数与右边矩阵 $\boldsymbol{B}$ 的行数相等时才能进行，得到的积矩阵 $\boldsymbol{A}\,\boldsymbol{B}$ 的行数等于 $\boldsymbol{A}$ 的行数，列数等于 $\boldsymbol{B}$ 的列数.

(2) $\boldsymbol{C}=\boldsymbol{AB}$ 的元素 c_{ij} 是 $\boldsymbol{A}$ 的第 i 行与 $\boldsymbol{B}$ 的第 j 列对应元素乘积之和，即

$$c_{ij}=(a_{i1},a_{i2},\cdots,a_{ik})\begin{pmatrix}b_{1j}\\ b_{2j}\\ \vdots\\ b_{kj}\end{pmatrix}=a_{i1}b_{1j}+a_{i2}b_{2j}+\cdots+a_{ik}b_{kj}.$$

例 2.2.5 设 $\boldsymbol{A}=\begin{pmatrix}1 & 0 & 3\\ 2 & -1 & 0\end{pmatrix}$，$\boldsymbol{B}=\begin{pmatrix}1 & -1\\ 2 & 3\\ 4 & 0\end{pmatrix}$，求 $\boldsymbol{AB}$ 和 $\boldsymbol{BA}$.

解

$$\boldsymbol{AB}=\begin{pmatrix}1 & 0 & 3\\ 2 & -1 & 0\end{pmatrix}\begin{pmatrix}1 & -1\\ 2 & 3\\ 4 & 0\end{pmatrix}$$

$$=\begin{pmatrix}1\times1+0\times2+3\times4 & 1\times(-1)+0\times3+3\times0\\ 2\times1+(-1)\times2+0\times4 & 2\times(-1)+(-1)\times3+0\times0\end{pmatrix}$$

$$=\begin{pmatrix}13 & -1\\0 & -5\end{pmatrix}$$

$$BA=\begin{pmatrix}1 & -1\\2 & 3\\4 & 0\end{pmatrix}\begin{pmatrix}1 & 0 & 3\\2 & -1 & 0\end{pmatrix}$$

$$=\begin{pmatrix}1\times1+(-1)\times2 & 1\times0+(-1)\times(-1) & 1\times3+(-1)\times0\\2\times1+3\times2 & 2\times0+3\times(-1) & 2\times3+3\times0\\4\times1+0\times2 & 4\times0+0\times(-1) & 4\times3+0\times0\end{pmatrix}$$

$$=\begin{pmatrix}-1 & 1 & 3\\8 & -3 & 6\\4 & 0 & 12\end{pmatrix}.$$

注意：(1) 矩阵的乘法**不满足交换律**. 在矩阵的乘法运算中，$\boldsymbol{AB}$ 与 $\boldsymbol{BA}$ 可能不相等，并且 $\boldsymbol{AB}$ 与 $\boldsymbol{BA}$ 可能不是同型矩阵，$\boldsymbol{AB}$ 有意义时，$\boldsymbol{BA}$ 未必有意义.

例如，设 $\boldsymbol{A}=\begin{pmatrix}4 & -2 & 3\\2 & 4 & 0\end{pmatrix}$，$\boldsymbol{B}=\begin{pmatrix}0\\1\\-2\end{pmatrix}$，则 $\boldsymbol{AB}=\begin{pmatrix}-8\\4\end{pmatrix}$，而 $\boldsymbol{BA}$ 不存在.

(2) 两个不为零的矩阵的乘积可能是零矩阵;

(3) 矩阵的乘法**不满足消去律**，即当 $\boldsymbol{AB}=\boldsymbol{AC}$ 时，不一定有 $\boldsymbol{B}=\boldsymbol{C}$.

例如　设 $\boldsymbol{A}=\begin{pmatrix}1 & 2\\-1 & -2\end{pmatrix}$，$\boldsymbol{B}=\begin{pmatrix}-2 & 2\\1 & -1\end{pmatrix}$，$\boldsymbol{C}=\begin{pmatrix}2 & 0\\-1 & 0\end{pmatrix}$，则 $\boldsymbol{AB}=\begin{pmatrix}0 & 0\\0 & 0\end{pmatrix}=\boldsymbol{AC}$，显然 $\boldsymbol{AB}=\boldsymbol{AC}$，但 $\boldsymbol{B}\neq\boldsymbol{C}$.

矩阵乘法满足下列运算规律:

(1) 结合律：$(\boldsymbol{AB})\boldsymbol{C}=\boldsymbol{A}(\boldsymbol{BC})$，$k(\boldsymbol{AB})=(k\boldsymbol{A})\boldsymbol{B}=\boldsymbol{A}(k\boldsymbol{B})$，$k$ 是一个数;

(2) 分配律：$(\boldsymbol{A}+\boldsymbol{B})\boldsymbol{C}=\boldsymbol{AC}+\boldsymbol{BC}$，$\boldsymbol{C}(\boldsymbol{A}+\boldsymbol{B})=\boldsymbol{CA}+\boldsymbol{CB}$.

以上性质作为练习，由读者自己去验证.

定义 2.2.4　如果两矩阵相乘，有 $\boldsymbol{AB}=\boldsymbol{BA}$，则称矩阵 $\boldsymbol{A}$ 与矩阵 $\boldsymbol{B}$ 可交换.

可以看出，对于任何矩阵 $\boldsymbol{A}$，有 $\boldsymbol{AE}=\boldsymbol{EA}=\boldsymbol{A}$，可见单位矩阵有类似于 1 的作用.

定理 2.2.1　设 $\boldsymbol{A},\boldsymbol{B}$ 均为 n 阶矩阵，则下列命题等价：

(1) $\boldsymbol{AB}=\boldsymbol{BA}$;

(2) $(\boldsymbol{A}+\boldsymbol{B})^2=\boldsymbol{A}^2+2\boldsymbol{AB}+\boldsymbol{B}^2$;

(3) $(\boldsymbol{A}-\boldsymbol{B})^2=\boldsymbol{A}^2-2\boldsymbol{AB}+\boldsymbol{B}^2$;

(4) $(\boldsymbol{A}+\boldsymbol{B})(\boldsymbol{A}-\boldsymbol{B})=(\boldsymbol{A}-\boldsymbol{B})(\boldsymbol{A}+\boldsymbol{B})=\boldsymbol{A}^2-\boldsymbol{B}^2$.

2.2.4　线性方程组的矩阵表示

设有线性方程组

$$\begin{cases} a_{11}x_1 + a_{12}x_2 + \cdots + a_{1n}x_n = b_1 \\ a_{21}x_1 + a_{22}x_2 + \cdots + a_{2n}x_n = b_2 \\ \qquad \vdots \\ a_{m1}x_1 + a_{m2}x_2 + \cdots + a_{mn}x_n = b_m \end{cases} \tag{2.2.1}$$

若记 $\boldsymbol{A} = \begin{pmatrix} a_{11} & a_{12} & \cdots & a_{1n} \\ a_{21} & a_{22} & \cdots & a_{2n} \\ \vdots & \vdots & & \vdots \\ a_{m1} & a_{m2} & \cdots & a_{mn} \end{pmatrix}$，$\boldsymbol{x} = \begin{pmatrix} x_1 \\ x_2 \\ \vdots \\ x_n \end{pmatrix}$，$\boldsymbol{b} = \begin{pmatrix} b_1 \\ b_2 \\ \vdots \\ b_m \end{pmatrix}$，那么利用矩阵的乘法，线性方程组(2.2.1)可表示为矩阵形式：

$$\boldsymbol{Ax} = \boldsymbol{b} \tag{2.2.2}$$

矩阵 $\boldsymbol{A}$ 称为线性方程组(2.2.1)的**系数矩阵**，方程式(2.2.2)又称为**矩阵方程**.

若 $x_j = c_j\,(j = 1,2,\cdots,n)$ 是方程组的解，记列矩阵 $\boldsymbol{C} = \begin{pmatrix} c_1 \\ c_2 \\ \vdots \\ c_n \end{pmatrix}$，则 $\boldsymbol{Ac} = \boldsymbol{b}$. 此时称 $\boldsymbol{C}$ 是矩阵方程式(2.2.2)的解.

这个事实表明，任意一个线性方程组都可以写成矩阵方程的形式，这样，对线性方程组的讨论便等价于对矩阵方程的讨论，不仅书写简单，而且可以把线性方程组的理论与矩阵理论联系起来，这给线性方程组的讨论带来了很大的方便.

特别地，线性方程组(2.2.1)所对应的齐次线方程组可表示为

$$\boldsymbol{Ax} = \boldsymbol{0}.$$

2.2.5 矩阵的转置

定义 2.2.5 设 $\boldsymbol{A}$ 是一个 $m \times n$ 矩阵，把矩阵 $\boldsymbol{A}$ 的行变为相应的列，得到一个 $n \times m$ 矩阵，称为矩阵 $\boldsymbol{A}$ 的**转置矩阵**，记为 $\boldsymbol{A}^{\mathrm{T}}$ (或 $\boldsymbol{A}'$). 即

若 $\boldsymbol{A} = \begin{pmatrix} a_{11} & a_{12} & \cdots & a_{1n} \\ a_{21} & a_{22} & \cdots & a_{2n} \\ \vdots & \vdots & & \vdots \\ a_{m1} & a_{m2} & \cdots & a_{mn} \end{pmatrix}$，则 $\boldsymbol{A}^{\mathrm{T}} = \begin{pmatrix} a_{11} & a_{21} & \cdots & a_{m1} \\ a_{12} & a_{22} & \cdots & a_{m2} \\ \vdots & \vdots & & \vdots \\ a_{1n} & a_{2n} & \cdots & a_{mn} \end{pmatrix}$

例如 设 $\boldsymbol{A} = \begin{pmatrix} -5 & 2 \\ 1 & -3 \\ 0 & 4 \end{pmatrix}, \boldsymbol{B} = \begin{pmatrix} 1 & 2 \\ 3 & 4 \end{pmatrix}$，则 $\boldsymbol{A}^{\mathrm{T}} = \begin{pmatrix} -5 & 1 & 0 \\ 2 & -3 & 4 \end{pmatrix}, \boldsymbol{B}^{\mathrm{T}} = \begin{pmatrix} 1 & 3 \\ 2 & 4 \end{pmatrix}$.

矩阵的转置满足以下性质：

(1) $(\boldsymbol{A}^{\mathrm{T}})^{\mathrm{T}} = \boldsymbol{A}$；

(2) $(\boldsymbol{A}+\boldsymbol{B})^{\mathrm{T}} = \boldsymbol{A}^{\mathrm{T}} + \boldsymbol{B}^{\mathrm{T}}$；

(3) $(k\boldsymbol{A})^{\mathrm{T}} = k\boldsymbol{A}^{\mathrm{T}}$；

(4) $(\boldsymbol{AB})^{\mathrm{T}} = \boldsymbol{B}^{\mathrm{T}}\boldsymbol{A}^{\mathrm{T}}$.

前三条性质比较明显，我们只证第(4)条性质.

证明 设 $\boldsymbol{A}=(a_{ij})_{m\times k}$，$\boldsymbol{B}=(b_{ij})_{k\times n}$，易见 $(\boldsymbol{AB})^{\mathrm{T}}$ 与 $\boldsymbol{B}^{\mathrm{T}}\boldsymbol{A}^{\mathrm{T}}$ 均为 $n\times m$ 矩阵.

下面证元素相同.

矩阵 $(\boldsymbol{AB})^{\mathrm{T}}$ 的第 j 行第 i 列的元素是矩阵 $\boldsymbol{AB}$ 的第 i 行第 j 列的元素：

$$\sum_{l=1}^{k}a_{il}b_{lj}=a_{i1}b_{1j}+a_{i2}b_{2j}+\cdots+a_{ik}b_{kj}$$

而矩阵 $\boldsymbol{B}^{\mathrm{T}}\boldsymbol{A}^{\mathrm{T}}$ 的第 j 行第 i 列的元素是 $\boldsymbol{B}^{\mathrm{T}}$ 的第 j 行元素与 $\boldsymbol{A}^{\mathrm{T}}$ 的第 i 列的对应元素乘积之和，即矩阵 $\boldsymbol{B}$ 的第 j 列元素与矩阵 A 的第 i 行对应元素乘积的和：

$$\sum_{l=1}^{k}b_{lj}a_{il}=b_{1j}a_{i1}+b_{2j}a_{i2}+\cdots+b_{kj}a_{ik}$$

故 $$(\boldsymbol{AB})^{\mathrm{T}}=\boldsymbol{B}^{\mathrm{T}}\boldsymbol{A}^{\mathrm{T}}.$$

例 2.2.6 设 $\boldsymbol{A}=\begin{pmatrix}2&0&-1\\1&3&2\end{pmatrix},\boldsymbol{B}=\begin{pmatrix}1&7&-1\\4&2&3\\2&0&1\end{pmatrix}$，求 $(\boldsymbol{AB})^{\mathrm{T}}$.

解法一 $$\boldsymbol{AB}=\begin{pmatrix}2&0&-1\\1&3&2\end{pmatrix}\begin{pmatrix}1&7&-1\\4&2&3\\2&0&1\end{pmatrix}=\begin{pmatrix}0&14&-3\\17&13&10\end{pmatrix},$$

$$(\boldsymbol{AB})^{\mathrm{T}}=\begin{pmatrix}0&17\\14&13\\-3&10\end{pmatrix};$$

解法二 $$(\boldsymbol{AB})^{\mathrm{T}}=\boldsymbol{B}^{\mathrm{T}}\boldsymbol{A}^{\mathrm{T}}=\begin{pmatrix}1&4&2\\7&2&0\\-1&3&1\end{pmatrix}\begin{pmatrix}2&1\\0&3\\-1&2\end{pmatrix}=\begin{pmatrix}0&17\\14&13\\-3&10\end{pmatrix}.$$

定义 2.2.6 设 $\boldsymbol{A}$ 为 n 阶方阵，如果 $\boldsymbol{A}^{\mathrm{T}}=\boldsymbol{A}$，即

$$a_{ij}=a_{ji}(i,j=1,2,\cdots,n)$$

则称 $\boldsymbol{A}$ 为**对称矩阵**. 显然，对称矩阵的元素关于主对角线对称.

例如 $\begin{pmatrix}0&1\\1&0\end{pmatrix}$，$\begin{pmatrix}3&-5&1\\-5&0&2\\1&2&9\end{pmatrix}$ 都是对称矩阵.

定义 2.2.7 如果 $\boldsymbol{A}^{\mathrm{T}}=-\boldsymbol{A}$，即有 $a_{ij}=-a_{ji}(i,j=1,2,\cdots,n)$，则称 $\boldsymbol{A}$ 为**反对称矩阵**. 因为有 $a_{ij}=-a_{ji}$，所以有 $a_{ii}=-a_{ii}$，则必有 $a_{ii}=0$.

例如 $\begin{pmatrix}0&-1\\1&0\end{pmatrix}$，$\begin{pmatrix}0&-3&1\\3&0&7\\-1&-7&0\end{pmatrix}$.

2.2.6 方阵的行列式

定义 2.2.8 设 n 阶方阵 $\boldsymbol{A}$，由 $\boldsymbol{A}$ 的元素按原来的相对位置不变所构成的行列式，称

为方阵 A 的行列式，记作$|A|$或$\det A$.

例如 设三阶方阵 $A=\begin{pmatrix}1&2&3\\4&5&6\\7&8&9\end{pmatrix}$，则行列式$|A|=\begin{vmatrix}1&2&3\\4&5&6\\7&8&9\end{vmatrix}$是 A 的行列式.

方阵 A 的行列式$|A|$有以下性质：

设 A,B 为 n 阶方阵，k 为常数.

(1) $|A^{\mathrm{T}}|=|A|$；

(2) $|kA|=k^n|A|$；

(3) $|AB|=|A||B|$(证明在下节给出).

对于两个不相等的方阵，它们所对应的行列式可能相等.

例如 设 $A=\begin{pmatrix}1&2&1\\0&-1&0\\1&0&2\end{pmatrix}$，$B=\begin{pmatrix}2&1\\3&1\end{pmatrix}$.

则
$$|A|=\begin{vmatrix}1&2&1\\0&-1&0\\1&0&2\end{vmatrix}=-2+1=-1,\ |B|=\begin{vmatrix}2&1\\3&1\end{vmatrix}=-1，即|A|=|B|，但是A\neq B.$$

2.2.7 方阵的幂

定义 2.2.9 设 A 是 n 阶方阵，m 为正整数，称 m 个 A 的乘积 $\underbrace{AA\cdots A}_{m个}$ 为方阵 A 的 m **次幂**. 记作 A^m. 规定 $A^0=E$.

方阵的幂运算满足以下性质：

(1) $A^mA^l=A^{m+l}$ (m,n为非负整数)；

(2) $(A^m)^l=A^{ml}$.

注意：因为矩阵乘法不满足交换律，一般 $(AB)^k\neq A^kB^k$. 而当 $AB=BA$ 时，$(AB)^k=A^kB^k$ 成立.

例 2.2.7 设 $A=\begin{pmatrix}0&0&0\\2&0&0\\1&3&0\end{pmatrix}$，求 A^2,A^3.

解 $A^2=\begin{pmatrix}0&0&0\\2&0&0\\1&3&0\end{pmatrix}\begin{pmatrix}0&0&0\\2&0&0\\1&3&0\end{pmatrix}=\begin{pmatrix}0&0&0\\0&0&0\\6&0&0\end{pmatrix}$,

$$A^3=A^2A=\begin{pmatrix}0&0&0\\0&0&0\\6&0&0\end{pmatrix}\begin{pmatrix}0&0&0\\2&0&0\\1&3&0\end{pmatrix}=\begin{pmatrix}0&0&0\\0&0&0\\0&0&0\end{pmatrix}.$$

2.3 逆 矩 阵

2.3.1 逆矩阵的概念

上一节讨论了矩阵的加、减、数乘、乘法运算，读者也许要问，矩阵运算中有没有除法运算？这一节我们就讨论这个问题.

首先回顾一下实数的乘法逆元(或称倒数)，例如，数 5 的逆元是$\frac{1}{5}$或5^{-1}. 这个逆元满足方程$5^{-1}\cdot 5=1$，且$5\cdot 5^{-1}=1$. 由于矩阵乘法不满足交换律，因此将逆元概念推广到矩阵时，上述两个方程需同时满足. 此外，仅当我们所讨论的矩阵都是方阵时，才有可能得到一个完全的推广. 因此，这一节提到的矩阵若无特别说明都是指方阵.

定义 2.3.1 设$\boldsymbol{A}$为n阶方阵，$\boldsymbol{E}$为单位矩阵，若存在n阶方阵$\boldsymbol{B}$，满足$\boldsymbol{AB}=\boldsymbol{BA}=\boldsymbol{E}$，则称方阵$\boldsymbol{A}$为**可逆矩阵**或$\boldsymbol{A}$可逆，$\boldsymbol{B}$为$\boldsymbol{A}$的**逆矩阵**，记为$\boldsymbol{A}^{-1}$.

由定义可以看出$\boldsymbol{A}$可逆，$\boldsymbol{B}$也可逆，且互为逆矩阵，即$\boldsymbol{A}^{-1}=\boldsymbol{B}$，同时，$\boldsymbol{B}^{-1}=\boldsymbol{A}$.

例 2.3.1 设$\boldsymbol{A}=\begin{pmatrix}2&1\\-1&0\end{pmatrix}$，求$\boldsymbol{A}$的逆矩阵.

解 利用待定系数法，设$\boldsymbol{A}$的逆矩阵$\boldsymbol{B}=\begin{pmatrix}a&b\\c&d\end{pmatrix}$，则由逆矩阵定义有

$\boldsymbol{AB}=\begin{pmatrix}2&1\\-1&0\end{pmatrix}\begin{pmatrix}a&b\\c&d\end{pmatrix}=\begin{pmatrix}1&0\\0&1\end{pmatrix}$，即$\begin{pmatrix}2a+c&2b+d\\-a&-b\end{pmatrix}=\begin{pmatrix}1&0\\0&1\end{pmatrix}$，建立方程组$\begin{cases}2a+c=1\\2b+d=0\\-a=0\\-b=1\end{cases}$，

解得$\begin{cases}a=0\\b=-1\\c=1\\d=2\end{cases}$，故$\boldsymbol{B}=\begin{pmatrix}0&-1\\1&2\end{pmatrix}$.

又因为$\boldsymbol{BA}=\begin{pmatrix}0&-1\\1&2\end{pmatrix}\begin{pmatrix}2&1\\-1&0\end{pmatrix}=\begin{pmatrix}1&0\\0&1\end{pmatrix}$，故所求逆矩阵为$\boldsymbol{A}^{-1}=\begin{pmatrix}0&-1\\1&2\end{pmatrix}$.

定理 2.3.1 若方阵$\boldsymbol{A}$是可逆的，则$\boldsymbol{A}$的逆矩阵是唯一的.

证明 设$\boldsymbol{B},\boldsymbol{C}$均为$\boldsymbol{A}$的逆矩阵，则$\boldsymbol{AB}=\boldsymbol{BA}=\boldsymbol{E}$，$\boldsymbol{AC}=\boldsymbol{CA}=\boldsymbol{E}$，从而$\boldsymbol{C}=\boldsymbol{CE}=\boldsymbol{C}(\boldsymbol{AB})=(\boldsymbol{CA})\boldsymbol{B}=\boldsymbol{EB}=\boldsymbol{B}$，故$\boldsymbol{B}=\boldsymbol{C}$，即逆矩阵唯一.

2.3.2 矩阵可逆的判定

对矩阵$\boldsymbol{A}=\begin{pmatrix}1&0\\0&0\end{pmatrix}$可以用例 2.3.1 的方法判定其没有逆矩阵，可见，不是所有的n阶方阵都有逆矩阵，这就需要我们研究矩阵可逆的条件，为此，首先介绍方阵$\boldsymbol{A}$的伴随矩阵的概念.

定义 2.3.2 若n阶方阵$\boldsymbol{A}$的行列式$|\boldsymbol{A}|\neq 0$，则称$\boldsymbol{A}$为**非奇异的**(或称**非退化矩阵**)，

否则称 A 为**奇异的**(或称为**退化矩阵**).

定义 2.3.3 设 $\boldsymbol{A}=(a_{ij})$为n阶方阵，其行列式$|\boldsymbol{A}|$的各个元素的代数余子式 $\boldsymbol{A}_{ij}$ 按如下方式所构成的矩阵：$\begin{pmatrix} A_{11} & A_{21} & \cdots & A_{n1} \\ A_{12} & A_{22} & \cdots & A_{n2} \\ \vdots & \vdots & & \vdots \\ A_{1n} & A_{2n} & \cdots & A_{nn} \end{pmatrix}$称为 A 的**伴随矩阵**. 记作 A^*.

例 2.3.2 设 $\boldsymbol{A}=\begin{pmatrix} 1 & 3 & 2 \\ 2 & 1 & 0 \\ 2 & 0 & 1 \end{pmatrix}$，求 $\boldsymbol{A}$ 的伴随矩阵 $\boldsymbol{A}^*$.

解 求 $\boldsymbol{A}$ 中各元素的代数余子式

$$A_{11}=\begin{vmatrix} 1 & 0 \\ 0 & 1 \end{vmatrix}=1,\ A_{12}=-\begin{vmatrix} 2 & 0 \\ 2 & 1 \end{vmatrix}=-2,\ A_{13}=\begin{vmatrix} 2 & 1 \\ 2 & 0 \end{vmatrix}=-2\ ;$$

$$A_{21}=-\begin{vmatrix} 3 & 2 \\ 0 & 1 \end{vmatrix}=-3,\ A_{22}=\begin{vmatrix} 1 & 2 \\ 2 & 1 \end{vmatrix}=-3,\ A_{23}=-\begin{vmatrix} 1 & 3 \\ 2 & 0 \end{vmatrix}=6\ ;$$

$$A_{31}=\begin{vmatrix} 3 & 2 \\ 1 & 0 \end{vmatrix}=-2,\ A_{32}=\begin{vmatrix} 1 & 2 \\ 2 & 0 \end{vmatrix}=4,\ A_{33}=\begin{vmatrix} 1 & 3 \\ 2 & 1 \end{vmatrix}=-5\ .$$

故
$$\boldsymbol{A}^*=\begin{pmatrix} 1 & -3 & -2 \\ -2 & -3 & 4 \\ -2 & 6 & -5 \end{pmatrix}.$$

我们由第 1 章中学过的定理，即n阶行列式D等于它的任一行(列)的各元素与其对应的代数余子式乘积之和，可推得

$$AA^*=A^*A\begin{pmatrix} |A| & & & \\ & |A| & & \\ & & \ddots & \\ & & & |A| \end{pmatrix}=|A|E\ . \tag{2.3.1}$$

定理 2.3.2 n阶方阵 $\boldsymbol{A}$ 可逆的充分必要条件是其行列式$|\boldsymbol{A}|\neq 0$，且当 $\boldsymbol{A}$ 可逆时，有 $\boldsymbol{A}^{-1}=\dfrac{1}{|\boldsymbol{A}|}\boldsymbol{A}^*$. 其中，$\boldsymbol{A}^*$为方阵 $\boldsymbol{A}$ 的伴随矩阵.

证明 先证必要性.

由 $\boldsymbol{A}$ 可逆的定义知，一定存在 n 阶方阵 $\boldsymbol{B}$ 满足 $\boldsymbol{AB}=\boldsymbol{E}$，从而 $|\boldsymbol{A}||\boldsymbol{B}|=|\boldsymbol{AB}|=|\boldsymbol{E}|=1\neq 0$. 故$|\boldsymbol{A}|\neq 0$，同时$|\boldsymbol{B}|\neq 0$.

再证充分性.

设 $\boldsymbol{A}=(a_{ij})_{n\times m}$, 则由式(2.3.1)知 $\boldsymbol{AA}^*=\boldsymbol{A}^*\boldsymbol{A}=|\boldsymbol{A}|\boldsymbol{E}$，当且仅当$|\boldsymbol{A}|\neq 0$时，有

$$\boldsymbol{A}\left(\frac{1}{|\boldsymbol{A}|}\boldsymbol{A}^*\right)=\boldsymbol{E}\ .$$

类似地，可得$|\boldsymbol{A}|\neq 0$时，有$\left(\dfrac{1}{|\boldsymbol{A}|}\boldsymbol{A}^*\right)\boldsymbol{A}=\boldsymbol{E}$，由定义 2.3.1 知，矩阵 $\boldsymbol{A}$ 可逆，且

$$A^{-1}=\frac{1}{|A|}A^*.$$

由此也得到伴随矩阵的一个性质：

$$AA^*=A^*A=|A|E.$$

推论　若 $AB=E$（或 $BA=E$），则 $B=A^{-1}$.

证明　由 $AB=E$，得 $|A||B|=1$，$|A|\neq 0$，故 A^{-1} 存在，且

$$B=EB=(A^{-1}A)B=A^{-1}(AB)=A^{-1}E=A^{-1}$$

例 2.3.3　判断例 2.3.2 中的矩阵 A 是否可逆，若可逆，求 A 的逆矩阵.

解　因为 $|A|=\begin{vmatrix}1&3&2\\2&1&0\\2&0&1\end{vmatrix}=1-4-6=-9\neq 0$.

故 A 可逆，由例 2.3.2 中的结论及定理 2.3.2 知

$$A^{-1}=\frac{1}{|A|}A^*=-\frac{1}{9}\begin{pmatrix}1&-3&-2\\-2&-3&4\\-2&6&-5\end{pmatrix}=\begin{pmatrix}-\frac{1}{9}&\frac{1}{3}&\frac{2}{9}\\\frac{2}{9}&\frac{1}{3}&-\frac{4}{9}\\\frac{2}{9}&-\frac{2}{3}&\frac{5}{9}\end{pmatrix}.$$

例 2.3.4　设 A 为对角矩阵，$A=\begin{pmatrix}a_1&0&\cdots&0\\0&a_2&\cdots&0\\\vdots&\vdots&&\vdots\\0&0&\cdots&a_n\end{pmatrix}$，求出 A 可逆的条件，并在 A 可逆的情况下求 A^{-1}.

解　因为 $|A|=a_1,a_2,\cdots,a_n$，当 $|A|\neq 0$ 时，A 必可逆，故只要 $a_1,a_2,\cdots,a_n$ 均不为零时，A 可逆.

因为 $A_{ii}=a_1a_2\cdots a_{i-1}a_{i+1}\cdots a_n(i=1,2,\cdots,n)$，$A_{ij}=0(i\neq j)$，故

$$A^*=\begin{pmatrix}a_2\cdots a_n&0&\cdots&0\\0&a_1a_3\cdots a_n&\cdots&0\\\vdots&\vdots&&\vdots\\0&0&\cdots&a_1a_2\cdots a_{n-1}\end{pmatrix}$$

则

$$A^{-1}=\frac{1}{|A|}A^*=\begin{pmatrix}\frac{1}{a_1}&0&\cdots&0\\0&\frac{1}{a_2}&\cdots&0\\\vdots&\vdots&&\vdots\\0&0&\cdots&\frac{1}{a_n}\end{pmatrix}$$

我们由上例可以得到结论：若对角矩阵可逆，则逆矩阵也是对角矩阵，其主对角线上

的元素是原矩阵主对角线上对应元素的倒数.

例 2.3.5 已知n阶矩阵$\boldsymbol{A}$满足$\boldsymbol{A}^2+3\boldsymbol{A}-5\boldsymbol{E}=0$；求(1) $\boldsymbol{A}^{-1}$； (2) $(\boldsymbol{A}-\boldsymbol{E})^{-1}$.

解 (1) 由$\boldsymbol{A}^2+3\boldsymbol{A}-5\boldsymbol{E}=0$，可得$\boldsymbol{A}(\boldsymbol{A}+3\boldsymbol{E})=5\boldsymbol{E}$，即$\boldsymbol{A}\dfrac{\boldsymbol{A}+3\boldsymbol{E}}{5}=\boldsymbol{E}$，所以

$$\boldsymbol{A}^{-1}=\frac{\boldsymbol{A}+3\boldsymbol{E}}{5};$$

(2) 由于$\boldsymbol{A}^2+3\boldsymbol{A}-5\boldsymbol{E}=(\boldsymbol{A}-\boldsymbol{E})(\boldsymbol{A}+4\boldsymbol{E})-\boldsymbol{E}=0$，所以

$$(\boldsymbol{A}-\boldsymbol{E})(\boldsymbol{A}+4\boldsymbol{E})=\boldsymbol{E}.$$

故

$$(\boldsymbol{A}-\boldsymbol{E})^{-1}=\boldsymbol{A}+4\boldsymbol{E}.$$

2.3.3 逆矩阵的性质

(1) 若方阵$\boldsymbol{A}$可逆，则$\boldsymbol{A}^{-1}$也可逆，且$(\boldsymbol{A}^{-1})^{-1}=\boldsymbol{A}$；

(2) 若方阵$\boldsymbol{A}$可逆，k是一个非零数，则$k\boldsymbol{A}$也是可逆的，且$(k\boldsymbol{A})^{-1}=\dfrac{1}{k}\boldsymbol{A}^{-1}$.

证明 $k\boldsymbol{A}\cdot\dfrac{1}{k}\boldsymbol{A}^{-1}=k\cdot\dfrac{1}{k}\boldsymbol{A}\boldsymbol{A}^{-1}=\boldsymbol{E}$，故$(k\boldsymbol{A})^{-1}\dfrac{1}{k}\boldsymbol{A}^{-1}$.

(3) 若方阵$\boldsymbol{A},\boldsymbol{B}$是同阶可逆矩阵，则它们的乘积$\boldsymbol{AB}$也可逆，且$(\boldsymbol{AB})^{-1}=\boldsymbol{B}^{-1}\boldsymbol{A}^{-1}$.

证明 $\boldsymbol{AB}(\boldsymbol{B}^{-1}\boldsymbol{A}^{-1})=\boldsymbol{A}(\boldsymbol{B}^{-1}\boldsymbol{B})\boldsymbol{A}^{-1}=\boldsymbol{AEA}^{-1}=\boldsymbol{AA}^{-1}=\boldsymbol{E}$，故$(\boldsymbol{AB})^{-1}=\boldsymbol{B}^{-1}\boldsymbol{A}^{-1}$. 此性质可推广到多个同阶可逆矩阵相乘的情形：

若$\boldsymbol{A}_1,\boldsymbol{A}_2,\cdots,\boldsymbol{A}_m$都是$n$阶可逆矩阵，那么$\boldsymbol{A}_1,\boldsymbol{A}_2,\cdots,\boldsymbol{A}_m$也可逆，且

$$(\boldsymbol{A}_1\boldsymbol{A}_2\cdots\boldsymbol{A}_m)^{-1}=\boldsymbol{A}_m^{-1}\cdots\boldsymbol{A}_2^{-1}\boldsymbol{A}_1^{-1}.$$

(4) 若方阵$\boldsymbol{A}$可逆，则$\boldsymbol{A}^{\mathrm{T}}$也是可逆的，且$(\boldsymbol{A}^{\mathrm{T}})^{-1}=(\boldsymbol{A}^{-1})^{\mathrm{T}}$.

证明 因为$\boldsymbol{A}^{\mathrm{T}}(\boldsymbol{A}^{-1})^{\mathrm{T}}=(\boldsymbol{A}^{-1}\boldsymbol{A})^{\mathrm{T}}=\boldsymbol{E}^{\mathrm{T}}=\boldsymbol{E}$，故

$$(\boldsymbol{A}^{\mathrm{T}})^{-1}=(\boldsymbol{A}^{-1})^{\mathrm{T}}.$$

(5) 若方阵$\boldsymbol{A}$可逆，则$\left|\boldsymbol{A}^{-1}\right|=\dfrac{1}{|\boldsymbol{A}|}$.

证明 $\boldsymbol{AA}^{-1}=\boldsymbol{E}$，故$|\boldsymbol{A}|\left|\boldsymbol{A}^{-1}\right|=1$，从而$\left|\boldsymbol{A}^{-1}\right|=\dfrac{1}{|\boldsymbol{A}|}$.

2.3.4 矩阵方程

对标准矩阵方程

$$\boldsymbol{AX}=\boldsymbol{B},\ \boldsymbol{XB}=\boldsymbol{C},\ \boldsymbol{AXB}=\boldsymbol{C}.$$

利用矩阵乘法的运算规律和逆矩阵的运算性质，通过在方程两边左乘或右乘相应矩阵的逆矩阵，可求出其解分别为

$$\boldsymbol{X}=\boldsymbol{A}^{-1}\boldsymbol{B},\ \boldsymbol{X}=\boldsymbol{CB}^{-1},\ \boldsymbol{X}=\boldsymbol{A}^{-1}\boldsymbol{CB}^{-1}.$$

例 2.3.6 设$\boldsymbol{A}=\begin{pmatrix}1&2&3\\2&2&1\\3&4&3\end{pmatrix}$，$\boldsymbol{B}=\begin{pmatrix}2&1\\5&3\end{pmatrix}$，$\boldsymbol{C}=\begin{pmatrix}1&3\\2&0\\3&1\end{pmatrix}$，矩阵$\boldsymbol{X}$使其满足$\boldsymbol{AXB}=\boldsymbol{C}$.

解　求得 $|\boldsymbol{A}|=2,\ |\boldsymbol{B}|=1$，所以 $\boldsymbol{A},\boldsymbol{B}$ 均可逆，并且

$$\boldsymbol{A}^{-1}=\begin{pmatrix}1 & 3 & -2\\ -\dfrac{3}{2} & -3 & \dfrac{5}{2}\\ 1 & 1 & -1\end{pmatrix},\quad \boldsymbol{B}^{-1}=\begin{pmatrix}3 & -1\\ -5 & 2\end{pmatrix}$$

于是，在等式 $\boldsymbol{AXB}=\boldsymbol{C}$ 的两边左乘 $\boldsymbol{A}^{-1}$，同时右乘 $\boldsymbol{B}^{-1}$，即得

$$\boldsymbol{X}=\boldsymbol{A}^{-1}\boldsymbol{C}\boldsymbol{B}^{-1}=\begin{pmatrix}-2 & 1\\ 10 & -4\\ -10 & 4\end{pmatrix}.$$

例 2.3.7　利用逆矩阵求解下列方程组.

$$\begin{cases}x_1-x_2+3x_3=1\\ 2x_1-x_2+4x_3=0\\ -x_1+2x_2-4x_3=-1\end{cases}$$

解　将此线性方程组写成矩阵方程的形式：$\boldsymbol{AX}=\boldsymbol{b}$.

其中

$$\boldsymbol{A}=\begin{pmatrix}1 & -1 & 3\\ 2 & -1 & 4\\ -1 & 2 & -4\end{pmatrix},\ \boldsymbol{X}=\begin{pmatrix}x_1\\ x_2\\ x_3\end{pmatrix},\ \boldsymbol{b}=\begin{pmatrix}1\\ 0\\ -1\end{pmatrix},$$

且

$$\boldsymbol{A}^{-1}=\begin{pmatrix}-4 & 2 & -1\\ 4 & -1 & 2\\ 3 & -1 & 1\end{pmatrix}$$

则

$$\boldsymbol{X}=\boldsymbol{A}^{-1}\boldsymbol{b}=\begin{pmatrix}-4 & 2 & -1\\ 4 & -1 & 2\\ 3 & -1 & 1\end{pmatrix}\begin{pmatrix}1\\ 0\\ -1\end{pmatrix}=\begin{pmatrix}-3\\ 2\\ 2\end{pmatrix}.$$

2.4　矩 阵 分 块

在矩阵分析中，我们常常是把矩阵 $\boldsymbol{A}$ 看成一列列向量，而不仅仅是一个数值阵列. 现在我们来进一步考察 $\boldsymbol{A}$ 的其他划分，用水平分割线和竖直分割线将矩阵划分成若干块，如下面例题所示. 这样使原矩阵的结构显得简单而清晰，也简化了运算.

2.4.1　分块矩阵的概念

先看一个例子，设

$$\boldsymbol{A}=\left(\begin{array}{ccc:cc}1 & 0 & 0 & 0 & 0\\ 0 & 1 & 0 & 0 & 0\\ 0 & 0 & 1 & 0 & 0\\ \hdashline 4 & -2 & 1 & 3 & 0\\ -2 & 0 & 3 & 0 & 3\end{array}\right)$$

把 $\boldsymbol{A}$ 用一条横线和一条纵线分成四个小矩阵，记

$$\boldsymbol{A}_{11}=\boldsymbol{E}_{3\times3},\ \boldsymbol{A}_{12}=\boldsymbol{0}_{3\times2},\ \boldsymbol{A}_{21}=\begin{pmatrix}4&-2&1\\-2&0&3\end{pmatrix},\ \boldsymbol{A}_{22}=\begin{pmatrix}3&0\\0&3\end{pmatrix}=3\boldsymbol{E}_{2\times2}$$

于是，$\boldsymbol{A}$ 可以看成由四个小矩阵块组成，即

$$\boldsymbol{A}=\begin{pmatrix}\boldsymbol{A}_{11}&\boldsymbol{A}_{12}\\\boldsymbol{A}_{21}&\boldsymbol{A}_{22}\end{pmatrix}=\begin{pmatrix}\boldsymbol{E}_{3\times3}&\boldsymbol{0}_{3\times2}\\\boldsymbol{A}_{21}&3\boldsymbol{E}_{2\times2}\end{pmatrix}$$

定义 2.4.1　将大矩阵用若干条纵线和横线分成多个小矩阵，每个小矩阵称为大矩阵的**子块**，以子块为元素的形式上的矩阵称为**分块矩阵.**

一个矩阵的分块有多种方式，可以根据具体需要而定.

例如　对于矩阵 $A=\left(\begin{array}{c|c|c|c}1&3&-1&0\\2&5&0&-2\\3&1&-1&3\end{array}\right)$，若记

$$\boldsymbol{A}_{11}=\begin{pmatrix}1\\2\\3\end{pmatrix},\ \boldsymbol{A}_{12}=\begin{pmatrix}3\\5\\1\end{pmatrix},\ \boldsymbol{A}_{13}=\begin{pmatrix}-1\\0\\-1\end{pmatrix},\ \boldsymbol{A}_{14}=\begin{pmatrix}0\\-2\\3\end{pmatrix},$$

则可表示为分块矩阵 $\boldsymbol{A}=(\boldsymbol{A}_{11},\boldsymbol{A}_{12},\boldsymbol{A}_{13},\boldsymbol{A}_{14})$.

特别地，也可以这样划分：

$$\boldsymbol{A}=\left(\begin{array}{cccc}1&3&-1&0\\\hline 2&5&0&-2\\\hline 3&1&-1&3\end{array}\right)=\begin{pmatrix}\boldsymbol{A}_{11}\\\boldsymbol{A}_{21}\\\boldsymbol{A}_{31}\end{pmatrix}$$

同样也可以把 $\boldsymbol{A}$ 划分成六块，如

$$\boldsymbol{A}=\left(\begin{array}{c|cc|c}1&2&-1&0\\2&5&0&-2\\\hline 3&1&-1&3\end{array}\right)=\begin{pmatrix}\boldsymbol{A}_{11}&\boldsymbol{A}_{12}&\boldsymbol{A}_{13}\\\boldsymbol{A}_{21}&\boldsymbol{A}_{22}&\boldsymbol{A}_{23}\end{pmatrix}.$$

2.4.2　分块矩阵的运算

分块矩阵的运算与普通矩阵的运算类似，分块时要注意，运算的两矩阵能按块运算，并且参与运算的子块也能运算，即内外都能运算.

1. 分块矩阵的加法

若方阵 $\boldsymbol{A}$ 与 $\boldsymbol{B}$ 有相同的行数和列数，且采用相同的分块办法，即相应小矩阵 $\boldsymbol{A}_{ij}$ 与 $\boldsymbol{B}_{ij}$ $(i=1,2,\cdots,r;\ j=1,2,\cdots,s)$ 的行数和列数对应相等，则 $\boldsymbol{A}$ 与 $\boldsymbol{B}$ 可进行加法运算. 即设

$$\boldsymbol{A}=\begin{pmatrix}\boldsymbol{A}_{11}&\cdots&\boldsymbol{A}_{1s}\\\vdots&&\vdots\\\boldsymbol{A}_{r1}&\cdots&\boldsymbol{A}_{rs}\end{pmatrix},\ \boldsymbol{B}=\begin{pmatrix}\boldsymbol{B}_{11}&\cdots&\boldsymbol{B}_{1s}\\\vdots&&\vdots\\\boldsymbol{B}_{r1}&\cdots&\boldsymbol{B}_{rs}\end{pmatrix}$$

则

$$\boldsymbol{A}+\boldsymbol{B}=\begin{pmatrix}\boldsymbol{A}_{11}+\boldsymbol{B}_{11}&\cdots&\boldsymbol{A}_{1s}+\boldsymbol{B}_{1s}\\\vdots&&\vdots\\\boldsymbol{A}_{r1}+\boldsymbol{B}_{r1}&\cdots&\boldsymbol{A}_{rs}+\boldsymbol{B}_{rs}\end{pmatrix}.$$

2. 分块矩阵的数乘

设 k 为任意实数，则数与分块矩阵相乘，有

$$kA=\begin{pmatrix} k\boldsymbol{A}_{11} & \cdots & k\boldsymbol{A}_{1s} \\ \vdots & & \vdots \\ k\boldsymbol{A}_{r1} & \cdots & k\boldsymbol{A}_{rs} \end{pmatrix}.$$

3. 分块矩阵的乘法

设 $\boldsymbol{A}$ 为 $m\times k$ 矩阵，$\boldsymbol{B}$ 为 $k\times n$ 矩阵，分块成

$$\boldsymbol{A}=\begin{pmatrix} \boldsymbol{A}_{11} & \cdots & \boldsymbol{A}_{1t} \\ \vdots & & \vdots \\ \boldsymbol{A}_{s1} & \cdots & \boldsymbol{A}_{st} \end{pmatrix},\ \boldsymbol{B}=\begin{pmatrix} \boldsymbol{B}_{11} & \cdots & \boldsymbol{B}_{1r} \\ \vdots & & \vdots \\ \boldsymbol{B}_{t1} & \cdots & \boldsymbol{B}_{tr} \end{pmatrix}.$$

其中，$\boldsymbol{A}_{p1}$，$\boldsymbol{A}_{p2},\cdots$，$\boldsymbol{A}_{pt}$ 的列数等于 $\boldsymbol{B}_{1q}$，$\boldsymbol{B}_{2q},\cdots$，$\boldsymbol{B}_{tq}$ 的行数，则

$$\boldsymbol{AB}=\begin{pmatrix} \boldsymbol{C}_{11} & \cdots & \boldsymbol{C}_{1r} \\ \vdots & & \vdots \\ \boldsymbol{C}_{s1} & \cdots & \boldsymbol{C}_{sr} \end{pmatrix}.$$

其中，$\boldsymbol{C}_{pq}=\sum\limits_{k=1}^{t}\boldsymbol{A}_{pk}\boldsymbol{B}_{kq}(p=1,2,\cdots,s;\ q=1,2,\cdots,r)$.

例 2.4.1　设矩阵

$$\boldsymbol{A}=\begin{pmatrix} 1 & 0 & 0 & 0 & 0 \\ 0 & 1 & 0 & 0 & 0 \\ -1 & 2 & 1 & 0 & 0 \\ 1 & 1 & 0 & 1 & 0 \\ 0 & 1 & 0 & 0 & 1 \end{pmatrix},\ \boldsymbol{B}=\begin{pmatrix} 1 & 0 & 0 & 0 \\ -1 & 0 & 0 & 0 \\ 0 & 1 & 3 & -1 \\ 0 & 2 & 1 & 4 \\ 0 & 1 & 2 & 1 \end{pmatrix}，求 \boldsymbol{AB}.$$

解　将 $\boldsymbol{A},\boldsymbol{B}$ 分块为

$$\boldsymbol{A}=\left(\begin{array}{cc:ccc} 1 & 0 & 0 & 0 & 0 \\ 0 & 1 & 0 & 0 & 0 \\ \hdashline -1 & 2 & 1 & 0 & 0 \\ 1 & 1 & 0 & 1 & 0 \\ 0 & 1 & 0 & 0 & 1 \end{array}\right)=\begin{pmatrix} \boldsymbol{E}_2 & \boldsymbol{0} \\ \boldsymbol{A}_1 & \boldsymbol{E}_3 \end{pmatrix},\ B=\left(\begin{array}{c:ccc} 1 & 0 & 0 & 0 \\ -1 & 0 & 0 & 0 \\ \hdashline 0 & 1 & 3 & -1 \\ 0 & 2 & 1 & 4 \\ 0 & 1 & 2 & 1 \end{array}\right)=\begin{pmatrix} \boldsymbol{B}_1 & \boldsymbol{0} \\ \boldsymbol{0} & \boldsymbol{B}_2 \end{pmatrix},$$

故

$$\boldsymbol{AB}=\begin{pmatrix} \boldsymbol{E}_2 & \boldsymbol{0} \\ \boldsymbol{A}_1 & \boldsymbol{E}_3 \end{pmatrix}\begin{pmatrix} \boldsymbol{B}_1 & \boldsymbol{0} \\ \boldsymbol{0} & \boldsymbol{B}_2 \end{pmatrix}=\begin{pmatrix} \boldsymbol{B}_1 & \boldsymbol{0} \\ \boldsymbol{A}_1\boldsymbol{B}_1 & \boldsymbol{B}_2 \end{pmatrix}.$$

而

$$\boldsymbol{A}_1\boldsymbol{B}_1=\begin{pmatrix} -1 & 2 \\ 1 & 1 \\ 0 & 1 \end{pmatrix}\begin{pmatrix} 1 \\ -1 \end{pmatrix}=\begin{pmatrix} -3 \\ 0 \\ -1 \end{pmatrix},$$

故

$$\boldsymbol{AB}=\begin{pmatrix} 1 & 0 & 0 & 0 \\ -1 & 0 & 0 & 0 \\ -3 & 1 & 3 & -1 \\ 0 & 2 & 1 & 4 \\ -1 & 1 & 2 & 1 \end{pmatrix}.$$

从本例中可以看出，将矩阵 $\boldsymbol{A}$ 和 $\boldsymbol{B}$ 进行适当分块后，利用分块矩阵的乘法进行运算，使运算大大简化了.

4. 分块矩阵的转置

设分块矩阵 $\boldsymbol{A}=\begin{pmatrix}\boldsymbol{A}_{11} & \cdots & \boldsymbol{A}_{1t}\\ \vdots & & \vdots\\ \boldsymbol{A}_{s1} & \cdots & \boldsymbol{A}_{st}\end{pmatrix}$，则 $\boldsymbol{A}^{\mathrm{T}}=\begin{pmatrix}\boldsymbol{A}_{11}^{\mathrm{T}} & \cdots & \boldsymbol{A}_{1t}^{\mathrm{T}}\\ \vdots & & \vdots\\ \boldsymbol{A}_{s1}^{\mathrm{T}} & \cdots & \boldsymbol{A}_{st}^{\mathrm{T}}\end{pmatrix}$

注意分块矩阵的转置，是将整个分块矩阵转置后，再把每一个子块矩阵转置.

2.4.3　分块对角矩阵

1. 分块对角矩阵的概念

设 $\boldsymbol{A}$ 为 n 阶方阵，若在 $\boldsymbol{A}$ 的分块矩阵中，只有主对角线上有非零子块方阵 $\boldsymbol{A}_i\,(i=1,2,\cdots,s)$，其余的子块都是零矩阵，即 $\boldsymbol{A}=\begin{pmatrix}\boldsymbol{A}_1 & \boldsymbol{0} & \cdots & \boldsymbol{0}\\ \boldsymbol{0} & \boldsymbol{A}_2 & \cdots & \boldsymbol{0}\\ \vdots & \vdots & & \vdots\\ \boldsymbol{0} & \boldsymbol{0} & \cdots & \boldsymbol{A}_s\end{pmatrix}$，则称 $\boldsymbol{A}$ 为**分块对角矩阵**.

例 2.4.2　设 $\boldsymbol{A}=\begin{pmatrix}5&2&0&0\\2&1&0&0\\0&0&1&-2\\0&0&1&1\end{pmatrix}$，可令 $\boldsymbol{A}_1=\begin{pmatrix}5&2\\2&1\end{pmatrix}$，$\boldsymbol{A}_2\begin{pmatrix}1&-2\\1&1\end{pmatrix}$，则 $\boldsymbol{A}$ 可表示为分块对角阵：$\boldsymbol{A}=\begin{pmatrix}\boldsymbol{A}_1&\boldsymbol{0}\\\boldsymbol{0}&\boldsymbol{A}_2\end{pmatrix}$.

2. 分块对角矩阵的性质

(1) 若 $|\boldsymbol{A}_i|\neq 0(i=1,2,\cdots,s)$，则 $|\boldsymbol{A}|\neq 0$，且 $|\boldsymbol{A}|=|\boldsymbol{A}_1||\boldsymbol{A}_2|\cdots|\boldsymbol{A}_s|$.

(2) 同结构的分块对角矩阵的和、差、积仍是分块对角矩阵，且运算表现为对应子块的运算，即设

$$\boldsymbol{A}=\begin{pmatrix}\boldsymbol{A}_1 & \boldsymbol{0} & \cdots & \boldsymbol{0}\\ \boldsymbol{0} & \boldsymbol{A}_2 & \cdots & \boldsymbol{0}\\ \vdots & \vdots & & \vdots\\ \boldsymbol{0} & \boldsymbol{0} & \cdots & \boldsymbol{A}_s\end{pmatrix},\quad \boldsymbol{B}=\begin{pmatrix}\boldsymbol{B}_1 & \boldsymbol{0} & \cdots & \boldsymbol{0}\\ \boldsymbol{0} & \boldsymbol{B}_2 & \cdots & \boldsymbol{0}\\ \vdots & \vdots & & \vdots\\ \boldsymbol{0} & \boldsymbol{0} & \cdots & \boldsymbol{B}_s\end{pmatrix},$$

则

$$\boldsymbol{A}+\boldsymbol{B}=\begin{pmatrix}\boldsymbol{A}_1+\boldsymbol{B}_1 & & & \boldsymbol{0}\\ & \boldsymbol{A}_2+\boldsymbol{B}_2 & & \\ & & \ddots & \\ \boldsymbol{0} & & & \boldsymbol{A}_s+\boldsymbol{B}_s\end{pmatrix},$$

$$\boldsymbol{AB}=\begin{pmatrix}\boldsymbol{A}_1\boldsymbol{B}_1 & & & \\ & \boldsymbol{A}_2\boldsymbol{B}_2 & & \\ & & \ddots & \\ & & & \boldsymbol{A}_s\boldsymbol{B}_s\end{pmatrix}.$$

(3) 若 $\boldsymbol{A}$ 为分块对角矩阵，且每个子块 $\boldsymbol{A}_i\,(i=1,2,\cdots,s)$ 都可逆，则 $\boldsymbol{A}$ 也可逆，且

$$\boldsymbol{A}^{-1}=\begin{pmatrix}\boldsymbol{A}_1^{-1} & & & \boldsymbol{0}\\ & \boldsymbol{A}_2^{-1} & & \\ & & \ddots & \\ \boldsymbol{0} & & & \boldsymbol{A}_s^{-1}\end{pmatrix}$$

若

$$\boldsymbol{A}=\begin{pmatrix}\boldsymbol{0} & & & \boldsymbol{A}_1\\ & & \boldsymbol{A}_2 & \\ & \begin{matrix}\cdot\\ \cdot\,\cdot\end{matrix} & & \\ \boldsymbol{A}_s & & & \boldsymbol{0}\end{pmatrix},$$

且 $\boldsymbol{A}_i\,(i=1,2,\cdots,s)$ 均为可逆矩阵，则 $\boldsymbol{A}^{-1}=\begin{pmatrix}\boldsymbol{0} & & & \boldsymbol{A}_s^{-1}\\ & & \boldsymbol{A}_{s-1}^{-1} & \\ & \begin{matrix}\cdot\\ \cdot\,\cdot\end{matrix} & & \\ \boldsymbol{A}_1^{-1} & & & \boldsymbol{0}\end{pmatrix}$.

(4) 设 $\boldsymbol{A},\boldsymbol{B}$ 为方阵，则 $\begin{vmatrix}\boldsymbol{A} & \boldsymbol{C}\\ \boldsymbol{0} & \boldsymbol{B}\end{vmatrix}=\begin{vmatrix}\boldsymbol{A} & \boldsymbol{0}\\ \boldsymbol{0} & \boldsymbol{B}\end{vmatrix}=\begin{vmatrix}\boldsymbol{A} & \boldsymbol{0}\\ \boldsymbol{D} & \boldsymbol{B}\end{vmatrix}=|\boldsymbol{A}||\boldsymbol{B}|$.

例 2.4.3　求例 2.4.2 中分块对角矩阵 $\boldsymbol{A}$ 的逆矩阵.

解　根据分块对角矩阵的性质(3)知 $\boldsymbol{A}^{-1}=\begin{pmatrix}\boldsymbol{A}_1^{-1} & \boldsymbol{0}\\ \boldsymbol{0} & \boldsymbol{A}_2^{-1}\end{pmatrix}$，对于矩阵 $\boldsymbol{A}_1,\boldsymbol{A}_2$，其逆矩阵可利用伴随矩阵求逆方法得到：

$$\boldsymbol{A}_1^{-1}=\begin{pmatrix}1 & -2\\ -2 & 5\end{pmatrix},\ \boldsymbol{A}_2^{-1}=\begin{pmatrix}\frac{1}{3} & \frac{2}{3}\\ -\frac{1}{3} & \frac{1}{3}\end{pmatrix},$$

故

$$\boldsymbol{A}^{-1}=\begin{pmatrix}1 & -2 & 0 & 0\\ -2 & 5 & 0 & 0\\ 0 & 0 & \frac{1}{3} & \frac{2}{3}\\ 0 & 0 & -\frac{1}{3} & \frac{1}{3}\end{pmatrix}.$$

例 2.4.4　设 $\boldsymbol{A}=\begin{pmatrix}3 & 4 & 0 & 0\\ 4 & 3 & 0 & 0\\ 0 & 0 & 2 & 0\\ 0 & 0 & 2 & 2\end{pmatrix}$，求 $|\boldsymbol{A}^3|$.

解 因为$|\boldsymbol{A}|=\begin{vmatrix}3&4\\4&3\end{vmatrix}\begin{vmatrix}2&0\\2&2\end{vmatrix}=-28$，故

$$|\boldsymbol{A}^3|=|\boldsymbol{A}||\boldsymbol{A}||\boldsymbol{A}|=|\boldsymbol{A}|^3=(-28)^3=-21952.$$

2.5 矩阵的初等变换

矩阵的初等变换是矩阵的一种十分重要的运算，它在解线性方程组、求逆矩阵及矩阵理论的探讨中都可起重要的作用. 为引进矩阵的初等变换，先来分析用消元法解线性方程组的例子.

2.5.1 线性方程组的消元解法

含有m个方程n个未知量的线性方程组的一般形式为

$$\begin{cases}a_{11}x_1+a_{12}x_2+\cdots+a_{1n}x_n=b_1\\a_{21}x_1+a_{22}x_2+\cdots+a_{2n}x_n=b_2\\\qquad\qquad\vdots\\a_{m1}x_1+a_{m2}x_2+\cdots+a_{mn}x_n=b_m\end{cases}. \tag{2.5.1}$$

由方程组(2.5.1)的未知量的系数构成的矩阵

$$\boldsymbol{A}=\begin{pmatrix}a_{11}&a_{12}&\cdots&a_{1n}\\a_{21}&a_{22}&\cdots&a_{2n}\\\vdots&\vdots&&\vdots\\a_{m1}&a_{m2}&\cdots&a_{mn}\end{pmatrix}$$

称为线性方程组(2.5.1)的**系数矩阵**. 未知量的系数和常数项一起构成的矩阵

$$\overline{\boldsymbol{A}}=\begin{pmatrix}a_{11}&a_{12}&\cdots&a_{1n}&b_1\\a_{21}&a_{22}&\cdots&a_{2n}&b_2\\\vdots&\vdots&&\vdots&\vdots\\a_{m1}&a_{m2}&\cdots&a_{mn}&b_m\end{pmatrix}$$

称为线性方程组(2.5.1)的**增广矩阵**.

如果令

$$\boldsymbol{x}=\begin{pmatrix}x_1\\x_2\\\vdots\\x_n\end{pmatrix},\qquad \boldsymbol{b}=\begin{pmatrix}b_1\\b_2\\\vdots\\b_m\end{pmatrix},$$

由矩阵乘法得线性方程组(2.5.1)的矩阵形式为

$$\boldsymbol{Ax}=\boldsymbol{b}. \tag{2.5.2}$$

消元法是求解线性方程组的最直接最有效的方法. 对于一般的线性方程组，利用方程组中方程间的简单运算，就可以把部分方程变成未知量个数较少的方程，然后求解. 下面通过例题来说明这一方法，并从中找出用消元法求解线性方程组的一般规律，让求解过程

尽可能简便.

例 2.5.1　解线性方程组

$$\begin{cases}2x_1-5x_2+3x_3=3\\-3x_1+2x_2-8x_3=17\\x_1+7x_2-5x_3=2\end{cases}.\tag{2.5.3}$$

解　交换方程组(2.5.3)中第一个方程和第三个方程的位置，得

$$\begin{cases}x_1+7x_2-5x_3=2\\-3x_1+2x_2-8x_3=17\\2x_1-5x_2+3x_3=3\end{cases},\tag{2.5.4}$$

保留方程组(2.5.4)中的第一个方程，把方程组(2.5.4)中第一个方程的 3 倍和(−2)倍分别加到第二个方程和第三个方程上去，消去这两个方程中的未知量 x_1，得

$$\begin{cases}x_1+7x_2-5x_3=2\\23x_2-23x_3=23\\-19x_2+13x_3=-1\end{cases},\tag{2.5.5}$$

将方程组(2.5.5)中的第二个方程两边同乘以 $\frac{1}{23}$，得

$$\begin{cases}x_1+7x_2-5x_3=2\\x_2-x_3=1\\-19x_2+13x_3=-1\end{cases},\tag{2.5.6}$$

保留方程组(2.5.6)中的第一、二两个方程，将以上方程组中第二个方程的 19 倍加到第三个方程上去，消去第三个方程中的未知量 x_2，得

$$\begin{cases}x_1+7x_2-5x_3=2\\x_2-x_3=1\\-6x_3=18\end{cases},\tag{2.5.7}$$

由方程组(2.5.7)的最后一个方程得 $x_3=-3$；把 $x_3=-3$ 代入方程组(2.5.7)的第二个方程，求得 $x_2=-2$；再把 $x_2=-2$，$x_3=-3$ 代入方程组(2.5.6)的第一个方程，解得 $x_1=1$；因为方程组(2.5.3)与方程组(2.5.7)是同解方程组，于是方程组(2.5.3)的唯一解为

$$\begin{cases}x_1=1\\x_2=-2\\x_3=-3\end{cases}.$$

方程组(2.5.7)中各个方程所含未知量的个数依次减少，称这种形式的方程组为**阶梯形方程组**. 由原方程组化为阶梯形方程组的过程叫作**消元过程**，由阶梯形方程组逐次求出各未知量的过程叫作**回代过程**. 在消元过程中，对方程组(2.5.3)反复施行了以下三种变换：

(1) 交换两个方程的位置；

(2) 用一个非零数乘某个方程；

(3) 把某个方程的若干倍加到另一个方程上去.

由于上述三种方式的变换是可逆的，所以任意一个方程组进行上述三种方式的变换所得的方程组与原方程组都是同解方程组. 上述三种变换称为线性方程组的**初等变换**.

在例 2.5.1 的求解过程中，我们仅对方程组的系数和常数项进行了运算，未知量并没有参与运算．很显然，一个线性方程组完全由它的系数和常数项所确定，即由它的增广矩阵所确定．线性方程组与其增广矩阵是一一对应的．一个线性方程组一定有其增广矩阵，反之，一个增广矩阵一定有与其对应的一个线性方程组．对线性方程组反复施行初等变换化为阶梯形方程组的过程，就是对它的增广矩阵施以行初等变换化为阶梯形矩阵的过程．如例 2.5.1 的消元过程可写成

$$\begin{pmatrix} 2 & -5 & 3 & 3 \\ -3 & 2 & -8 & 17 \\ 1 & 7 & -5 & 2 \end{pmatrix} \to \begin{pmatrix} 1 & 7 & -5 & 2 \\ -3 & 2 & -8 & 17 \\ 2 & -5 & 3 & 3 \end{pmatrix}$$

$$\to \begin{pmatrix} 1 & 7 & -5 & 2 \\ 0 & 23 & -23 & 23 \\ 0 & -19 & 13 & -1 \end{pmatrix} \to \begin{pmatrix} 1 & 7 & -5 & 2 \\ 0 & 1 & -1 & 1 \\ 0 & -19 & 13 & -1 \end{pmatrix}$$

$$\to \begin{pmatrix} 1 & 7 & -5 & 2 \\ 0 & 1 & -1 & 1 \\ 0 & 0 & -6 & 18 \end{pmatrix}.$$

这个阶梯形矩阵称为原增广矩阵的**行阶梯形矩阵**，对应的阶梯形方程组为

$$\begin{cases} x_1 + 7x_2 - 5x_3 = 2 \\ \qquad x_2 - x_3 = 1 \\ \qquad\quad -6x_3 = 18 \end{cases}.$$

同时，利用矩阵的行初等变换还可以把回代过程表示为

$$\begin{pmatrix} 1 & 7 & -5 & 2 \\ 0 & 1 & -1 & 1 \\ 0 & 0 & -6 & 18 \end{pmatrix} \to \begin{pmatrix} 1 & 7 & -5 & 2 \\ 0 & 1 & -1 & 1 \\ 0 & 0 & 1 & -3 \end{pmatrix}$$

$$\to \begin{pmatrix} 1 & 7 & 0 & -13 \\ 0 & 1 & 0 & -2 \\ 0 & 0 & 1 & -3 \end{pmatrix} \to \begin{pmatrix} 1 & 0 & 0 & 1 \\ 0 & 1 & 0 & -2 \\ 0 & 0 & 1 & -3 \end{pmatrix}.$$

由上面最后一个矩阵直接写出原方程组(2.5.3)的解为

$$\begin{cases} x_1 = 1 \\ x_2 = -2 \\ x_3 = -3 \end{cases}.$$

上述最后一个矩阵的特点是，每一行的第一个非零元素是 1，而 1 所在列的其他元素全为零，这样的阶梯形矩阵称作**行最简形矩阵**(它和对应的**行阶梯形矩阵**非零行的个数相等)．其好处是可以由它直接写出线性方程组的解来．

2.5.2 矩阵的初等变换

定义 2.5.1 对矩阵作以下三种变换，称为矩阵的**初等行变换**：

(1) 交换两行(交换 i, j 两行，记作 $r_i \leftrightarrow r_j$).

(2) 以数 $k \neq 0$ 乘以某行(k 乘以第 i 行记作 kr_i).

(3) 以数 k 乘以某行加到另一行(k 乘以第 j 行加到第 i 行，记作 $r_i + kr_j$).

将三种变换中的“行”字改为“列”字，就称为**初等列变换**(记号依次换作 $c_i \leftrightarrow c_j$ ， kc_i ， $c_i + kc_j$). 初等行变换与初等列变换统称为**初等变换**.

矩阵经初等变换后会发生改变. 我们用 $\boldsymbol{A} \to \boldsymbol{B}$ 表示矩阵 $\boldsymbol{A}$ 经有限次初等变换化成矩阵 $\boldsymbol{B}$ ，用 $\boldsymbol{A} \xrightarrow{\text{行}} \boldsymbol{B}$ 表示 $\boldsymbol{A}$ 经有限次初等行变换将 $\boldsymbol{A}$ 化成 $\boldsymbol{B}$ ， $\boldsymbol{A} \xrightarrow{\text{列}} \boldsymbol{B}$ 表示 $\boldsymbol{A}$ 经有限次初等列变换将 $\boldsymbol{A}$ 化成 $\boldsymbol{B}$.

若 $\boldsymbol{A}$ 经有限次初等行变换，将 $\boldsymbol{A}$ 化成 $\boldsymbol{B}$ ，称 $\boldsymbol{A}$ 与 $\boldsymbol{B}$ 行等价；若 $\boldsymbol{A}$ 经有限次初等列变换，将 $\boldsymbol{A}$ 化成 $\boldsymbol{B}$ ，称 $\boldsymbol{A}$ 与 $\boldsymbol{B}$ 列等价；若 $\boldsymbol{A}$ 经有限次初等变换，将 $\boldsymbol{A}$ 化成 $\boldsymbol{B}$ ，称 $\boldsymbol{A}$ 与 $\boldsymbol{B}$ 等价，记作 $\boldsymbol{A} \sim \boldsymbol{B}$.

定理 2.5.1 对任何 $m \times n$ 矩阵 $\boldsymbol{A}$ ，若 $\boldsymbol{A} \neq 0$ ，则可以经过初等变换将 $\boldsymbol{A}$ 化为矩阵 $\begin{bmatrix} \boldsymbol{E}_r & \boldsymbol{0} \\ \boldsymbol{0} & \boldsymbol{0} \end{bmatrix}$，其中 E_r 为 r 阶单位阵，$\boldsymbol{0}$ 是零矩阵. 即 $\boldsymbol{A} \to \begin{bmatrix} \boldsymbol{E}_r & \boldsymbol{0} \\ \boldsymbol{0} & \boldsymbol{0} \end{bmatrix}$.

当 $\boldsymbol{A}$ 为 n 阶可逆矩阵时，则 $\boldsymbol{A}$ 可以经过初等变换将 $\boldsymbol{A}$ 化为 n 阶单位矩阵 $\boldsymbol{E}$.

证 设 $\boldsymbol{A} = (a_{ij})_{m \times n}$ ，因 $\boldsymbol{A} \neq 0$ ，必有元素 $a_{ij} \neq 0$ ，并且可以通过行、列交换，将 a_{ij} 调到 1 行 1 列的位置上. 因此不妨假设 $a_{11} \neq 0$ ，通过第三种初等变换，可以将第 1 行及第 1 列除 a_{11} 外都化为 0. 再用第二种初等变换，第一行乘以 $\dfrac{1}{a_{11}}$ ，将 a_{11} 变为 1，得 $\boldsymbol{A} \to \begin{bmatrix} 1 & \boldsymbol{0} \\ \boldsymbol{0} & \boldsymbol{A}_1 \end{bmatrix}$. 其中，$\boldsymbol{A}_1$ 是 $(m-1) \times (n-1)$ 矩阵. 若 $\boldsymbol{A}_1 \neq 0$ ，再对 $\boldsymbol{A}_1$ 作同上述相同的讨论，如此类推下去，就可以得到

$$\boldsymbol{A} = \begin{bmatrix} 1 & \cdots & 0 & 0 & \cdots & 0 \\ \vdots & & \vdots & \vdots & & \vdots \\ 0 & \cdots & 1 & 0 & \cdots & 0 \\ 0 & \cdots & 0 & 0 & \cdots & 0 \\ \vdots & & \vdots & \vdots & & \vdots \\ 0 & \cdots & 0 & 0 & \cdots & 0 \end{bmatrix} = \begin{bmatrix} \boldsymbol{E}_r & \boldsymbol{0} \\ \boldsymbol{0} & \boldsymbol{0} \end{bmatrix} \ (\boldsymbol{E}_r \text{为} r \text{阶单位矩阵}).$$

当 $\boldsymbol{A}$ 为 n 阶可逆矩阵时，$|\boldsymbol{A}| \neq 0$ ，上述的 $\boldsymbol{A}_1$ 必不等于零. 因此，上述运算必可继续下去，直到化为 n 阶单位矩阵为止(证毕).

矩阵 $\begin{bmatrix} \boldsymbol{E}_r & \boldsymbol{0} \\ \boldsymbol{0} & \boldsymbol{0} \end{bmatrix}$ 称为 $\boldsymbol{A}$ 的**标准形**，零矩阵的标准形是它自身，可逆阵的标准形为单位阵. 上述定理说明，任何矩阵都可以通过初等变换将其化为标准形.

2.5.3 初等矩阵

定义 2.5.2 对单位矩阵 E 作一次初等变换，所得矩阵称为与该初等变换相对应的**初等矩阵**.

初等矩阵有以下三种：交换 E 的 i, j 两行(或两列)，得初等矩阵

$$E_{ij}=\begin{bmatrix}1&&&&&&&&\\&\ddots&&&&&&&\\&&1&&&&&&\\&&&0&\cdots&\cdots&\cdots&1&&&\\&&&\vdots&1&&&\vdots&&\\&&&\vdots&&\ddots&&\vdots&&\\&&&\vdots&&&1&\vdots&&\\&&&1&\cdots&\cdots&\cdots&0&&\\&&&&&&&&1&\\&&&&&&&&&\ddots&\\&&&&&&&&&&1\end{bmatrix}\begin{matrix}\\ \\ \\ \leftarrow i\text{行}\\ \\ \\ \\ \leftarrow j\text{行}\\ \\ \\ \\ \end{matrix}$$

以$k\neq 0$乘以$\boldsymbol{E}$的第i行(或第i列)，得初等矩阵

$$\boldsymbol{E}_i(k)=\begin{bmatrix}1&&&&&&\\&\ddots&&&&&\\&&1&&&&\\&&&k&&&\\&&&&1&&\\&&&&&\ddots&\\&&&&&&1\end{bmatrix}\begin{matrix}\\ \\ \\ \leftarrow i\text{行}\\ \\ \\ \\ \end{matrix}.$$

以k乘以$\boldsymbol{E}$的第j行加到第i行上(或以k乘以$\boldsymbol{E}$的第i列加到第j列上)，得初等矩阵

$$E_{ij}(k)=\begin{bmatrix}1&&&&&\\&\ddots&&&&\\&&1&\cdots&k&&\\&&&\ddots&\vdots&&\\&&&&1&&\\&&&&&\ddots&\\&&&&&&1\end{bmatrix}\begin{matrix}\\ \\ \leftarrow i\text{行}\\ \\ \leftarrow j\text{行}\\ \\ \\ \end{matrix}.$$

初等矩阵与矩阵的初等变换有以下性质.

性质 2.5.1 对矩阵$\boldsymbol{A}$作初等行变换，相当于对$\boldsymbol{A}$左乘以与该初等变换相应的初等矩阵；对$\boldsymbol{A}$作初等列变换，相当于对$\boldsymbol{A}$右乘以与该初等变换相应的初等矩阵.

证 例如，设有三阶矩阵$\boldsymbol{A}=\begin{bmatrix}a_{11}&a_{12}&a_{13}\\a_{21}&a_{22}&a_{23}\\a_{31}&a_{32}&a_{33}\end{bmatrix}$，与交换第 1，2 两行(或两列)相应的初等矩阵为$\boldsymbol{E}_{12}=\begin{bmatrix}0&1&0\\1&0&0\\0&0&1\end{bmatrix}$，则有$\boldsymbol{E}_{12}\boldsymbol{A}=\begin{bmatrix}0&1&0\\1&0&0\\0&0&1\end{bmatrix}\begin{bmatrix}a_{11}&a_{12}&a_{13}\\a_{21}&a_{22}&a_{23}\\a_{31}&a_{32}&a_{33}\end{bmatrix}=\begin{bmatrix}a_{21}&a_{22}&a_{23}\\a_{11}&a_{12}&a_{13}\\a_{31}&a_{32}&a_{33}\end{bmatrix}$，相当

于对 $\boldsymbol{A}$ 交换第 1，2 两行. $\boldsymbol{AE}_{12}=\begin{bmatrix} a_{11} & a_{12} & a_{13} \\ a_{21} & a_{22} & a_{23} \\ a_{31} & a_{32} & a_{33} \end{bmatrix}\begin{bmatrix} 0 & 1 & 0 \\ 1 & 0 & 0 \\ 0 & 0 & 1 \end{bmatrix}=\begin{bmatrix} a_{12} & a_{11} & a_{13} \\ a_{22} & a_{21} & a_{23} \\ a_{32} & a_{31} & a_{33} \end{bmatrix}$，相当于对 $\boldsymbol{A}$ 交换第 1，2 两列.

一般不难验证：

$\boldsymbol{E}_{ij}\boldsymbol{A}$ 相当于对 $\boldsymbol{A}$ 交换第 i, j 两行；

$\boldsymbol{AE}_{ij}$ 相当于对 $\boldsymbol{A}$ 交换第 i, j 两列；

$\boldsymbol{E}_i(k)\boldsymbol{A}$ 相当于用 k 乘以 $\boldsymbol{A}$ 的第 i 行；

$\boldsymbol{AE}_i(k)$ 相当于用 k 乘以 $\boldsymbol{A}$ 的第 i 列；

$\boldsymbol{E}_{ij}(k)\boldsymbol{A}$ 相当于用 k 乘以 $\boldsymbol{A}$ 的 j 行加到 i 行；

$\boldsymbol{AE}_{ij}(k)$ 相当于用 k 乘以 $\boldsymbol{A}$ 的 i 列加到 j 列.

这些验证可由读者自己完成(证毕).

性质 2.5.2 初等矩阵为可逆矩阵，并且

$$\boldsymbol{E}_{ij}^{-1}=\boldsymbol{E}_{ij}\text{，}[\boldsymbol{E}_i(k)]^{-1}=\boldsymbol{E}_i\left(\frac{1}{k}\right)\text{，}[\boldsymbol{E}_{ij}(k)]^{-1}=\boldsymbol{E}_{ij}(-k)$$

由此可知，初等矩阵的逆矩阵仍为初等矩阵.

证 根据性质 2.5.1，下面三个等式成立：

$$\boldsymbol{E}_{ij}\ \boldsymbol{E}_{ij}\ \boldsymbol{E}=\boldsymbol{E}\text{，}\boldsymbol{E}_i\left(\frac{1}{k}\right)\boldsymbol{E}_i(k)\ \boldsymbol{E}=\boldsymbol{E}\text{，}\boldsymbol{E}_{ij}(-k)\boldsymbol{E}_{ij}(k)\ \boldsymbol{E}=\boldsymbol{E}\text{，}$$

即

$$\boldsymbol{E}_{ij}\ \boldsymbol{E}_{ij}=\boldsymbol{E}\text{，}\boldsymbol{E}_i\left(\frac{1}{k}\right)\boldsymbol{E}_i(k)=\boldsymbol{E}\text{，}\boldsymbol{E}_{ij}(-k)\boldsymbol{E}_{ij}(k)=\boldsymbol{E}\text{，}$$

因此，性质 2.5.2 成立.

性质 2.5.3 A 为可逆矩阵的充分必要条件是存在有限个初等矩阵 $\boldsymbol{P}_1,\cdots,\boldsymbol{P}_r$，使 $\boldsymbol{A}=\boldsymbol{P}_1\cdots\boldsymbol{P}_r$ (即 $\boldsymbol{A}$ 可以表示成一些初等矩阵的乘积).

证 必要性：设 $\boldsymbol{A}$ 为可逆矩阵，由本节定理 2.5.1，对 $\boldsymbol{A}$ 施行有限次初等行或列变换，可将 $\boldsymbol{A}$ 化为单位阵 $\boldsymbol{E}$，由性质 2.5.1，这就是存在有限个初等矩阵 $\boldsymbol{Q}_1,\cdots,\boldsymbol{Q}_m$ 及 $\boldsymbol{R}_1,\cdots,\boldsymbol{R}_k$，使 $\boldsymbol{Q}_m\cdots\boldsymbol{Q}_1\ \boldsymbol{A}\ \boldsymbol{R}_1\cdots\boldsymbol{R}_k=\boldsymbol{E}$，由此得 $\boldsymbol{A}=(\boldsymbol{Q}_m\cdots\boldsymbol{Q}_1)^{-1}\ (\boldsymbol{R}_1\cdots\boldsymbol{R}_k)^{-1}\ =\boldsymbol{Q}_1^{-1}\cdots\boldsymbol{Q}_m^{-1}\ \boldsymbol{R}_k^{-1}\cdots\boldsymbol{R}_1^{-1}$.

将 $\boldsymbol{Q}_1^{-1},\cdots,\boldsymbol{Q}_m^{-1},\boldsymbol{R}_k^{-1},\cdots,\boldsymbol{R}_1^{-1}$ 依次记作 $\boldsymbol{P}_1,\cdots,\boldsymbol{P}_r$，因为初等矩阵的逆矩阵也是初等矩阵，故 $\boldsymbol{P}_1,\cdots,\boldsymbol{P}_r$ 为初等矩阵，且 $\boldsymbol{A}=\boldsymbol{P}_1\cdots\boldsymbol{P}_r$，必要性成立.

充分性：设存在初等矩阵 $\boldsymbol{P}_1,\cdots,\boldsymbol{P}_r$，使 $\boldsymbol{A}=\boldsymbol{P}_1\cdots\boldsymbol{P}_r$，因为初等矩阵可逆，可逆矩阵的乘积也可逆，故 $\boldsymbol{A}$ 可逆(证毕).

性质 2.5.4 $\boldsymbol{A}\xrightarrow{\text{行}}\boldsymbol{B}\Leftrightarrow$ 存在可逆矩阵 $\boldsymbol{P}$，使 $\boldsymbol{PA}=\boldsymbol{B}$；

$\boldsymbol{A}\xrightarrow{\text{列}}\boldsymbol{B}\Leftrightarrow$ 存在可逆矩阵 $\boldsymbol{Q}$，使 $\boldsymbol{AQ}=\boldsymbol{B}$；

$\boldsymbol{A}\longrightarrow\boldsymbol{B}\Leftrightarrow$ 存在可逆矩阵 $\boldsymbol{P},\boldsymbol{Q}$，使 $\boldsymbol{PAQ}=\boldsymbol{B}$；

换句话说，对矩阵 $\boldsymbol{A}$ 作有限次初等行变换或初等列变换，相当于用可逆阵左乘 A 或右乘 $\boldsymbol{A}$.

根据性质 2.5.3，存在有限个初等矩阵 $\boldsymbol{P}_1,\cdots,\boldsymbol{P}_m$，使 $\boldsymbol{P}_1\cdots\boldsymbol{P}_m=\boldsymbol{P}$

$\Leftrightarrow$ 存在可逆矩阵 $\boldsymbol{P}$，使 $\boldsymbol{PA}=\boldsymbol{B}$.

故　　$\boldsymbol{A}\xrightarrow{\text{行}}\boldsymbol{B}\Leftrightarrow$ 存在可逆矩阵 $\boldsymbol{P}$，使 $\boldsymbol{PA}=\boldsymbol{B}$.

同理可证其余两式(证毕).

以上性质 2.5.1 和性质 2.5.4 说明：对矩阵 $\boldsymbol{A}$ 作一次初等行变换或初等列变换，相当于用初等矩阵左乘 $\boldsymbol{A}$ 或右乘 $\boldsymbol{A}$；若是对矩阵 $\boldsymbol{A}$ 作有限次初等行变换或初等列变换，则相当于用可逆矩阵左乘 $\boldsymbol{A}$ 或右乘 $\boldsymbol{A}$. 这样就把矩阵的初等变换与矩阵的乘法运算联系起来，可以互相转换.

2.5.4　利用初等变换求逆矩阵

定理 2.5.2　若 $[\boldsymbol{A},\boldsymbol{E}]\xrightarrow{\text{行}}[\boldsymbol{E},\boldsymbol{X}]$ ($\boldsymbol{E}$ 为单位阵)，则 $\boldsymbol{X}=\boldsymbol{A}^{-1}$.

证　若 $[\boldsymbol{A},\boldsymbol{E}]\xrightarrow{\text{行}}[\boldsymbol{E},\boldsymbol{X}]$，由性质 2.5.4，存在可逆矩阵 $\boldsymbol{P}$，使 $\boldsymbol{P}[\boldsymbol{A},\boldsymbol{E}]=[\boldsymbol{E},\boldsymbol{X}]$，由分块矩阵乘法，得 $[\boldsymbol{PA},\boldsymbol{PE}]=[\boldsymbol{E},\boldsymbol{X}]$，故得 $\boldsymbol{PA}=\boldsymbol{E}$，$\boldsymbol{PE}=\boldsymbol{X}$. 由第一等式得 $\boldsymbol{P}=\boldsymbol{A}^{-1}$，再由第二等式得 $\boldsymbol{X}=\boldsymbol{P}=\boldsymbol{A}^{-1}$ (证毕).

定理 2.5.2 说明，若对矩阵 $(\boldsymbol{A},\boldsymbol{E})$ 作初等行变换，则当 $\boldsymbol{A}$ 的位置化为单位阵 $\boldsymbol{E}$ 时，$\boldsymbol{E}$ 的位置就化为 $\boldsymbol{A}$ 的逆矩阵 $\boldsymbol{A}^{-1}$.

由此得到用初等变换求逆矩阵的方法：

第一步，在 $\boldsymbol{A}$ 的右边放上同阶的单位矩阵 $\boldsymbol{E}$，得到矩阵 $[\boldsymbol{A},\boldsymbol{E}]$；

第二步，对 $[\boldsymbol{A},\boldsymbol{E}]$ 作初等行变换，目标是将 $\boldsymbol{A}$ 化为单位阵 $\boldsymbol{E}$，当 $[\boldsymbol{A},\boldsymbol{E}]$ 化为 $[\boldsymbol{E},\boldsymbol{X}]$ 时，$\boldsymbol{X}$ 就是所求的 $\boldsymbol{A}^{-1}$.

例 2.5.2　设 $\boldsymbol{A}=\begin{bmatrix}0&2&1\\1&1&2\\-1&-1&-1\end{bmatrix}$，求 $\boldsymbol{A}^{-1}$.

解　$[\boldsymbol{A},\boldsymbol{E}]=\begin{bmatrix}0&2&-1&1&0&0\\1&1&2&0&1&0\\-1&-1&-1&0&0&1\end{bmatrix}\xrightarrow{r_1\leftrightarrow r_2}\begin{bmatrix}1&1&2&0&1&0\\0&2&-1&1&0&0\\-1&-1&-1&0&0&1\end{bmatrix}$

$$\xrightarrow{r_3+r_1}\begin{bmatrix}1&1&2&0&1&0\\0&2&-1&1&0&0\\0&0&1&0&1&1\end{bmatrix}\xrightarrow{\frac{1}{2}\cdot r_2}\begin{bmatrix}1&1&2&0&1&0\\0&1&-\frac{1}{2}&\frac{1}{2}&0&0\\0&0&1&0&1&1\end{bmatrix}$$

$$\xrightarrow{r_1-r_2}\begin{bmatrix}1&0&\frac{5}{2}&-\frac{1}{2}&1&0\\0&1&-\frac{1}{2}&\frac{1}{2}&0&0\\0&0&1&0&1&1\end{bmatrix}\xrightarrow[r_2+\frac{1}{2}r_3]{r_1-\frac{5}{2}r_3}\begin{bmatrix}1&0&0&-\frac{1}{2}&-\frac{3}{2}&-\frac{5}{2}\\0&1&0&\frac{1}{2}&\frac{1}{2}&\frac{1}{2}\\0&0&1&0&1&1\end{bmatrix},$$

故得
$$A^{-1}=\begin{bmatrix} -\frac{1}{2} & -\frac{3}{2} & -\frac{5}{2} \\ \frac{1}{2} & \frac{1}{2} & \frac{1}{2} \\ 0 & 1 & 1 \end{bmatrix}$$

例 2.5.3　(选择题)设

$$\boldsymbol{A}=\begin{bmatrix} a_{11} & a_{12} & a_{13} \\ a_{21} & a_{22} & a_{23} \\ a_{31} & a_{32} & a_{33} \end{bmatrix},\quad \boldsymbol{B}=\begin{bmatrix} a_{21} & a_{22} & a_{23} \\ a_{11} & a_{12} & a_{13} \\ a_{31}+a_{11} & a_{32}+a_{12} & a_{33}+a_{13} \end{bmatrix},$$

$$\boldsymbol{P}_1=\begin{bmatrix} 0 & 1 & 0 \\ 1 & 0 & 0 \\ 0 & 0 & 1 \end{bmatrix},\quad \boldsymbol{P}_2=\begin{bmatrix} 1 & 0 & 0 \\ 0 & 1 & 0 \\ 1 & 0 & 1 \end{bmatrix},$$

则必有(　　).

A. $\boldsymbol{A}\ \boldsymbol{P}_1\ \boldsymbol{P}_2=\boldsymbol{B}$　　　B. $\boldsymbol{A}\ \boldsymbol{P}_2\ \boldsymbol{P}_1=\boldsymbol{B}$

C. $\boldsymbol{P}_1\ \boldsymbol{P}_2\ \boldsymbol{A}=\boldsymbol{B}$　　　D. $\boldsymbol{P}_2\ \boldsymbol{P}_1\ \boldsymbol{A}=\boldsymbol{B}$

分析　$\boldsymbol{B}$ 是由 $\boldsymbol{A}$ 的第 1 行加到第 3 行，再交换第 1，2 两行得到的. 而 $\boldsymbol{P}_2$ 是相应于第 1 行加到第 3 行的初等矩阵，$\boldsymbol{P}_1$ 是相应于交换第 1，2 两行的初等矩阵，由初等矩阵的性质 2.5.1，有 $\boldsymbol{P}_1\ \boldsymbol{P}_2\ \boldsymbol{A}=\boldsymbol{B}$，应选 C.

例 2.5.4　证明矩阵行列式的以下两个性质.

(1) 设 $\boldsymbol{A},\boldsymbol{B}$ 是两个 n 阶矩阵，则有 $|AB|=|A||B|$.

(2) 设 $\boldsymbol{A}=\begin{bmatrix} \boldsymbol{A}_1 & \boldsymbol{0} \\ \boldsymbol{0} & \boldsymbol{A}_2 \end{bmatrix}$ 为分块对角矩阵，则有 $|\boldsymbol{A}|=|\boldsymbol{A}_1||\boldsymbol{A}_2|$.

证　(1) 仅用第三种初等行变换，可以将 $\boldsymbol{A}$ 化为上三角矩阵，仅用初等列变换，也可以将 $\boldsymbol{B}$ 化为上三角矩阵，再由初等变换的性质 2.5.1，就存在相应于第三种初等变换的初等矩阵 $\boldsymbol{P}_1,\cdots,\boldsymbol{P}_s,\boldsymbol{Q}_1,\cdots,\boldsymbol{Q}_t$，使得

$$\boldsymbol{P}_s\cdots\boldsymbol{P}_1\boldsymbol{A}=\begin{bmatrix} a_1 & * & \cdots & * \\ 0 & a_2 & \cdots & * \\ \vdots & \vdots & & \vdots \\ 0 & 0 & \cdots & a_n \end{bmatrix},\quad \boldsymbol{B}\boldsymbol{Q}_1\cdots\boldsymbol{Q}_t=\begin{bmatrix} b_1 & * & \cdots & * \\ 0 & b_2 & \cdots & * \\ \vdots & \vdots & & \vdots \\ 0 & 0 & \cdots & b_n \end{bmatrix}$$

以上两式相乘，得 $\boldsymbol{P}_s\cdots\boldsymbol{P}_1\boldsymbol{A}\boldsymbol{B}\boldsymbol{Q}_1\cdots\boldsymbol{Q}_t=\begin{bmatrix} a_1b_1 & * & \cdots & * \\ 0 & a_2b_2 & \cdots & * \\ \vdots & \vdots & & \vdots \\ 0 & 0 & \cdots & a_nb_n \end{bmatrix}$

对上面三个等式两边取行列式，因为第三种初等变换不改变矩阵行列式的值，故得

$$|\boldsymbol{A}|=|\boldsymbol{P}_s\cdots\boldsymbol{P}_1\boldsymbol{A}|=a_1a_2\cdots a_n,\quad |\boldsymbol{B}|=|\boldsymbol{B}\boldsymbol{Q}_1\cdots\boldsymbol{Q}_t|=b_1b_2\cdots b_n.$$

$$\begin{aligned}|\boldsymbol{AB}|&=|\boldsymbol{P}_s\cdots\boldsymbol{P}_1\boldsymbol{ABQ}_1\cdots\boldsymbol{Q}_t|=(a_1b_1)(a_2b_2)\cdots(a_nb_n)\\&=(a_1a_2\cdots a_n)(b_1b_2\cdots b_n)=|\boldsymbol{A}||\boldsymbol{B}|.\end{aligned}$$

(2) 设 $\boldsymbol{A}_1$ 是 s 阶矩阵，$\boldsymbol{A}_2$ 是 t 阶矩阵，则 $\boldsymbol{A}_1$ 与 $\boldsymbol{A}_2$ 可以仅用第三种初等行变换化为上三角矩阵：

$$\boldsymbol{A}_1\rightarrow\begin{bmatrix}a_1 & * & \cdots & *\\ & a_2 & \cdots & *\\ & & \ddots & \vdots\\ & & & a_s\end{bmatrix}\qquad \boldsymbol{A}_2\rightarrow\begin{bmatrix}b_1 & * & \cdots & *\\ & b_2 & \cdots & *\\ & & \ddots & \vdots\\ & & & b_t\end{bmatrix}.$$

将施于 $\boldsymbol{A}_1$ 的第三种初等行变换施于 $\boldsymbol{A}$ 的前 s 行，将施于 $\boldsymbol{A}_2$ 的第三种初等行变换施于 $\boldsymbol{A}$ 的后 t 行. 于是就用第三种初等行变换将 $\boldsymbol{A}$ 化为上三角矩阵

$$\boldsymbol{A}\rightarrow\begin{bmatrix}a_1 & * & \cdots & * & & & & \\ & a_2 & \cdots & * & & & & \\ & & \ddots & \vdots & & & & \\ & & & a_s & & & & \\ & & & & b_1 & * & \cdots & *\\ & & & & & b_2 & \cdots & *\\ & & & & & & \ddots & \vdots\\ & & & & & & & b_t\end{bmatrix}.$$

因为第三种初等行变换不改变矩阵行列式的值，故有

$$|\boldsymbol{A}_1|=a_1a_2\cdots a_s,\quad |\boldsymbol{A}_2|=b_1b_2\cdots b_t.$$

$$|\boldsymbol{A}|=a_1a_2\cdots a_s\cdot b_1b_2\cdots b_t=|\boldsymbol{A}_1|\,|\boldsymbol{A}_2|\quad\text{(证毕)}.$$

注： 对于分块三角矩阵 $\boldsymbol{A}=\begin{bmatrix}\boldsymbol{A}_1 & \boldsymbol{A}_3\\ \boldsymbol{0} & \boldsymbol{A}_2\end{bmatrix}$ 或 $\begin{bmatrix}\boldsymbol{A}_1 & \boldsymbol{0}\\ \boldsymbol{A}_3 & \boldsymbol{A}_2\end{bmatrix}$ ($\boldsymbol{A}_1,\boldsymbol{A}_2$ 为方阵). 同样可证：

$|\boldsymbol{A}|=|\boldsymbol{A}_1|\,|\boldsymbol{A}_2|$ (见 2.4 节中).

2.6 矩阵的秩

第 2.5 节中我们指出，给定一个 $m\times n$ 矩阵 A，它的标准形

$$\boldsymbol{F}=\begin{pmatrix}\boldsymbol{E}_r & \boldsymbol{0}\\ \boldsymbol{0} & \boldsymbol{0}\end{pmatrix}_{m\times n}$$

由数 r 完全确定. 这个数便是**矩阵 A 的秩**. 但由于这个数的唯一性尚未证明，因此下面用另一种说法给出矩阵的秩的定义.

定义 2.6.1　在 $m\times n$ 矩阵 $\boldsymbol{A}$ 中，任取 k 行与 k 列 $(k\leqslant m,k\leqslant n)$，位于这些行列交叉处的 k^2 个元素，不改变它们在 $\boldsymbol{A}$ 中所处的位置次序而得的 k 阶行列式，称为**矩阵 $\boldsymbol{A}$ 的 k 阶子式**.

$m\times n$ 矩阵 $\boldsymbol{A}$ 的 k 阶子式共有 $\mathrm{C}_m^k\cdot\mathrm{C}_n^k$ 个.

定义 2.6.2　设在矩阵 $\boldsymbol{A}$ 中有一个不等于 0 的 r 阶子式 D，且所有 $r+1$ 阶子式(如果

存在的话)全等于 0，那么 D 称为矩阵 $\boldsymbol{A}$ 的最高阶非零子式，数 r 称为**矩阵 $\boldsymbol{A}$ 的秩，记作** $R(A)$. 并规定零矩阵的秩等于 0.

由行列式的性质可知，在 $\boldsymbol{A}$ 中，当所有 $r+1$ 阶子式全等于 0 时，所有高于 $r+1$ 阶的子式也全等于 0，因此把 r 阶非零子式称为最高阶非零子式，而 $\boldsymbol{A}$ 的秩 $R(\boldsymbol{A})$ 就是 $\boldsymbol{A}$ 中不等于 0 的子式的最高阶数.

由于 $R(\boldsymbol{A})$ 是 $\boldsymbol{A}$ 的非零子式的最高阶数，因此，若矩阵 $\boldsymbol{A}$ 中有某个 s 阶子式不为 0，则 $R(\boldsymbol{A}) \geqslant s$；若 $\boldsymbol{A}$ 中所有 t 阶子式全为 0，则 $R(\boldsymbol{A}) < t$.

显然，若 $\boldsymbol{A}$ 为 $m\times n$ 矩阵，则 $0 \leqslant R(\boldsymbol{A}) \leqslant \min\{m,n\}$.

由于行列式与其转置行列式相等，因此 $\boldsymbol{A}^{\mathrm{T}}$ 的子式与 $\boldsymbol{A}$ 的子式对应相等，从而 $R(\boldsymbol{A}^{\mathrm{T}}) = R(\boldsymbol{A})$.

对于 n 阶矩阵 $\boldsymbol{A}$，由于 $\boldsymbol{A}$ 的 n 阶子式只有一个 $|\boldsymbol{A}|$，故当 $|\boldsymbol{A}| \neq 0$ 时，$R(\boldsymbol{A}) = n$，当 $|\boldsymbol{A}|=0$ 时，$R(\boldsymbol{A}) < n$. 可见可逆矩阵的秩等于矩阵的阶数，因此，可逆矩阵又称满秩矩阵，不可逆矩阵(奇异矩阵)又称降秩矩阵.

例 2.6.1　求矩阵 $\boldsymbol{A}$ 和 $\boldsymbol{B}$ 的秩，其中

$$\boldsymbol{A}=\begin{pmatrix}1&2&3\\2&3&-5\\4&7&1\end{pmatrix},\quad \boldsymbol{B}=\begin{pmatrix}2&-1&0&3&-2\\0&3&1&-2&5\\0&0&0&4&-3\\0&0&0&0&0\end{pmatrix}.$$

解　在 $\boldsymbol{A}$ 中，容易看出一个 2 阶子式 $\begin{vmatrix}1&2\\2&3\end{vmatrix}\neq 0$，$\boldsymbol{A}$ 的 3 阶子式只有一个 $|\boldsymbol{A}|$，经计算可知，$|\boldsymbol{A}|=0$，因此 $R(\boldsymbol{A})=2$.

$\boldsymbol{B}$ 是一个行阶梯形矩阵，其非零行有 3 行，即知 $\boldsymbol{B}$ 的所有 4 阶子式全为零. 而以 3 个非零行的第一个非零元为对角元得 3 阶行列式

$$\begin{vmatrix}2&-1&3\\0&3&-2\\0&0&4\end{vmatrix}$$

是一个上三角形行列式，它显然不等于 0，因此 $R(\boldsymbol{B}) = 3$.

从本例可知，对于一般的矩阵，当行数与列数较高时，按定义求秩是很麻烦的. 然而对于行阶梯形矩阵，它的秩就是非零行的行数，一看便知，无须计算. 因此自然想到用初等变换把矩阵换成行阶梯形矩阵，但两个等价矩阵的秩是否相等呢？下面的定理对此做出了肯定的回答.

定理 2.6.1　若 $\boldsymbol{A} \sim \boldsymbol{B}$，则 $R(\boldsymbol{A}) = R(\boldsymbol{B})$.

证　先证明：若 $\boldsymbol{A}$ 经一次初等行变换变为 $\boldsymbol{B}$，则 $R(\boldsymbol{A}) \leqslant R(\boldsymbol{B})$.

设 $R(\boldsymbol{A}) = r$，且 $\boldsymbol{A}$ 的某个 r 阶子式 $D \neq 0$.

当 $\boldsymbol{A}\xrightarrow{r_i\leftrightarrow r_j}\boldsymbol{B}$ 或 $\boldsymbol{A}\xrightarrow{kr_i}\boldsymbol{B}$ 时，在 $\boldsymbol{B}$ 中总能找到与 D 相对应的 r 阶子式 D_1，由于 $D_1 = D$ 或 $D_1 = -D$ 或 $D_1 = kD$，因此 $D_1 \neq 0$，从而 $R(\boldsymbol{B}) \geqslant r$.

当 $\boldsymbol{A}\xrightarrow{r_i+kr_j}\boldsymbol{B}$ 时，由于对于变换 $r_i \leftrightarrow r_j$，结论成立，因此只需考虑 $\boldsymbol{A}\xrightarrow{r_1+kr_2}\boldsymbol{B}$ 这一特殊情形. 分两种情形讨论：①$\boldsymbol{A}$ 的 r 阶非零子式 D 不包含 $\boldsymbol{A}$ 的第一行，这时 D 也是 $\boldsymbol{B}$

的 r 阶非零子式，故 $R(\boldsymbol{B})\geqslant r$；② D 包含 $\boldsymbol{A}$ 的第一行，这时 $\boldsymbol{B}$ 中与 D 相对应的 r 阶子式 D_1 记作

$$D=\begin{pmatrix} r_1+kr_2 \\ r_p \\ \vdots \\ r_q \end{pmatrix}=\begin{pmatrix} r_1 \\ r_p \\ \vdots \\ r_q \end{pmatrix}+k\begin{pmatrix} r_2 \\ r_p \\ \vdots \\ r_q \end{pmatrix}+D+kD_2$$

若 $p=2$，则 $D_1=D\neq 0$；若 $p\neq 2$，则 D_2 也是 $\boldsymbol{B}$ 的 r 阶子式，由 $D_1-kD_2=D\neq 0$，知 D_1 与 D_2 不同时为 0. 总之，$\boldsymbol{B}$ 中存在 r 阶非零子式 D_1 或 D_2，故 $R(\boldsymbol{B})\geqslant r$.

以上证明了若 $\boldsymbol{A}$ 经一次初等行变换变为 $\boldsymbol{B}$，则 $R(\boldsymbol{A})\leqslant R(\boldsymbol{B})$. 由于 $\boldsymbol{B}$ 亦可经一次初等行变换变为 $\boldsymbol{A}$，故也有 $R(\boldsymbol{B})\leqslant R(\boldsymbol{A})$. 因此，$R(\boldsymbol{A})=R(\boldsymbol{B})$.

经一次初等行变换矩阵的秩不变，即可知经有限次初等行变换矩阵的秩仍不变.

设 A 经初等列变换变为 $\boldsymbol{B}$，则 $\boldsymbol{A}^{\mathrm{T}}$ 经初等行变换变为 $\boldsymbol{B}^{\mathrm{T}}$，由上段证明知：$R(\boldsymbol{A}^{\mathrm{T}})=R(\boldsymbol{B}^{\mathrm{T}})$，又 $R(\boldsymbol{A})=(\boldsymbol{A}^{\mathrm{T}})$，$R(\boldsymbol{B})=R(\boldsymbol{B}^{\mathrm{T}})$，因此，$R(\boldsymbol{A})=R(\boldsymbol{B})$. 证毕.

根据这一定理，为求矩阵的秩，只要把矩阵用初等行变换变成行阶梯形矩阵，行阶梯矩阵中非零行的行数即是该矩阵的秩.

例 2.6.2 设
$$\boldsymbol{A}=\begin{pmatrix} 3 & 2 & 0 & 5 & 0 \\ 3 & -2 & 3 & 6 & -1 \\ 2 & 0 & 1 & 5 & -3 \\ 1 & 6 & -4 & -1 & 4 \end{pmatrix},$$
求矩阵 $\boldsymbol{A}$ 的秩，并求 $\boldsymbol{A}$ 的一个最高阶非零子式.

解 先求 $\boldsymbol{A}$ 的秩，为此，对 $\boldsymbol{A}$ 作初等行变换变成行阶梯形矩阵

$$\boldsymbol{A}=\begin{pmatrix} 3 & 2 & 0 & 5 & 0 \\ 3 & -2 & 3 & 6 & -1 \\ 2 & 0 & 1 & 5 & -3 \\ 1 & 6 & -4 & -1 & 4 \end{pmatrix}\to\begin{pmatrix} 1 & 6 & -4 & -1 & 4 \\ 0 & -20 & 15 & 9 & -13 \\ 0 & -12 & 9 & 7 & -11 \\ 0 & -16 & 12 & 8 & -12 \end{pmatrix}$$

$$\to\begin{pmatrix} 1 & 6 & -4 & -1 & 4 \\ 0 & -4 & 3 & 1 & -1 \\ 0 & 0 & 0 & 4 & -8 \\ 0 & 0 & 0 & 4 & -8 \end{pmatrix}\to\begin{pmatrix} 1 & 6 & -4 & 1 & 4 \\ 0 & -4 & 3 & 1 & -1 \\ 0 & 0 & 0 & 4 & -8 \\ 0 & 0 & 0 & 0 & 0 \end{pmatrix},$$

因为行阶梯形矩阵有 3 个非零行，所以 $R(\boldsymbol{A})=3$.

再求 $\boldsymbol{A}$ 的一个最高阶非零子式. 因 $R(\boldsymbol{A})=3$，知 $\boldsymbol{A}$ 的最高阶非零子式为 3 阶. $\boldsymbol{A}$ 的 3 阶子式共有 $C_4^3\cdot C_5^3=40$ (个)，要从 40 个子式中找出一个非零子式是比较麻烦的. 考察 $\boldsymbol{A}$ 的行阶梯形矩阵，记 $\boldsymbol{A}=(a_1,a_2,a_3,a_4,a_5)$，则矩阵 $\boldsymbol{A}_0=(a_1,a_2,a_4)$ 的行阶梯形矩阵为

$$\begin{pmatrix} 1 & 6 & -1 \\ 0 & -4 & 1 \\ 0 & 0 & 4 \\ 0 & 0 & 0 \end{pmatrix},$$

知 $R(\boldsymbol{A}_0)=3$，故 $\boldsymbol{A}$ 中必有 3 阶非零子式. $\boldsymbol{A}_0$ 的 3 阶子式有 4 个，在 $\boldsymbol{A}_0$ 的 4 个 3 阶子式中找一个非零子式比在 $\boldsymbol{A}$ 中找一个非零子式较方便. 今计算 $\boldsymbol{A}_0$ 的前三行构成的子式

$$\begin{vmatrix}3&2&5\\3&-2&6\\2&0&5\end{vmatrix}=\begin{vmatrix}3&2&5\\6&0&11\\2&0&5\end{vmatrix}=-2\begin{vmatrix}6&11\\2&5\end{vmatrix}\neq 0,$$

因此，这个子式便是 $\boldsymbol{A}$ 的一个最高非零子式.

例 2.6.3　设 $\boldsymbol{A}=\begin{pmatrix}1&-2&2&-1\\2&-4&8&0\\-2&4&-2&3\\3&-6&0&-6\end{pmatrix}$，$\boldsymbol{b}=\begin{pmatrix}1\\2\\3\\4\end{pmatrix}$，求矩阵 $\boldsymbol{A}$ 及矩阵 $\boldsymbol{B}=(\boldsymbol{A},\boldsymbol{b})$ 的秩.

解　对 $\boldsymbol{B}$ 作初等行变换变为行阶梯形矩阵，设 $\boldsymbol{B}$ 的行阶梯形矩阵为 $\tilde{\boldsymbol{B}}=(\tilde{\boldsymbol{A}},\tilde{\boldsymbol{b}})$，则 $\tilde{\boldsymbol{A}}$ 就是 $\boldsymbol{A}$ 的行阶梯形矩阵，故从 $\tilde{\boldsymbol{B}}=(\tilde{\boldsymbol{A}},\tilde{\boldsymbol{b}})$ 中可看出 $R(\boldsymbol{A})$ 及 $R(\boldsymbol{B})$.

$$\boldsymbol{B}=\begin{pmatrix}1&-2&2&-1&1\\2&-4&8&0&2\\-2&4&-2&3&3\\3&-6&0&-6&4\end{pmatrix}\to\begin{pmatrix}1&-2&2&-1&1\\0&0&4&2&0\\0&0&2&1&5\\0&0&-6&-3&1\end{pmatrix}$$

$$\to\begin{pmatrix}1&-2&2&-1&1\\0&0&2&1&0\\0&0&0&0&5\\0&0&0&0&1\end{pmatrix}\to\begin{pmatrix}1&-2&2&-1&1\\0&0&2&1&0\\0&0&0&0&1\\0&0&0&0&0\end{pmatrix},$$

因此，

$$R(\boldsymbol{A})=2,\ R(\boldsymbol{B})=3.$$

从矩阵 $\boldsymbol{A}$ 的行阶梯形可知，本例中的 $\boldsymbol{B}=(\boldsymbol{A},\boldsymbol{b})$ 所对应的线性方程组 $\boldsymbol{A}x=b$ 是无解的，这是因为行阶梯形矩阵的第三行对应于矛盾方程.

例 2.6.4　设

$$\boldsymbol{A}=\begin{pmatrix}1&-1&1&2\\3&\lambda&-1&2\\5&3&\mu&6\end{pmatrix}，已知 R(\boldsymbol{A})=2，求 \lambda 与 \mu 的值.$$

解

$$\boldsymbol{A}=\begin{pmatrix}1&-1&1&2\\0&\lambda+3&-4&-4\\0&8&\mu-5&-4\end{pmatrix}\to\begin{pmatrix}1&-1&1&2\\0&\lambda+3&-4&-4\\0&5-\lambda&\mu-1&0\end{pmatrix},$$

因 $R(\boldsymbol{A})=2$，故

$$\begin{cases}5-\lambda=0\\\mu-1=0\end{cases}，即\begin{cases}\lambda=5\\\mu=1\end{cases}.$$

下面给出矩阵的秩的性质(部分证明可参考相关高等代数)：

① $0\leqslant R(\boldsymbol{A}_{m\times n})\leqslant\min\{m,n\}$；

② $R(\boldsymbol{A}^{\mathrm{T}})=R(\boldsymbol{A})$；

③ 若 $\boldsymbol{A} \sim \boldsymbol{B}$，则 $R(\boldsymbol{A}) = R(\boldsymbol{B})$；

④ 若 $\boldsymbol{P}, \boldsymbol{Q}$ 可逆，则 $R(\boldsymbol{PAQ}) = R(\boldsymbol{A})$；

⑤ $\max\{R(\boldsymbol{A}), R(\boldsymbol{B})\} \leqslant R(\boldsymbol{A}, \boldsymbol{B}) \leqslant R(\boldsymbol{A}) + R(\boldsymbol{B})$，

特别地，当 $\boldsymbol{B} = \boldsymbol{b}$ 为列向量时，有

$$R(\boldsymbol{A}) \leqslant R(\boldsymbol{A}, \boldsymbol{b}) \leqslant R(\boldsymbol{A}) + 1;$$

⑥ $R(\boldsymbol{A}, \boldsymbol{B}) \leqslant R(\boldsymbol{A}) + R(\boldsymbol{B})$；

⑦ $R(\boldsymbol{AB}) \leqslant \min\{R(\boldsymbol{A}), R(\boldsymbol{B})\}$；

⑧ 若 $\boldsymbol{A}_{m\times n}\boldsymbol{B}_{n\times l} = \boldsymbol{0}$，则 $R(\boldsymbol{A}) + R(\boldsymbol{B}) \leqslant n$.

习 题 2

1. 两人零和对策问题. 两儿童玩石头—剪子—布的游戏，每人的出法只能在石头、剪子、布中选择一种，当他们各选定一个出法(也称策略)时，就确定了一个“局势”，也就得出了各自的输赢. 若规定胜者得 1 分，负者得-1 分，平手各得零分，则对于各种可能的局势(每一局势得分之和为零即零和)，试用赢得矩阵来表示 $\boldsymbol{A}$ 的得分.

2. 有 6 名选手参加乒乓球比赛，成绩如下：选手 1 胜选手 2,4,5,6 而输于选手 3；选手 2 胜选手 4,5,6 而负于选手 1,3；选手 3 胜选手 1,2,4 而负于 5,6；选手 4 胜选手 5,6 而输于选手 1,2,3；选手 5 胜选手 3,6 而输于选手 1,2,4。若胜一场得 1 分，输一场得零分，试用矩阵表示输赢状况，并且排序.

3. 设 $\boldsymbol{A} = \begin{pmatrix} a_{11} & a_{12} \\ a_{21} & a_{22} \\ a_{31} & a_{32} \end{pmatrix}$，$\boldsymbol{B} = \begin{pmatrix} b_1 & 0 \\ 0 & b_2 \end{pmatrix}$，$\boldsymbol{C} = \begin{pmatrix} c_1 & 0 & 0 \\ 0 & c_2 & 0 \\ 0 & 0 & c_3 \end{pmatrix}$,求 $\boldsymbol{AB}$ 和 $\boldsymbol{CA}$.

4. 设 $\boldsymbol{A} = \begin{pmatrix} 1 & 1 & 1 \\ 1 & 1 & -1 \\ 1 & -1 & 1 \end{pmatrix}$，$\boldsymbol{B} = \begin{pmatrix} 1 & 2 & 3 \\ -1 & -2 & 4 \\ 0 & 5 & 1 \end{pmatrix}$，求 $3\boldsymbol{AB} - 2\boldsymbol{A}$ 及 $\boldsymbol{A}^{\mathrm{T}}\boldsymbol{B}$.

5. 计算下列乘积.

(1) $\begin{pmatrix} 4 & 3 & 1 \\ 1 & -2 & 3 \\ 5 & 7 & 0 \end{pmatrix}\begin{pmatrix} 7 \\ 2 \\ 1 \end{pmatrix}$；　(2) $\begin{pmatrix} 1 & 2 & 3 \end{pmatrix}\begin{pmatrix} 3 \\ 2 \\ 1 \end{pmatrix}$；　(3) $\begin{pmatrix} 2 \\ 1 \\ 3 \end{pmatrix}\begin{pmatrix} -1 & -2 \end{pmatrix}$；

(4) $(x_1 \;\; x_2 \;\; x_2)\begin{pmatrix} a_{11} & a_{12} & a_{13} \\ a_{21} & a_{22} & a_{23} \\ a_{31} & a_{32} & a_{33} \end{pmatrix}\begin{pmatrix} x_1 \\ x_2 \\ x_3 \end{pmatrix}$.

6. 设 $\boldsymbol{A} = \begin{pmatrix} 1 & 3 \\ 0 & 1 \end{pmatrix}$，求 $\boldsymbol{A}^n$.

7. 已知 $\boldsymbol{A}, \boldsymbol{B}$ 均为 n 阶方阵，则必有(　　).

A. $(\boldsymbol{A}+\boldsymbol{B})^2 = \boldsymbol{A}^2 + 2\boldsymbol{AB} + \boldsymbol{B}^2$；　B. $(AB)^{\mathrm{T}} = \boldsymbol{A}^{\mathrm{T}}\boldsymbol{B}^{\mathrm{T}}$；

C. $\boldsymbol{AB} = \boldsymbol{0}$ 时，$\boldsymbol{A} = \boldsymbol{0}$或$\boldsymbol{B} = \boldsymbol{0}$；　D. $|\boldsymbol{A} + \boldsymbol{AB}| = 0 \Rightarrow |\boldsymbol{A}| = 0$ 或 $|\boldsymbol{E} + \boldsymbol{B}| = 0$.

8. 设 $\boldsymbol{A}=\begin{pmatrix}2 & 1\\-1 & 2\end{pmatrix}$，矩阵 $\boldsymbol{B}$ 满足 $\boldsymbol{BA}=\boldsymbol{B}+2\boldsymbol{E}$，求 $|\boldsymbol{B}|$.

9. 证明：任意 n 阶方程都可以表示成一个对称方阵与一个反对称的和.

10. 求下列矩阵的逆矩阵.

(1) $\begin{pmatrix}1 & 2\\2 & 5\end{pmatrix}$；　(2) $\begin{pmatrix}\cos\theta & -\sin\theta\\\sin\theta & \cos\theta\end{pmatrix}$；　(3) $\begin{pmatrix}1 & 2 & 1\\3 & 4 & 2\\5 & -4 & 1\end{pmatrix}$；

(4) $\begin{pmatrix}1 & 0 & 0 & 0\\1 & 2 & 0 & 0\\2 & 2 & 3 & 0\\1 & 2 & 0 & 4\end{pmatrix}$；　(5) $\begin{pmatrix}1 & 2 & 3 & 4\\0 & 1 & 2 & 3\\0 & 0 & 1 & 2\\0 & 0 & 0 & 1\end{pmatrix}$.

11. 用逆矩阵求解下列矩阵方程.

(1) $\begin{pmatrix}2 & 5\\1 & 3\end{pmatrix}\boldsymbol{X}=\begin{pmatrix}4 & -6\\2 & 1\end{pmatrix}$；　(2) $\boldsymbol{X}\begin{pmatrix}2 & 1 & -1\\2 & 1 & 0\\1 & -1 & 1\end{pmatrix}=\begin{pmatrix}1 & -1 & 3\\4 & 3 & 2\end{pmatrix}$；

(3) $\begin{pmatrix}1 & 4\\-1 & 2\end{pmatrix}\boldsymbol{X}\begin{pmatrix}2 & 0\\-1 & 1\end{pmatrix}=\begin{pmatrix}3 & 1\\0 & -1\end{pmatrix}$.

12. 利用矩阵解下列线性方程组.

(1) $\begin{cases}x_1+2x_2+3x_3=1\\2x_1+2x_2+5x_3=2\\3x_1+5x_2+x_3=3\end{cases}$；　(2) $\begin{cases}x_1-x_2-x_3=2\\2x_1-x_2-3x_3=1\\3x_1+2x_2-5x_3=0\end{cases}$.

13. 若 $\boldsymbol{A}^k=\boldsymbol{0}$ (k 是正整数)，求证：$(\boldsymbol{E}-\boldsymbol{A})^{-1}=\boldsymbol{E}+\boldsymbol{A}+\boldsymbol{A}^2+\cdots+\boldsymbol{A}^{k-1}$.

14. 设方阵 $\boldsymbol{A}$ 满足 $\boldsymbol{A}^2-\boldsymbol{A}-2\boldsymbol{E}=0$，证明 $\boldsymbol{A}$ 及 $\boldsymbol{A}+2\boldsymbol{E}$ 都可逆，并求 $\boldsymbol{A}^{-1}$ 及 $(\boldsymbol{A}+2\boldsymbol{E})^{-1}$.

15. 设 $\boldsymbol{A}=\begin{pmatrix}0 & 3 & 3\\1 & 1 & 0\\-1 & 2 & 3\end{pmatrix}$，$\boldsymbol{AB}=\boldsymbol{A}+2\boldsymbol{B}$，求 $\boldsymbol{B}$.

16. 求下列三角阵 $\boldsymbol{A}$ 与 $\boldsymbol{B}$ 的乘积，其中

$$\boldsymbol{A}=\begin{pmatrix}1 & 0 & 0 & 0\\0 & 1 & 0 & 0\\-2 & 2 & 1 & 0\\3 & 0 & -1 & 1\end{pmatrix},\qquad \boldsymbol{B}=\begin{pmatrix}1 & 0 & 0 & 0\\3 & 2 & 0 & 0\\2 & -1 & 1 & 0\\-1 & 2 & 0 & 1\end{pmatrix}.$$

17. 设矩阵 $\boldsymbol{A}=\begin{pmatrix}1 & 0 & 2 & 3\\0 & 1 & 1 & 4\\0 & 0 & 1 & 0\\0 & 0 & 0 & -1\end{pmatrix}$，$\boldsymbol{B}=\begin{pmatrix}1 & 0 & 0 & 0\\0 & 1 & 0 & 0\\6 & 3 & 1 & 2\\0 & -2 & 2 & 0\end{pmatrix}$，求 $\boldsymbol{AB}$.

18. 用矩阵的分块求下列矩阵的逆矩阵.

(1) $\begin{pmatrix} 0 & 0 & 2 \\ 1 & 2 & 0 \\ 3 & 4 & 0 \end{pmatrix}$； (2) $\begin{pmatrix} 1 & 0 & 0 & 0 \\ 1 & 2 & 0 & 0 \\ 2 & 1 & 3 & 0 \\ 1 & 2 & 1 & 4 \end{pmatrix}$； (3) $\begin{pmatrix} 5 & 2 & 0 & 0 \\ 2 & 1 & 0 & 0 \\ 0 & 0 & 8 & 3 \\ 0 & 0 & 5 & 2 \end{pmatrix}$；

(4) $\begin{pmatrix} 1 & 1 & 0 & 0 & 0 \\ -1 & 3 & 0 & 0 & 0 \\ 0 & 0 & -2 & 0 & 0 \\ 0 & 0 & 0 & 1 & 1 \\ 0 & 0 & 0 & 0 & 2 \end{pmatrix}$.

19. 设 $\begin{pmatrix} 3 & 4 & 0 & 0 \\ 4 & -3 & 0 & 0 \\ 0 & 0 & 2 & 0 \\ 0 & 0 & 2 & 2 \end{pmatrix}$，求 $|\boldsymbol{A}^8|$ 及 $\boldsymbol{A}^4$.

20. 用行初等变换求下列矩阵的逆矩阵.

(1) $\begin{pmatrix} 2 & 2 & 3 \\ 1 & -1 & 0 \\ -1 & 2 & 1 \end{pmatrix}$； (2) $\begin{pmatrix} 1 & 2 & 2 \\ 2 & 1 & -2 \\ 2 & -2 & 1 \end{pmatrix}$.

21. 设 $\boldsymbol{A}=\begin{pmatrix} 1 & 2 \\ -1 & 0 \end{pmatrix}$，又 $f(x)=x^2-3x+2$，求 $f(\boldsymbol{A})$.

22. 当 t 为何值时？矩阵 $\boldsymbol{A}=\begin{pmatrix} 1 & 0 & 2 & 3 \\ t & 1 & -1 & 2 \\ 0 & 1 & 3 & 8 \end{pmatrix}$ 的秩为 2.

23. 计算 $\begin{pmatrix} 0 & 1 & 0 \\ 1 & 0 & 0 \\ 0 & 0 & 1 \end{pmatrix}^{2011}\begin{pmatrix} 1 & 2 & 3 \\ 4 & 5 & 6 \\ 7 & 8 & 9 \end{pmatrix}\begin{pmatrix} 0 & 0 & 1 \\ 0 & 1 & 0 \\ 1 & 0 & 0 \end{pmatrix}^{2010}$.

24. 已知 $\boldsymbol{A}\begin{pmatrix} 1 & 1 & 1 \\ 0 & 1 & 1 \\ 1 & 0 & 1 \end{pmatrix}=\begin{pmatrix} 1 & 2 & 3 \\ 4 & 5 & 6 \end{pmatrix}$，求矩阵 $\boldsymbol{A}$.

25. 设 $\boldsymbol{A}=\begin{pmatrix} 1 & 1 & -1 \\ 0 & 1 & 1 \\ 0 & 0 & -1 \end{pmatrix}$，求矩阵 $\boldsymbol{B}$，使 $\boldsymbol{A}^2-\boldsymbol{AB}=\boldsymbol{E}$.

26. 已知 $\boldsymbol{AP}=\boldsymbol{PB}$，$\boldsymbol{B}=\begin{pmatrix} 1 & 0 & 0 \\ 0 & 0 & 0 \\ 0 & 0 & -1 \end{pmatrix}$，$\boldsymbol{P}=\begin{pmatrix} 1 & 0 & 0 \\ 2 & -1 & 0 \\ 2 & 1 & 1 \end{pmatrix}$，求 $\boldsymbol{A}$ 及 $\boldsymbol{A}^5$.

27. 解下列矩阵方程：

(1) $\boldsymbol{A}=\begin{pmatrix}0 & 2 & 1\\ 2 & -1 & 3\\ -3 & 3 & -4\end{pmatrix}$，$\boldsymbol{B}=\begin{pmatrix}1 & 2 & 3\\ 2 & -3 & 1\end{pmatrix}$，求 $\boldsymbol{X}$，使 $\boldsymbol{XA}=\boldsymbol{B}$；

(2) $\boldsymbol{AX}=\boldsymbol{A}+2\boldsymbol{X}$，其中，$\boldsymbol{A}=\begin{pmatrix}1 & -1 & 0\\ 0 & 1 & -1\\ -1 & 0 & 1\end{pmatrix}$，求 $\boldsymbol{X}$.

28. 证明：线性方程组

$$\begin{cases}x_1-x_2=a_1\\ x_2-x_3=a_2\\ x_3-x_4=a_3\\ x_4-x_5=a_4\\ x_5-x_1=a_5\end{cases}$$

有解的充要条件是 $\sum\limits_{i=1}^{5}a_i=0$.

29. 设线性方程组

$$\begin{cases}a_{11}x_1+a_{12}x_2+\cdots+a_{1n}x_n=b_1\\ a_{21}x_1+a_{22}x_2+\cdots+a_{2n}x_n=b_2\\ \qquad\vdots\\ a_{n1}x_1+a_{n2}x_2+\cdots+a_{nn}x_n=b_n\end{cases}$$

的系数矩阵 $\boldsymbol{A}=(a_{ij})$ 的秩与矩阵

$$\boldsymbol{C}=\begin{pmatrix}a_{11} & a_{12} & \cdots & a_{1n} & b_1\\ a_{21} & a_{22} & \cdots & a_{2n} & b_2\\ \vdots & \vdots & & \vdots & \vdots\\ a_{n1} & a_{n2} & \cdots & a_{nn} & b_n\\ b_1 & b_2 & \cdots & b_n & 0\end{pmatrix}$$

的秩相等，即 $r(\boldsymbol{A})=r(\boldsymbol{C})$，证明这个方程组有解.

30. 设齐次线性方程组

$$\begin{cases}x_1-2x_2+2x_3=0\\ 2x_1-x_2+\lambda x_3=0\\ x_1+2x_2-x_3=0\end{cases}$$

的系数矩阵为 $\boldsymbol{A}$，且存在三阶矩阵 $\boldsymbol{B}\neq\boldsymbol{0}$. 求 λ 的值，使得 $\boldsymbol{AB}=\boldsymbol{0}$.

第 3 章　向量组的线性相关性

本章主要介绍向量的概念，向量组的线性相关性，向量组的秩及向量空间的概念，这些内容是研究线性方程组解的结构的基础.

3.1　向量组及其线性组合

3.1.1　n 维向量及其线性运算

1. n 维向量的概念

定义 3.1.1　由 n 个数 $a_1,a_2,\cdots,a_n$ 组成的有序数组 $(a_1, a_2,\cdots, a_n)$ 称为 **n 维向量**，a_i 称为向量的**第 i 个分量**. 通常，向量用小写字母 $\boldsymbol{a},\boldsymbol{b},\boldsymbol{c},\boldsymbol{d},\boldsymbol{\alpha},\boldsymbol{\beta}$ 等表示.

一个 n 维向量可以写成一行的形式

$$\boldsymbol{\alpha}=(a_1, a_2,\cdots, a_n)，$$

称为**行向量**；也可以写成一列的形式

$$\boldsymbol{\beta}=\begin{pmatrix} a_1 \\ a_2 \\ \vdots \\ a_n \end{pmatrix}=(a_1,a_2\cdots, a_n)^{\mathrm{T}}.$$

称为**列向量**. 在接下来的内容中，若无特别说明，均指列向量.

行向量和列向量只是向量的两种不同的写法，意义是相同的. 可以把一个行向量看作一个行矩阵，也可以把一个列向量看作一个列矩阵.

设 $\boldsymbol{\alpha}=(a_1, a_2,\cdots, a_n)^{\mathrm{T}}$，$\boldsymbol{\beta}=(b_1, b_2,\cdots, b_n)^{\mathrm{T}}$，当且仅当它们的各个对应分量都相等，即 $a_i=b_i(i=1,2,\cdots,a_n)$ 时，称**向量** α **与** β **相等**，记作 $\boldsymbol{\alpha}=\boldsymbol{\beta}$.

分量都为零的 n 维向量，称为 **n 维零向量**，记作 $\mathbf{0}$，即

$$\mathbf{0}=(0,0,\cdots,0)^{\mathrm{T}}$$

注意：维数不同的零向量是不相等的.

若向量 $\boldsymbol{\alpha}=(a_1, a_2,\cdots, a_n)^{\mathrm{T}}$，则称向量 $(-a_1,-a_2,\cdots,-a_n)^{\mathrm{T}}$ 为 $\boldsymbol{\alpha}$ 的**负向量**，记作 $-\boldsymbol{\alpha}$.

2. n 维数组的向量的线性运算

定义 3.1.2　设 n 维向量 $\boldsymbol{\alpha}=(a,a_2,\cdots,a_n)^{\mathrm{T}}$，$\boldsymbol{\beta}=(b_1, b_2,\cdots, b_n)^{\mathrm{T}}$，称向量 $(a_1+b_1,a_2+b_2,\cdots,a_n+b_n)^{\mathrm{T}}$ 为向量 $\boldsymbol{\alpha}$ 和 $\boldsymbol{\beta}$ 的和，记作 $\boldsymbol{\alpha}+\boldsymbol{\beta}$，即

$$\boldsymbol{\alpha}+\boldsymbol{\beta}=(a_1+b_1, a_2+b_2,\cdots, a_n+b_n)^{\mathrm{T}}$$

由向量加法和负向量的定义，可定义向量的减法：

$$\boldsymbol{\alpha}-\boldsymbol{\beta}=\boldsymbol{\alpha}+(-\boldsymbol{\beta})=(a_1-b_1,a_2-b_2,\cdots,a_n-b_n)^{\mathrm{T}}$$

定义 3.1.3　设 n 维向量 $\boldsymbol{\alpha}=(a_1,a_2,\cdots,a_n)^{\mathrm{T}}$，$k$ 为实数，称向量 $(ka_1,ka_2,\cdots,ka_n)$ 为**数** k

与向量$\boldsymbol{\alpha}$的乘积，记作$k\boldsymbol{\alpha}$，即$k\boldsymbol{\alpha}=(ka_1, ka_2,\cdots, ka_n)^{\mathrm{T}}$.

向量的加法及数乘运算统称为**向量的线性运算**.

设$\boldsymbol{\alpha},\boldsymbol{\beta},\boldsymbol{\gamma}$为$n$维向量，$k,l$为实数，容易验证向量的加法与数乘两种运算满足以下运算规律：

(1) $\boldsymbol{\alpha}+\boldsymbol{\beta}=\boldsymbol{\beta}+\boldsymbol{\alpha}$；

(2) $(\boldsymbol{\alpha}+\boldsymbol{\beta})+\boldsymbol{\gamma}=\boldsymbol{\alpha}+(\boldsymbol{\beta}+\boldsymbol{\gamma})$；

(3) $\boldsymbol{\alpha}+\boldsymbol{0}=\boldsymbol{\alpha}$；

(4) $\boldsymbol{\alpha}+(-\boldsymbol{\alpha})=\boldsymbol{0}$；

(5) $1\boldsymbol{\alpha}=\boldsymbol{\alpha}$；

(6) $k(l\boldsymbol{\alpha})=(kl)\boldsymbol{\alpha}$；

(7) $k(\boldsymbol{\alpha}+\boldsymbol{\beta})=k\boldsymbol{\alpha}+k\boldsymbol{\beta}$；

(8) $(k+l)\boldsymbol{\alpha}=k\boldsymbol{\alpha}+l\boldsymbol{\alpha}$.

例 3.1.1 设 $\boldsymbol{\alpha}_1=(2,5,1,3)^{\mathrm{T}}$，$\alpha_2=(10,1,5,10)^{\mathrm{T}}$，$\boldsymbol{\alpha}_3=(4,1,-1,1)^{\mathrm{T}}$，$3(\boldsymbol{\alpha}_1+\boldsymbol{\alpha})-2(\boldsymbol{\alpha}_2-\boldsymbol{\alpha})=6(\boldsymbol{\alpha}_3+\boldsymbol{\alpha})$，求$\boldsymbol{\alpha}$.

解 整理$3(\boldsymbol{\alpha}_1+\boldsymbol{\alpha})-2(\boldsymbol{\alpha}_2-\boldsymbol{\alpha})=6(\boldsymbol{\alpha}_3+\boldsymbol{\alpha})$，得

$$\begin{aligned}\boldsymbol{\alpha}&=3\boldsymbol{\alpha}_1-2\boldsymbol{\alpha}_2-6\boldsymbol{\alpha}_3\\&=3\times(2,5,1,3)^{\mathrm{T}}-2\times(10,1,5,10)^{\mathrm{T}}-6\times(4,1,-1,1)^{\mathrm{T}}\\&=(-38,7,-1,-17)^{\mathrm{T}}.\end{aligned}$$

3.1.2 向量组的概念

由若干个同维数的列向量(或行向量)所组成的集合称为**向量组**.

例如，一个$m\times n$矩阵

$$\boldsymbol{A}=\begin{pmatrix}a_{11}&a_{12}&\cdots&a_{1n}\\a_{21}&a_{22}&\cdots&a_{2n}\\\vdots&\vdots&&\vdots\\a_{m1}&a_{m2}&\cdots&a_{mn}\end{pmatrix}$$

可以看作由n个m维的列向量所组成的向量组$\boldsymbol{A}$:$(\boldsymbol{\alpha}_1,\boldsymbol{\alpha}_2,\cdots,\boldsymbol{\alpha}_n)$所构成，其中，$\boldsymbol{\alpha}_i=\begin{pmatrix}a_{1j}\\a_{2j}\\\vdots\\a_{nj}\end{pmatrix}$ $(j=1,2,\cdots,n)$.

也可看作由m个n维的行向量所组成的向量组$\boldsymbol{B}$:$(\boldsymbol{\beta}_1,\boldsymbol{\beta}_2,\cdots,\boldsymbol{\beta}_m)^{\mathrm{T}}$所构成，其中，$\boldsymbol{\beta}_i=(a_{i1},a_{i2},\cdots,a_{in})(i=1,2,\cdots,m)$.

因此，矩阵$\boldsymbol{A}$可以记为

$$\boldsymbol{A}=(\boldsymbol{a}_1,\boldsymbol{a}_2,\cdots,\boldsymbol{a}_n)\text{或}\boldsymbol{A}=\begin{pmatrix}\boldsymbol{\beta}_1\\\boldsymbol{\beta}_2\\\vdots\\\boldsymbol{\beta}_m\end{pmatrix}$$

矩阵的列向量组和行向量组都是只含有限个向量的向量组；反之，一个含有限个向量的向量组总可以构成一个矩阵. 总之，含有限个向量的有序向量组可以与矩阵一一对应.

有些向量组含有无限个向量.

例如，一个线性方程组 $\boldsymbol{A}_{m\times n}\boldsymbol{x}=\boldsymbol{0}$，当 $r(\boldsymbol{A})<n$ 时，它的全体解是一个含无限多个 n 维列向量的向量组.

3.1.3 向量组的线性组合

定义 3.1.4 给定向量组 $\boldsymbol{A}$: $\boldsymbol{\alpha}_1,\boldsymbol{\alpha}_2,\cdots,\boldsymbol{\alpha}_m$，对于任何一组实数 $k_1,k_2,\cdots,k_m$，表达式

$$k_1\boldsymbol{\alpha}_1+k_2\boldsymbol{\alpha}_2+\cdots+k_m\boldsymbol{\alpha}_m$$

称为向量组 $\boldsymbol{A}$ 的一个**线性组合**，$k_1,k_2,\cdots,k_m$ 称为这个**线性组合的系数**.

定义 3.1.5 给定向量组 $\boldsymbol{A}$: $\boldsymbol{\alpha}_1,\boldsymbol{\alpha}_2,\ldots,\boldsymbol{\alpha}_m$ 和向量 $\boldsymbol{\beta}$，若存在一组数 $k_1,k_2,\cdots,k_m$，使

$$\boldsymbol{\beta}=k_1\boldsymbol{\alpha}_1+k_2\boldsymbol{\alpha}_2+\cdots+k_m\boldsymbol{\alpha}_m,$$

则称向量 $\boldsymbol{\beta}$ 是向量组 $\boldsymbol{A}$ 的线性组合，又称向量 $\boldsymbol{\beta}$ 能由向量组 $\boldsymbol{A}$ **线性表出**，也称线性表示.

根据定义，可以得出以下结论：

(1) $\boldsymbol{\beta}$ 能由向量组 $\boldsymbol{\alpha}_1,\boldsymbol{\alpha}_2,\cdots,\boldsymbol{\alpha}_m$ 唯一线性表示的充分必要条件是非齐次线性方程组 $\begin{cases}\alpha_{11}x_1+\alpha_{12}x_2+\cdots+a_{1m}x_m=\beta_1\\ a_{21}x_1+a_{22}x_2+\cdots+a_{2m}x_m=\beta_2\\ \qquad\vdots\\ a_{n1}x_1+a_{n2}x_2+\cdots+a_{nm}x_m=\beta_m\end{cases}$ 有唯一解；

(2) $\boldsymbol{\beta}$ 能由向量组 $\boldsymbol{\alpha}_1,\boldsymbol{\alpha}_2,\cdots,\boldsymbol{\alpha}_m$ 线性表示且表示法不唯一的充分必要条件是非齐次线性方程组 $\begin{cases}\alpha_{11}x_1+\alpha_{12}x_2+\cdots+a_{1m}x_m=\beta_1\\ a_{21}x_1+a_{22}x_2+\cdots+a_{2m}x_m=\beta_2\\ \qquad\vdots\\ a_{n1}x_1+a_{n2}x_2+\cdots+a_{nm}x_m=\beta_m\end{cases}$ 有无穷多个解；

(3) $\boldsymbol{\beta}$ 不能由向量组 $\boldsymbol{\alpha}_1,\boldsymbol{\alpha}_2,\cdots,\boldsymbol{\alpha}_m$ 线性表示的充要条件是非齐次线性方程组 $\begin{cases}\alpha_{11}x_1+\alpha_{12}x_2+\cdots+a_{1m}x_m=\beta_1\\ a_{21}x_1+a_{22}x_2+\cdots+a_{2m}x_m=\beta_2\\ \qquad\vdots\\ a_{n1}x_1+a_{n2}x_2+\cdots+a_{nm}x_m=\beta_m\end{cases}$ 无解.

非齐次线性方程组 $\boldsymbol{\alpha}_1x_1+\boldsymbol{\alpha}_2x_2+\cdots+\boldsymbol{\alpha}_mx_m=\boldsymbol{\beta}$，当系数矩阵的秩等于增广矩阵的秩，即 $r(\boldsymbol{A})=r(\overline{\boldsymbol{A}})=r$ 时，方程组有解.

(1) 若 $r=n$，则方程组有唯一解；

(2) 若 $r<n$，则方程组有无穷多个解.

当系数矩阵的秩不等于增广矩阵的秩，即 $r(\boldsymbol{A})\neq r(\overline{\boldsymbol{A}})$ 时，方程组无解，其中，系数矩阵 $\boldsymbol{A}=\begin{pmatrix}a_{11} & a_{12} & \cdots & a_{1n}\\ a_{21} & a_{22} & \cdots & a_{2n}\\ \vdots & \vdots & & \vdots\\ a_{m1} & a_{m2} & \cdots & a_{mn}\end{pmatrix}$；增广矩阵 $\overline{\boldsymbol{A}}=\begin{pmatrix}a_{11} & a_{12} & \cdots & a_{1n} & \beta_1\\ a_{21} & a_{22} & \cdots & a_{2n} & \beta_2\\ \vdots & \vdots & & \vdots & \vdots\\ a_{m1} & a_{m2} & \cdots & a_{mn} & \beta_m\end{pmatrix}$.

定理 3.1.1　向量 $\boldsymbol{\beta}$ 能由向量组 $\boldsymbol{A}$: $\boldsymbol{\alpha}_1, \boldsymbol{\alpha}_2, \cdots, \boldsymbol{\alpha}_m$ 线性表示的充分必要条件是矩阵 $\boldsymbol{A}=(\boldsymbol{\alpha}_1, \boldsymbol{\alpha}_2, \cdots, \boldsymbol{\alpha}_m)$ 的秩等于矩阵 $\boldsymbol{B}=(\boldsymbol{\alpha}_1, \boldsymbol{\alpha}_2, \cdots, \boldsymbol{\alpha}_m, \boldsymbol{\beta})$ 的秩.

例 3.1.2　向量 $\boldsymbol{\beta}=(-1,-4,8,2)^{\mathrm{T}}$ 是否能被向量组 $\alpha_1=(1,0,-1,2)^{\mathrm{T}}$，$\alpha_2=(1,-2,2,1)^{\mathrm{T}}$，$\alpha_3=(-2,0,3,2)^{\mathrm{T}}$ 线性表示？如果能，给出一种表示.

解　构造线性方程组 $\alpha_1 x_1+\alpha_2 x_2+\alpha_3 x_3=\beta$，其系数矩阵 $\boldsymbol{A}=(\boldsymbol{\alpha}_1, \boldsymbol{\alpha}_2, \boldsymbol{\alpha}_3)$，增广矩阵 $\boldsymbol{B}=(\boldsymbol{\alpha}_1, \boldsymbol{\alpha}_2, \boldsymbol{\alpha}_3, \boldsymbol{\beta})$. 将 $\boldsymbol{B}$ 化为阶梯形矩阵，得

$$\boldsymbol{B}=\begin{pmatrix}1&1&-2&-1\\0&-2&0&-4\\-1&2&3&8\\2&1&2&2\end{pmatrix}\xrightarrow{r_3+r_1,\, r_4-2r_1}\begin{pmatrix}1&1&-2&-1\\0&-2&0&-4\\0&3&1&7\\0&-1&6&4\end{pmatrix}\xrightarrow{r_2\div(-2),\ r_3-3r_2,\ r_4+r_2}$$

$$\begin{pmatrix}1&1&-2&-1\\0&1&0&2\\0&0&1&1\\0&0&6&6\end{pmatrix}\xrightarrow{r_4-6r_3}\begin{pmatrix}1&1&-2&-1\\0&1&0&2\\0&0&1&1\\0&0&0&0\end{pmatrix}=\boldsymbol{C}.$$

由阶梯形矩阵 $\boldsymbol{C}$ 可以看出，$r(\boldsymbol{A})=r(\boldsymbol{B})$，根据定理 3.1.1，向量 $\boldsymbol{\beta}$ 能够被向量组 $\boldsymbol{\alpha}_1, \boldsymbol{\alpha}_2, \boldsymbol{\alpha}_3$ 线性表示.

把阶梯形矩阵 $\boldsymbol{C}$ 化为行最简形矩阵，得

$$\boldsymbol{C}\xrightarrow{r_1-r_2,\ r_1+2r_3}\begin{pmatrix}1&0&0&-1\\0&1&0&2\\0&0&1&1\\0&0&0&0\end{pmatrix},$$

即得

$$\boldsymbol{\beta}=-\boldsymbol{\alpha}_1+2\boldsymbol{\alpha}_2+\boldsymbol{\alpha}_3.$$

定义 3.1.6　设有两个向量组 $\boldsymbol{A}$: $\boldsymbol{\alpha}_1,\boldsymbol{\alpha}_2,\cdots,\boldsymbol{\alpha}_m$ 及 $\boldsymbol{B}$: $\boldsymbol{\beta}_1,\boldsymbol{\beta}_2,\cdots,\boldsymbol{\beta}_t$，如果 $\boldsymbol{B}$ 向量组中的向量都能由向量组 $\boldsymbol{A}$ 线性表示，则称向量组 $\boldsymbol{B}$ 能由向量组 $\boldsymbol{A}$ 线性表示. 若向量组 $\boldsymbol{A}$ 与向量组 $\boldsymbol{B}$ 能相互线性表示，则称这两个**向量组等价**.

根据定义，$\boldsymbol{B}$ 向量组能由 $\boldsymbol{A}$ 向量组线性表示，则存在数 $k_{1j},k_{2j},\cdots,k_{mj}$ $(j=1,2,\cdots,t)$，使

$$\boldsymbol{\beta}_j=k_{1j}\boldsymbol{\alpha}_1+k_{2j}\boldsymbol{\alpha}_2+\cdots+k_{mj}\boldsymbol{\alpha}_m=(\alpha_1,\alpha_2,\cdots,\alpha_m)\begin{pmatrix}k_{1j}\\k_{2j}\\\vdots\\k_{mj}\end{pmatrix},$$

从而

$$(\boldsymbol{\beta}_1,\boldsymbol{\beta}_2,\cdots,\boldsymbol{\beta}_t)=(\boldsymbol{\alpha}_1,\boldsymbol{\alpha}_2,\cdots,\boldsymbol{\alpha}_m)\begin{pmatrix}k_{11}&k_{12}&\cdots&k_{1t}\\k_{21}&k_{22}&\cdots&k_{2t}\\\vdots&\vdots&&\vdots\\k_{m1}&k_{m2}&\cdots&k_{mt}\end{pmatrix},$$

其中，矩阵 $\boldsymbol{K}_{m\times t}=(K_{ij})_{m\times t}$ 称为这一线性表示的**系数矩阵**.

由此可知，若 $\boldsymbol{C}_{s\times n}=\boldsymbol{A}_{s\times t}\boldsymbol{B}_{t\times n}$，则矩阵 $\boldsymbol{C}$ 的列向量组能由矩阵 $\boldsymbol{A}$ 的列向量组线性表示，

$\boldsymbol{B}$ 为这一表示的系数矩阵，即

$$(c_1, c_2,\cdots,c_n)=(\boldsymbol{\alpha}_1, \boldsymbol{\alpha}_2,\cdots,\boldsymbol{\alpha}_n)\begin{pmatrix} b_{11} & \cdots & b_{1n} \\ \vdots & & \vdots \\ b_{t1} & \cdots & b_{tn} \end{pmatrix}$$

而矩阵 $\boldsymbol{C}$ 的行向量组能由 $\boldsymbol{B}$ 的行向量组线性表示，$\boldsymbol{A}$ 为这一表示的系数矩阵，即

$$\begin{pmatrix} r_1^{\mathrm{T}} \\ r_2^{\mathrm{T}} \\ \vdots \\ r_s^{\mathrm{T}} \end{pmatrix}=\begin{pmatrix} a_{11} & \cdots & a_{1t} \\ \vdots & & \vdots \\ a_{m1} & \cdots & a_{mt} \end{pmatrix}\begin{pmatrix} \boldsymbol{\beta}_1^{\mathrm{T}} \\ \boldsymbol{\beta}_2^{\mathrm{T}} \\ \vdots \\ \boldsymbol{\beta}_t^{\mathrm{T}} \end{pmatrix}$$

下面给出向量组线性表示的相关结论.

(1) 若矩阵 $\boldsymbol{A}$ 与 $\boldsymbol{B}$ 行等价，则 $\boldsymbol{A}$ 的行向量组与 $\boldsymbol{B}$ 的行向量组等价；若矩阵 $\boldsymbol{A}$ 与 $\boldsymbol{B}$ 列等价，则 $\boldsymbol{A}$ 的列向量组与 $\boldsymbol{B}$ 的列向量组等价；

(2) 向量组 $\boldsymbol{B}$: $\boldsymbol{\beta}_1,\boldsymbol{\beta}_2,\cdots,\boldsymbol{\beta}_t$ 能由向量组 $\boldsymbol{A}$: $\boldsymbol{\alpha}_1,\boldsymbol{\alpha}_2,\cdots,\boldsymbol{\alpha}_m$ 线性表示的充分必要条件是矩阵 $\boldsymbol{A}=(\boldsymbol{\alpha}_1,\boldsymbol{\alpha}_2,\cdots,\boldsymbol{\alpha}_m)$ 的秩等于矩阵 $(\boldsymbol{A},\boldsymbol{B})=(\boldsymbol{\alpha}_1,\boldsymbol{\alpha}_2,\cdots,\boldsymbol{\alpha}_m, \boldsymbol{\beta}_1,\boldsymbol{\beta}_2,\cdots,\boldsymbol{\beta}_t)$ 的秩，即 $R(\boldsymbol{A})=R(\boldsymbol{A},\boldsymbol{B})$.

3.2　向量组的线性相关性

3.2.1　线性相关与线性无关的概念

定义 3.2.1　给定向量组 $\boldsymbol{A}$: $\boldsymbol{\alpha}_1,\boldsymbol{\alpha}_2,\cdots,\boldsymbol{\alpha}_m$，如果存在不全为零的 m 个数 $k_1,k_2,\cdots,k_m$，使

$$k_1\boldsymbol{\alpha}_1+k_2\boldsymbol{\alpha}_2+\cdots+k_m\boldsymbol{\alpha}_m=\mathbf{0}$$

成立，则称向量组 $\boldsymbol{A}$: $\boldsymbol{\alpha}_1,\boldsymbol{\alpha}_2,\cdots,\boldsymbol{\alpha}_m$ **线性相关**，当且仅当 $k_1=k_2=\cdots=k_m=0$ 时，式 $k_1\boldsymbol{\alpha}_1+k_2\boldsymbol{\alpha}_2+\cdots+k_m\boldsymbol{\alpha}_m=0$ 才成立，则称向量组 $\boldsymbol{A}$: $\alpha_1,\alpha_2,\cdots,\alpha_m$ **线性无关**.

根据定义，向量组 $\boldsymbol{A}$: $\alpha_1,\alpha_2,\cdots,\alpha_m (m\geqslant 2)$ 线性相关，也就是在向量组 $\boldsymbol{A}$ 中至少有一个向量能由其余 $m-1$ 个向量线性表示.

3.2.2　线性相关与线性无关的判定方法

1. 利用定义判别向量的线性相关性

向量组 $\boldsymbol{A}$: $\boldsymbol{\alpha}_1,\boldsymbol{\alpha}_2,\cdots,\boldsymbol{\alpha}_m$ 是否线性相关与齐次线性方程组 $\boldsymbol{\alpha}_1x_1+\boldsymbol{\alpha}_2x_2+\cdots+\boldsymbol{\alpha}_mx_m=\mathbf{0}$ 的解有如下关系.

(1) 向量组 $\boldsymbol{A}$ 线性相关的充分必要条件是齐次线性方程组

$$\begin{cases} a_{11}x_1+a_{12}x_2+\cdots+a_{1m}x_m=0 \\ a_{21}x_1+a_{22}x_2+\cdots+a_{2m}x_m=0 \\ \qquad\qquad\vdots \\ a_{n1}x_1+a_{n2}x_2+\cdots+a_{nm}x_m=0 \end{cases}$$

有非零解.

(2) 向量组 $\boldsymbol{A}$ 线性无关的充分必要条件是齐次线性方程组

$$\begin{cases} a_{11}x_1 + a_{12}x_2 + \cdots + a_{1m}x_m = 0 \\ a_{21}x_1 + a_{22}x_2 + \cdots + a_{2m}x_m = 0 \\ \quad\quad\cdots\cdots \\ a_{n1}x_1 + a_{n2}x_2 + \cdots + a_{nm}x_m = 0 \end{cases}$$

只有零解.

齐次线性方程组恒有解且

(1) 若系数矩阵的秩 $r(A) = n$，则方程组只有零解；

(2) 若系数矩阵的秩 $r(A) < n$，则方程组有非零解.

当 $m = n$ 时，其线性无关的充要条件是：

$$|\boldsymbol{A}| = \begin{vmatrix} a_{11} & a_{12} & \cdots & a_{1n} \\ a_{21} & a_{22} & \cdots & a_{2n} \\ \vdots & \vdots & & \vdots \\ a_{n1} & a_{n2} & \cdots & a_{nm} \end{vmatrix} \neq 0 .$$

特别地，对向量组 $\boldsymbol{A}$: $\boldsymbol{\alpha}_1, \boldsymbol{\alpha}_2, \cdots, \boldsymbol{\alpha}_m$，当 $m = 1$ 时，即向量组只含有一个向量，当 $\boldsymbol{\alpha}$=0 时是线性相关的，当 $\boldsymbol{\alpha} \neq 0$ 时是线性无关的；当 m=2，即含有两个向量 $\boldsymbol{\alpha}_1, \boldsymbol{\alpha}_2$ 时，它线性相关的充分必要条件是 $\boldsymbol{\alpha}_1, \boldsymbol{\alpha}_2$ 的分量对应成比例，其几何意义是两向量共线；三个向量线性相关的几何意义是三向量共面.

n 维向量组 $\boldsymbol{\varepsilon}_1$=$(1,0,\cdots,0)^{\mathrm{T}}$，$\boldsymbol{\varepsilon}_2$=$(0,1,\cdots,0)^{\mathrm{T}}$，$\cdots$，$\boldsymbol{\varepsilon}_n$=$(0,0,\cdots,1)^{\mathrm{T}}$ 称为 **n 维单位坐标向量组**，n 个单位向量组成的向量组线性无关.

例 3.2.1　设 $\boldsymbol{\alpha}_1 = (1,1,1)^{\mathrm{T}}$，$\boldsymbol{\alpha}_2 = (1,2,3)^{\mathrm{T}}$，$\boldsymbol{\alpha}_3 = (1,3,t)^{\mathrm{T}}$.

试求：(1) t 为何值时，向量组 $\boldsymbol{\alpha}_1, \boldsymbol{\alpha}_2, \boldsymbol{\alpha}_3$ 线性相关？

(2) t 为何值时，向量组 $\boldsymbol{\alpha}_1, \boldsymbol{\alpha}_2, \boldsymbol{\alpha}_3$ 线性无关？

(3) 当向量组 $\boldsymbol{\alpha}_1, \boldsymbol{\alpha}_2, \boldsymbol{\alpha}_3$ 线性相关时，将 $\boldsymbol{\alpha}_3$ 表示为 $\boldsymbol{\alpha}_1$ 和 $\boldsymbol{\alpha}_2$ 的线性组合.

解　设有一组 k_1, k_2, k_3，使得 $k_1\boldsymbol{\alpha}_1 + k_2\boldsymbol{\alpha}_2 + k_3\boldsymbol{\alpha}_3 = \mathbf{0}$，即有方程组

$$\begin{cases} k_1 + k_2 + k_3 = 0 \\ k_1 + 2k_2 + 3k_3 = 0 \\ k_1 + 3k_2 + tk_3 = 0 \end{cases},$$

此齐次方程组的系数行列式：$\begin{vmatrix} 1 & 1 & 1 \\ 1 & 2 & 3 \\ 1 & 3 & t \end{vmatrix} = t - 5$，

则　(1) 当 $t - 5 = 0$，即 t=5 时，方程组有非零解，因此 $\boldsymbol{\alpha}_1, \boldsymbol{\alpha}_2, \boldsymbol{\alpha}_3$ 线性相关；

(2) 当 $t - 5 \neq 0$，即 $t \neq 5$ 时，方程组仅有零解，$k_1 = k_2 = k_3 = 0$，故 $\alpha_1, \alpha_2, \alpha_3$ 线性无关；

(3) 当 t=5 时，设 $\boldsymbol{\alpha}_3 = \boldsymbol{\alpha}_1 x_1 + \boldsymbol{\alpha}_2 x_2$，即有 $\begin{cases} x_1 + x_2 = 1 \\ x_1 + 2x_2 = 3 \\ x_1 + 3x_2 = 5 \end{cases}$，

解得

$$x_1 = -1,\ x_2 = -2,$$

故 $$\boldsymbol{\alpha}_3=-\boldsymbol{\alpha}_1+2\boldsymbol{\alpha}_2.$$

例 3.2.2 证明：若向量组$\boldsymbol{\alpha},\boldsymbol{\beta},\boldsymbol{\gamma}$线性无关，则向量组$\boldsymbol{\alpha}+\boldsymbol{\beta},\boldsymbol{\beta}+\boldsymbol{\gamma},\boldsymbol{\gamma}+\boldsymbol{\beta}$亦线性无关.

证明 设有一组数k_1,k_2,k_3，使

$$k_1(\boldsymbol{\alpha}+\boldsymbol{\beta})+k_2(\boldsymbol{\beta}+\boldsymbol{\gamma})+k_3(\boldsymbol{\gamma}+\boldsymbol{\alpha})=0,$$

亦即 $$(k_1+k_3)\alpha+(k_1+k_2)\boldsymbol{\beta}+(k_2+k_3)\boldsymbol{\gamma}=0.$$

因为$\boldsymbol{\alpha},\boldsymbol{\beta},\boldsymbol{\gamma}$ 线性无关，故$\begin{cases}k_1+k_3=0\\k_1+k_2=0\\k_2+k_3=0\end{cases}$.

由于此方程组的系数行列式$D=\begin{vmatrix}1&0&1\\1&1&0\\0&1&1\end{vmatrix}=2\neq 0$，所以方程只有零解，$k_1=k_2=k_3=0$, 从而向量组$\boldsymbol{\alpha}+\boldsymbol{\beta}$，$\boldsymbol{\beta}+\boldsymbol{\gamma}$，$\boldsymbol{\gamma}+\boldsymbol{\alpha}$线性无关.

2. 利用行列式和矩阵的秩判别向量的线性相关性.

定理 3.2.1 向量组$\boldsymbol{\alpha}_1,\boldsymbol{\alpha}_2,\cdots,\boldsymbol{\alpha}_m$线性相关的充分必要条件是它所构成的矩阵$\boldsymbol{A}=(\boldsymbol{\alpha}_1,\boldsymbol{\alpha}_2,\cdots,\boldsymbol{\alpha}_m)$的秩小于向量个数$m$；向量组$\alpha_1,\alpha_2,\cdots,\alpha_m$线性无关的充分必要条件是$R(\boldsymbol{A})=m$.

以下是几个相关的结论：

(1) n维向量组$\boldsymbol{\alpha}_1,\boldsymbol{\alpha}_2,\cdots,\boldsymbol{\alpha}_n$线性无关(线性相关)的充分必要条件是矩阵$\boldsymbol{A}=(\boldsymbol{\alpha}_1,\boldsymbol{\alpha}_2,\cdots,\boldsymbol{\alpha}_n)$的秩等于(小于)向量的个数$n$；

(2) n维向量组$\boldsymbol{\alpha}_1,\boldsymbol{\alpha}_2,\cdots,\boldsymbol{\alpha}_n$线性无关(线性相关)的充分必要条件是矩阵$\boldsymbol{A}=(\boldsymbol{\alpha}_1,\boldsymbol{\alpha}_2,\cdots,\boldsymbol{\alpha}_n)$的行列式不等于(等于)零；

(3) 当向量组中的含向量的个数大于向量的维数时，此向量组线性相关，即$n+1$个n维向量组线性相关；

(4) 如果向量组中有一部分向量(称为部分组)线性相关，则整个向量组线性相关；

(5) 线性无关的向量组中任何一部分组皆线性无关；

(6) 包含零向量的任何向量组是线性相关的；

(7) 设向量组$\boldsymbol{A}=\boldsymbol{\alpha}_1,\boldsymbol{\alpha}_2,\cdots,\boldsymbol{\alpha}_m$线性无关，而向量组$\boldsymbol{B}$: $\boldsymbol{\alpha}_1,\boldsymbol{\alpha}_2,\cdots,\boldsymbol{\alpha}_m,\boldsymbol{\beta}$线性相关，则向量$\boldsymbol{\beta}$必能由向量组$\boldsymbol{A}$线性表示，且表示是唯一的.

下面对结论(7)进行证明.

证明 记$\boldsymbol{A}=(\boldsymbol{\alpha}_1,\boldsymbol{\alpha}_2,\cdots,\boldsymbol{\alpha}_m)$，$\boldsymbol{B}=(\boldsymbol{\alpha}_1,\boldsymbol{\alpha}_2,\cdots,\boldsymbol{\alpha}_m,\beta)$，有$R(\boldsymbol{A})\leqslant R(\boldsymbol{B})$.

因 向量组$\boldsymbol{A}$线性无关，有$R(\boldsymbol{A})=m$，

向量组$\boldsymbol{B}$线性相关，有$R(\boldsymbol{B})<m+1$，

故 $m\leqslant R(\boldsymbol{B})<m+1$，即有$R(\boldsymbol{B})=m$，

由 $R(\boldsymbol{A})=R(\boldsymbol{B})=m$，知线性方程组

$$(\boldsymbol{\alpha}_1,\boldsymbol{\alpha}_2,\cdots,\boldsymbol{\alpha}_m)x=\boldsymbol{\beta}$$

有唯一解，即向量$\boldsymbol{\beta}$能由向量组$\boldsymbol{A}$线性表示，且表示是唯一的.

例 3.2.3 判断下列向量组是线性相关还是线性无关.

$$\boldsymbol{\alpha}_1=(1,-2,3)^{\mathrm{T}},\ \boldsymbol{\alpha}_2=(0,2,-5)^{\mathrm{T}},\ \boldsymbol{\alpha}_3=(-1,0,2)^{\mathrm{T}}$$

解　由题意得矩阵

$$\boldsymbol{A}=(\boldsymbol{\alpha}_1,\boldsymbol{\alpha}_2,\boldsymbol{\alpha}_3)=\begin{pmatrix}1&0&-1\\-2&2&0\\3&-5&2\end{pmatrix}\to\begin{pmatrix}1&0&-1\\0&2&-2\\0&0&0\end{pmatrix},$$

$$R(\boldsymbol{A})=2<3.$$

根据定理 3.2.1 知，向量组$\boldsymbol{\alpha}_1,\boldsymbol{\alpha}_2,\boldsymbol{\alpha}_3$线性相关.

例 3.2.4　设向量组$\boldsymbol{\alpha}_1,\boldsymbol{\alpha}_2,\boldsymbol{\alpha}_3$线性相关，向量组$\boldsymbol{\alpha}_2,\boldsymbol{\alpha}_3,\boldsymbol{\alpha}_4$线性无关，证明：

(1)　$\boldsymbol{\alpha}_1$能由$\boldsymbol{\alpha}_2,\boldsymbol{\alpha}_3$线性表示；

(2)　$\boldsymbol{\alpha}_4$不能由$\boldsymbol{\alpha}_1,\boldsymbol{\alpha}_2,\boldsymbol{\alpha}_3$线性表示.

证明　(1) 因$\boldsymbol{\alpha}_2,\boldsymbol{\alpha}_3,\boldsymbol{\alpha}_4$线性无关，由定理 3.2.1 的相关结论(4)、(5)知，$\boldsymbol{\alpha}_2,\boldsymbol{\alpha}_3$线性无关，而$\boldsymbol{\alpha}_1,\boldsymbol{\alpha}_2,\boldsymbol{\alpha}_3$线性相关，由(7)知$\boldsymbol{\alpha}_1$能由$\boldsymbol{\alpha}_2,\boldsymbol{\alpha}_3$线性表示；

(2)　用反证法. 假设$\boldsymbol{\alpha}_4$能由$\boldsymbol{\alpha}_1,\boldsymbol{\alpha}_2,\boldsymbol{\alpha}_3$表示，而由定理 3.2.1 的相关结论(4)知，$\boldsymbol{\alpha}_1$能由$\boldsymbol{\alpha}_2,\boldsymbol{\alpha}_3$表示，因此，$\boldsymbol{\alpha}_4$能由$\boldsymbol{\alpha}_2,\boldsymbol{\alpha}_3$表示，这与$\boldsymbol{\alpha}_2,\boldsymbol{\alpha}_3,\boldsymbol{\alpha}_4$线性无关矛盾.

3.3　向量组的秩

前面我们在讨论向量组的线性组合和线性相关性时，矩阵的秩起了十分重要的作用. 为使讨论进一步深入，我们把秩的概念引进向量组.

3.3.1　最大线性无关组及向量组的秩.

定义 3.3.1　设有向量组$\boldsymbol{A}$. 如果在$\boldsymbol{A}$中能选出r个向量$\boldsymbol{\alpha}_1,\boldsymbol{\alpha}_2,\cdots,\boldsymbol{\alpha}_r$，满足

(1) 组量组$\boldsymbol{A}_0$：$\boldsymbol{\alpha}_1,\boldsymbol{\alpha}_2,\cdots,\boldsymbol{\alpha}_r$线性无关；

(2) 向量组$\boldsymbol{A}$中任意$r+1$个向量(如果$\boldsymbol{A}$中有$r+1$个向量的话)都线性相关. 那么称向量组$\boldsymbol{A}_0$是向量组$\boldsymbol{A}$的一个**最大线性无关向量组**(简称最大无关组)，最大无关组所含向量个数r称为向量组$\boldsymbol{A}$的秩，记作$R(\boldsymbol{A})$.

由定义不难发现：

(1) 只含有零向量的向量组没有最大无关组，规定它的秩为 0；

(2) 向量组的最大无关组可能不止一个，但其向量的个数是相同的；

(3) 一个线性无关向量组本身就是最大无关组.

如果向量组$\boldsymbol{\alpha}_1,\boldsymbol{\alpha}_2,\cdots,\boldsymbol{\alpha}_r$是一个非零向量组，以下结论成立：

(1) 向量组的秩一定大于或等于 1；

(2) 若向量组$\boldsymbol{\alpha}_1,\boldsymbol{\alpha}_2,\cdots,\boldsymbol{\alpha}_r$线性无关，则秩为$r$；

(3) 若向量组$\boldsymbol{\alpha}_1,\boldsymbol{\alpha}_2,\cdots,\boldsymbol{\alpha}_r$线性相关，则秩小于$r$.

向量组$\boldsymbol{A}$和它自己的最大无关组$\boldsymbol{A}_0$是等价的。这是因为$\boldsymbol{A}_0$组是$\boldsymbol{A}$组的一个部分组，故$\boldsymbol{A}_0$组总能由$\boldsymbol{A}$组线性表示($\boldsymbol{A}_0$中每个向量都能由$\boldsymbol{A}$组表示)；而由定义 3.3.1 的条件(2)知，对于$\boldsymbol{A}$中任一向量$\boldsymbol{\alpha}$，$r+1$个向量$\boldsymbol{\alpha}_1,\boldsymbol{\alpha}_2,\cdots,\boldsymbol{\alpha}_r,\boldsymbol{\alpha}$线性相关，而$\boldsymbol{\alpha}_1,\boldsymbol{\alpha}_2,\cdots,\boldsymbol{\alpha}_r$线性无

关，由定理 3.2.1 的结论(7)知，$\boldsymbol{\alpha}$ 能由 $\boldsymbol{\alpha}_1,\boldsymbol{\alpha}_2,\cdots,\boldsymbol{\alpha}_r$ 线性表示，即 $\boldsymbol{A}$ 组能由 $\boldsymbol{A}_0$ 组线性表示. 所以 $\boldsymbol{A}$ 组与 $\boldsymbol{A}_0$ 组等价.

下面给出最大无关组的等价定义.

定义 3.3.2 若向量组 $\boldsymbol{A}_0$：$\boldsymbol{\alpha}_1,\boldsymbol{\alpha}_2,\cdots,\boldsymbol{\alpha}_r$ 是向量组 $\boldsymbol{A}$ 的一个部分组，且满足

(1) 向量组 $\boldsymbol{A}_0$ 线性无关；

(2) 向量组 $\boldsymbol{A}$ 的任一向量都能由向量组 $\boldsymbol{A}_0$ 线性表示.

则称向量组 $\boldsymbol{A}_0$ 是向量组 $\boldsymbol{A}$ 的一个**最大无关组**.

例 3.3.1 求向量组 $\boldsymbol{\alpha}_1=\begin{pmatrix}1\\1\\0\end{pmatrix}$，$\boldsymbol{\alpha}_2=\begin{pmatrix}2\\2\\0\end{pmatrix}$，$\boldsymbol{\alpha}_3=\begin{pmatrix}1\\0\\0\end{pmatrix}$，$\boldsymbol{\alpha}_4=\begin{pmatrix}0\\2\\0\end{pmatrix}$，$\boldsymbol{\alpha}_5=\begin{pmatrix}0\\0\\3\end{pmatrix}$ 的秩及一个最大无关组.

解 因为 $|\boldsymbol{\alpha}_3 \quad \boldsymbol{\alpha}_4 \quad \boldsymbol{\alpha}_5|=\begin{vmatrix}1&0&0\\0&2&0\\0&0&3\end{vmatrix}=6\neq 0$，所以 $\boldsymbol{\alpha}_3,\boldsymbol{\alpha}_4,\boldsymbol{\alpha}_5$ 线性无关，但是其余向量都可以由 $\boldsymbol{\alpha}_3,\boldsymbol{\alpha}_4,\boldsymbol{\alpha}_5$ 线性表示，故向量组的秩为 3，且 $\boldsymbol{\alpha}_3,\boldsymbol{\alpha}_4,\boldsymbol{\alpha}_5$ 为一个最大无关组.

类似地可以得到，$\boldsymbol{\alpha}_1,\boldsymbol{\alpha}_3,\boldsymbol{\alpha}_5$ 或 $\boldsymbol{\alpha}_2,\boldsymbol{\alpha}_4,\boldsymbol{\alpha}_5$ 都是列向量组的最大无关组，它们所含的向量的个数都是 3.

3.3.2 矩阵的秩与向量组秩的关系

我们可以把一个矩阵看作是一个行向量组或列向量组，如果能由矩阵的秩来求向量组的秩，是不是有一个更简单的方法？向量组的秩与矩阵的秩有怎样的关系呢？

定理 3.3.1 矩阵的秩等于它的列向量组的秩，也等于它的行向量组的秩，

证明 只讨论列向量组的情况，行向量组的情况与其类似.

设 $\boldsymbol{A}=(\boldsymbol{\alpha}_1,\boldsymbol{\alpha}_2,\cdots,\boldsymbol{\alpha}_m)$，$R(\boldsymbol{A})=r$，并设 r 阶子式 $D_r\neq 0$. 根据定理 3.2.1，由 $D_r\neq 0$ 知，D_r 所在的 r 列线性无关；又由 $\boldsymbol{A}$ 中所有 $r+1$ 阶子式均为零，知 $\boldsymbol{A}$ 中任意 $r+1$ 个列向量都线性相关. 因此 D_r 所在的 r 列是 $\boldsymbol{A}$ 的列向量组的一个最大无关组，所以列向量组的秩等于 r.

今后，向量组 $\boldsymbol{\alpha}_1,\boldsymbol{\alpha}_2,\cdots,\boldsymbol{\alpha}_m$ 的秩记作 $R(\boldsymbol{\alpha}_1,\boldsymbol{\alpha}_2,\cdots,\boldsymbol{\alpha}_m)$.

从上述证明中可见：若 D_r 是矩阵 $\boldsymbol{A}$ 的一个最高阶非零子式，则 D_r 所在的 r 列即是 $\boldsymbol{A}$ 的列向量组的一个最大无关组，D_r 所在的 r 行，即是 $\boldsymbol{A}$ 的行向量组的一个最大无关组.

求向量组的秩，只需要将向量组中各列向量组成矩阵后，仅作初等行变换，将该矩阵化为行阶梯形矩阵，则可直接写出所求向量组的最大无关组. 同理，也可以将向量组中各向量为行向量组成矩阵，通过作初等列变换来求向量组的最大无关组.

定理 3.3.2 向量组 $\boldsymbol{\beta}_1,\boldsymbol{\beta}_2,\cdots,\boldsymbol{\beta}_t$ 能由向量组 $\boldsymbol{\alpha}_1,\boldsymbol{\alpha}_2,\cdots,\boldsymbol{\alpha}_m$ 线性表示的充分必要条件是

$$R(\boldsymbol{\alpha}_1,\boldsymbol{\alpha}_2,\cdots,\boldsymbol{\alpha}_m)=R(\boldsymbol{\alpha}_1,\boldsymbol{\alpha}_2,\cdots,\boldsymbol{\alpha}_m,\ \boldsymbol{\beta}_1,\boldsymbol{\beta}_2,\cdots,\boldsymbol{\beta}_t).$$

定理 3.3.3 若向量组 $\boldsymbol{B}$ 能由向量组 $\boldsymbol{A}$ 线性表示，则 $R(\boldsymbol{B})\leqslant R(\boldsymbol{A})$.

推论 3.3.1 等价的向量组的秩相等.

推论 3.3.2　设 $\boldsymbol{C}_{m\times n}=A_{m\times s}B_{s\times n}$，则 $R(\boldsymbol{C})\leqslant\min\{R(\boldsymbol{A}),R(\boldsymbol{B})\}$.

全体 n 维向量构成的向量组记作 $\boldsymbol{R}^n$，任何 n 个线性无关的向量组成的向量组都是 $\boldsymbol{R}^n$ 的一个最大无关组，$\boldsymbol{R}^n$ 的秩为 n.

例 3.3.2　求向量组 $\boldsymbol{\alpha}_1=\begin{pmatrix}1\\-2\\2\\3\end{pmatrix}$，$\boldsymbol{\alpha}_2=\begin{pmatrix}-2\\4\\-1\\3\end{pmatrix}$，$\boldsymbol{\alpha}_3=\begin{pmatrix}-2\\4\\0\\6\end{pmatrix}$，$\boldsymbol{\alpha}_4=\begin{pmatrix}0\\6\\2\\3\end{pmatrix}$ 的一个最大无关组和向量组的秩，并将向量组中的其余向量由最大无关组线性表示.

解　以 $\boldsymbol{\alpha}_1,\boldsymbol{\alpha}_2,\boldsymbol{\alpha}_3,\boldsymbol{\alpha}_4$ 为矩阵的列向量组，构造矩阵 $\boldsymbol{A}$，对 $\boldsymbol{A}$ 作初等行变换化为最简形矩阵.

$$\boldsymbol{A}=\begin{pmatrix}1&-2&-2&0\\-2&4&4&6\\2&-1&0&2\\3&3&6&3\end{pmatrix}\sim\begin{pmatrix}1&-2&-2&0\\0&0&0&6\\0&3&4&2\\0&9&12&3\end{pmatrix}\sim\begin{pmatrix}1&-2&-2&0\\0&3&4&2\\0&0&0&-3\\0&0&0&6\end{pmatrix}\sim\begin{pmatrix}1&0&\dfrac{2}{3}&0\\0&1&\dfrac{3}{4}&0\\0&0&0&1\\0&0&0&0\end{pmatrix},$$

因此 $R(\boldsymbol{A})=3$，所以向量组 $\boldsymbol{\alpha}_1,\boldsymbol{\alpha}_2,\boldsymbol{\alpha}_3,\boldsymbol{\alpha}_4$ 的秩是 3，而且 $\boldsymbol{\alpha}_1,\boldsymbol{\alpha}_2,\boldsymbol{\alpha}_4$ 为一个最大无关组.

为了将向量 $\boldsymbol{\alpha}_3$ 表示为 $\boldsymbol{\alpha}_1,\boldsymbol{\alpha}_2,\boldsymbol{\alpha}_4$ 的线性组合，设 $k_1\boldsymbol{\alpha}_1+k_2\boldsymbol{\alpha}_2+k_3\boldsymbol{\alpha}_3+k_4\boldsymbol{\alpha}_4=\boldsymbol{0}$，它的同解方程组为

$$\begin{cases}k_1+\dfrac{2}{3}k_3=0\\k_2+\dfrac{4}{3}k_3=0\\k_4=0\end{cases}，即\begin{cases}k_1=-\dfrac{2}{3}k_3\\k_2=-\dfrac{4}{3}k_3\\k_4=0\end{cases},$$

令 $k_3=1$，得 $k_1=-\dfrac{2}{3}$，$k_2=-\dfrac{4}{3}$，$k_4=0$，所以 $\boldsymbol{\alpha}_3$ 的线性表示为 $\boldsymbol{\alpha}_3=\dfrac{2}{3}\boldsymbol{\alpha}_1+\dfrac{4}{3}\boldsymbol{\alpha}_2-0\boldsymbol{\alpha}_4$.

例 3.3.3　设 $\boldsymbol{\alpha}_1,\boldsymbol{\alpha}_2,\boldsymbol{\alpha}_3$ 是一向量组的最大无关组，且 $\boldsymbol{\beta}_1=\boldsymbol{\alpha}_1+\boldsymbol{\alpha}_2+\boldsymbol{\alpha}_3$，$\boldsymbol{\beta}_2=\boldsymbol{\alpha}_1+\boldsymbol{\alpha}_2+2\boldsymbol{\alpha}_3$，$\boldsymbol{\beta}_3=\boldsymbol{\alpha}_1+2\boldsymbol{\alpha}_2+3\boldsymbol{\alpha}_3$，证明：$\boldsymbol{\beta}_1,\boldsymbol{\beta}_2,\boldsymbol{\beta}_3$ 也是该向量的最大无关组.

证　因为 $\begin{cases}\boldsymbol{\alpha}_1+\boldsymbol{\alpha}_2+\boldsymbol{\alpha}_3=\boldsymbol{\beta}_1\\\boldsymbol{\alpha}_1+\boldsymbol{\alpha}_2+2\boldsymbol{\alpha}_3=\boldsymbol{\beta}_2\\\boldsymbol{\alpha}_1+2\boldsymbol{\alpha}_2+3\boldsymbol{\alpha}_3=\boldsymbol{\beta}_3\end{cases}$

则
$$(\boldsymbol{\alpha}_1,\boldsymbol{\alpha}_2,\boldsymbol{\alpha}_3)\begin{pmatrix}1&1&2\\1&1&2\\1&2&3\end{pmatrix}=(\boldsymbol{\beta}_1,\boldsymbol{\beta}_2,\boldsymbol{\beta}_3)，\boldsymbol{A}=\begin{pmatrix}1&1&1\\1&1&2\\1&2&3\end{pmatrix},$$

因 $|\boldsymbol{A}|=-1\neq0$，所以 $\boldsymbol{A}$ 可逆，因此，$(\boldsymbol{\alpha}_1,\boldsymbol{\alpha}_2,\boldsymbol{\alpha}_3)=(\boldsymbol{\beta}_1,\boldsymbol{\beta}_2,\boldsymbol{\beta}_3)\boldsymbol{A}^{-1}$，即 $\boldsymbol{\alpha}_1,\boldsymbol{\alpha}_2,\boldsymbol{\alpha}_3$ 可由向量组 $\boldsymbol{\beta}_1,\boldsymbol{\beta}_2,\boldsymbol{\beta}_3$ 线性表示，故 $\boldsymbol{\alpha}_1,\boldsymbol{\alpha}_2,\boldsymbol{\alpha}_3$ 与 $\boldsymbol{\beta}_1,\boldsymbol{\beta}_2,\boldsymbol{\beta}_3$ 等价，因为 $\boldsymbol{\alpha}_1,\boldsymbol{\alpha}_2,\boldsymbol{\alpha}_3$ 为向量组的最大无关组，故 $\boldsymbol{\beta}_1,\boldsymbol{\beta}_2,\boldsymbol{\beta}_3$ 也是该向量的最大无关组.

例 3.3.4　已知 $\boldsymbol{A}$: $(\boldsymbol{\alpha}_1,\boldsymbol{\alpha}_2)=\begin{pmatrix}1&1\\1&0\\0&1\\0&1\end{pmatrix}$，$\boldsymbol{B}$: $(\boldsymbol{\beta}_1,\boldsymbol{\beta}_2)=\begin{pmatrix}2&0\\-1&1\\3&-1\\3&-1\end{pmatrix}$，证明向量组 $\boldsymbol{A}$ 与 $\boldsymbol{B}$ 等价.

证明　构造矩阵 $\boldsymbol{C}$ 并施行初等行变换，将该矩阵化为行最简形矩阵.

$$\boldsymbol{C}=(\boldsymbol{\alpha}_1,\boldsymbol{\alpha}_2,\boldsymbol{\beta}_1,\boldsymbol{\beta}_2)=\begin{pmatrix}1&1&2&0\\1&0&-1&1\\0&1&3&-1\\0&1&3&-1\end{pmatrix}\sim\begin{pmatrix}1&1&2&0\\0&-1&-3&1\\0&1&3&-1\\0&1&3&-1\end{pmatrix}\sim\begin{pmatrix}1&0&-1&1\\0&-1&-3&1\\0&0&0&0\\0&0&0&0\end{pmatrix},$$

可见 $R(\boldsymbol{C})=2$，而向量组 $\boldsymbol{A}$ 与向量组 $\boldsymbol{B}$ 的秩都是 2，向量组 $\boldsymbol{C}$ 中有任意两个向量组. 因此，向量组 $\boldsymbol{A}$ 与向量组 $\boldsymbol{B}$ 都是向量组 $\boldsymbol{C}$ 的一个最大无关组，故向量组 $\boldsymbol{A}$ 与向量组 $\boldsymbol{B}$ 等价.

3.4　向 量 空 间

向量空间又称为线性空间，我们在中学学过二维空间和三维空间，分别表示平面空间和立体空间，记作 $\boldsymbol{R}^2$ 与 $\boldsymbol{R}^3$. 为了方便，把所有 n 维向量的集合记作 $\boldsymbol{R}^n$.

3.4.1　向量空间

定义 3.4.1　设 V 为 $\boldsymbol{R}^n$ 中的 n 维向量的非空集合. 若集合 V 对于 n 维向量的加法及数乘两种运算封闭，即满足：

(1) 若 $\boldsymbol{\alpha}\in V$，$\boldsymbol{\beta}\in V$，则 $\boldsymbol{\alpha}+\boldsymbol{\beta}\in V$；

(2) 若 $\boldsymbol{\alpha}\in V$，$\lambda\in\mathbf{R}$，则 $\lambda\boldsymbol{\alpha}\in V$.

则称集合 V 为 $\boldsymbol{R}^n$ 上的**向量空间**.

例 3.4.1　集合 $V=\left\{\boldsymbol{x}=(1,x_2,\cdots,x_n)^{\mathrm{T}}\,\middle|\,x_2,\cdots,x_n\in\mathbf{R}\right\}$ 不是向量空间，因为若 $\boldsymbol{\alpha}=(1,a_2,\cdots,a_n)^{\mathrm{T}}\in V$，则

$$2\boldsymbol{\alpha}=(2,2a,\cdots,2a_n)^{\mathrm{T}}\notin V.$$

例 3.4.2　齐次线性方程组的解集 $S=\left\{\boldsymbol{x}\,\middle|\,\boldsymbol{A}\boldsymbol{x}=\boldsymbol{0}\right\}$ 是一个向量空间(称为齐次线性方程组的**解空间**)，因为由齐次线性方程组的解的性质即知其解集 S 对向量的线性运算封闭.

一般地，由向量组 $\boldsymbol{\alpha}_1,\boldsymbol{\alpha}_2,\cdots,\boldsymbol{\alpha}_m$ 所生成的向量空间为

$$L=\left\{\boldsymbol{x}=\lambda_1\boldsymbol{\alpha}_1+\lambda_2\boldsymbol{\alpha}_2+\cdots+\lambda_m\boldsymbol{\alpha}_m\,\middle|\,\lambda_1,\lambda_2,\cdots,\lambda_m\in\mathbf{R}\right\}.$$

定义 3.4.2　设有向量空间 V_1 和 V_2，若向量空间 $V_1\subset V_2$，则称 V_1 是 V_2 的**子空间**.

定理 3.4.1　设向量组 $\boldsymbol{\alpha}_1,\cdots,\boldsymbol{\alpha}_m$ 与向量组 $\boldsymbol{\beta}_1,\cdots,\boldsymbol{\beta}_m$ 等价，记 V_1 和 V_2 分别是由向量组 $\boldsymbol{\alpha}_1,\boldsymbol{\alpha}_2,\cdots,\boldsymbol{\alpha}_m$ 与向量组 $\boldsymbol{\beta}_1,\cdots,\boldsymbol{\beta}_s$ 所生成的向量空间.

$$V_1=\left\{\boldsymbol{\alpha}=\lambda_1\boldsymbol{\alpha}_1+\lambda_2\boldsymbol{\alpha}_2+\cdots+\lambda_m\boldsymbol{\alpha}_m\,\middle|\,\lambda_1,\lambda_2,\cdots,\lambda_m\in\mathbf{R}\right\},$$

$$V_2=\left\{\boldsymbol{\beta}=\mu_1\boldsymbol{\beta}_1+\mu_2\boldsymbol{\beta}_2+\cdots+\mu_s\boldsymbol{\beta}_s\,\middle|\,\mu_1,\mu_2,\cdots,\mu_m\in\mathbf{R}\right\},$$

则有 $V_1=V_2$.

证明　设 $\boldsymbol{\alpha} \in V_1$，则 $\boldsymbol{\alpha}$ 可由向量组 $\boldsymbol{\alpha}_1,\cdots,\boldsymbol{\alpha}_m$ 线性表示，因为向量组 $\alpha_1,\cdots,\alpha_m$ 与向量组 $\boldsymbol{\beta}_1,\cdots,\boldsymbol{\beta}_s$ 等价，故 $\boldsymbol{\alpha}$ 可由向量组 $\boldsymbol{\beta}_1,\cdots,\boldsymbol{\beta}_s$ 线性表示，即 V_1 中任何一个向量都可由向量组 $\boldsymbol{\beta}_1,\cdots,\boldsymbol{\beta}_s$ 线性表示，于是有 $V_1 \subset V_2$；同理可证 $V_1 \supset V_2$，故有 $V_1 = V_2$.

定理 3.4.1 表示：等价的向量组生成相同的向量空间.

3.4.2　基、维数与坐标

定义 3.4.3　设 V 是向量空间，若有 r 个向量 $\boldsymbol{\alpha}_1,\boldsymbol{\alpha}_2,\cdots,\alpha_r \in V$，且满足：

(1) $\boldsymbol{\alpha}_1,\cdots,\boldsymbol{\alpha}_r$ 线性无关；

(2) V 中任一向量都可由 $\boldsymbol{\alpha}_1,\cdots,\alpha_r$ 线性表示.

则称向量组 $\boldsymbol{\alpha}_1,\cdots,\boldsymbol{\alpha}_r$ 为向量空间 V 的一个**基**，数 r 称为向量空间 V 的**维数**，记为 $\dim V = r$，并称 V 为 r **维向量空间**.

只含零向量的向量空间称为 0 维向量空间，它没有基.

由定义知，若把向量空间 V 看作向量组，则 V 的基就是向量组的最大无关组，V 的维数就是向量组的秩，对于 n 维向量空间 $\boldsymbol{R}^n$，任意 n 个线性无关的向量组均可作为向量空间 $\boldsymbol{R}^n$ 的一个基，其维数为 n.

例 3.4.3　向量空间

$$V = \left\{ \boldsymbol{x} = (0, x_2, \cdots, x_n)^{\mathrm{T}} \middle| x_2, \cdots, x_n \in \mathbf{R} \right\}$$

的一个基可取为：$\boldsymbol{e}_2=(0,1,0,\cdots,0)^{\mathrm{T}},\cdots,\ \boldsymbol{e}_n = (0,\cdots,0,1)^{\mathrm{T}}$，并由此可知它是 $n-1$ 维向量空间.

例 3.4.4　齐次线性方程组的解空间 $S = \left\{ \boldsymbol{x} \middle| \boldsymbol{A}\boldsymbol{x} = \boldsymbol{0} \right\}$，若能找到解空间的一个基 $\boldsymbol{\xi}_1,\boldsymbol{\xi}_2,\cdots,\boldsymbol{\xi}_{n-r}$，则解空间可表示为

$$S = \left\{ \boldsymbol{x} = k_1\boldsymbol{\xi}_1 + k_2\boldsymbol{\xi}_2 + \cdots + k_{n-r}\boldsymbol{\xi}_{n-r} \middle| k_1, k_2, \cdots, k_{n-r} \in \mathbf{R} \right\}.$$

定义 3.4.4　若向量组 $\boldsymbol{\alpha}_1,\cdots,\boldsymbol{\alpha}_r$ 是向量空间 V 的一个基，则 V 可表示为

$$V = \left\{ \boldsymbol{x} \middle| \boldsymbol{x} = \lambda_1\boldsymbol{\alpha}_1 + \lambda_2\boldsymbol{\alpha}_2 + \cdots + \lambda_r\boldsymbol{\alpha}_r,\ \lambda_1, \lambda_2, \cdots, \lambda_r \in \mathbf{R} \right\}.$$

此时，V 又称为由基 $\boldsymbol{\alpha}_1,\cdots,\boldsymbol{\alpha}_r$ 所生成的**向量空间**. 其中，数组 $\lambda_1,\cdots,\lambda_r$ 称为向量 $\boldsymbol{x}$ 在基 $\boldsymbol{\alpha}_1,\cdots,\boldsymbol{\alpha}_r$ 中的**坐标**.

特别地，在 n 维向量空间 $\boldsymbol{R}^n$ 中取单位坐标向量组 $\boldsymbol{e}_1,\boldsymbol{e}_2,\cdots,\boldsymbol{e}_n$ 为基，则以 $x_1,x_2,\cdots,x_n$ 为分量的向量 $\boldsymbol{x}$ 可表示为

$$\boldsymbol{x} = x_1\boldsymbol{e}_1 + x_2\boldsymbol{e}_2 + \cdots + x_n\boldsymbol{e}_n,$$

可见向量在基 $\boldsymbol{e}_1,\boldsymbol{e}_2,\cdots,\boldsymbol{e}_n$ 中的坐标就是该向量的分量. 因此，$\boldsymbol{e}_1,\boldsymbol{e}_2,\cdots,\boldsymbol{e}_n$ 叫做 $\boldsymbol{R}^n$ 中的**自然基**.

例 3.4.5　设 $\boldsymbol{A} = (\boldsymbol{\alpha}_1,\boldsymbol{\alpha}_2,\boldsymbol{\alpha}_3) = \begin{pmatrix} 2 & 2 & -1 \\ 2 & -1 & 2 \\ -1 & 2 & 2 \end{pmatrix}$，$\boldsymbol{B} = (\boldsymbol{\beta}_1,\boldsymbol{\beta}_2) = \begin{pmatrix} 1 & 4 \\ 0 & 3 \\ -4 & 2 \end{pmatrix}$. 验证 $\boldsymbol{\alpha}_1,\boldsymbol{\alpha}_2,\boldsymbol{\alpha}_3$ 是 $\boldsymbol{R}^3$ 的一个基，并求 $\boldsymbol{\beta}_1,\boldsymbol{\beta}_2$ 在这个基中的坐标.

证明　$|\boldsymbol{A}| = |\boldsymbol{\alpha}_1,\boldsymbol{\alpha}_2,\boldsymbol{\alpha}_3| = \begin{vmatrix} 2 & 2 & -1 \\ 2 & -1 & 2 \\ -1 & 2 & 2 \end{vmatrix} \neq 0$，$\boldsymbol{\alpha}_1,\boldsymbol{\alpha}_2,\boldsymbol{\alpha}_3$ 线性无关，故 $\boldsymbol{\alpha}_1,\boldsymbol{\alpha}_2,\boldsymbol{\alpha}_3$ 是 $\boldsymbol{R}^3$ 的一个基.

$$(\boldsymbol{A},\boldsymbol{B})=(\boldsymbol{\alpha}_1,\boldsymbol{\alpha}_2,\boldsymbol{\alpha}_3,\boldsymbol{\beta}_1,\boldsymbol{\beta}_2)=\begin{pmatrix}2&2&-1&1&4\\2&-1&2&0&3\\-1&2&2&-4&2\end{pmatrix}$$

$$\to\begin{pmatrix}1&1&1&-1&3\\0&-3&0&2&-3\\0&3&3&-5&5\end{pmatrix}\to\begin{pmatrix}1&1&1&-1&3\\0&1&0&-\frac{2}{3}&1\\0&1&1&-\frac{5}{3}&\frac{5}{3}\end{pmatrix}\to\begin{pmatrix}1&0&0&\frac{2}{3}&\frac{4}{3}\\0&1&0&-\frac{2}{3}&1\\0&0&1&-1&\frac{2}{3}\end{pmatrix},$$

则有 $(\boldsymbol{\beta}_1,\boldsymbol{\beta}_2)=(\boldsymbol{\alpha}_1,\boldsymbol{\alpha}_2,\boldsymbol{\alpha}_3)\begin{pmatrix}\frac{2}{3}&\frac{4}{3}\\-\frac{2}{3}&1\\-1&\frac{2}{3}\end{pmatrix}$，$\boldsymbol{\beta}_1,\boldsymbol{\beta}_2$ 在 $\boldsymbol{\alpha}_1,\boldsymbol{\alpha}_2,\boldsymbol{\alpha}_3$ 下的坐标分别为 $\begin{pmatrix}\frac{2}{3}&-\frac{2}{3}&-1\end{pmatrix}$，$\begin{pmatrix}\frac{4}{3}&1&\frac{2}{3}\end{pmatrix}$.

3.4.3 基与基之间的过渡矩阵及坐标变换

定义 3.4.5 在 $\boldsymbol{R}^3$ 中取定一个基 $\boldsymbol{\alpha}_1,\boldsymbol{\alpha}_2,\boldsymbol{\alpha}_3$，再取一个新基 $\boldsymbol{\beta}_1,\boldsymbol{\beta}_2,\boldsymbol{\beta}_3$，设

$$\boldsymbol{A}=(\boldsymbol{\alpha}_1,\boldsymbol{\alpha}_2,\boldsymbol{\alpha}_3),\ \boldsymbol{B}=(\boldsymbol{\beta}_1,\boldsymbol{\beta}_2,\boldsymbol{\beta}_3),$$

用 $\boldsymbol{\alpha}_1,\boldsymbol{\alpha}_2,\boldsymbol{\alpha}_3$ 表示 $\boldsymbol{\beta}_1,\boldsymbol{\beta}_2,\boldsymbol{\beta}_3$ 的表示式称为基 $\boldsymbol{\alpha}_1,\boldsymbol{\alpha}_2,\boldsymbol{\alpha}_3$ 到 $\boldsymbol{\beta}_1,\boldsymbol{\beta}_2,\boldsymbol{\beta}_3$ 的**基变换公式**，向量在两个基中的坐标之间的关系称为**坐标变换公式**. 矩阵 $\boldsymbol{P}=\boldsymbol{A}^{-1}\boldsymbol{B}$ 称为**从旧基到新基的过渡矩阵**.

事实上，

$$(\boldsymbol{\alpha}_1,\boldsymbol{\alpha}_2,\boldsymbol{\alpha}_3)=(\boldsymbol{e}_1,\boldsymbol{e}_2,\boldsymbol{e}_3)\boldsymbol{A},$$

$$(\boldsymbol{e}_1,\boldsymbol{e}_2,\boldsymbol{e}_3)=(\boldsymbol{\alpha}_1,\boldsymbol{\alpha}_2,\boldsymbol{\alpha}_3)\boldsymbol{A}^{-1},$$

故

$$(\boldsymbol{\beta}_1,\boldsymbol{\beta}_2,\boldsymbol{\beta}_3)=(\boldsymbol{e}_1,\boldsymbol{e}_2,\boldsymbol{e}_3)\boldsymbol{B}=(\boldsymbol{\alpha}_1,\boldsymbol{\alpha}_2,\boldsymbol{\alpha}_3)\boldsymbol{A}^{-1}\boldsymbol{B}$$

即基变换公式为 $(\boldsymbol{\beta}_1,\boldsymbol{\beta}_2,\boldsymbol{\beta}_3)=(\boldsymbol{\alpha}_1,\boldsymbol{\alpha}_2,\boldsymbol{\alpha}_3)\boldsymbol{P}$，其中 $\boldsymbol{P}=\boldsymbol{A}^{-1}\boldsymbol{B}$.

设向量 $\boldsymbol{x}$ 在旧基和新基中的坐标分别为 x_1,x_2,x_3 和 x_1^1,x_2^1,x_3^1，即

$$\boldsymbol{x}=(\boldsymbol{\alpha}_1,\boldsymbol{\alpha}_2,\boldsymbol{\alpha}_3)\begin{pmatrix}x_1\\x_2\\x_3\end{pmatrix},\ \boldsymbol{x}=(\boldsymbol{\beta}_1,\boldsymbol{\beta}_2,\boldsymbol{\beta}_3)\begin{pmatrix}x_1^1\\x_2^1\\x_3^1\end{pmatrix},$$

故
$$\boldsymbol{A}\begin{pmatrix}x_1\\x_2\\x_3\end{pmatrix}=\boldsymbol{B}\begin{pmatrix}x_1^1\\x_2^1\\x_3^1\end{pmatrix},\qquad 得\begin{pmatrix}x_1^1\\x_2^1\\x_3^1\end{pmatrix}=\boldsymbol{B}^{-1}\boldsymbol{A}\begin{pmatrix}x_1\\x_2\\x_3\end{pmatrix},$$

即
$$\begin{pmatrix}x_1\\x_2\\x_3\end{pmatrix}=\boldsymbol{P}\begin{pmatrix}x_1^1\\x_2^1\\x_3^1\end{pmatrix},\qquad 或\begin{pmatrix}x_1^1\\x_2^1\\x_3^1\end{pmatrix}=\boldsymbol{P}^{-1}\begin{pmatrix}x_1\\x_2\\x_3\end{pmatrix}.$$

此为从旧坐标到新坐标的坐标变换公式.

例 3.4.6　设 $\boldsymbol{R}^3$ 中的两个基分别为

$$\boldsymbol{\alpha}_1=\begin{pmatrix}1\\1\\1\end{pmatrix},\ \boldsymbol{\alpha}_2=\begin{pmatrix}1\\0\\-1\end{pmatrix},\ \boldsymbol{\alpha}_3=\begin{pmatrix}1\\0\\1\end{pmatrix},\ \boldsymbol{\beta}_1=\begin{pmatrix}1\\2\\1\end{pmatrix},\ \boldsymbol{\beta}_2=\begin{pmatrix}2\\3\\4\end{pmatrix},\ \boldsymbol{\beta}_3=\begin{pmatrix}3\\4\\3\end{pmatrix},$$

(1) 求从基 $\boldsymbol{\alpha}_1,\boldsymbol{\alpha}_2,\boldsymbol{\alpha}_3$ 到基 $\boldsymbol{\beta}_1,\boldsymbol{\beta}_2,\boldsymbol{\beta}_3$ 的过渡矩阵；

(2) 求坐标变换公式.

解　(1)设 $\boldsymbol{A}=(\boldsymbol{\alpha}_1,\boldsymbol{\alpha}_2,\boldsymbol{\alpha}_3)$，$\boldsymbol{B}=(\boldsymbol{\beta}_1,\boldsymbol{\beta}_2,\boldsymbol{\beta}_3)$，从基 $\boldsymbol{\alpha}_1,\boldsymbol{\alpha}_2,\boldsymbol{\alpha}_3$ 到基 $\boldsymbol{\beta}_1,\boldsymbol{\beta}_2,\boldsymbol{\beta}_3$ 的过渡矩阵为 $\boldsymbol{P}$，$\boldsymbol{B}=\boldsymbol{AP}$，$\boldsymbol{P}=\boldsymbol{A}^{-1}\boldsymbol{B}$.

$$(\boldsymbol{AB})=\begin{pmatrix}1&1&1&1&2&3\\1&0&0&2&3&4\\1&-1&1&1&4&3\end{pmatrix}\to\begin{pmatrix}1&1&1&1&2&3\\0&-1&-1&1&1&1\\0&-2&0&0&2&0\end{pmatrix}$$

$$\to\begin{pmatrix}1&1&1&1&2&3\\0&1&1&-1&-1&-1\\0&1&0&0&-1&0\end{pmatrix}\sim\begin{pmatrix}1&1&1&1&2&3\\0&1&1&-1&-1&-1\\0&0&-1&1&0&1\end{pmatrix}$$

$$\to\begin{pmatrix}1&1&0&2&2&4\\0&1&0&0&-1&0\\0&0&-1&1&0&1\end{pmatrix}\sim\begin{pmatrix}1&1&0&2&2&4\\0&1&0&0&-1&0\\0&0&1&-1&0&-1\end{pmatrix}$$

$$\to\begin{pmatrix}1&0&0&2&3&4\\0&1&0&0&-1&0\\0&0&1&-1&0&-1\end{pmatrix},$$

故 $\boldsymbol{P}=\begin{pmatrix}2&3&4\\0&-1&0\\-1&0&-1\end{pmatrix}$ 为所求的过渡矩阵.

(2) 坐标变换公式为 $\begin{pmatrix}x_1\\x_2\\x_3\end{pmatrix}=\boldsymbol{P}\begin{pmatrix}x_1^1\\x_2^1\\x_3^1\end{pmatrix}=\begin{pmatrix}2&3&4\\0&-1&0\\-1&0&-1\end{pmatrix}\begin{pmatrix}x_1^1\\x_2^1\\x_3^1\end{pmatrix}$.

习　题　3

1. 设 $3(\boldsymbol{\alpha}_1-\boldsymbol{\alpha})+2(\boldsymbol{\alpha}_2+\boldsymbol{\alpha})=5(\boldsymbol{\alpha}_3+\boldsymbol{\alpha})$ 其中 $\boldsymbol{\alpha}=(2,5,1,3)^{\mathrm{T}}$，$\boldsymbol{\alpha}_2=(1,0,1,5)^{\mathrm{T}}$，$\boldsymbol{\alpha}_3=(4,1,-1,1)^{\mathrm{T}}$，求 $\boldsymbol{\alpha}$.

2. 求向量 $\boldsymbol{\alpha}_1=\begin{pmatrix}1\\0\\-1\end{pmatrix}$，$\boldsymbol{\alpha}_2=\begin{pmatrix}2\\1\\3\end{pmatrix}$，$\boldsymbol{\alpha}_3=\begin{pmatrix}7\\3\\4\end{pmatrix}$ 的线性组合 $3\boldsymbol{\alpha}_1+2\boldsymbol{\alpha}_2-4\boldsymbol{\alpha}_3$.

3. 试问向量 $\boldsymbol{\beta}$ 能否由其余向量线性表示？若能，写出线性表示式.

$$\boldsymbol{\alpha}_1=(3,-2,2)^{\mathrm{T}},\quad \boldsymbol{\alpha}_2=(-2,1,2)^{\mathrm{T}},\quad \boldsymbol{\alpha}_3(1,2,-1)^{\mathrm{T}},\quad \boldsymbol{\beta}=(4,5,6)^{\mathrm{T}}.$$

4. 已知向量组 $\boldsymbol{B}$: $\boldsymbol{\beta}_1,\boldsymbol{\beta}_2,\boldsymbol{\beta}_3$ 由向量组 $\boldsymbol{A}$: $\boldsymbol{\alpha}_1,\boldsymbol{\alpha}_2,\boldsymbol{\alpha}_3$ 的线性表示为 $\boldsymbol{\beta}_1=\boldsymbol{\alpha}_1-\boldsymbol{\alpha}_2+\boldsymbol{\alpha}_3$, $\boldsymbol{\beta}_2=\boldsymbol{\alpha}_1+\boldsymbol{\alpha}_2-\boldsymbol{\alpha}_3$, $\boldsymbol{\beta}_3=-\boldsymbol{\alpha}_1-\boldsymbol{\alpha}_2+\boldsymbol{\alpha}_3$，试将向量组($\boldsymbol{A}$)的向量由向量组($\boldsymbol{B}$)的向量线性表示.

5. 证明：向量 $\boldsymbol{\beta}=(-1,1,5)$ 是向量 $\boldsymbol{\alpha}_1=(1,2,3)^{\mathrm{T}}$，$\boldsymbol{\alpha}_2=(0,1,4)^{\mathrm{T}}$，$\boldsymbol{\alpha}_3=(2,3,6)^{\mathrm{T}}$ 的线性组合，并具体将 $\boldsymbol{\beta}$ 用 $\boldsymbol{\alpha}_1,\boldsymbol{\alpha}_2,\boldsymbol{\alpha}_3$ 表示出来.

6. 已知 $\boldsymbol{\alpha}_1,\boldsymbol{\alpha}_2,\boldsymbol{\alpha}_3$ 线性无关，证明 $\boldsymbol{\alpha}_1+\boldsymbol{\alpha}_2$, $3\boldsymbol{\alpha}_2+2\boldsymbol{\alpha}_3$, $\boldsymbol{\alpha}_1-2\boldsymbol{\alpha}_2+\boldsymbol{\alpha}_3$ 线性无关.

7. 已知 $\boldsymbol{\beta}_1=\boldsymbol{\alpha}_1+\boldsymbol{\alpha}_2$, $\boldsymbol{\beta}_2=\boldsymbol{\alpha}_1-\boldsymbol{\alpha}_2$, $\boldsymbol{\beta}_3=3\boldsymbol{\alpha}_1-2\boldsymbol{\alpha}_2$，证明 $\boldsymbol{\beta}_1,\boldsymbol{\beta}_2,\boldsymbol{\beta}_3$ 是线性相关的.

8. 判断向量组 $\boldsymbol{\alpha}_1=(1,2,0,1)^{\mathrm{T}}$，$\boldsymbol{\alpha}_2=(1,3,0,-1)^{\mathrm{T}}$，$\boldsymbol{\alpha}_3=(-1,-1,1,0)^{\mathrm{T}}$ 是否线性相关.

9. 求下列向量组的秩，并求一个最大无关组.

(1) $\boldsymbol{\alpha}_1=(2,4,2)^{\mathrm{T}}$，$\boldsymbol{\alpha}_2=(1,1,0)^{\mathrm{T}}$，$\boldsymbol{\alpha}_3=(2,3,1)^{\mathrm{T}}$，$\boldsymbol{\alpha}_4=(3,5,2)^{\mathrm{T}}$；

(2) $\boldsymbol{\alpha}_1=\begin{pmatrix}1\\2\\-1\\4\end{pmatrix}$, $\boldsymbol{\alpha}_2=\begin{pmatrix}9\\100\\10\\4\end{pmatrix}$, $\boldsymbol{\alpha}_3=\begin{pmatrix}-2\\-4\\2\\-8\end{pmatrix}$.

10. 求向量组 $\boldsymbol{\alpha}_1=\begin{pmatrix}1\\1\\2\\2\end{pmatrix}$, $\boldsymbol{\alpha}_2=\begin{pmatrix}1\\2\\1\\3\end{pmatrix}$, $\boldsymbol{\alpha}_3=\begin{pmatrix}1\\-1\\4\\0\end{pmatrix}$, $\boldsymbol{\alpha}_4=\begin{pmatrix}1\\0\\3\\1\end{pmatrix}$ 的一个最大无关组，并且其余向量用该最大无关组线性表示.

11. 设向量组 $\boldsymbol{\alpha}_1,\boldsymbol{\alpha}_2,\cdots,\boldsymbol{\alpha}_m$ 线性无关，且可由向量组 $\boldsymbol{\beta}_1,\boldsymbol{\beta}_2,\cdots,\boldsymbol{\beta}_m$ 线性表示. 证明：这两个向量组等价，从而 $\boldsymbol{\beta}_1,\boldsymbol{\beta}_2,\cdots,\boldsymbol{\beta}_m$ 也线性无关.

12. 已知 $(\boldsymbol{\alpha}_1,\boldsymbol{\alpha}_2)=\begin{pmatrix}2&3\\0&-2\\-1&1\\3&-1\end{pmatrix}$，$(\boldsymbol{\beta}_1,\boldsymbol{\beta}_2)=\begin{pmatrix}-5&4\\6&-4\\-5&3\\9&-5\end{pmatrix}$，证明向量组 $(\boldsymbol{\alpha}_1,\boldsymbol{\alpha}_2)$ 与向量组 $(\boldsymbol{\beta}_1,\boldsymbol{\beta}_2)$ 等价.

13. 设 $\boldsymbol{\alpha}_1=(6,a+1,3)^{\mathrm{T}}$，$\boldsymbol{\alpha}_2=(a,2,-2)^{\mathrm{T}}$，$\boldsymbol{\alpha}_3=(a,1,0)^{\mathrm{T}}$，试问：

(1) a 为何值时，$\boldsymbol{\alpha}_1,\boldsymbol{\alpha}_2$ 线性相关？线性无关？

(2) a 为何值时，$\boldsymbol{\alpha}_1,\boldsymbol{\alpha}_2,\boldsymbol{\alpha}_3$ 线性相关？线性无关？

14. 已知向量组 $\boldsymbol{\alpha}_1=(1,1,2)^{\mathrm{T}}$，$\boldsymbol{\alpha}_2=(3,t,1)^{\mathrm{T}}$，$\boldsymbol{\alpha}_3=(0,2,-t)^{\mathrm{T}}$ 线性相关，求 t 的值.

15. 给定向量 $\boldsymbol{\alpha}_1=(-2,4,1)^{\mathrm{T}}$，$\boldsymbol{\alpha}_2=(-1,3,5)^{\mathrm{T}}$，$\boldsymbol{\alpha}_3=(2,-3,1)^{\mathrm{T}}$，$\boldsymbol{\beta}=(1,1,3)^{\mathrm{T}}$，试证明：向量组 $\boldsymbol{\alpha}_1,\boldsymbol{\alpha}_2,\boldsymbol{\alpha}_3$ 是三维向量空间 $\boldsymbol{R}^3$ 的一个基，并将向量 $\boldsymbol{\beta}$ 用这个基线性表示.

16. 设向量组 $\boldsymbol{A}$: $\boldsymbol{\alpha}_1=(1,0,1)^{\mathrm{T}}$，$\boldsymbol{\alpha}_2=(2,2,0)^{\mathrm{T}}$，$\boldsymbol{\alpha}_3=(2,4,-1)^{\mathrm{T}}$，向量组 $\boldsymbol{B}$: $\boldsymbol{\beta}_1=(-1,2,4)^{\mathrm{T}}$，$\boldsymbol{\beta}_2=(2,4,-4)^{\mathrm{T}}$. 试证明：向量组 $\boldsymbol{A}$ 是三维向量空间 $\boldsymbol{R}^3$ 的一个基，并将向量组 $\boldsymbol{B}$ 用这个基线性表示.

17. 试证：由 $\boldsymbol{\alpha}_1=(0,1,1)^{\mathrm{T}}$，$\boldsymbol{\alpha}_2=(1,0,1)^{\mathrm{T}}$，$\boldsymbol{\alpha}_3=(1,1,0)^{\mathrm{T}}$ 所生成的向量空间就是 $\boldsymbol{R}^3$.

18. 已知 $\boldsymbol{R}^3$ 的两个基为 $\boldsymbol{\alpha}_1=\begin{pmatrix}1\\1\\1\end{pmatrix}$，$\boldsymbol{\alpha}_2=\begin{pmatrix}1\\0\\-1\end{pmatrix}$，$\boldsymbol{\alpha}_3=\begin{pmatrix}1\\0\\1\end{pmatrix}$ 及 $\boldsymbol{\beta}_1=\begin{pmatrix}1\\2\\1\end{pmatrix}$，$\boldsymbol{\beta}_2=\begin{pmatrix}2\\3\\4\end{pmatrix}$，$\boldsymbol{\beta}_3=\begin{pmatrix}3\\4\\3\end{pmatrix}$，求由基 $\boldsymbol{\alpha}_1,\boldsymbol{\alpha}_2,\boldsymbol{\alpha}_3$ 到基 $\boldsymbol{\beta}_1,\boldsymbol{\beta}_2,\boldsymbol{\beta}_3$ 的过渡矩阵 $\boldsymbol{P}$.

第 4 章　线性方程组的解

4.1　线性方程组的解的条件

关于线性方程组，在 1.4 节中已经学习了如何解含有n个未知量n个线性方程的克莱姆法则．但是，在工程技术的许多实际问题中，往往会遇到系数行列式为零的情况，有时还会遇到方程个数与未知量个数不相等的线性方程组及系数中带有参数的线性方程组．对于这样的一般线性方程组，能否从原方程组的系数和常数项就能判定解的存在性和给出解(如果有)的表示，这就需要研究线性方程组中各个方程之间的关系．这一节将以矩阵为基本工具来讨论下述问题：线性方程组的消元解法；线性方程组解的存在性．

例 4.1.1　解线性方程组

$$\begin{cases} x_1-2x_2+3x_3-4x_4=4 \\ \qquad x_2-\ x_3+\ x_4=-3 \\ x_1+3x_2 \qquad -3x_4=1 \\ \quad -7x_2+3x_3+\ x_4=-3 \end{cases}.$$

解　对线性方程组的增广矩阵施以行初等变换化为简化阶梯形矩阵

$$\bar{\boldsymbol{A}}=\begin{pmatrix} 1 & -2 & 3 & -4 & 4 \\ 0 & 1 & -1 & 1 & -3 \\ 1 & 3 & 0 & -3 & 1 \\ 0 & -7 & 3 & 1 & -3 \end{pmatrix} \to \begin{pmatrix} 1 & -2 & 3 & -4 & 4 \\ 0 & 1 & -1 & 1 & -3 \\ 0 & 5 & -3 & 1 & -3 \\ 0 & -7 & 3 & 1 & -3 \end{pmatrix}$$

$$\to \begin{pmatrix} 1 & -2 & 3 & -4 & 4 \\ 0 & 1 & -1 & 1 & -3 \\ 0 & 0 & 2 & -4 & 12 \\ 0 & 0 & -4 & 8 & -24 \end{pmatrix} \to \begin{pmatrix} 1 & -2 & 3 & -4 & 4 \\ 0 & 1 & -1 & 1 & -3 \\ 0 & 0 & 1 & -2 & 6 \\ 0 & 0 & 0 & 0 & 0 \end{pmatrix}$$

$$\to \begin{pmatrix} 1 & -2 & 0 & 2 & -14 \\ 0 & 1 & 0 & -1 & 3 \\ 0 & 0 & 1 & -2 & 6 \\ 0 & 0 & 0 & 0 & 0 \end{pmatrix} \to \begin{pmatrix} 1 & 0 & 0 & 0 & -8 \\ 0 & 1 & 0 & -1 & 3 \\ 0 & 0 & 1 & -2 & 6 \\ 0 & 0 & 0 & 0 & 0 \end{pmatrix}.$$

简化阶梯形矩阵对应的线性方程组为

$$\begin{cases} x_1 \qquad\qquad\qquad =-8 \\ \qquad x_2 \qquad -x_4=3 \\ \qquad\qquad x_3-2x_4=6 \end{cases},$$

解得

$$\begin{cases} x_1=-8 \\ x_2=3+x_4 \\ x_3=6+2x_4 \end{cases}.$$

其中未知量 x_4 称做**自由未知量**. 就是说，x_4 可以任意取值. x_4 取任意值，所得到的结果都是原方程组的解，因此，原方程组有无穷多个解. 取自由未知量 $x_4=c$，则

$$\begin{cases} x_1=-8 \\ x_2=3+c \\ x_3=6+2c \\ x_4=c \end{cases} \quad (c\text{ 为任意常数}).$$

这个解称为线性方程组的**一般解**.

值得注意的是：

(1) 线性方程组的一般解是指用一组任意常数表示线性方程组无穷多个解的表达式.

(2) 在一般解中，自由未知量的选择一般不是唯一确定的. 如例 2.6.5 中，自由未知量取 x_4，也可以选取 x_2 或 x_3. 但是自由未知量的个数总是确定的，例 2.6.5 中仅为一个.

例 4.1.2　解线性方程组

$$\begin{cases} 2x_1+5x_2+\ x_3+3x_4=2 \\ 4x_1+6x_2+3x_3+5x_4=4 \\ 4x_1+14x_2+x_3+7x_4=4 \\ 2x_1-3x_2\ +3x_3+\ x_4=7 \end{cases}.$$

解　对线性方程组的增广矩阵施以行初等变换，有

$$\overline{A}=\begin{pmatrix} 2 & 5 & 1 & 3 & 2 \\ 4 & 6 & 3 & 5 & 4 \\ 4 & 14 & 1 & 7 & 4 \\ 2 & -3 & 3 & 1 & 7 \end{pmatrix} \to \begin{pmatrix} 2 & 5 & 1 & 3 & 2 \\ 0 & -4 & 1 & -1 & 0 \\ 0 & 4 & -1 & 1 & 0 \\ 0 & -8 & 2 & -2 & 5 \end{pmatrix}$$

$$\to \begin{pmatrix} 2 & 5 & 1 & 3 & 2 \\ 0 & -4 & 1 & -1 & 0 \\ 0 & 0 & 0 & 0 & 0 \\ 0 & 0 & 0 & 0 & 5 \end{pmatrix} \to \begin{pmatrix} 2 & 5 & 1 & 3 & 2 \\ 0 & -4 & 1 & -1 & 0 \\ 0 & 0 & 0 & 0 & 5 \\ 0 & 0 & 0 & 0 & 0 \end{pmatrix}.$$

最后，矩阵对应的阶梯形方程组为

$$\begin{cases} 2x_1+5x_2+x_3+3x_4=2 \\ -4x_2+x_3\ -x_4=0 \\ 0=5 \\ 0=0 \end{cases}.$$

上述方程组中最后一个方程为恒等式“0=0”，说明这个方程是多余的，可以去掉；第三个方程“0=5”是矛盾方程，无解. 所以上述线性方程组无解，故原线性方程组也无解.

从上面例 2.5.1、例 2.6.5、例 2.6.6 可以看出：线性方程组可能无解，也可能有解. 在有解的情况下可能有唯一解，也可能有无穷多个解.

矩阵作为工具，在用消元法解线性方程组时，首先将线性方程组的增广矩阵用行初等变换化成阶梯形矩阵，写出相应的阶梯形方程组. 若方程组有解，进一步将阶梯形矩阵化为简化阶梯形矩阵，写出解来.

4.1.1 线性方程组解的情况

这里讨论一般线性方程组(2.5.1)的解的情况．线性方程组(2.5.1)的增广矩阵 $\overline{A}$ 总可以经过一系列的行初等变换化为行阶梯形矩阵．事实上，$\overline{A}$ 的前 n 列中任意一列的元素不会全为零．否则，若 $\overline{A}$ 的第 j 列元素全为零，即 $a_j=0\ (j=1,2,\cdots,n)$，则原线性方程组(2.5.1)中未知量 x_j 可以取任意值，这时只需解余下的含有 $n-1$ 个未知量的方程组就可以了．

为方便起见，不妨设 $\overline{A}$ 的第一列中 $a_{11}\neq 0$，把 $\overline{A}$ 的第一行的 $\left(-\dfrac{a_{i1}}{a_{11}}\right)(i=2,3,\cdots,m)$ 倍加到第 i 行上去，$\overline{A}$ 化为

$$\begin{pmatrix} a_{11} & a_{12} & \cdots & a_{1n} & b_1 \\ 0 & a'_{22} & \cdots & a'_{2n} & b'_2 \\ \vdots & \vdots & & \vdots & \vdots \\ 0 & a'_{m2} & \cdots & a'_{mn} & b'_m \end{pmatrix},$$

由后 $m-1$ 行，右边的 n 列可以组成一个 $(m-1)\times n$ 矩阵，对此矩阵重复施以上述变换，直到 $\overline{A}$ 化为如下形式的阶梯形矩阵：

$$\overline{A}\to\cdots\to\begin{pmatrix} \overline{a}_{11} & \overline{a}_{12} & \cdots & \overline{a}_{1r} & \overline{a}_{1,r+1} & \cdots & \overline{a}_{1n} & d_1 \\ 0 & \overline{a}_{22} & \cdots & \overline{a}_{2r} & \overline{a}_{2,r+1} & \cdots & \overline{a}_{2n} & d_2 \\ \vdots & \vdots & & \vdots & \vdots & & \vdots & \vdots \\ 0 & 0 & \cdots & \overline{a}_{rr} & \overline{a}_{r,r+1} & \cdots & \overline{a}_{rn} & d_r \\ 0 & 0 & \cdots & 0 & 0 & 0 & 0 & d_{r+1} \\ 0 & 0 & \cdots & 0 & 0 & 0 & 0 & 0 \\ \vdots & \vdots & & \vdots & \vdots & \vdots & \vdots & \vdots \\ 0 & 0 & \cdots & 0 & 0 & \cdots & 0 & 0 \end{pmatrix}. \tag{4.1.1}$$

其中，$\overline{a}_{ii}\neq 0(i=1,2,\cdots,n)$．它对应的阶梯形方程组为

$$\begin{cases} \overline{a}_{11}x_1+\overline{a}_{12}x_2+\cdots+\overline{a}_{1r}x_r+\overline{a}_{1,r+1}x_{r+1}+\cdots+\overline{a}_{1n}x_n=d_1 \\ \qquad\overline{a}_{22}x_2+\cdots+\overline{a}_{2r}x_r+\overline{a}_{2,r+1}x_{r+1}+\cdots+\overline{a}_{2n}x_n=d_2 \\ \qquad\qquad\vdots \\ \qquad\qquad\overline{a}_{rr}x_r+\overline{a}_{r,r+1}x_{r+1}+\cdots+\overline{a}_{rn}x_n=d_r \\ \qquad\qquad\qquad 0=d_{r+1} \\ \qquad\qquad\qquad\vdots \\ \qquad\qquad\qquad 0=0 \end{cases}. \tag{4.1.2}$$

上述方程组中后面一些方程(如果有)“0=0”是恒等式，可以去掉，不影响方程组的解．

线性方程组(4.1.2)与线性方程组(2.5.1)是同解方程组．因此只需讨论方程组(4.1.2)的解的情况．由于线性方程组(4.1.2)中含有 n 个未知量，所以，方程组(4.1.2)中一定有 $r\leqslant n$，这时可能出现下述情况：

(1) $d_{r+1}\neq 0$．于是方程组(4.1.2)中的第 $r+1$ 个方程“$0=d_{r+1}$”是矛盾方程，因此方程

组(4.1.2)无解，原方程组也无解，如本节的例 2.6.6.

(2) $d_{r+1}=0$．方程组(4.1.2)有解，其中后 $m-r$ 个等式“0=0”是恒等式，表明原方程组中相应的方程是多余的，这时可能出现以下两种情况：

① 如果 $r=n$，则方程组(4.1.2)的解就是下述方程组的解

$$\begin{cases}\bar{a}_{11}x_1+\bar{a}_{12}x_2+\cdots+\bar{a}_{1n}x_n=d_1\\ \qquad\bar{a}_{22}x_2+\cdots+\bar{a}_{2n}x_n=d_2\\ \qquad\qquad\vdots\\ \qquad\qquad\bar{a}_{nn}x_n=d_n\end{cases},$$

其中，$\bar{a}_{ii}\neq 0\ (i=1,2,\cdots,n)$．这个方程组的系数行列式

$$\begin{vmatrix}\bar{a}_{11} & \bar{a}_{12} & \cdots & \bar{a}_{1n}\\ 0 & \bar{a}_{22} & \cdots & \bar{a}_{2n}\\ \vdots & \vdots & & \vdots\\ 0 & 0 & \cdots & \bar{a}_{nn}\end{vmatrix}=\bar{a}_{11}\bar{a}_{22}\cdots\bar{a}_{nn}\neq 0,$$

根据克莱姆法则，这个方程组有唯一解，因而方程组(2.5.1)也有唯一解．在上述方程组中，自下而上依次求出 $x_1,x_2,\cdots,x_n$ 的值，则可求得方程组(4.1.2)的唯一解，也是原方程组(2.5.1)的唯一解，回代过程可由相应的阶梯形矩阵自下而上逐次施以行初等变换，化为

$$\begin{pmatrix}1 & 0 & \cdots & 0 & d_1'\\ 0 & 1 & \cdots & 0 & d_2'\\ \vdots & \vdots & & \vdots & \vdots\\ 0 & 0 & \cdots & 1 & d_n'\\ 0 & 0 & \cdots & 0 & 0\\ \vdots & \vdots & & \vdots & \vdots\\ 0 & 0 & \cdots & 0 & 0\end{pmatrix},$$

从而直接得原方程组的唯一解为

$$\begin{cases}x_1=d_1'\\ x_2=d_2'\\ \vdots\\ x_n=d_n'\end{cases}.$$

如本章的例 2.5.1.

② 如果 $r<n$，则方程组(4.1.2)化为

$$\begin{cases}\bar{a}_{11}x_1+\bar{a}_{12}x_2+\cdots+\bar{a}_{1r}x_r=d_1-\bar{a}_{1,r+1}x_{r+1}-\cdots-\bar{a}_{1n}x_n\\ \qquad\bar{a}_{22}x_2+\cdots+\bar{a}_{2r}x_r=d_2-\bar{a}_{2,r+1}x_{r+1}-\cdots-\bar{a}_{2n}x_n\\ \qquad\qquad\vdots\\ \qquad\qquad\bar{a}_{rr}x_r=d_r-\bar{a}_{r,r+1}x_{r+1}-\cdots-\bar{a}_{rn}x_n\end{cases},$$

其中，$x_{r+1},x_{r+2},\cdots,x_n$ 为自由未知量，任意取定自由未知量的值，可以唯一地确定 $x_1,x_2,\cdots,x_r$ 的值，从而确定原方程组的无穷多个解．为了简便，实际计算时，可以对阶梯形矩阵(4.1.1)自下而上逐次施以行初等变换，化为

$$\begin{pmatrix} 1 & 0 & \cdots & 0 & \tilde{a}_{1,r+1} & \cdots & \tilde{a}_{1n} & \tilde{d}_1 \\ 0 & 1 & \cdots & 0 & \tilde{a}_{2,r+1} & \cdots & \tilde{a}_{2n} & \tilde{d}_2 \\ \vdots & \vdots & & \vdots & \vdots & & \vdots & \vdots \\ 0 & 0 & \cdots & 1 & \tilde{a}_{rr} & \cdots & \tilde{a}_{rn} & \tilde{d}_r \\ 0 & 0 & \cdots & 0 & 0 & \cdots & 0 & 0 \\ \vdots & \vdots & & \vdots & \vdots & & \vdots & \vdots \\ 0 & 0 & \cdots & 0 & 0 & \cdots & 0 & 0 \end{pmatrix}.$$

直接可写出方程组(2.5.1)的同解方程组

$$\begin{cases} x_1 = \tilde{d}_1 - \tilde{a}_{1,r+1}x_{r+1} - \cdots - \tilde{a}_{1n}x_n \\ x_2 = \tilde{d}_2 - \tilde{a}_{2,r+1}x_{r+1} - \cdots - \tilde{a}_{2n}x_n \\ \qquad \vdots \\ x_r = \tilde{d}_r - \tilde{a}_{r,r+1}x_{r+1} - \cdots - \tilde{a}_{rn}x_n \end{cases},$$

其中，$x_{r+1}, x_{r+2}, \cdots, x_n$ 为自由未知量．分别取

$$\begin{cases} x_{r+1} = c_1 \\ x_{r+2} = c_2 \\ \quad \vdots \\ x_n = c_{n-r} \end{cases},$$

线性方程组(2.5.1)的一般解为

$$\begin{cases} x_1 \ = \tilde{d}_1 - \tilde{a}_{1r+1}c_1 - \cdots - \tilde{a}_{1n}c_{n-r} \\ x_2 \ = \tilde{d}_2 - \tilde{a}_{2r+1}c_1 - \cdots - \tilde{a}_{2n}c_{n-r} \\ \qquad \vdots \\ x_r \ = \tilde{d}_r - a_{rr+1}c_1 - \cdots - \tilde{a}_{rn}c_{n-r} \\ x_{r+1} = c_1 \\ x_{r+2} = c_2 \\ \quad \vdots \\ x_n \ = c_{n-r} \end{cases}.$$

如本节例 4.1.2．

综上所述，线性方程组(2.5.1)的解共有三种情况，在矩阵式(4.1.1)中：

(1) 当 $d_{r+1} \neq 0$ 时，原方程组(2.5.1)无解；

(2) 当 $d_{r+1} = 0$ 且 $r = n$ 时，原方程组(2.5.1)有唯一解；

(3) 当 $d_{r+1} = 0$ 且 $r < n$ 时，原方程组(2.5.1)有无穷多个解．

因此得下述定理：

对于齐次线性方程组

$$\begin{cases} a_{11}x_1 + a_{12}x_2 + \cdots + a_{1n}x_n = 0 \\ a_{21}x_1 + a_{22}x_2 + \cdots + a_{2n}x_n = 0 \\ \qquad \vdots \\ a_{m1}x_1 + a_{m2}x_2 + \cdots + a_{mn}x_n = 0 \end{cases}, \tag{4.1.3}$$

因为其增广矩阵 $\overline{A}$ 的最后一列元素均为零，所以对 $\overline{A}$ 施以初等行变换，一定可以把 $\overline{A}$ 化为如下形式的阶梯形矩阵：

$$\overline{A}\to\cdots\to\begin{pmatrix}\overline{a}_{11} & \overline{a}_{12} & \cdots & \overline{a}_{1r} & \overline{a}_{1,r+1} & \cdots & \overline{a}_{1n} & 0\\ 0 & \overline{a}_{22} & \cdots & \overline{a}_{2r} & \overline{a}_{2,r+1} & \cdots & \overline{a}_{2n} & 0\\ \vdots & \vdots & & \vdots & \vdots & & \vdots & \vdots\\ 0 & 0 & \cdots & \overline{a}_{rr} & \overline{a}_{r,r+1} & \cdots & \overline{a}_{rn} & 0\\ 0 & 0 & \cdots & 0 & 0 & 0 & 0 & 0\\ 0 & 0 & \cdots & 0 & 0 & 0 & 0 & 0\\ \vdots & \vdots & & \vdots & \vdots & \cdots & \vdots & \vdots\\ 0 & 0 & \cdots & 0 & 0 & \cdots & 0 & 0\end{pmatrix},\tag{4.1.4}$$

其中，$\overline{a}_{ii}\neq 0(i=1,2,\cdots,r)$，由此可得下述结论：

(1) 当 $r=n$ 时，齐次线性方程组(4.1.3)仅有零解；

(2) 当 $r<n$ 时，齐次线性方程组(4.1.3)有非零解(即有无穷多个解).

特别地，如果齐次线性方程组(4.1.3)中，方程个数少于未知量个数，即 $m<n$ 时，阶梯形矩阵(4.1.4)中必有 $r\leqslant\min\{m,n\}\leqslant n$，因此得下述定理.

定理 4.1.1　如果齐次线性方程组(4.1.3)中方程的个数少于未知量个数，即 $m<n$，则齐次线性方程组(4.1.3)一定有非零解.

例 4.1.3　判断齐次线性方程组

$$\begin{cases}x_1+x_2-3x_3-x_4=0\\ 3x_1-x_2-3x_3+4x_4=0\\ x_1+5x_2-9x_3-8x_4=0\end{cases}$$

有无非零解. 如果有非零解，求出它的一般解.

解　因为该齐次线性方程组中方程的个数是 3，而未知量的个数是 4，所以它一定有非零解.

$$\overline{A}=\begin{pmatrix}1 & 1 & -3 & -1 & 0\\ 3 & -1 & -3 & 4 & 0\\ 1 & 5 & -9 & -8 & 0\end{pmatrix}\to\begin{pmatrix}1 & 1 & -3 & -1 & 0\\ 0 & -4 & 6 & 7 & 0\\ 0 & 4 & -6 & -7 & 0\end{pmatrix}$$

$$\to\begin{pmatrix}1 & 1 & -3 & -1 & 0\\ 0 & -4 & 6 & 7 & 0\\ 0 & 0 & 0 & 0 & 0\end{pmatrix}\to\begin{pmatrix}1 & 1 & -3 & -1 & 0\\ 0 & 1 & -\dfrac{3}{2} & -\dfrac{7}{4} & 0\\ 0 & 0 & 0 & 0 & 0\end{pmatrix}$$

$$\to\begin{pmatrix}1 & 0 & -\dfrac{3}{2} & \dfrac{3}{4} & 0\\ 0 & 1 & -\dfrac{3}{2} & -\dfrac{7}{4} & 0\\ 0 & 0 & 0 & 0 & 0\end{pmatrix}.$$

该齐次方程组的同解方程组为

$$\begin{cases} x_1 = \dfrac{3}{2}x_3 - \dfrac{3}{4}x_4 \\ x_2 = \dfrac{3}{2}x_3 + \dfrac{7}{4}x_4 \end{cases},$$

取为自由未知量

$$\begin{cases} x_3 = c_1 \\ x_4 = c_2 \end{cases},$$

得该齐次方程组的一般解为

$$\begin{cases} x_1 = \dfrac{3}{2}c_1 - \dfrac{3}{4}c_2 \\ x_2 = \dfrac{3}{2}c_1 + \dfrac{7}{4}c_2 \\ x_3 = c_1 \\ x_4 = c_2 \end{cases} \quad (c_1，c_2 \text{ 为任意常数}).$$

4.1.2 线性方程组解的存在性

利用n维向量组的秩和矩阵的秩的概念，我们可以直接从原线性方程组的系数和常数项判别线性方程组解的情况.

定理 4.1.2 线性方程组(2.5.1)有解的充分必要条件是：系数矩阵的秩等于增广矩阵的秩，即$r(\boldsymbol{A}) = r(\overline{\boldsymbol{A}})$.

证 充分性 定理 4.1.2 与 4.1.1 中用消元法的结果判别线性方程组(2.5.1)是否有解是一致的. 因为用初等行变换把增广矩阵$\overline{\boldsymbol{A}}$化成阶梯形矩阵的同时，系数矩阵$\boldsymbol{A}$也在其中化成了行阶梯形矩阵. 当行阶梯形方程组出现“$0 = d_{r+1}$”，而d_{r+1}是非零数时，系数矩阵的$\boldsymbol{A}$非零行的行数比增广矩阵$\overline{\boldsymbol{A}}$的非零行的行数少一行，即$r(\boldsymbol{A}) \neq r(\overline{\boldsymbol{A}})$，此时，线性方程组无解；当出现“$0 = d_{r+1}$”，$d_{r+1}$为零时，$\boldsymbol{A}$与$\overline{\boldsymbol{A}}$的非零行的行数相同，因而有$r(\boldsymbol{A}) = r(\overline{\boldsymbol{A}})$. 此时，线性方程组(4.1.3)有解.

对于齐次线性方程组(4.1.3)，因为其增广矩阵$\overline{\boldsymbol{A}}$的最后一列全为零，所以必有$r(\boldsymbol{A}) = r(\overline{\boldsymbol{A}})$，它肯定总是有解.

必要性的证明略，有兴趣的读者可参考其他书籍.

例 4.1.4 判断下列方程组是否有解：

$$\begin{cases} x_1 + x_2 = 1 \\ ax_1 + bx_2 = c \\ a^2x_1 + b^2x_2 = c^2 \end{cases} \quad (a,b,c \text{ 互异}).$$

解 因线性方程组的增广矩阵对应的行列式

$$\begin{vmatrix} 1 & 1 & 1 \\ a & b & c \\ a^2 & b^2 & c^2 \end{vmatrix} = (b-a)(c-a)(c-b) \neq 0,$$

所以，增广矩阵的秩为 3．又，系数矩阵 $\boldsymbol{A}=\begin{pmatrix}1 & 1\\ a & b\\ a^2 & b^2\end{pmatrix}$ 有二阶子式 $\begin{vmatrix}1 & 1\\ a & b\end{vmatrix}=b-a\neq 0$，所以 $r(\boldsymbol{A})=2$，因此，原线性方程组无解．

4.1.3　线性方程组解的个数

对照 4.1.1 节中消元法判别解的个数的原则，不难发现消元法求解时，最后化得的阶梯形方程组中方程的个数就是其相应的行阶梯形矩阵的非零行的行数，也就是原方程组的增广矩阵的秩．在线性方程组有解的情况下，它就等于系数矩阵的秩．因此，有以下结论：

当 $r(\boldsymbol{A})=r(\overline{\boldsymbol{A}})=r$ 时，有

(1) 若 $r=n$，则线性方程组(2.5.1)有唯一解；

(2) 若 $r<n$，则线性方程组(2.5.1)有无穷多个解．

将上述结论应用到齐次线性方程组(4.1.3)上去，可得

推论 4.1.1　齐次线性方程(4.1.3)仅有零解的充分必要条件是它的系数矩阵的秩 r 等于未知量的个数 n，即 $r(\boldsymbol{A})=n$．

推论 4.1.2　齐次线性方程组(4.1.3)有非零解的充分必要条件是 $r<n$．

特别地，当齐次线性方程组(4.1.3)中未知量个数与方程个数相等时，即 $n=m$ 时，有以下推论。

推论 4.1.3　齐次线性方程组

$$\begin{cases}a_{11}x_1+a_{12}x_2+\cdots+a_{1n}x_n=0\\ a_{21}x_1+a_{22}x_2+\cdots+a_{2n}x_n=0\\ \qquad\qquad\vdots\\ a_{n1}x_1+a_{n2}x_2+\cdots+a_{nn}x_n=0\end{cases}$$

有非零解的充分必要条件是它的系数行列式等于零．

例 4.1.5　λ 为何值时，齐次线性方程组

$$\begin{cases}x_1-x_2+x_3=0\\ \lambda x_1+2x_2+x_3=0\\ 2x_1+\lambda x_2=0\end{cases}$$

有非零解？并求解．

解　线性方程组的系数行列式

$$D=\begin{vmatrix}1 & -1 & 1\\ \lambda & 2 & 1\\ 2 & \lambda & 0\end{vmatrix}=\begin{vmatrix}1 & -1 & 1\\ \lambda-1 & 3 & 0\\ 2 & \lambda & 0\end{vmatrix}=\lambda^2-\lambda-6=(\lambda+2)(\lambda-3).$$

因为该方程组有非零解的充分必要条件是

$$D=(\lambda+2)(\lambda-3)=0,$$

所以，当 $\lambda=-2$ 或 $\lambda=3$ 时，有非零解．

当 $\lambda=3$ 时，化线性方程组的增广矩阵为简化阶梯形矩阵

$$\overline{A}_1=\begin{pmatrix}1&-1&1&0\\3&2&1&0\\2&3&0&0\end{pmatrix}\to\begin{pmatrix}1&-1&1&0\\0&5&-2&0\\0&5&-2&0\end{pmatrix}$$

$$\to\begin{pmatrix}1&-1&1&0\\0&1&-\frac{2}{5}&0\\0&0&0&0\end{pmatrix}\to\begin{pmatrix}1&0&\frac{3}{5}&0\\0&1&-\frac{2}{5}&0\\0&0&0&0\end{pmatrix}.$$

对应方程组为

$$\begin{cases}x_1=-\frac{3}{5}x_3\\x_2=\frac{2}{5}x_3\end{cases},$$

取自由未知量 $x_3=c$，得方程组的一般解为

$$\begin{cases}x_1=-\frac{3}{5}c\\x_2=\frac{2}{5}c\\x_3=c\end{cases}\quad(c\text{ 为任意常数}).$$

当 $\lambda=-2$ 时，化线性方程组的增广矩阵为简化阶梯形矩阵

$$\overline{A}_2=\begin{pmatrix}1&-1&1&0\\-2&2&1&0\\2&-2&0&0\end{pmatrix}\to\begin{pmatrix}1&-1&1&0\\0&0&3&0\\0&0&-2&0\end{pmatrix}$$

$$\to\begin{pmatrix}1&-1&1&0\\0&0&1&0\\0&0&0&0\end{pmatrix}\to\begin{pmatrix}1&-1&0&0\\0&0&1&0\\0&0&0&0\end{pmatrix}.$$

对应方程组为

$$\begin{cases}x_1=x_2\\x_3=0\end{cases},$$

取自由未知量 $x_2=c$，得它的一般解为

$$\begin{cases}x_1=c\\x_2=c\\x_3=0\end{cases}\quad(c\text{ 为任意常数}).$$

例 4.1.6 判断线性方程组

$$\begin{cases}2x_1-x_2+x_3+x_4=1\\x_1+2x_2-x_3+4x_4=2\\x_1+7x_2-4x_3+11x_4=5\end{cases}$$

是否有解？如果有解，求其解.

解　对其增广矩阵施以行初等变换：

$$\overline{A}=\begin{pmatrix}2&-1&1&1&1\\1&2&-1&4&2\\1&7&-4&11&5\end{pmatrix}\to\begin{pmatrix}1&2&-1&4&2\\2&-1&1&1&1\\1&7&-4&11&5\end{pmatrix}$$

$$\to\begin{pmatrix}1&2&-1&4&2\\0&-5&3&-7&-3\\0&5&-3&7&3\end{pmatrix}\to\begin{pmatrix}1&2&-1&4&2\\0&1&-\frac{3}{5}&\frac{7}{5}&\frac{3}{5}\\0&0&0&0&0\end{pmatrix}$$

$$\to\begin{pmatrix}1&0&\frac{1}{5}&\frac{6}{5}&\frac{4}{5}\\0&1&-\frac{3}{5}&\frac{7}{5}&\frac{3}{5}\\0&0&0&0&0\end{pmatrix}.$$

因为$r(A)=r(\overline{A})=2$，故该线性方程组有解．又因未知量个数$n=4$，所以方程组有无穷多个解，对应方程组为

$$\begin{cases}x_1=\frac{4}{5}-\frac{1}{5}x_3-\frac{6}{5}x_4\\x_2=\frac{3}{5}+\frac{3}{5}x_3-\frac{7}{5}x_4\end{cases},$$

取自由未知量

$$\begin{cases}x_3=c_1\\x_4=c_2\end{cases},$$

得方程组的一般解为

$$\begin{cases}x_1=\frac{4}{5}-\frac{1}{5}c_1-\frac{6}{5}c_2\\x_2=\frac{3}{5}+\frac{3}{5}c_1-\frac{7}{5}c_2\\x_3=c_1\\x_4=c_2\end{cases}\quad(c_1,\ c_2\text{为任意常数}).$$

例 4.1.7　讨论线性方程组

$$\begin{cases}\lambda x+y+z=1\\x+\lambda y+z=\lambda\\x+y+\lambda z=\lambda^2\end{cases},$$

当λ取何值时，有唯一解？无穷多个解？无解？

解　对此线性方程组的增广矩阵施以行初等变换：

$$\overline{A}=\begin{pmatrix}\lambda&1&1&1\\1&\lambda&1&\lambda\\1&1&\lambda&\lambda^2\end{pmatrix}\to\begin{pmatrix}1&1&\lambda&\lambda^2\\1&\lambda&1&\lambda\\\lambda&1&1&1\end{pmatrix}$$

$$\rightarrow\begin{pmatrix}1 & 1 & \lambda & \lambda^2\\ 0 & \lambda-1 & 1-\lambda & \lambda-\lambda^2\\ 0 & 1-\lambda & 1-\lambda^2 & 1-\lambda^3\end{pmatrix}$$

$$\rightarrow\begin{pmatrix}1 & 1 & \lambda & \lambda^2\\ 0 & \lambda-1 & 1-\lambda & \lambda-\lambda^2\\ 0 & 0 & 2-\lambda-\lambda^2 & 1+\lambda-\lambda^2-\lambda^3\end{pmatrix}$$

$$\rightarrow\begin{pmatrix}1 & 1 & \lambda & \lambda^2\\ 0 & \lambda-1 & 1-\lambda & \lambda-\lambda^2\\ 0 & 0 & (1-\lambda)(2+\lambda) & (1-\lambda)(1+\lambda)^2\end{pmatrix}.$$

当$\lambda\neq 1,-2$时，有

$$\overline{A}_1\rightarrow\cdots\rightarrow\begin{pmatrix}1 & 1 & \lambda & \lambda^2\\ 0 & 1 & -1 & -\lambda\\ 0 & 0 & 1 & \dfrac{(\lambda+1)^2}{\lambda+2}\end{pmatrix}\rightarrow\begin{pmatrix}1 & 1 & 0 & -\lambda\\ 0 & 1 & 0 & 1\\ 0 & 0 & 1 & \dfrac{(\lambda+1)^2}{\lambda+2}\end{pmatrix}$$

$$\rightarrow\begin{pmatrix}1 & 0 & 0 & \dfrac{-\lambda-1}{\lambda+2}\\ 0 & 1 & 0 & \dfrac{1}{\lambda+2}\\ 0 & 0 & 1 & \dfrac{(\lambda+1)^2}{\lambda+2}\end{pmatrix},$$

其中，$\lambda+2\neq 0$，从而，$r(\boldsymbol{A})=r(\overline{\boldsymbol{A}})=3$，因而未知量个数$n=3$，所以线性方程组有唯一解，其解为

$$\begin{cases}x=-\dfrac{\lambda+1}{\lambda+2}\\ y=\dfrac{1}{\lambda+2}\\ z=\dfrac{(\lambda+1)^2}{\lambda+2}\end{cases}.$$

当$\lambda=1$时，有

$$\overline{A}_1\rightarrow\cdots\rightarrow\begin{pmatrix}1 & 1 & 1 & 1\\ 0 & 0 & 0 & 0\\ 0 & 0 & 0 & 0\end{pmatrix}.$$

原线性方程组有无穷多个解，对应方程组为

$$x=1-y-z.$$

取自由未知量

$$\begin{cases}y=c_1\\ z=c_2\end{cases},$$

得方程组的一般解为

$$\begin{cases} x = 1 - c_1 - c_2 \\ y = c_1 \\ z = c_2 \end{cases} \quad (c_1,\ c_2 \text{为任意常数}).$$

当 $\lambda = -2$ 时，有

$$\overline{A}_2 \to \cdots \to \begin{pmatrix} 1 & 1 & -2 & 4 \\ 0 & -3 & 3 & -6 \\ 0 & 0 & 0 & 3 \end{pmatrix}.$$

这时，因为 $r(\boldsymbol{A}) = 2$，而 $r(\overline{\boldsymbol{A}}) = 3$，所以原方程组无解.

4.2　线性方程组解的结构

在第 2 章中，我们已经介绍了矩阵的初等变换解线性方程组的方法，下面我们用向量组线性相关性的理论来讨论线性方程组的解.

4.2.1　齐次线性方程组解的结构

设有齐次线性方程组

$$\begin{cases} a_{11}x_1 + a_{12}x_2 + \cdots + a_{1n}x_n = 0 \\ a_{21}x_1 + a_{22}x_2 + \cdots + a_{2n}x_n = 0 \\ \quad\vdots \\ a_{m1}x_1 + a_{m2}x_2 + \cdots + a_{mn}x_n = 0 \end{cases}, \tag{4.2.1}$$

记

$$\boldsymbol{A} = \begin{pmatrix} a_{11} & a_{12} & \cdots & a_{1n} \\ a_{21} & a_{22} & \cdots & a_{2n} \\ \vdots & \vdots & & \vdots \\ a_{m1} & a_{m2} & \cdots & a_{mn} \end{pmatrix},\ \boldsymbol{x} = \begin{pmatrix} x_1 \\ x_2 \\ \vdots \\ x_n \end{pmatrix},$$

则式(4.2.1)可写成向量方程

$$\boldsymbol{Ax} = \boldsymbol{0} \tag{4.2.2}$$

若 $\boldsymbol{x}_1 = \xi_{11},\ \boldsymbol{x}_2 = \xi_{21}, \cdots,\ \boldsymbol{x}_n = \xi_{n1}$ 为式(4.2.1)的解，则 $\boldsymbol{x} = \boldsymbol{\xi}_1 = \begin{pmatrix} \xi_{11} \\ \xi_{21} \\ \vdots \\ \xi_{n1} \end{pmatrix}$ 称为方程组(4.2.1)的**解向量**，它也就是向量方程(4.2.2)的解.

齐次线性方程组的解向量具有以下性质.

性质 4.2.1　若 $\boldsymbol{\xi}_1,\ \boldsymbol{\xi}_2$ 都为式(4.2.1)的解向量，则 $\boldsymbol{x} = \boldsymbol{\xi}_1 + \boldsymbol{\xi}_2$ 也是式(4.2.1)的解向量.

证明　因为 $\boldsymbol{\xi}_1,\ \boldsymbol{\xi}_2$ 可看做是两个列矩阵，按矩阵乘法的分配律和已给条件，有：

$$\boldsymbol{A}(\boldsymbol{\xi}_1 + \boldsymbol{\xi}_2) = \boldsymbol{A\xi}_1 + \boldsymbol{A\xi}_2 = \boldsymbol{0} + \boldsymbol{0} = \boldsymbol{0}$$

故 $\boldsymbol{x}=\boldsymbol{\xi}_1+\boldsymbol{\xi}_2$ 是式(4.2.1)的解向量.

性质 4.2.2 若 $\boldsymbol{X}=\boldsymbol{\xi}_1$ 是式(4.2.1)的解向量，k 为实数，则 $\boldsymbol{x}=k\boldsymbol{\xi}_1$ 也是式(4.2.1)的解向量.

证明 因为 $\boldsymbol{A}(k\boldsymbol{\xi}_1)=k\boldsymbol{A}\boldsymbol{\xi}_1=k\boldsymbol{0}=\boldsymbol{0}$，所以，$\boldsymbol{x}=k\boldsymbol{\xi}_1$ 是式(4.2.1)的解向量.

综合以上两个性质可知，齐次线性方程组(4.2.1)的解向量的线性组合仍是它的解向量，所以，如果齐次线性方程组(4.2.1)有非零向量，那么它一定有无穷多个解向量. 把方程(4.2.2)的全体解所组成的集合记做 S，如果能求得解集 S 的一个最大无关组 S_0：$\boldsymbol{\xi}_1,\boldsymbol{\xi}_2,\cdots,\boldsymbol{\xi}_t$，则 S_0 的任何线性组合

$$\boldsymbol{X}=k_1\boldsymbol{\xi}_1+k_2\boldsymbol{\xi}_2+\cdots+k_t\boldsymbol{\xi}_t$$

都是方程(4.2.2)的解，因此，上式便是方程(4.2.2)的**通解**.

4.2.2 齐次线性方程组的基础解系

定义 4.2.1 如果齐次线性方程组(4.2.1)的一组解向量 $\boldsymbol{\xi}_1,\boldsymbol{\xi}_2,\cdots,\boldsymbol{\xi}_t$ 满足：

(1) $\boldsymbol{\xi}_1,\boldsymbol{\xi}_2,\cdots,\boldsymbol{\xi}_t$ 线性无关；

(2) 齐次线性方程组(4.2.1)的任意一个解向量都可以由 $\boldsymbol{\xi}_1,\boldsymbol{\xi}_2,\cdots,\boldsymbol{\xi}_t$ 线性表示.

则称 $\boldsymbol{\xi}_1,\boldsymbol{\xi}_2,\cdots,\boldsymbol{\xi}_t$ 是(4.2.1)的**基础解系**，即为解集 S 的最大无关组.

由上面的讨论可知，要求齐次线性方程组的通解，只需求它的基础解系.

定义 4.2.2 齐次线性方程组(4.2.1)的全体解向量所构成的集合对于加法和数乘是封闭的，因此，线性方程组 $\boldsymbol{Ax}=\boldsymbol{0}$ 全体解构成的集合 S 称为齐次线性方程组(4.2.1)的**解空间**.

定理 4.2.1 对于齐次线性方程组 $\boldsymbol{Ax}=\boldsymbol{0}$，若 $R(\boldsymbol{A})=r<n$，则该方程组的基础解系一定存在，且每个基础解系中所含解向量的个数均等于 $n-r$，其中，n 是方程组所含未知量的个数.

证明 因为 $r(\boldsymbol{A})=r<n$，对方程组的系数矩阵 $\boldsymbol{A}$ 施以初等行变换，必有一个 r 阶子式不为 0，不妨放在左上角，则与矩阵

$$\boldsymbol{B}=\begin{pmatrix} 1 & \cdots & 0 & k_{1,r+1} & \cdots & k_{1,n} \\ \vdots & & \vdots & \vdots & & \vdots \\ 0 & \cdots & 1 & k_{r,r+1} & \cdots & k_{r,n} \\ 0 & \cdots & 0 & 0 & \cdots & 0 \\ \vdots & & \vdots & \vdots & & \vdots \\ 0 & \cdots & 0 & 0 & \cdots & 0 \end{pmatrix}$$

等阶，从而方程组(4.2.1)与方程组

$$\begin{cases} x_1=-k_{1r+1}x_{r+1}-\cdots-k_{1,n}x_n \\ \qquad\vdots \\ x_r=-k_{r,r+1}x_{r+1}-\cdots-k_{r,n}x_n \end{cases}, \tag{4.2.3}$$

同解，把 x_{r+1}，…，x_n 作为自由未知数.

因为方程组的系数行列式不等于 0，由克莱姆法则知，任意给 $x_{r+1},x_{r+2},\cdots,x_n$ 一组值，方程组就唯一地确定 $x_1,x_2,\cdots,x_r$，这样就得到一组由 n 个数组成的一个解，也就是方

程组(4.2.1)的解.

这里，我们取 $x_{r+1}, x_{r+2}, \cdots, x_n$ 为下列 $n-r$ 组数：

$$\begin{pmatrix} x_{r+1} \\ x_{r+2} \\ \vdots \\ x_n \end{pmatrix} = \begin{pmatrix} 1 \\ 0 \\ \vdots \\ 0 \end{pmatrix}, \begin{pmatrix} 0 \\ 1 \\ \vdots \\ 0 \end{pmatrix}, \cdots, \begin{pmatrix} 0 \\ 0 \\ \vdots \\ 1 \end{pmatrix},$$

代入式(4.2.3)，可得

$$\begin{pmatrix} x_1 \\ x_2 \\ \vdots \\ x_r \end{pmatrix} = \begin{pmatrix} -k_{1r+1} \\ -k_{2r+1} \\ \vdots \\ -k_{rr+1} \end{pmatrix}, \begin{pmatrix} -k_{1r+2} \\ -k_{2r+2} \\ \vdots \\ -k_{rr+2} \end{pmatrix}, \cdots, \begin{pmatrix} -k_{1n} \\ -k_{2n} \\ \vdots \\ -k_{rn} \end{pmatrix}.$$

于是，得到方程组(4.2.1)的 $n-r$ 个解：

$$\boldsymbol{\xi}_1 = \begin{pmatrix} -k_{1r+1} \\ -k_{2r+1} \\ \vdots \\ -k_{rr+1} \\ 1 \\ 0 \\ \vdots \\ 0 \end{pmatrix}, \quad \boldsymbol{\xi}_2 = \begin{pmatrix} -k_{1r+2} \\ -k_{2r+2} \\ \vdots \\ -k_{rr+2} \\ 0 \\ 1 \\ \vdots \\ 0 \end{pmatrix}, \cdots, \boldsymbol{\xi}_{n-r} = \begin{pmatrix} -k_{1n} \\ -k_{2n} \\ \vdots \\ -k_{rn} \\ 0 \\ 0 \\ \vdots \\ 1 \end{pmatrix}.$$

首先，$\boldsymbol{\xi}_1, \boldsymbol{\xi}_2, \cdots, \boldsymbol{\xi}_{n-r}$ 是线性无关的，这是因为它们的后 $n-r$ 个分量对应的 $n-r$ 维向量是线性无关的，从而添上 r 个分量以后仍然线性无关.

其次，对方程组(4.2.1)的任一解 $\boldsymbol{\xi} = \begin{pmatrix} \lambda_1 \\ \vdots \\ \lambda_r \\ \lambda_{r+1} \\ \vdots \\ \lambda_n \end{pmatrix}$，设 $\boldsymbol{\eta} = \lambda_{r+1}\boldsymbol{\xi}_1 + \lambda_{r+2}\boldsymbol{\xi}_2 + \cdots + \lambda_n \boldsymbol{\xi}_{n-r}$，由解向量性质知 $\boldsymbol{\eta}$ 也是方程组(4.2.1)的解，且 $\boldsymbol{\xi}$ 与 $\boldsymbol{\eta}$ 的后 $n-r$ 个分量对应相等，根据方程组(4.2.3)解的唯一性，$\boldsymbol{\xi}$ 与 $\boldsymbol{\eta}$ 的前 r 个分量也必然对应相等，从而 $\boldsymbol{\xi} = \boldsymbol{\eta}$.

事实上，因为

$$\begin{pmatrix} \lambda_1 = -k_{1r+1}\lambda_{r+1} - k_{1r+2}\lambda_{r+2} - \cdots - k_{1n}\lambda_n \\ \cdots \\ \lambda_r = -k_{rr+1}\lambda_{r+1} - k_{rr+2}\lambda_{r+2} - \cdots - k_{rn}\lambda_n \end{pmatrix}$$

所以

$$\boldsymbol{\xi}=\begin{pmatrix}\lambda_1\\ \lambda_2\\ \vdots\\ \lambda_r\\ \lambda_{r+1}\\ \lambda_{r+2}\\ \vdots\\ \lambda_n\end{pmatrix}=\begin{pmatrix}-k_{1r+1}\lambda_{r+1}-k_{1r+2}\lambda_{r+2}-\cdots-k_{1n}\lambda_n\\ -k_{2r+1}\lambda_{r+1}-k_{2r+2}\lambda_{r+2}-\cdots-k_{2n}\lambda_n\\ \vdots \qquad \vdots\\ -k_{rr+1}\lambda_{r+1}-k_{rr+2}\lambda_{r+2}-\cdots-k_{rn}\lambda_n\\ \lambda_{r+1}\\ \lambda_{r+1}\\ \ddots\\ \lambda_n\end{pmatrix}$$

即　$\boldsymbol{\xi}=\lambda_{r+1}\boldsymbol{\xi}_1+\cdots+\lambda_n\boldsymbol{\xi}_{n-r}$.

因此，$\boldsymbol{\xi}_1,\boldsymbol{\xi}_2,\cdots,\boldsymbol{\xi}_{n-r}$ 是方程组(4.2.1)的一个基础解系.

由于方程组的基础解系不唯一，在取自由未知量 $x_{r+1},\cdots,x_n$ 的值时，任给 $n-r$ 个线性无关的 $n-r$ 维向量，对应得到的 $n-r$ 个解就是方程组(4.2.1)的一个基础解系.

例 4.2.1　求下列齐次线性方程组的基础解系：

$$\begin{cases}x_1-8x_2+10x_3+2x_4=0\\ 2x_1+4x_2+5x_3-x_4=0\\ 3x_1+8x_2+6x_3-2x_4=0\end{cases}.$$

解　对系数矩阵 $\boldsymbol{A}$ 进行初等行变换，变为行最简形矩阵

$$\boldsymbol{A}=\begin{pmatrix}1&-8&10&2\\ 2&4&5&-1\\ 3&8&6&-2\end{pmatrix}\to\begin{pmatrix}1&-8&10&2\\ 0&20&-15&-5\\ 0&32&-24&-8\end{pmatrix}$$

$$\to\begin{pmatrix}1&-8&10&2\\ 0&1&-\dfrac{4}{3}&-1\\ 0&0&0&0\end{pmatrix}\to\begin{pmatrix}1&0&4&0\\ 0&1&-\dfrac{3}{4}&-\dfrac{1}{4}\\ 0&0&0&0\end{pmatrix},$$

可得同解方程组为$\begin{cases}x_1=-4x_3\\ x_2=\dfrac{2}{4}x_3+\dfrac{1}{4}x_4\end{cases}$，所以基础解系为

$$\boldsymbol{\xi}_1=\begin{pmatrix}-4\\ \dfrac{3}{4}\\ 1\\ 0\end{pmatrix},\ \boldsymbol{\xi}_2=\begin{pmatrix}0\\ \dfrac{1}{4}\\ 0\\ 1\end{pmatrix}$$

故方程组的通解为 $\boldsymbol{x}=k_1\boldsymbol{\xi}_1+k_2\boldsymbol{\xi}_2(k_1,k_2\in\mathbf{R})$.

例 4.2.2　证明矩阵 $A_{m\times n}$ 与 $B_{t\times n}$ 的行向量组等价的充分必要条件是齐次方程组 $\boldsymbol{Ax}=\boldsymbol{0}$ 与 $\boldsymbol{Bx}=\boldsymbol{0}$ 同解.

证明　条件的必要性是显然的，下面证明条件的充分性.

设　　　方程 $\boldsymbol{Ax}=\boldsymbol{0}$ 与 $\boldsymbol{Bx}=0$ 同解，从而也与方程

$$\begin{cases}\boldsymbol{Ax}=0\\ \boldsymbol{Bx}=0\end{cases}，即 \begin{pmatrix}\boldsymbol{A}\\ \boldsymbol{B}\end{pmatrix}\boldsymbol{x}=0$$

同解，设解集 S 的秩为 r，则三个系数矩阵的秩都为 $n-r$，故

$$R(\boldsymbol{A})=R(\boldsymbol{B})=R\begin{pmatrix}\boldsymbol{A}\\ \boldsymbol{B}\end{pmatrix},$$

即
$$R(\boldsymbol{A})^{\mathrm{T}}=R(\boldsymbol{B}^{\mathrm{T}})=R(\boldsymbol{A}^{\mathrm{T}},\boldsymbol{B}^{\mathrm{T}}),$$

根据定理 3.3.3 的推论，知 $\boldsymbol{A}^{\mathrm{T}}$ 与 $\boldsymbol{B}^{\mathrm{T}}$ 的列向量组等价，即 $\boldsymbol{A}$ 与 $\boldsymbol{B}$ 的行向量组等价.

4.2.3　非齐次线性方程组的解的结构

设有非齐次线性方程组

$$\begin{cases}a_{11}x_1+a_{12}x_2+\cdots+a_{1n}x_n=b_1\\ a_{21}x_1+a_{22}x_2+\cdots+a_{2n}x_n=b_2\\ \qquad\vdots\\ a_{m1}x_1+a_{m2}x_2+\cdots+a_{mn}x_n=b_m\end{cases}\tag{4.2.4}$$

它可写作向量方程

$$\boldsymbol{Ax}=\boldsymbol{b}\tag{4.2.5}$$

非齐次线性方程组的解向量具有下列性质.

性质 4.2.3　设 $\boldsymbol{x}=\boldsymbol{\eta}_1$，及 $\boldsymbol{x}=\boldsymbol{\eta}_2$ 都是式(4.2.5)的解，则 $\boldsymbol{x}=\boldsymbol{\eta}_1-\boldsymbol{\eta}_2$ 为对应的齐次线性方程组

$$\boldsymbol{Ax}=\boldsymbol{0}\tag{4.2.6}$$

的解.

证明　因为 $\boldsymbol{A\eta}_1=\boldsymbol{b},\ \boldsymbol{A\eta}_2=\boldsymbol{b}$，故 $\boldsymbol{A}(\boldsymbol{\eta}_1-\boldsymbol{\eta}_2)=\boldsymbol{A\eta}_1-\boldsymbol{A\eta}_2=\boldsymbol{b}-\boldsymbol{b}=\boldsymbol{0}$，即 $\boldsymbol{\eta}_1-\boldsymbol{\eta}_2$ 是 $\boldsymbol{Ax}=\boldsymbol{0}$ 的解.

性质 4.2.4　设 $\boldsymbol{x}=\boldsymbol{\eta}$ 是方程(4.2.5)的解，$\boldsymbol{x}=\boldsymbol{\xi}$ 是方程(4.2.6)的解，则 $\boldsymbol{x}=\boldsymbol{\xi}+\boldsymbol{\eta}$ 是方程(4.2.5)的解.

证明　因 $\boldsymbol{A\eta}=\boldsymbol{b}$，$\boldsymbol{A\xi}=\boldsymbol{0}$，故 $\boldsymbol{A}(\boldsymbol{\xi}+\boldsymbol{\eta})=\boldsymbol{A\xi}+\boldsymbol{A\eta}=\boldsymbol{0}+\boldsymbol{b}=\boldsymbol{b}$，故 $\boldsymbol{x}=\boldsymbol{\xi}+\boldsymbol{\eta}$ 是 $\boldsymbol{Ax}=\boldsymbol{b}$ 的解向量.

性质 4.2.5　设 $\boldsymbol{x}=\boldsymbol{\eta}_0$ 是 $\boldsymbol{Ax}=\boldsymbol{b}$ 的一个特解，$\boldsymbol{x}=\boldsymbol{\xi}$ 是方程(4.2.6)的通解，$\boldsymbol{x}=\boldsymbol{\xi}+\boldsymbol{\eta}_0$ 是 $\boldsymbol{Ax}=\boldsymbol{b}$ 的通解.

证明　由性质 4.2.4 可知，$\boldsymbol{x}=\boldsymbol{\xi}+\boldsymbol{\eta}_0$ 是方程 $\boldsymbol{Ax}=\boldsymbol{b}$ 的解向量，下面只需证方程 $\boldsymbol{Ax}=\boldsymbol{b}$ 的任意一个解向量都能表示为 $\boldsymbol{x}=\boldsymbol{\xi}+\boldsymbol{\eta}$ 的形式.

例 4.2.3　求解非齐次线性方程组

$$\begin{cases}2x_1+x_2-x_3+x_4=1\\2x_1+x_2-x_3-x_4=1\\4x_1+2x_2-2x_3+x_4=2\end{cases}.$$

解　对增广矩阵作初等行变换

$$(\boldsymbol{A}\vdots\boldsymbol{b})=\left(\begin{array}{cccc:c}2&1&-1&1&1\\2&1&-1&-1&1\\4&2&-2&1&2\end{array}\right)\to\left(\begin{array}{cccc:c}2&1&-1&1&1\\0&0&0&-2&0\\0&0&0&-1&0\end{array}\right)$$

$$\sim\left(\begin{array}{cccc:c}2&1&-1&1&1\\0&0&0&1&0\\0&0&0&0&0\end{array}\right)\sim\left(\begin{array}{cccc:c}2&1&-1&0&1\\0&0&0&1&0\\0&0&0&0&0\end{array}\right).$$

因 $r(\boldsymbol{A})=r(\boldsymbol{A}\vdots\boldsymbol{b})=2<4$，故方程组有无穷多解，并得同解方程组

$$\begin{cases}2x_1+x_2-x_3+x_4=1\\ \qquad\qquad\quad x_4=0\end{cases}.$$

由此得

$$\begin{cases}x_2+x_4=1-2x_1+x_3\\ \qquad x_4=0\end{cases}.$$

取 $\begin{pmatrix}x_1\\x_3\end{pmatrix}=\begin{pmatrix}0\\0\end{pmatrix}$，代入上式，得到 $\begin{pmatrix}x_2\\x_4\end{pmatrix}=\begin{pmatrix}1\\0\end{pmatrix}$，

得原方程组的一个解为 $\boldsymbol{\eta}_0=\begin{pmatrix}0\\1\\0\\0\end{pmatrix}$.

对应齐次方程组为 $\begin{cases}x_2+x_4=-2x_1+x_3\\ \qquad x_4=0\end{cases}$，

分别取 $\begin{pmatrix}x_1\\x_3\end{pmatrix}=\begin{pmatrix}1\\0\end{pmatrix},\begin{pmatrix}0\\1\end{pmatrix}$，解得 $\begin{pmatrix}x_2\\x_4\end{pmatrix}=\begin{pmatrix}-2\\0\end{pmatrix},\begin{pmatrix}1\\0\end{pmatrix}$，

于是，得对应齐次方程组的基础解系 $\boldsymbol{\xi}_1=\begin{pmatrix}1\\-2\\0\\0\end{pmatrix}$，$\boldsymbol{\xi}_2=\begin{pmatrix}0\\1\\1\\0\end{pmatrix}$.

所以原方程组的通解为

$$\boldsymbol{x}=\boldsymbol{\eta}_0+k_1\boldsymbol{\xi}_1+k_2\boldsymbol{\xi}_2\,(k_1,k_2\in\mathbf{R}).$$

例 4.2.4　当 λ 为何值时，方程组 $\begin{cases}\lambda x_1+x_2+x_3=1\\x_1+\lambda x_2+\lambda x_3=\lambda\\x_1+x_2+\lambda x_3=\lambda^2\end{cases}$ 有唯一解？无解？有无穷多解？有无穷多解时，求其同解.

解　方程组的系数行列式为

$$D=\begin{vmatrix}\lambda & 1 & 1\\ 1 & \lambda & 1\\ 1 & 1 & \lambda\end{vmatrix}=(\lambda+2)(\lambda-1)^2$$

由 $(\lambda+2)(\lambda-1)=0$，得 $\lambda=-2$ 或 $\lambda=1$.

所以由克莱姆法则可知，当 $\lambda\neq-2$ 且 $\lambda\neq1$ 时，方程组有唯一解；当 $\lambda=-2$ 时，方程组的增广矩阵为

$$(A\vdots b)=\left(\begin{array}{ccc:c}-2 & 1 & 1 & 1\\ 1 & -2 & 1 & -2\\ 1 & 1 & -2 & 4\end{array}\right)\to\left(\begin{array}{ccc:c}1 & -2 & 1 & -2\\ -2 & 1 & 1 & 1\\ 1 & 1 & -2 & 4\end{array}\right)$$

$$\to\left(\begin{array}{ccc:c}1 & -2 & 1 & -2\\ 0 & -3 & 3 & -3\\ 0 & 3 & -3 & 6\end{array}\right)\to\left(\begin{array}{ccc:c}1 & -2 & 1 & -2\\ 0 & -3 & 3 & -3\\ 0 & 0 & 0 & 3\end{array}\right)$$

因 $R(\boldsymbol{A})=2$，$R(\boldsymbol{A}\vdots\boldsymbol{b})=3$，故方程组无解.

当 λ=1 时，方程组的增广矩阵为

$$(\boldsymbol{A}\vdots\boldsymbol{b})=\left(\begin{array}{ccc:c}1 & 1 & 1 & 1\\ 1 & 1 & 1 & 1\\ 1 & 1 & 1 & 1\end{array}\right)\to\left(\begin{array}{ccc:c}1 & 1 & 1 & 1\\ 0 & 0 & 0 & 0\\ 0 & 0 & 0 & 0\end{array}\right),$$

因为 $R(\boldsymbol{A})=R(\boldsymbol{A}\vdots\boldsymbol{b})=1$，所以方程组有无穷多解.

这时，原方程组与方程组 $x_1+x_2+x_3=1$ 通解，即 $x_1=1-x_2-x_3$，其中 x_2，x_3 为自由变量，可以得到原方程组的一个特别解 $\boldsymbol{\eta}_0=(1,0,0)^{\mathrm{T}}$，其对应齐次方程组的基础解系为 $\boldsymbol{\xi}_1=(-1,0,0)^{\mathrm{T}}$，$\boldsymbol{\xi}_2=(-1,0,1)^{\mathrm{T}}$，因此，该方程组的通解为 $\boldsymbol{\eta}=\boldsymbol{\eta}_0+k_1\boldsymbol{\xi}_1+k_2\boldsymbol{\xi}_2(k_1,k_2\in\mathbf{R})$.

综上所述，当 $\lambda\neq-2$ 且 $\lambda\neq1$ 时，方程组有唯一解；当 $\lambda\neq-2$ 时，方程组无解；当 λ=1 时，方程组有无穷多解.

习　题　4

1. 用消元法解下列线性方程组：

(1) $\begin{cases}x_1-2x_2+3x_3-x_4+2x_5=2\\ 3x_1-x_2+5x_3-3x_4+x_5=6\\ 2x_1+x_2+2x_3-2x_4-x_5=8\end{cases}$；

(2) $\begin{cases}2x_1-4x_2+5x_3+3x_4=0\\ 3x_1-6x_2+4x_3+2x_4=0\\ 4x_1-8x_2+17x_3+11x_4=0\end{cases}$.

2. λ为何值时方程组

$$\begin{cases}\lambda x_1 + x_2 + x_3 = 0 \\ x_1 + \lambda x_2 + x_3 = 0 \\ x_1 + x_2 + \lambda x_3 = 0\end{cases}$$

只有零解？有非零解？并求解.

3. 当a为何值时方程组

$$\begin{cases}x_1 + x_2 - x_3 = 1 \\ 2x_1 + 3x_2 + ax_3 = 3 \\ x_1 + ax_2 + 3x_3 = 2\end{cases}$$

无解？有唯一解？有无穷多解？在方程组有解时，求其一般解.

4. 下列线性方程组是否有解？有解时求其解.

(1) $\begin{cases}2x_1 - 4x_2 - x_3 = 4 \\ -x_1 - 2x_2 - x_4 = 4 \\ 3x_2 + x_3 + 2x_4 = 1 \\ 3x_1 + x_2 + 3x_4 = -3\end{cases}$；

(2) $\begin{cases}x_1 + x_2 + x_3 + x_4 + x_5 = -1 \\ 3x_1 + 2x_2 + x_3 + x_4 - 3x_5 = -5 \\ x_2 + 2x_3 + 2x_4 + 6x_5 = 2 \\ 5x_1 + 4x_2 + 3x_3 + 3x_4 - x_5 = -7\end{cases}$；

5. 求线性方程组的一个基础解系.

$$\begin{cases}x_1 - 8x_2 + 10x_3 + 2x_4 = 0 \\ 2x_1 + 4x_2 + 5x_3 - x_4 = 0 \\ 3x_1 + 8x_2 + 6x_3 - 2x_4 = 0\end{cases}.$$

6. 求线性方程组的基础解系与通解.

$$\begin{cases}2x_1 - 3x_2 - 2x_3 + x_4 = 0 \\ 3x_1 + 5x_2 + 4x_3 - 2x_4 = 0 \\ 8x_1 + 7x_2 + 6x_3 - 3x_4 = 0\end{cases}.$$

7. 解线性方程组.

$$\begin{cases}x_1 + x_2 - x_3 + 2x_4 + x_5 = 0 \\ x_3 + 3x_4 - x_5 = 0 \\ 2x_3 + x_4 - 2x_5 = 0\end{cases}.$$

8. 解线性方程组.

(1) $\begin{cases}x_1 + x_2 = 5 \\ 2x_1 + x_2 + x_3 + 2x_4 = 1 \\ 5x_1 + 3x_2 + 2x_3 + 2x_4 = 3\end{cases}$，　　(2) $\begin{cases}x_1 - 5x_2 + 2x_3 - 3x_4 = 11 \\ 5x_1 + 3x_2 + 6x_3 - x_4 = -1 \\ 2x_1 + 4x_2 + 2x_3 + x_4 = -6\end{cases}$.

9. 已知线性方程组

$$\begin{cases} x_1 + x_2 + x_3 = 0 \\ ax_1 + bx_2 + cx_3 = 0 \\ a^2x_1 + b^2x_2 + c^2x_3 = 0 \end{cases}.$$

(1) a,b,c 满足何种关系时，方程组仅有零解？

(2) a,b,c 满足何种关系时，方程组有无穷多组解，并用基础解系表示全部解.

10. λ 取何值时，方程组 $\begin{cases} 2x_1 + \lambda x_2 - x_3 = 1 \\ \lambda x_1 - x_2 + x_3 = 2 \\ 4x_1 + 5x_2 - 5x_3 = -1 \end{cases}$ 无解？有唯一解或有无穷多解？并在有无穷多解时写出方程组的通解.

第 5 章　相似矩阵及二次型

5.1　向量的内积、长度及正交性

本章主要讨论方阵的特征值与特征向量、方阵的相似对角化和二次型的化简等问题. 其中涉及向量的内积、长度及正交等知识. 在空间解析几何中定义过三维向量的数量积、长度及夹角. 现在将这些概念推广到 n 维向量空间 $\boldsymbol{R}$ 中.

定义 5.1.1　设有 n 维向量

$$\boldsymbol{x}=\begin{bmatrix}x_1\\x_2\\\vdots\\x_n\end{bmatrix},\quad \boldsymbol{y}=\begin{bmatrix}y_1\\y_2\\\vdots\\y_n\end{bmatrix},$$

令

$$[\boldsymbol{x},\boldsymbol{y}]=x_1y_1+x_2y_2+\cdots+x_ny_n,$$

$[\boldsymbol{x},\boldsymbol{y}]$ 称为向量 $\boldsymbol{x}$ 与 $\boldsymbol{y}$ 的内积.

内积是两个向量之间的一种运算，其结果是一个实数，用矩阵记号表示，当 $\boldsymbol{x}$ 与 $\boldsymbol{y}$ 都是列向量时，有 $[\boldsymbol{x},\boldsymbol{y}]=\boldsymbol{x}^{\mathrm{T}}\boldsymbol{y}$.

内积具有下列性质(其中 $\boldsymbol{x},\boldsymbol{y},\boldsymbol{z}$ 为 n 维向量，λ 为实数):

(1) $[\boldsymbol{x},\boldsymbol{y}]=[\boldsymbol{y},\boldsymbol{x}]$；(交换性)

(2) $[\lambda\boldsymbol{x},\boldsymbol{y}]=\lambda[\boldsymbol{x},\boldsymbol{y}]$；(齐次性)

(3) $[\boldsymbol{x}+\boldsymbol{y},\boldsymbol{z}]=[\boldsymbol{x},\boldsymbol{z}]+[\boldsymbol{y},\boldsymbol{z}]$；(分配性)

(4) 当 $\boldsymbol{x}=0$ 时，$[\boldsymbol{x},\boldsymbol{x}]=\boldsymbol{0}$；$\boldsymbol{x}\neq\boldsymbol{0}$ 时，$[\boldsymbol{x},\boldsymbol{x}]>\boldsymbol{0}$；(非负性)

(5) $[\boldsymbol{x},\boldsymbol{y}]^2\leqslant[\boldsymbol{x},\boldsymbol{x}][\boldsymbol{y},\boldsymbol{y}]$. (施瓦茨(Schwarz)不等式)

由 n 维向量的内积定义可知是数量积的一种推广. 但 n 维向量没有 3 维向量那样直观的长度和夹角的概念，因此只能按数量积的直角坐标计算公式来推广，并且反过来，利用内积来定义 n 维向量的长度和夹角：

定义 5.1.2　令

$$\|\boldsymbol{x}\|=\sqrt{[\boldsymbol{x},\boldsymbol{x}]}=\sqrt{x_1^2+x_2^2+\cdots+x_n^2},$$

$\|\boldsymbol{x}\|$ 称为 n 维向量的长度(或范数).

当 $\|\boldsymbol{x}\|=1$ 时，称 $\boldsymbol{x}$ 为单位向量.

向量的长度具有下述性质.

(1) 非负性. 当 $\boldsymbol{x}\neq 0$ 时，$\|\boldsymbol{x}\|>0$；当 $\boldsymbol{x}=0$ 时，$\|\boldsymbol{x}\|=0$；

(2) 齐次性. $\|\lambda\boldsymbol{x}\|=|\lambda|\|\boldsymbol{x}\|$；

(3) 三角不等式. $\|\boldsymbol{x}+\boldsymbol{y}\|\leqslant\|\boldsymbol{x}\|+\|\boldsymbol{y}\|$.

证　(1)与(2)是显然的，下面证明(3).

$$\|\boldsymbol{x}+\boldsymbol{y}\|^2=[\boldsymbol{x}+\boldsymbol{y},\boldsymbol{x}+\boldsymbol{y}]=[\boldsymbol{x},\boldsymbol{x}]+2[\boldsymbol{x},\boldsymbol{y}]+[\boldsymbol{y},\boldsymbol{y}],$$

由施瓦茨不等式，有

$$[\boldsymbol{x},\boldsymbol{y}]\leqslant\sqrt{[\boldsymbol{x},\boldsymbol{x}][\boldsymbol{y},\boldsymbol{y}]},$$

从而

$$\begin{aligned}\|\boldsymbol{x}+\boldsymbol{y}\|^2&=[\boldsymbol{x},\boldsymbol{x}]+2\sqrt{[\boldsymbol{x},\boldsymbol{x}][\boldsymbol{y},\boldsymbol{y}]}+[\boldsymbol{y},\boldsymbol{y}]\\&=\|\boldsymbol{x}\|^2+2\|\boldsymbol{x}\|\|\boldsymbol{y}\|+\|\boldsymbol{y}\|^2=(\|\boldsymbol{x}\|+\|\boldsymbol{y}\|)^2,\end{aligned}$$

即

$$\|\boldsymbol{x}+\boldsymbol{y}\|\leqslant\|\boldsymbol{x}\|+\|\boldsymbol{y}\|.$$

证毕.

由施瓦茨不等式，有

$$\|[\boldsymbol{x},\boldsymbol{y}]\|\leqslant\|\boldsymbol{x}\|\|\boldsymbol{y}\|,$$

故

$$\left[\frac{[\boldsymbol{x},\boldsymbol{y}]}{\|\boldsymbol{x}\|\|\boldsymbol{y}\|}\right]\leqslant 1(\text{当}\|\boldsymbol{x}\|\|\boldsymbol{y}\|\neq 0\text{时}),$$

于是有下列定义：

当$\boldsymbol{x}\neq 0,\boldsymbol{y}\neq 0$时，

$$\theta=\arccos\frac{[\boldsymbol{x},\boldsymbol{y}]}{\|\boldsymbol{x}\|\|\boldsymbol{y}\|},$$

称为n维向量$\boldsymbol{x}$与$\boldsymbol{y}$的夹角.

当$[\boldsymbol{x},\boldsymbol{y}]=\boldsymbol{0}$时，称向量$\boldsymbol{x}$与$\boldsymbol{y}$正交. 显然，若$\boldsymbol{x}=\boldsymbol{0}$，则$\boldsymbol{x}$与任何向量都正交.

下面讨论正交向量组的性质. 所谓正交向量组，是指一组两两正交的非零向量.

定理 5.1.1　若n维向量$\boldsymbol{a}_1,\boldsymbol{a}_2,\cdots,\boldsymbol{a}_r$是一组两两正交的非零向量，则$a_1,a_2,\cdots,a_r$线性无关.

证　设有$\lambda_1,\lambda_2,\cdots,\lambda_r$，使

$$\lambda_1\boldsymbol{a}_1+\lambda_2\boldsymbol{a}_2+\cdots+\lambda_r\boldsymbol{a}_r=0,$$

以$\boldsymbol{a}_1^{\mathrm{T}}$左乘上式两端，得

$$\lambda_1\boldsymbol{a}_1^{\mathrm{T}}\boldsymbol{a}_1=0,$$

因$\boldsymbol{a}_1\neq 0$，故$\boldsymbol{a}_1^{\mathrm{T}}\boldsymbol{a}_1=\|\boldsymbol{a}_1\|^2\neq 0$，从而必有$\lambda_1=0$. 类似可证$\lambda_2=0,\cdots,\lambda_r=0$. 于是向量组$\boldsymbol{a}_1,\boldsymbol{a}_2,\cdots,\boldsymbol{a}_r$线性无关.

例 5.1.1　已知 3 维向量空间$\boldsymbol{R}^3$中两个向量

$$\boldsymbol{a}_1=\begin{bmatrix}1\\1\\1\end{bmatrix},\quad\boldsymbol{a}_2=\begin{bmatrix}1\\-2\\1\end{bmatrix},$$

正交，试求一个非零向量$\boldsymbol{a}_3$，使$\boldsymbol{a}_1,\boldsymbol{a}_2,\boldsymbol{a}_3$两两正交.

解　记

$$\boldsymbol{A}=\begin{bmatrix}\boldsymbol{a}_1^{\mathrm{T}}\\\boldsymbol{a}_2^{\mathrm{T}}\end{bmatrix}=\begin{pmatrix}1&1&1\\1&-2&1\end{pmatrix},$$

$\boldsymbol{a}_3$应满足齐次线性方程$\boldsymbol{AX}=0$，即

$$\begin{pmatrix}1&1&1\\1&-2&1\end{pmatrix}\begin{bmatrix}x_1\\x_2\\x_3\end{bmatrix}=\begin{pmatrix}0\\0\end{pmatrix},$$

由$A \xrightarrow{r} \begin{pmatrix} 1 & 1 & 1 \\ 0 & -3 & 0 \end{pmatrix} \xrightarrow{r} \begin{pmatrix} 1 & 0 & 1 \\ 0 & 1 & 0 \end{pmatrix}$，

得$\begin{cases} x_1 = -x_3 \\ x_2 = 0 \end{cases}$，从而有基础解系$\begin{bmatrix} -1 \\ 0 \\ 1 \end{bmatrix}$. 取$a_3 = \begin{bmatrix} -1 \\ 0 \\ 1 \end{bmatrix}$，即为所求.

定义 5.1.3 设n维向量$e_1, e_2, \cdots, e_r$是向量空间$V(V \subset R^n)$的一个基，如果$e_1, e_2, \cdots, e_r$两两正交，且都是单位向量，则称$e_1, e_2, \cdots, e_r$是V的一个规范正交基.

例如 $e_1 = \begin{bmatrix} \frac{1}{\sqrt{2}} \\ \frac{1}{\sqrt{2}} \\ 0 \\ 0 \end{bmatrix}$，$e_2 = \begin{bmatrix} \frac{1}{\sqrt{2}} \\ \frac{1}{\sqrt{2}} \\ 0 \\ 0 \end{bmatrix}$，$e_3 = \begin{bmatrix} 0 \\ 0 \\ \frac{1}{\sqrt{2}} \\ \frac{1}{\sqrt{2}} \end{bmatrix}$，$e_4 = \begin{bmatrix} 0 \\ 0 \\ \frac{1}{\sqrt{2}} \\ \frac{1}{\sqrt{2}} \end{bmatrix}$

就是R^4的一个规范正交基.

若$e_1, e_2, \cdots, e_r$是V的一个规范正交基，那么，V中任一向量a应能由$e_1, e_2, \cdots, e_r$线性表示，设表示式为

$$a = \lambda_1 e_1 + \lambda_2 e_2 + \cdots + \lambda_r e_r.$$

为求其中的系数$\lambda_i (i = 1, \cdots, r)$，可用$e_i^{\mathrm{T}}$左乘上式，有

$$e_i^{\mathrm{T}} a = \lambda_i e_i^{\mathrm{T}} e_i = \lambda_i,$$

即
$$\lambda_i = e_i^{\mathrm{T}} a = [a, e_i],$$

这就是向量在规范正交基中的坐标计算公式. 利用这个公式能方便地求得向量的坐标，因此，我们在给向量取基时常常取规范正交基.

设$a_1, a_2, \cdots, a_r$是向量空间V的一个基，要求V的一个规范正交基. 这也就是要找一组两两正交的单位向量$e_1, e_2, \cdots, e_r$，使$e_1, e_2, \cdots, e_r$与$a_1, a_2, \cdots, a_r$等价. 这样一个问题，称为把$a_1, a_2, \cdots, a_r$基规范正交化.

我们可以用以下办法把$a_1, a_2, \cdots, a_r$基规范正交化，取

$$b_1 = a_1;$$

$$b_2 = a_2 - \frac{[b_1, a_2]}{[b_1, b_1]} b_1;$$

$$\vdots$$

$$b_r = a_r - \frac{[b_1, a_r]}{[b_1, b_1]} b_1 - \frac{[b_2, a_r]}{[b_2, b_2]} b_2 - \cdots - \frac{[b_{r-1}, a_r]}{[b_{r-1}, b_{r-1}]} b_{r-1}.$$

容易验证$b_1, b_2, \cdots, b_r$两两正交，且$b_1, b_2, \cdots, b_r$与$a_1, a_2, \cdots, a_r$等价.

然后只要把它们单位化，即取

$$e_1 = \frac{1}{\|b_1\|} b_1,\quad e_2 = \frac{1}{\|b_2\|} b_2,\quad \cdots,\quad e_r = \frac{1}{\|b_r\|} b_r$$

就是V的一个规范正交基.

上述从线性无关向量组 $\boldsymbol{a}_1,\boldsymbol{a}_2,\cdots,\boldsymbol{a}_r$ 导出正交向量组 $\boldsymbol{b}_1,\boldsymbol{b}_2,\cdots,\boldsymbol{b}_r$ 的过程称为施密特(Schimidt)正交化过程．它不仅满足 $\boldsymbol{b}_1,\boldsymbol{b}_2,\cdots,\boldsymbol{b}_r$ 与 $\boldsymbol{a}_1,\boldsymbol{a}_2,\cdots,\boldsymbol{a}_r$ 等价，还满足：对任何 $k(1\leqslant k\leqslant r)$，向量组 $\boldsymbol{b}_1,\boldsymbol{b}_2,\cdots,\boldsymbol{b}_k$ 与 $\boldsymbol{a}_1,\boldsymbol{a}_2,\cdots,\boldsymbol{a}_k$ 等价.

例 5.1.2　设 $\boldsymbol{a}_1=\begin{bmatrix}1\\1\\0\\0\end{bmatrix}$，$\boldsymbol{a}_2=\begin{bmatrix}1\\0\\1\\0\end{bmatrix}$，$\boldsymbol{a}_3=\begin{bmatrix}-1\\0\\0\\1\end{bmatrix}$，$\boldsymbol{a}_4=\begin{bmatrix}1\\-1\\-1\\1\end{bmatrix}$，试用施密特(Schimidt)正交化过程把这组向量规范化.

解　取 $\boldsymbol{b}_1=\boldsymbol{a}_1$；

$$\boldsymbol{b}_2=\boldsymbol{a}_2-\frac{[\boldsymbol{a}_2,\boldsymbol{b}_1]}{\|\boldsymbol{b}_1\|^2}\boldsymbol{b}_1=\begin{bmatrix}\frac{1}{2}\\-\frac{1}{2}\\1\\0\end{bmatrix};$$

$$\boldsymbol{b}_3=\boldsymbol{a}_3-\frac{[\boldsymbol{a}_3,\boldsymbol{b}_1]}{\|\boldsymbol{b}_1\|^2}\boldsymbol{b}_1-\frac{[\boldsymbol{a}_3,\boldsymbol{b}_2]}{\|\boldsymbol{b}_2\|^2}\boldsymbol{b}_2=\begin{bmatrix}-\frac{1}{3}\\\frac{1}{3}\\\frac{1}{3}\\1\end{bmatrix};$$

$$\boldsymbol{b}_4=\boldsymbol{a}_4-\frac{[\boldsymbol{a}_4,\boldsymbol{b}_1]}{\|\boldsymbol{b}_1\|^2}\boldsymbol{b}_1-\frac{[\boldsymbol{a}_4,\boldsymbol{b}_2]}{\|\boldsymbol{b}_2\|^2}\boldsymbol{b}_2-\frac{[\boldsymbol{a}_4,\boldsymbol{b}_3]}{\|\boldsymbol{b}_3\|^2}\boldsymbol{b}_3=\begin{bmatrix}1\\-1\\-1\\1\end{bmatrix}$$

再把它们单位化，取

$$\boldsymbol{e}_1=\frac{\boldsymbol{b}_1}{\|\boldsymbol{b}_1\|}=\frac{1}{\sqrt{2}}\begin{bmatrix}1\\1\\0\\0\end{bmatrix},\boldsymbol{e}_2=\frac{\boldsymbol{b}_2}{\|\boldsymbol{b}_2\|}=\frac{1}{\sqrt{6}}\begin{bmatrix}1\\-1\\2\\0\end{bmatrix},\boldsymbol{e}_3=\frac{\boldsymbol{b}_3}{\|\boldsymbol{b}_3\|}=\frac{1}{\sqrt{12}}\begin{bmatrix}-1\\1\\1\\3\end{bmatrix},\boldsymbol{e}_4=\frac{\boldsymbol{b}_4}{\|\boldsymbol{b}_4\|}=\frac{1}{2}\begin{bmatrix}1\\-1\\-1\\1\end{bmatrix}.$$

定义 5.1.4　如果 n 阶矩阵 $\boldsymbol{A}$ 满足

$$\boldsymbol{A}^{\mathrm{T}}\boldsymbol{A}=\boldsymbol{E}\ (\text{即 }\boldsymbol{A}^{-1}=\boldsymbol{A}^{\mathrm{T}}),$$

那么称 $\boldsymbol{A}$ 为正交矩阵，简称正交阵.

上式用 $\boldsymbol{A}$ 的列向量表示，即是

$$\begin{bmatrix} \boldsymbol{a}_1^{\mathrm{T}} \\ \boldsymbol{a}_2^{\mathrm{T}} \\ \vdots \\ \boldsymbol{a}_n^{\mathrm{T}} \end{bmatrix} (\boldsymbol{a}_1, \boldsymbol{a}_2, \cdots, \boldsymbol{a}_3) = \boldsymbol{E},$$

亦即
$$(\boldsymbol{a}_i^{\mathrm{T}} \boldsymbol{a}_j) = (\boldsymbol{\delta}_{ij}),$$

这也就是 n^2 个关系式 $\boldsymbol{a}_i^{\mathrm{T}} \boldsymbol{a}_j = \delta_{ij} = \begin{cases} 1, & i = j \\ 0, & i \neq j \end{cases}$，$(i, j = 1, 2, \cdots, n)$.

这就说明：方阵 $\boldsymbol{A}$ 为正交阵的充分必要条件是 $\boldsymbol{A}$ 的行(列)向量组都是两两正交的单位向量. 由此可见，n 阶正交阵 $\boldsymbol{A}$ 的 n 个列(行)向量构成向量空间 $\boldsymbol{R}^n$ 的一个规范正交基.

正交矩阵有下述性质.

(1) 若 $\boldsymbol{A}$ 为正交阵，则 $\boldsymbol{A}^{-1} = \boldsymbol{A}^{\mathrm{T}}$ 也是正交阵.

(2) 若 $\boldsymbol{A}$ 和 $\boldsymbol{B}$ 都是正交阵，则 $\boldsymbol{AB}$ 也是正交阵.

这些性质都可根据正交阵的定义直接证得.

定义 5.1.5 如 $\boldsymbol{P}$ 为正交矩阵，则线性变换 $\boldsymbol{y} = \boldsymbol{Px}$ 称为正交变换.

设 $\boldsymbol{y} = \boldsymbol{Px}$ 为正交变换，则有

$$\|\boldsymbol{y}\| = \sqrt{\boldsymbol{y}^{\mathrm{T}} \boldsymbol{y}} = \sqrt{\boldsymbol{x}^{\mathrm{T}} \boldsymbol{p}^{\mathrm{T}} \boldsymbol{px}} = \sqrt{\boldsymbol{x}^{\mathrm{T}} \boldsymbol{x}} = \|\boldsymbol{x}\|.$$

由于 $\|\boldsymbol{x}\|$ 表示向量的长度，相当于线段的长度，因此 $\|\boldsymbol{y}\| = \|\boldsymbol{x}\|$ 说明经正交变换线段长度保持不变，这是正交变换的优良特性.

5.2 方阵的特征值与特征向量

工程技术中的一些问题，如振动问题和稳定性问题，常可归结为求一个方阵的特征值和特征向量的问题. 数学中诸如方阵的对角化及解微分方程组等问题，也都要用到特征值的理论.

定义 5.2.1 设 $\boldsymbol{A}$ 是 n 阶矩阵，如果存在数 λ 和 n 维非零列向量 $\boldsymbol{x}$，使关系式

$$\boldsymbol{Ax} = \lambda \boldsymbol{x} \tag{5.2.1}$$

成立，那么这样的数 λ 称为方阵 $\boldsymbol{A}$ 的特征值，非零向量 $\boldsymbol{x}$ 称为 $\boldsymbol{A}$ 的对应于特征值 λ 的特征向量. 式(5.2.1)也可写成

$$(\boldsymbol{A} - \lambda \boldsymbol{E}) \boldsymbol{x} = \boldsymbol{0} \tag{5.2.2}$$

这是 n 个未知数 n 个方程的齐次线性方程组，它有非零解的充分必要条件是系数行列式

$$|\boldsymbol{A} - \lambda \boldsymbol{E}| = \boldsymbol{0}. \tag{5.2.3}$$

即
$$\begin{vmatrix} a_{11} - \lambda & a_{12} & \cdots & a_{1n} \\ a_{21} & a_{22} - \lambda & \cdots & a_{2n} \\ \vdots & \vdots & & \vdots \\ a_{n1} & a_{n2} & \cdots & a_{nn} - \lambda \end{vmatrix} = 0.$$

上式是以 λ 为未知数的一元 n 次方程，称为方阵 $\boldsymbol{A}$ 的特征方程. 其左端 $|\boldsymbol{A} - \lambda \boldsymbol{E}|$ 是 λ 的 n 次多项式，记作 $f(\lambda)$，称为方阵 $\boldsymbol{A}$ 的特征多项式. 显然，$\boldsymbol{A}$ 的特征值就是特征方程

的解. 特征方程在复数范围内恒有解，其个数为方程的次数(重根按重数计算)，因此，n 阶矩阵 $\boldsymbol{A}$ 在复数范围内有 n 个特殊值.

设 n 阶矩阵 $\boldsymbol{A}=(\boldsymbol{a}_{ij})$ 的特征值为 $\lambda_1,\lambda_2,\cdots,\lambda_n$，不难证明

(1) $\lambda_1+\lambda_2+\cdots+\lambda_n=a_{11}+a_{22}+\cdots+a_{nn}$；

(2) $\lambda_1\lambda_2\cdots\lambda_n=|\boldsymbol{A}|$.

请读者证明之.

设 $\lambda=\lambda_i$ 为方阵 $\boldsymbol{A}$ 的一个特征值，则由方程

$$(\boldsymbol{A}-\lambda_i\boldsymbol{E})\boldsymbol{x}=0$$

可求得非零解 $\boldsymbol{x}=\boldsymbol{p}_i$，那么 $\boldsymbol{p}_i$ 便是 $\boldsymbol{A}$ 的对应于特征值 λ_i 的特征向量(若 λ_i 为实数，则 $\boldsymbol{p}_i$ 可取实向量；若 λ_i 为复数，则 $\boldsymbol{p}_i$ 可取复向量).

例 5.2.1　求矩阵 $\boldsymbol{A}=\begin{pmatrix}1&2&2\\2&1&2\\2&2&1\end{pmatrix}$ 的特征值和特征向量.

解

$$|\boldsymbol{A}-\lambda\boldsymbol{E}|=\begin{vmatrix}1-\lambda&2&2\\2&1-\lambda&2\\2&2&1-\lambda\end{vmatrix}=(\lambda+1)^2(\lambda-5)$$

所以，$\boldsymbol{A}$ 的特征值为 $\lambda_1=\lambda_2=-1,\lambda_3=5$.

当 $\lambda_1=\lambda_2=-1$ 时，解方程 $(\boldsymbol{A}+\boldsymbol{E})\boldsymbol{x}=\boldsymbol{0}$.

得基础解系

$$\boldsymbol{p}_1=\begin{pmatrix}1\\0\\-1\end{pmatrix},\boldsymbol{p}_2=\begin{pmatrix}0\\1\\-1\end{pmatrix}$$

所以，对应于 $\lambda_1=\lambda_2=-1$ 的全部特征向量为 $\boldsymbol{k}_1\boldsymbol{p}_1+\boldsymbol{k}_2\boldsymbol{p}_2(\boldsymbol{k}_1,\boldsymbol{k}_2\neq 0)$.

当 $\lambda_3=5$ 时，解方程 $(\boldsymbol{A}-5\boldsymbol{E})\boldsymbol{x}=0$. 则

得基础解系

$$\boldsymbol{p}_3=\begin{pmatrix}1\\1\\1\end{pmatrix}.$$

所以，对应于 $\lambda_3=5$ 的全部特征向量为

$$\boldsymbol{k}_3\boldsymbol{p}_3(k_3\neq 0).$$

例 5.2.2　设 λ 是方阵 $\boldsymbol{A}$ 的特征值，证明

(1) λ^2 是 $\boldsymbol{A}^2$ 的特征值；

(2) 当 $\boldsymbol{A}$ 可逆时，$\dfrac{1}{\lambda}$ 是 $\boldsymbol{A}^{-1}$ 的特征值.

证　因 λ 是 $\boldsymbol{A}$ 的特征值，故有 $\boldsymbol{P}\neq\boldsymbol{0}$，使 $\boldsymbol{AP}=\lambda\boldsymbol{P}$. 于是

(1) $\boldsymbol{A}^2\boldsymbol{P}=\boldsymbol{A}(\boldsymbol{AP})=\boldsymbol{A}(\lambda\boldsymbol{P})=\lambda(\boldsymbol{AP})=\lambda^2\boldsymbol{P}$，所以 λ^2 是 $\boldsymbol{A}^2$ 的特征值.

(2) 当 $\boldsymbol{A}$ 可逆时，由 $\boldsymbol{AP}=\lambda\boldsymbol{P}$，有 $\boldsymbol{P}=\lambda\boldsymbol{A}^{-1}\boldsymbol{P}$，因 $\boldsymbol{P}\neq\boldsymbol{0}$，知 $\lambda\neq 0$，故

$$\boldsymbol{A}^{-1}\boldsymbol{P}=\frac{1}{\lambda}\boldsymbol{P}$$

$\frac{1}{\lambda}$是A^{-1}的特征值.

定理 5.2.1 设$\lambda_1,\lambda_2,\cdots,\lambda_m$是方阵$A$的$m$个特征值，$p_1,p_2,\cdots,p_m$依次是与之对应的特征向量，如果$\lambda_1,\lambda_2,\cdots,\lambda_m$各不相等，则$p_1,p_2,\cdots,p_m$线性无关.

证 设有常数$x_1,x_2,\cdots,x_m$，使

$$x_1\boldsymbol{p}_1+x_2\boldsymbol{p}_2+\cdots+x_m\boldsymbol{p}_m=0$$

则$\boldsymbol{A}(x_1\boldsymbol{p}_1+x_2\boldsymbol{p}_2+\cdots+x_m\boldsymbol{p}_m)=0$，即

$$\lambda_1x_1\boldsymbol{p}_1+\lambda_2x_2\boldsymbol{p}_2+\cdots+\lambda_mx_m\boldsymbol{p}_m=0,$$

类推之，有

$$\lambda_1^kx_1\boldsymbol{p}_1+\lambda_2^kx_2\boldsymbol{p}_2+\cdots+\lambda_m^kx_m\boldsymbol{p}_m=0(k=1,2,\cdots,m-1).$$

把上列各式合写成矩阵形式，得

$$(x_1\boldsymbol{p}_1,x_2\boldsymbol{p}_2,\cdots,x_m\boldsymbol{p}_m)\begin{pmatrix}1&\lambda_1&\cdots&\lambda_1^{m-1}\\1&\lambda_2&\cdots&\lambda_2^{m-1}\\\vdots&\vdots&&\vdots\\1&\lambda_m&\cdots&\lambda_m^{m-1}\end{pmatrix}=(0,0,\cdots,0).$$

上式等号左端第二个矩阵的行列式为范德蒙德行列式，当λ_i各不相等时该行列式不等于0，从而该矩阵可逆. 于是有

$$(x_1\boldsymbol{p}_1,x_2\boldsymbol{p}_2,\cdots,x_m\boldsymbol{p}_m)=(0,0,\cdots,0)$$

即$x_j\boldsymbol{p}_j=0(j=1,2,\cdots,m)$. 但$p_j\neq0$，故$x_j=0(j=1,2,\cdots,m)$. 所以向量组$\boldsymbol{p}_1,\boldsymbol{p}_2,\cdots,\boldsymbol{p}_m$线性无关.

例 5.2.3 设λ_1和λ_2是矩阵A的两个不同的特征值，对应的特征向量依次为$\boldsymbol{p}_1$和$\boldsymbol{p}_2$，试证明$\boldsymbol{p}_1+\boldsymbol{p}_2$不是$A$的特征向量.

证 按题设，有$\boldsymbol{A}\boldsymbol{p}_1=\lambda_1\boldsymbol{p}_1$，$\boldsymbol{A}\boldsymbol{p}_2=\lambda_2\boldsymbol{p}_2$，故

$$\boldsymbol{A}(\boldsymbol{p}_1+\boldsymbol{p}_2)=\lambda_1\boldsymbol{p}_1+\lambda_2\boldsymbol{p}_2.$$

用反证法，假设$\boldsymbol{p}_1+\boldsymbol{p}_2$是$A$的特征向量，则应存在实数$\lambda$，使$\boldsymbol{A}(\boldsymbol{p}_1+\boldsymbol{p}_2)=\lambda(\boldsymbol{p}_1+\boldsymbol{p}_2)$，于是

$$\lambda(\boldsymbol{p}_1+\boldsymbol{p}_2)=\lambda\boldsymbol{p}_1+\lambda\boldsymbol{p}_2\text{，即}(\lambda_1-\lambda)\boldsymbol{p}_1+(\lambda_2-\lambda)\boldsymbol{p}_2=\boldsymbol{0}.$$

因$\lambda_1\neq\lambda_2$，按定理 5.2.1 知，$\boldsymbol{p}_1,\boldsymbol{p}_2$线性无关，故由上式得$\lambda_1-\lambda=\lambda_2-\lambda=0$，即$\lambda_1=\lambda_2$，与题设矛盾. 因此$\boldsymbol{p}_1+\boldsymbol{p}_2$不是$A$的特征向量.

5.3 矩阵的相似与对角化

定义 5.3.1 设A,B都是n阶矩阵，若有可逆矩阵P，使

$$\boldsymbol{P}^{-1}\boldsymbol{A}\boldsymbol{P}=\boldsymbol{B},$$

则称矩阵A与B相似，或说B是A的相似矩阵. $P^{-1}AP$称为对A进行相似变换，可逆矩阵P称为把A变成B的相似变换矩阵.

定理 5.3.1 若n阶矩阵A与B相似，则A与B的特征多项式相同，从而A与B的

特征值亦相同.

证　因 $\boldsymbol{A}$ 与 $\boldsymbol{B}$ 相似，即有可逆矩阵 $\boldsymbol{P}$，使 $\boldsymbol{P}^{-1}\boldsymbol{AP}=\boldsymbol{B}$. 故

$$|\boldsymbol{B}-\lambda\boldsymbol{E}|=|\boldsymbol{P}^{-1}\boldsymbol{AP}-\boldsymbol{P}^{-1}(\lambda\boldsymbol{E})\boldsymbol{P}|=|\boldsymbol{P}^{-1}(\boldsymbol{A}-\lambda\boldsymbol{E})\boldsymbol{P}|=|\boldsymbol{P}^{-1}||\boldsymbol{A}-\lambda\boldsymbol{E}||\boldsymbol{P}|=|\boldsymbol{A}-\lambda\boldsymbol{E}|$$

推论　若 n 阶矩阵 $\boldsymbol{A}$ 与对角阵

$$\boldsymbol{\Lambda}=\begin{pmatrix}\lambda_1 & & & \\ & \lambda_2 & & \\ & & \ddots & \\ & & & \lambda_n\end{pmatrix}$$

相似，则 $\lambda_1,\lambda_2,\cdots,\lambda_n$ 即是 $\boldsymbol{A}$ 的 n 个特征值.

证　因 $\lambda_1,\lambda_2,\cdots,\lambda_n$ 即是 $\boldsymbol{\Lambda}$ 的 n 个特征值，由定理 5.3.1 知，$\lambda_1,\lambda_2,\cdots,\lambda_n$ 也就是 $\boldsymbol{A}$ 的 n 个特征值.

下面我们要讨论的主要问题是：对 n 阶矩阵 $\boldsymbol{A}$，寻求相似变换矩阵 $\boldsymbol{P}$，使 $\boldsymbol{P}^{-1}\boldsymbol{AP}=\boldsymbol{\Lambda}$ 为对角阵，这就称为把方阵 $\boldsymbol{A}$ 对角化.

假设已经找到可逆矩阵 $\boldsymbol{P}$，使 $\boldsymbol{P}^{-1}\boldsymbol{AP}=\boldsymbol{\Lambda}$ 为对角阵，我们来讨论 $\boldsymbol{P}$ 应满足什么关系.

把 $\boldsymbol{P}$ 用其列向量表示为

$$\boldsymbol{P}=(\boldsymbol{p}_1,\boldsymbol{p}_2,\cdots,\boldsymbol{p}_n),$$

由 $\boldsymbol{P}^{-1}\boldsymbol{AP}=\boldsymbol{\Lambda}$，得 $\boldsymbol{AP}=\boldsymbol{P\Lambda}$，即

$$\boldsymbol{A}(\boldsymbol{p}_1,\boldsymbol{p}_2,\cdots,\boldsymbol{p}_n)=(\boldsymbol{p}_1,\boldsymbol{p}_2,\cdots,\boldsymbol{p}_n)\begin{pmatrix}\lambda_1 & & & \\ & \lambda_2 & & \\ & & \ddots & \\ & & & \lambda_n\end{pmatrix}=(\lambda_1\boldsymbol{p}_1,\lambda_2\boldsymbol{p}_2,\cdots,\lambda_n\boldsymbol{p}_n)$$

于是有

$$\boldsymbol{Ap}_i=\lambda_i\boldsymbol{p}_i\,(i=1,2,\cdots,n)$$

可见 λ_i 是 $\boldsymbol{A}$ 的特征值，而 $\boldsymbol{P}$ 的列向量 $\boldsymbol{p}_i$ 就是 $\boldsymbol{A}$ 的对应于特征值 λ_i 的特征向量.

反之，由上节知 $\boldsymbol{A}$ 恰好有 n 个特征值，并可对应地求得 n 个特征向量，这 n 个特征向量即可构成矩阵 $\boldsymbol{P}$，使 $\boldsymbol{AP}=\boldsymbol{P\Lambda}$ (因特征向量不是唯一的，所以矩阵 $\boldsymbol{P}$ 也不是唯一的，并且 $\boldsymbol{P}$ 可能是复矩阵).

剩下的问题是：$\boldsymbol{P}$ 是否可逆？即 $\boldsymbol{p}_1,\boldsymbol{p}_2,\cdots,\boldsymbol{p}_n$ 是否线性无关？如果 $\boldsymbol{P}$ 可逆，那么便有 $\boldsymbol{P}^{-1}\boldsymbol{AP}=\boldsymbol{\Lambda}$，即 $\boldsymbol{A}$ 与对角阵相似.

由上面的结论，即有

定理 5.3.2　n 阶矩阵 $\boldsymbol{A}$ 与对角阵相似(即 $\boldsymbol{A}$ 能被对角化)的充分必要条件是 $\boldsymbol{A}$ 有 n 个线性无关的特征向量.

联系定理 5.2.2，可得

推论　如果 n 阶矩阵 $\boldsymbol{A}$ 的 n 个特征值互不相等，则 $\boldsymbol{A}$ 与对角阵相似.

当 $\boldsymbol{A}$ 的特征方程有重根时，就不一定有 n 个线性无关的特征向量，从而不一定能对角化.

一个 n 阶矩阵具备什么条件才能对角化？这是一个较复杂的问题. 我们对此不进行一般性讨论，而仅讨论当 $\boldsymbol{A}$ 为对称阵的情形.

定理 5.3.3　对称阵的特征值为实数. (证明略)

显然，当特征值 λ_i 为实数时，奇次线性方程组 $(\boldsymbol{A}-\lambda_i\boldsymbol{E})\boldsymbol{x}=0$ 是实系数方程组，由

$|A-\lambda_i E|=0$ 知，必有实的基础解系，所以对应的特征向量可以取实向量.

定理 5.3.4 设 λ_1, λ_2 是对称阵 A 的两个特征值，p_1, p_2 是对应的特征向量，若 $\lambda_1 \neq \lambda_2$，则 p_1 与 p_2 正交.

证 $\lambda_1 p_1 = Ap_1$，$\lambda_2 p_2 = Ap_2$，$\lambda_1 \neq \lambda_2$

因 A 对称，故 $\lambda_1 p_1^{\mathrm{T}} = (\lambda_1 p_1)^{\mathrm{T}} = (Ap_1)^{\mathrm{T}} = p_1^{\mathrm{T}} A^{\mathrm{T}} = p_1^{\mathrm{T}} A$，于是

$$\lambda_1 p_1^{\mathrm{T}} p_2 = p_1^{\mathrm{T}} A p_2 = p_1^{\mathrm{T}}(\lambda_2 p_2) = \lambda_2 p_1^{\mathrm{T}} p_2$$

即

$$(\lambda_1 - \lambda_2) p_1^{\mathrm{T}} p_2 = 0$$

但 $\lambda_1 \neq \lambda_2$，故 $p_1^{\mathrm{T}} p_2 = 0$，即 p_1 与 p_2 正交.

定理 5.3.5 设 A 为 n 阶对称阵，则必有正交阵 P，使 $P^{-1}AP = P^{T}AP = \Lambda$，其中 Λ 是以 A 的 n 个特征值为对角元的对角阵. 证明略.

推论 设 A 为 n 阶对称阵，λ 是 A 的特征方程的 k 重根，则矩阵 $A-\lambda E$ 的秩 $R(A-\lambda E)=n-k$，从而对应特征值 λ 恰有 k 个线性无关的特征向量.

依据定理 5.3.5 及其推论，我们有下述把对称阵 A 对角化的步骤.

(1) 求出 A 的全部互不相等的特征值 $\lambda_1,\cdots,\lambda_s$，它们的重数依次为 $k_1,\cdots,k_s (k_1+\cdots+k_s=n)$.

(2) 对每个 k_i 重特征值 λ_i 求方程 $(A-\lambda_i E)x=0$ 的基础解系，得 k_i 个线性无关的特征向量，再把它们正交化、单位化，得 k_i 个两两正交的单位特征向量. 因 $k_1+\cdots+k_s=n$，故总可得 n 个两两正交的单位特征向量.

(3) 把这 n 个两两正交的单位特征向量构成正交阵 P，便有 $P^{-1}AP = P^{\mathrm{T}}AP = \Lambda$. 注意 Λ 中对角元的排列次序应与 P 中列向量的排列次序相对应.

例 5.3.1 设

$$A=\begin{pmatrix} 3 & -1 & 0 \\ -1 & 3 & 0 \\ 0 & 0 & 6 \end{pmatrix}$$

求一个正交阵 P，使 $P^{-1}AP = \Lambda$ 为对角阵.

解 由

$$|A-\lambda E| = \begin{vmatrix} 3-\lambda & -1 & 0 \\ -1 & 3-\lambda & 0 \\ 0 & 0 & 6-\lambda \end{vmatrix} = (\lambda-2)(\lambda-4)(\lambda-6)$$

求得 A 的特征值为

$$\lambda_1=2, \lambda_2=4, \lambda_3=6.$$

对应 $\lambda_1=2$，解方程 $(A-2E)x=0$，得基础解系 $p_1=\begin{pmatrix}1\\1\\0\end{pmatrix}$，将 p_1 单位化，得 $e_1=\dfrac{1}{\sqrt{2}}\begin{pmatrix}1\\1\\0\end{pmatrix}$.

对应 $\lambda_2=4$，解方程 $(A-4E)x=0$，得基础解系 $p_2=\begin{pmatrix}-1\\1\\0\end{pmatrix}$，将 p_2 单位化，得 $e_2=\dfrac{1}{\sqrt{2}}\begin{pmatrix}-1\\1\\0\end{pmatrix}$.

对应 $\lambda_2=4$ 解方程 $(\boldsymbol{A}-4\boldsymbol{E})\boldsymbol{x}=0$，得基础解系 $\boldsymbol{p}_3=\begin{pmatrix}0\\0\\1\end{pmatrix}$，将 $\boldsymbol{p}_3$ 单位化，得 $\boldsymbol{e}_3=\begin{pmatrix}0\\0\\1\end{pmatrix}$.

所以，变换矩阵 $\boldsymbol{P}$ 为

$$\boldsymbol{P}=\begin{pmatrix}\frac{1}{\sqrt{2}} & -\frac{1}{\sqrt{2}} & 0\\ \frac{1}{\sqrt{2}} & \frac{1}{\sqrt{2}} & 0\\ 0 & 0 & 1\end{pmatrix},$$

有

$$\boldsymbol{P}^{-1}\boldsymbol{A}\boldsymbol{P}=\boldsymbol{P}^{\mathrm{T}}\boldsymbol{A}\boldsymbol{P}=\begin{pmatrix}2&0&0\\0&4&0\\0&0&6\end{pmatrix}=\boldsymbol{\Lambda}.$$

例 5.3.2　设 $\boldsymbol{A}=\begin{pmatrix}3&-2\\-2&3\end{pmatrix}$，求 $\boldsymbol{A}^n$.

解　因 $\boldsymbol{A}$ 对称，故 $\boldsymbol{A}$ 可对角化. 即有可逆阵 $\boldsymbol{P}$ 及对角阵 $\boldsymbol{\Lambda}$，使 $\boldsymbol{P}^{-1}\boldsymbol{A}\boldsymbol{P}=\boldsymbol{\Lambda}$，于是 $\boldsymbol{A}=\boldsymbol{P}\boldsymbol{\Lambda}\boldsymbol{P}^{-1}$，从而 $\boldsymbol{A}^n=\boldsymbol{P}\boldsymbol{\Lambda}^n\boldsymbol{P}^{-1}$

由

$$|\boldsymbol{A}-\lambda\boldsymbol{E}|=\begin{vmatrix}3-\lambda & -2\\ -2 & 3-\lambda\end{vmatrix}=(\lambda-1)(\lambda-5)$$

求得 $\boldsymbol{A}$ 的特征值为 $\lambda_1=1,\lambda_2=5$，于是 $\boldsymbol{\Lambda}=\begin{pmatrix}1&0\\0&5\end{pmatrix}$，$\boldsymbol{\Lambda}^n=\begin{pmatrix}1&0\\0&5^n\end{pmatrix}$.

对应 $\lambda_1=1$，解方程 $(\boldsymbol{A}-\boldsymbol{E})\boldsymbol{x}=0$，得 $\boldsymbol{p}_1=\begin{pmatrix}1\\1\end{pmatrix}$.

对应 $\lambda_2=4$，解方程 $(\boldsymbol{A}-4\boldsymbol{E})\boldsymbol{x}=0$，得 $\boldsymbol{p}_2=\begin{pmatrix}-1\\1\end{pmatrix}$

并由 $\boldsymbol{P}=(\boldsymbol{P}_1,\boldsymbol{P}_2)=\begin{pmatrix}1&-1\\1&1\end{pmatrix}$，再求出 $\boldsymbol{P}^{-1}=\begin{pmatrix}\frac{1}{2}&\frac{1}{2}\\-\frac{1}{2}&\frac{1}{2}\end{pmatrix}$，

有 $\boldsymbol{A}^n=\boldsymbol{P}\boldsymbol{\Lambda}^n\boldsymbol{P}^{-1}=\frac{1}{2}\begin{pmatrix}1+5^n & 1-5^n\\1-5^n & 1+5^n\end{pmatrix}$.

5.4 二 次 型

解析几何中有心二次曲线(当中心和坐标原点重合时)的一般方程为：

$$ax^2+bxy+cy^2=d,$$

此式的左边是一个二次齐次多项式，为了研究二次曲线性质，需判断曲线类型．为此，要通过坐标变换

$$\begin{cases}x=x'\cos\theta-y'\sin\theta\\ y=x'\sin\theta+y'\cos\theta\end{cases}.$$

把二次曲线一般方程化为标准形式：$a'x'^2+c'y'^2=d'$．此问题实质是把含x,y的二次齐次式化简为只含有平方项的二次式．在工程技术的许多理论与应用中，如数理统计、网络计算等都需要把这种问题一般化，因而提出二次型问题．本节讨论二次型的两个基本问题：如何化二次型为标准形及实二次型的分类和判定．

5.4.1 二次型的概念与表示

定义 5.4.1 在数域$\boldsymbol{F}$上，含有n个变量$x_1,x_2,\cdots,x_n$的二次齐次多项式

$$\begin{aligned}f(x_1,x_2,\cdots,x_n)=&a_{11}x_1^2+2a_{12}x_1x_2+\cdots+2a_{1n}x_1x_n\\&+a_{22}x_2^2+\cdots+2a_{2n}x_2x_n+\cdots+a_{nn}x_n^2,\end{aligned}\tag{5.4.1}$$

称为数域$\boldsymbol{F}$上n元二次型，简称为二次型．

由于$x_ix_j=x_jx_i(i,j=1,2,\cdots,n)$，二次型(5.4.1)可以写成

$$\begin{aligned}f(x_1,x_2,\cdots,x_n)=&a_{11}x_1^2+a_{12}x_1x_2+\cdots+a_{1n}x_1x_n\\&+a_{21}x_2x_1+a_{22}x_2^2+\cdots+a_{2n}x_2x_n\\&+\cdots\\&+a_{n1}x_nx_1+a_{n2}x_nx_2+\cdots+a_{nn}x_n^2\\=&\sum_{i=1}^{n}\sum_{j=1}^{n}a_{ij}x_ix_j,\end{aligned}\tag{5.4.2}$$

其中，$a_{ij}=a_{ji}(i,j=1,2,\cdots,n)$．当系数$a_{ij}$为复数时，$f$称为复二次型；$a_{ij}$为实数时，$f$称为实二次型，本节主要讨论实二次型．

定义 5.4.2 若在二次型(5.4.1)中仅含有变量$x_i(i=1,2,\cdots,n)$的平方项，即

$$f(x_1,x_2,\cdots,x_n)=a_{11}x_1^2+a_{22}x_2^2+\cdots+a_{nn}x_n^2\tag{5.4.3}$$

则称其为二次型的标准形．

定义 5.4.3 若二次型的标准形(5.4.3)中，$a_{ij}(i=1,2,\cdots,n)$仅取 1,−1 或 0，即

$$f(x_1,x_2,\cdots,x_n)=x_1^2+x_2^2+\cdots+x_p^2-x_{p+1}^2-\cdots-x_r^2,\tag{5.4.4}$$

则称其为二次型的规范形，其中$0\leqslant p\leqslant r\leqslant n$．

式(5.4.2)表示的二次型f也可写成矩阵形式．由式(5.4.2)，二次型可以写成

$$
\begin{aligned}
f(x_1,x_2,\cdots,x_n) &= x_1(a_{11}x_1+a_{12}x_2+\cdots+a_{1n}x_n) \\
&\quad + x_2(a_{21}x_1+a_{22}x_2+\cdots+a_{2n}x_n) \\
&\quad + \cdots + x_n(a_{n1}x_1+a_{n2}x_2+\cdots+a_{nn}x_n) \\
&= (x_1,x_2,\cdots,x_n)\begin{pmatrix} a_{11}x_1+a_{12}x_2+\cdots+a_{1n}x_n \\ a_{21}x_1+a_{22}x_2+\cdots+a_{2n}x_n \\ \vdots \\ a_{n1}x_1+a_{n2}x_2+\cdots+a_{nn}x_n \end{pmatrix} \\
&= (x_1,x_2,\cdots,x_n)\begin{pmatrix} a_{11} & a_{12} & \cdots & a_{1n} \\ a_{21} & a_{22} & \cdots & a_{2n} \\ \vdots & \vdots & & \vdots \\ a_{n1} & a_{n2} & \cdots & a_{nn} \end{pmatrix}\begin{pmatrix} x_1 \\ x_2 \\ \vdots \\ x_n \end{pmatrix} \\
&= \boldsymbol{X}^{\mathrm{T}}\boldsymbol{A}\boldsymbol{X}
\end{aligned}
$$

其中

$$
\boldsymbol{A} = \begin{pmatrix} a_{11} & a_{12} & \cdots & a_{1n} \\ a_{21} & a_{22} & \cdots & a_{2n} \\ \vdots & \vdots & & \vdots \\ a_{n1} & a_{n2} & \cdots & a_{nn} \end{pmatrix}
$$

称为二次型 f 的矩阵，它是实对称矩阵.

二次型可记作

$$
\boldsymbol{f} = \boldsymbol{X}^{\mathrm{T}}\boldsymbol{A}\boldsymbol{X}
$$

由此可知，如果给定 n 元二次型(5.4.1)，可得到唯一的对称矩阵 $\boldsymbol{A}=(a_{ij})_{n\times n}$，使二次型写成 $f(x_1,x_2,\cdots,x_n)=\boldsymbol{X}^{\mathrm{T}}\boldsymbol{A}\boldsymbol{X}$ 的形式. 反之，若给定对称矩阵 $\boldsymbol{A}=(a_{ij})_{n\times n}$，可得到二次型 $f(x_1,x_2,\cdots,x_n)=\boldsymbol{X}^{\mathrm{T}}\boldsymbol{A}\boldsymbol{X}$，可见 n 元二次型和对称矩阵 $\boldsymbol{A}$ 是一一对应的. 因此，将矩阵 $\boldsymbol{A}$ 的秩称为二次型 f 的秩，记为 $r(\boldsymbol{A})$，如果 $r(\boldsymbol{A})=n$，称二次型 f 是满秩的，若 $r(\boldsymbol{A})<n$，则称二次型 f 是降秩的. 若二次型 f 是标准形(5.4.3)，则 $\boldsymbol{A}$ 为对角矩阵：

$$
\boldsymbol{A} = \mathrm{diag}(a_{11},a_{22},\cdots,a_{nn}),
$$

且 $r(\boldsymbol{A})=r$，即 r 为 $a_{ij}\neq 0\,(i,j=1,2,\cdots,n)$ 的个数.

若二次型 f 是规范型式(5.4.4)，则

$$
\boldsymbol{A} = \mathrm{diag}(\overbrace{1,\cdots,1}^{p},\ \overbrace{-1,\cdots,-1}^{r-p},\ \overbrace{0,\cdots,0}^{n-r}).
$$

显然，$r(\boldsymbol{A})=r$，即 r 为 1 与−1 的个数.

例 5.4.1　三元二次型

$$
\begin{aligned}
f(x_1,x_2,x_3) &= 2x_2^2+x_1x_2+x_1x_3-3x_2x_3 \\
&= \frac{1}{2}x_1x_2+\frac{1}{2}x_1x_3+\frac{1}{2}x_2x_1+2x_2^2-\frac{3}{2}x_2x_3+\frac{1}{2}x_3x_1-\frac{3}{2}x_3x_2
\end{aligned}
$$

$$=(x_1,x_2,x_3)\begin{pmatrix}0 & \frac{1}{2} & \frac{1}{2}\\ \frac{1}{2} & 2 & -\frac{3}{2}\\ \frac{1}{2} & -\frac{3}{2} & 0\end{pmatrix}\begin{pmatrix}x_1\\ x_2\\ x_3\end{pmatrix}=X^{\mathrm{T}}AX$$

所对应的三阶实对称矩阵

$$A=\begin{pmatrix}0 & \frac{1}{2} & \frac{1}{2}\\ \frac{1}{2} & 2 & -\frac{3}{2}\\ \frac{1}{2} & -\frac{3}{2} & 0\end{pmatrix}.$$

例 5.4.2　求对称矩阵

$$A=\begin{pmatrix}-2 & 0 & 1\\ 0 & 3 & 2\\ 1 & 2 & -1\end{pmatrix}$$

所对应的二次型.

解

$$\begin{aligned}f(x_1,x_2,x_3)&=X^{\mathrm{T}}AX\\ &=(x_1,x_2,x_3)\begin{pmatrix}-2 & 0 & 1\\ 0 & 3 & 2\\ 1 & 2 & -1\end{pmatrix}\begin{pmatrix}x_1\\ x_2\\ x_3\end{pmatrix}.\\ &=-2x_1^2+3x_2^2-x_3^2+2x_1x_3+4x_2x_3\end{aligned}$$

定义 5.4.4　设 $x_1,x_2,\cdots,x_n$； $y_1,y_2,\cdots,y_n$ 是两组变量，由变量 $x_1,x_2,\cdots,x_n$ 到变量 $y_1,y_2,\cdots,y_n$ 的一个线性变换为

$$\begin{cases}x_1=c_{11}y_1+c_{12}y_2+\cdots+c_{1n}y_n\\ x_2=c_{21}y_1+c_{22}y_2+\cdots+c_{2n}y_n\\ \qquad\vdots\\ x_n=c_{n1}y_1+c_{n2}y_2+\cdots+c_{nn}y_n\end{cases}\tag{5.4.5}$$

$c_{ij}(i,j=1,2,\cdots,n)$ 是数域 F 上的数.

若令

$$X=\begin{pmatrix}x_1\\ x_2\\ \vdots\\ x_n\end{pmatrix},\quad C=\begin{pmatrix}c_{11} & c_{12} & \cdots & c_{1n}\\ c_{21} & c_{22} & \cdots & c_{2n}\\ \vdots & \vdots & & \vdots\\ c_{n1} & c_{n2} & \cdots & c_{nn}\end{pmatrix},\quad Y=\begin{pmatrix}y_1\\ y_2\\ \vdots\\ y_n\end{pmatrix}$$

线性变换(5.4.5)可以用矩阵表示为 $X=CY$. 特别是如果 $|C|\neq 0$ ，即 $C=(c_{ij})_{n\times n}$ 是可逆(非奇异、非退化)的，则称 $X=CY$ 是可逆(非奇异、非退化)的线性变换.

定理 5.4.1　若 $\boldsymbol{X}=\boldsymbol{CY}$ 是 $x_1,x_2,\cdots,x_n$ 到 $y_1,y_2,\cdots,y_n$ 的可逆线性变换，$\boldsymbol{Y}=\boldsymbol{DZ}$ 是 $y_1,y_2,\cdots,y_n$ 到 $z_1,z_2,\cdots,z_n$ 的可逆线性变换，则 $\boldsymbol{X}=(\boldsymbol{CD})\boldsymbol{Z}$ 是 $x_1,x_2,\cdots,x_n$ 到 $z_1,z_2,\cdots,a_n$ 的可逆线性变换.

证明　因 $|\boldsymbol{C}|\neq 0$，$|\boldsymbol{D}|\neq 0$，从而 $|\boldsymbol{CD}|=|\boldsymbol{C}|\cdot|\boldsymbol{D}|\neq 0$，所以 $\boldsymbol{X}=(\boldsymbol{CD})\boldsymbol{Z}$ 是可逆线性变换.

定理 5.4.2　二次型 $f(x_1,x_2,\cdots,x_n)=\boldsymbol{X}^{\mathrm{T}}\boldsymbol{AX}$ 经过可逆线性变换 $\boldsymbol{X}=\boldsymbol{CY}$ 后化为关于新变量 $y_1,y_2,\cdots,y_n$ 的二次型 $g(y_1,y_2,\cdots,y_n)=\boldsymbol{Y}^{\mathrm{T}}\boldsymbol{BY}$.

证明　因为 $\boldsymbol{X}=\boldsymbol{CY}$，故 $\boldsymbol{X}^{\mathrm{T}}=\boldsymbol{Y}^{\mathrm{T}}\boldsymbol{C}^{\mathrm{T}}$，于是有

$f(x_1,x_2,\cdots,x_n)=\boldsymbol{X}^{\mathrm{T}}\boldsymbol{AX}=\boldsymbol{Y}^{\mathrm{T}}\boldsymbol{C}^{\mathrm{T}}\boldsymbol{ACY}=\boldsymbol{Y}^{\mathrm{T}}\boldsymbol{BY}=g(y_1,y_2,\cdots,y_n)$，其中 $\boldsymbol{B}=\boldsymbol{C}^{\mathrm{T}}\boldsymbol{AC}$，而 $\boldsymbol{B}^{\mathrm{T}}=(\boldsymbol{C}^{\mathrm{T}}\boldsymbol{AC})^{\mathrm{T}}=\boldsymbol{C}^{\mathrm{T}}\boldsymbol{A}^{\mathrm{T}}\boldsymbol{C}=\boldsymbol{C}^{\mathrm{T}}\boldsymbol{AC}=\boldsymbol{B}$，即 $\boldsymbol{B}$ 是对称矩阵. 由于矩阵 $\boldsymbol{B}$ 是二次型 $\boldsymbol{Y}^{\mathrm{T}}\boldsymbol{BY}$ 的矩阵，且被该二次型唯一确定，所以，$g(y_1,y_2,\cdots,y_n)=\boldsymbol{Y}^{\mathrm{T}}\boldsymbol{BY}$ 是关于新变量 $y_1,y_2,\cdots,y_n$ 的二次型.

经可逆线性变换的前后两个二次型矩阵之间具有关系 $\boldsymbol{B}=\boldsymbol{C}^{\mathrm{T}}\boldsymbol{AC}$，由此关系式引出一个重要概念.

定义 5.4.5　设 $\boldsymbol{A},\boldsymbol{B}$ 是数域 $\boldsymbol{F}$ 上的 n 阶方阵，如果在数域 $\boldsymbol{F}$ 上存在一个 n 阶可逆矩阵 $\boldsymbol{C}$，使 $\boldsymbol{B}=\boldsymbol{C}^{\mathrm{T}}\boldsymbol{AC}$，那么，称 $\boldsymbol{A}$ 合同于 $\boldsymbol{B}$，记作 $\boldsymbol{A}\simeq\boldsymbol{B}$.

合同关系是矩阵间的一种重要关系，合同关系满足：

(1) 自反性：对任一 n 阶矩阵 $\boldsymbol{A}$，都有 $\boldsymbol{A}\simeq\boldsymbol{A}$. 因为 $\boldsymbol{A}=\boldsymbol{E}^{\mathrm{T}}\boldsymbol{AE}$.

(2) 对称性：若 $\boldsymbol{A}\simeq\boldsymbol{B}$，则 $\boldsymbol{B}\simeq\boldsymbol{A}$，因为 $\boldsymbol{B}=\boldsymbol{C}^{\mathrm{T}}\boldsymbol{AC}$，所以，$\boldsymbol{A}=(\boldsymbol{C}^{\mathrm{T}})^{-1}\boldsymbol{BC}^{-1}=(\boldsymbol{C}^{-1})^{\mathrm{T}}\boldsymbol{B}(\boldsymbol{C}^{-1})$.

(3) 传递性：若 $\boldsymbol{A}_1\simeq\boldsymbol{A}_2$，$\boldsymbol{A}_2\simeq\boldsymbol{A}_3$，则 $\boldsymbol{A}_1\simeq\boldsymbol{A}_3$. 因为 $\boldsymbol{A}_2=\boldsymbol{C}_1^{\mathrm{T}}\boldsymbol{A}_1\boldsymbol{C}_1$，$\boldsymbol{A}_3=\boldsymbol{C}_2^{\mathrm{T}}\boldsymbol{A}_2\boldsymbol{C}_2$，所以 $\boldsymbol{A}_3=\boldsymbol{C}_2^{\mathrm{T}}(\boldsymbol{C}_1^{\mathrm{T}}\boldsymbol{A}_1\boldsymbol{C}_1)\boldsymbol{C}_2=(\boldsymbol{C}_1\boldsymbol{C}_2)^{\mathrm{T}}\boldsymbol{A}_1(\boldsymbol{C}_1\boldsymbol{C}_2)$.

定理 5.4.3　如果 $\boldsymbol{A}\simeq\boldsymbol{B}$，那么，$r(\boldsymbol{A})=r(\boldsymbol{B})$.

证明　如果 $\boldsymbol{A}\simeq\boldsymbol{B}$，则存在可逆矩阵 $\boldsymbol{C}$，使 $\boldsymbol{B}=\boldsymbol{C}^{\mathrm{T}}\boldsymbol{AC}$，于是 $r(\boldsymbol{B})=r(\boldsymbol{C}^{\mathrm{T}}\boldsymbol{AC})=r(\boldsymbol{AC})=r(\boldsymbol{A})$.

定理 5.4.4　若二次型 $f(x_1,x_2,\cdots,x_n)=\boldsymbol{X}^{\mathrm{T}}\boldsymbol{AX}$ 经可逆线性变换 $\boldsymbol{X}=\boldsymbol{CY}$ 化为二次型 $g(y_1,y_2,\cdots,y_n)=\boldsymbol{Y}^{\mathrm{T}}\boldsymbol{BY}$，那么，$r(\boldsymbol{A})=r(\boldsymbol{B})$.

证明　因 $\boldsymbol{X}^{\mathrm{T}}\boldsymbol{AX}=\boldsymbol{Y}^{\mathrm{T}}\boldsymbol{BY}$，则经可逆线性变换 $\boldsymbol{X}=\boldsymbol{CY}$，得 $(\boldsymbol{CY})^{\mathrm{T}}\boldsymbol{A}(\boldsymbol{CY})=\boldsymbol{Y}^{\mathrm{T}}\boldsymbol{BY}$，$\boldsymbol{Y}^{\mathrm{T}}\boldsymbol{C}^{\mathrm{T}}\boldsymbol{ACY}=\boldsymbol{Y}^{\mathrm{T}}\boldsymbol{BY}$，所以，$\boldsymbol{B}=\boldsymbol{C}^{\mathrm{T}}\boldsymbol{AC}$，即 $\boldsymbol{A}\simeq\boldsymbol{B}$，由定理 5.4.3 得，$r(\boldsymbol{A})=r(\boldsymbol{B})$.

由定理 5.4.4 的证明，还可以得到以下定理.

定理 5.4.5　经可逆线性变换 $\boldsymbol{X}=\boldsymbol{CY}$，原二次型 $f(x_1,x_2,\cdots,x_n)=\boldsymbol{X}^{\mathrm{T}}\boldsymbol{AX}$ 的矩阵 $\boldsymbol{A}$ 与新二次型 $g(y_1,y_2,\cdots,y_n)=\boldsymbol{Y}^{\mathrm{T}}\boldsymbol{BY}$ 的矩阵 $\boldsymbol{B}$ 合同，即 $\boldsymbol{A}\simeq\boldsymbol{B}$.

这表明，若二次型 $f(x_1,x_2,\cdots,x_n)=\boldsymbol{X}^{\mathrm{T}}\boldsymbol{AX}$ 是一般的实二次型，对应的矩阵 $\boldsymbol{A}$ 是实对称矩阵，若新二次型 $g(y_1,y_2,\cdots,y_n)=\boldsymbol{Y}^{\mathrm{T}}\boldsymbol{BY}$ 是二次型的标准形，则对应的矩阵 $\boldsymbol{B}$ 是对角矩阵，将一般的二次型化为二次型的标准形，就是寻求可逆线性变换 $\boldsymbol{X}=\boldsymbol{CY}$，使对称矩阵 $\boldsymbol{A}$ 与对角矩阵 $\boldsymbol{B}$ 间具有合同关系.

5.4.2 化二次型为标准形

对实数域上的二次型 f，可用正交变换法把它化成标准形.

在线性变换(5.4.5)中，如果线性变换的矩阵是正交矩阵 Q，即变换为 $\boldsymbol{X}=\boldsymbol{QY}$，称其为正交变换.

定理 5.4.6 对于实二次型 $f(x_1,x_2,\cdots,x_n)=\boldsymbol{X}^{\mathrm{T}}\boldsymbol{AX}$，一定存在正交矩阵 Q，使其经过正交变换 $\boldsymbol{X}=\boldsymbol{QY}$ 把它化成标准形

$$g(y_1,y_2,\cdots,y_n)=\lambda_1 y_1^2+\lambda_2 y_2^2+\cdots+\lambda_n y_n^2=\boldsymbol{Y}^{\mathrm{T}}\boldsymbol{\Lambda Y}.$$

其中，$\lambda_1,\lambda_2,\cdots,\lambda_n$ 是实二次型 $f(x_1,x_2,\cdots,x_n)$ 的矩阵 $\boldsymbol{A}$ 的全部特征值.

证明 设实二次型 $f(x_1,x_2,\cdots,x_n)$ 的矩阵为 $\boldsymbol{A}$，则 $\boldsymbol{A}$ 是实对称矩阵. 由定理 5.3.5 知，一定存在正交矩阵 $\boldsymbol{Q}$，使得

$$\boldsymbol{Q}^{-1}\boldsymbol{AQ}=\mathrm{diag}(\lambda_1,\lambda_2,\cdots,\lambda_n).$$

其中，$\lambda_1,\lambda_2,\cdots,\lambda_n$ 为矩阵 $\boldsymbol{A}$ 的全部特征值. 因为 $\boldsymbol{Q}$ 是正交矩阵，所以，$\boldsymbol{Q}^{-1}=\boldsymbol{Q}^{\mathrm{T}}$，于是得

$$\boldsymbol{Q}^{-1}\boldsymbol{AQ}=\boldsymbol{Q}^{\mathrm{T}}\boldsymbol{AQ}=\mathrm{diag}(\lambda_1,\lambda_2,\cdots,\lambda_n).$$

作正交变换 $\boldsymbol{X}=\boldsymbol{QY}$，则

$$f(x_1,x_2,\cdots,x_n)=\boldsymbol{X}^{\mathrm{T}}\boldsymbol{AX}=\boldsymbol{Y}^{\mathrm{T}}(\boldsymbol{Q}^{\mathrm{T}}\boldsymbol{AQ})^{\mathrm{Y}}=\lambda_1 y_1^2+\lambda_2 y_2^2+\cdots+\lambda_n y_n^2$$

这就是 $f(x_1,x_2,\cdots,x_n)$ 的标准形.

用正交变换法化实二次型 $f(x_1,x_2,\cdots,x_n)$ 为标准形的一般步骤如下.

(1) 求实二次型 $f(x_1,x_2,\cdots,x_n)$ 所对应的对称矩阵 A.

(2) 求 $\boldsymbol{A}$ 的全部特征值 $\lambda_1,\lambda_2,\cdots,\lambda_n$ 和分别属于特征值 λ_i 的特征向量 $\alpha_i\,(i=1,2,\cdots,n)$.

(3) 若 λ_i 是特征多项式 $|\lambda\boldsymbol{E}-\boldsymbol{A}|=0$ 的单根，则将属于 λ_i 的特征向量 α_i 单位化. 若 λ_i 是特征多项式 $|\lambda\boldsymbol{E}-\boldsymbol{A}|=0$ 的 k_i 重根，则将属于 λ_i 的 k_i 个线性无关的特征向量 $\alpha_{i_{k_1}},\alpha_{i_{k_2}},\cdots,\alpha_{i_{k_i}}$ 进行规范正交化.

(4) 用正交单位向量作为列向量，写出正交矩阵 $\boldsymbol{Q}$，则 $\boldsymbol{Q}^{\mathrm{T}}\boldsymbol{AQ}=\boldsymbol{\Lambda}$. λ_i 在 $\boldsymbol{\Lambda}$ 中排列顺序应和属于 λ_i 的特征向量 $\boldsymbol{\alpha}_i$ 在 $\boldsymbol{Q}$ 中的排列顺序一致. 显然，正交矩阵 $\boldsymbol{Q}$ 不唯一(属于 λ_i 的特征向量 $\boldsymbol{\alpha}_i$ 有无穷多个)，因此，正交变换 $\boldsymbol{X}=\boldsymbol{QY}$ 也不唯一.

(5) 构造正交变换 $\boldsymbol{X}=\boldsymbol{QY}$，化原二次型为标准形

$$g(y_1,y_2,\cdots,y_n)=\lambda_1 y_1^2+\lambda_2 y_2^2+\cdots+\lambda_n y_n^2.$$

例 5.4.3 化二次型 $f(x_1,x_2,x_3)=x_1^2+x_2^2+x_3^2+4x_1x_2+4x_1x_3+4x_2x_3$ 为标准形.

解 (1) 二次型所对应的是对称阵

$$\boldsymbol{A}=\begin{pmatrix}1&2&2\\2&1&2\\2&2&1\end{pmatrix},$$

(2) 求 $\boldsymbol{A}$ 的全部特征值，$\boldsymbol{A}$ 的特征方程为

$$|\lambda E - A| = \begin{vmatrix} \lambda-1 & -2 & -2 \\ -2 & \lambda-1 & -2 \\ -2 & -2 & \lambda-1 \end{vmatrix} = (\lambda-5)(\lambda+1)^2 = 0$$

所以，A 的特征值是 $\lambda_i = 5$，$\lambda_2 = \lambda_3 = -1$(二重).

对于 $\lambda_1 = 5$，解齐次线性方程组 $(5E - A)X = 0$，求得它的一个基础解系为 $\alpha_1 = (1,1,1)^{\mathrm{T}}$.

对于 $\lambda_2 = \lambda_3 = -1$，解齐次线性方程组 $(-E - A)X = 0$，求得它的一个基础解系为 $\alpha_2 = (1,0,-1)^{\mathrm{T}}$，$\alpha_3 = (0,1,-1)^{\mathrm{T}}$.

(3) 由于 $\lambda_1 = 5$ 是特征多项式 $|\lambda E - A| = 0$ 的单根，只需将特征向量 α_1 单位化，得

$$\eta_1 = \frac{1}{\sqrt{3}}(1,1,1)^{\mathrm{T}}.$$

$\lambda_2 = \lambda_3 = -1$ 是特征多项式 $|\lambda E - A| = 0$ 的二重根，且 $(\alpha_2, \alpha_3) \neq 0$. 故需将属于 $\lambda_2 = \lambda_3 = -1$ 的特征向量 α_2, α_3 规范正交化.

令

$$\alpha_2' = \alpha_2 = (1,0,-1)^{\mathrm{T}},$$

$$\alpha_3' = \alpha_3 - \frac{(\alpha_3, \alpha_2')}{(\alpha_2', \alpha_2')}\alpha_2' = \frac{1}{2}(-1,2,-1)^{\mathrm{T}}.$$

单位化后得

$$\eta_2 = \frac{1}{\sqrt{2}}(1,0,-1)^{\mathrm{T}}, \eta_3 = \frac{1}{\sqrt{6}}(-1,2,-1)^{\mathrm{T}}$$

(4) 构造正交矩阵 Q 和对角矩阵 Λ，令

$$Q = (\eta_1, \eta_2, \eta_3) = \begin{pmatrix} \frac{1}{\sqrt{3}} & \frac{1}{\sqrt{2}} & -\frac{1}{\sqrt{6}} \\ \frac{1}{\sqrt{3}} & 0 & \frac{2}{\sqrt{6}} \\ \frac{1}{3} & -\frac{1}{\sqrt{2}} & -\frac{1}{\sqrt{6}} \end{pmatrix}，\Lambda = \begin{pmatrix} 5 & 0 & 0 \\ 0 & -1 & 0 \\ 0 & 0 & -1 \end{pmatrix}.$$

Q 为正交矩阵，且 $Q^{\mathrm{T}}AQ = \Lambda$. 于是作正交变换 $X = QY$，即

$$\begin{cases} x_1 = \frac{1}{\sqrt{3}}y_1 + \frac{1}{\sqrt{2}}y_2 - \frac{1}{\sqrt{6}}y_3 \\ x_2 = \frac{1}{\sqrt{3}}y_1 + \frac{2}{\sqrt{6}}y_3 \\ x_3 = \frac{1}{3}y_1 - \frac{1}{\sqrt{2}}y_2 - \frac{1}{\sqrt{6}}y_3 \end{cases},$$

化原二次型为标准形：$g(y_1, y_2, y_3) = 5y_1^2 - y_2^2 - y_3^2$.

5.4.3　二次型的分类与判定

二次型的标准形不是唯一的，只是标准形中所含项数是确定的(即是二次型的秩).不仅

如此，在限定变换为实变换时，标准形中正系数是不变的(从而负系数的个数也不变)，也就是有

定理 5.4.7　设有二次型 $f=\boldsymbol{X}^{\mathrm{T}}\boldsymbol{A}\boldsymbol{X}$，它的秩为 r，有两个可逆变换 $\boldsymbol{X}=\boldsymbol{C}\boldsymbol{Y}$ 及 $\boldsymbol{X}=\boldsymbol{P}\boldsymbol{Z}$，使

$$f=k_1y_1^2+k_2y_2^2+\cdots+k_ry_r^2(k_i\neq 0)$$

及

$$f=\lambda_1z_1^2+\lambda_2z_2^2+\cdots+\lambda_rz_r^2(\lambda_i\neq 0),$$

则 $k_1,\cdots,k_r$ 中正数的个数与 $\lambda_1,\cdots,\lambda_r$ 中正数的个数相等.

这个定理称为惯性定理，这里不予证明.

二次型的标准形中正系数的个数称为二次型的正惯性指数，负系数的个数称为负惯性指数. 若二次型 f 的正惯性指数为 p，秩为 r，则 f 的规范形便可确定为

$$f=y_1^2+\cdots+y_p^2-y_{p+1}^2-\cdots-y_r^2.$$

科学技术上用得较多的二次型是正惯性指数为 n 或负惯性指数为 n 的 n 元二次型，我们有下述定义.

定义 5.4.6　设有二次型如果对任何 $x\neq 0$，都有 $f(X)>0$(显然 $f(0)=0$)，则称 f 为正定二次型，并称对称阵 $\boldsymbol{A}$ 是正定的；如果对任何 $x\neq 0$ 都有 $f(\boldsymbol{X})<0$，则称 f 为负定二次型，并称对称阵 $\boldsymbol{A}$ 是负定的.

定理 5.4.8　二次型 $f=\boldsymbol{X}^{\mathrm{T}}\boldsymbol{A}\boldsymbol{X}$ 为正定的充分必要条件是：它的标准形的 n 个系数全为正，即它的正惯性指数等于 n.

证　设可逆变换 $\boldsymbol{X}=\boldsymbol{C}\boldsymbol{Y}$，使

$$f(\boldsymbol{X})=f(\boldsymbol{C}\boldsymbol{Y})=\sum_{i=1}^{n}k_iy_i^2.$$

先证充分性. 设 $k_i>0(i=1,\cdots,n)$，任给 $x\neq 0$，则 $y=\boldsymbol{C}^{-1}\boldsymbol{X}\neq 0$，故

$$f(x)=\sum_{i=1}^{n}k_iy_i^2>0.$$

再证必要性. 用反证法，假设有 $k_s\leqslant 0$，则当 $\boldsymbol{Y}=\boldsymbol{e}_s$(单位坐标向量)时，$f(\boldsymbol{C}\boldsymbol{e}_s)=k_s\leqslant 0$. 显然 $\boldsymbol{C}\boldsymbol{e}_s\neq 0$，这与 f 为正定相矛盾. 这就证明了 $k_i>0\ (i=1,\cdots,n)$.

推论　对称阵 $\boldsymbol{A}$ 为正定的充分必要条件是：$\boldsymbol{A}$ 的特征值全为正.

定理 5.4.9　对称阵 $\boldsymbol{A}$ 为正定的充分必要条件是：$\boldsymbol{A}$ 的各阶主子式都为正，即

$$a_{11}>0,\begin{vmatrix}a_{11}&a_{12}\\a_{21}&a_{22}\end{vmatrix}>0,\cdots,\begin{vmatrix}a_{11}&\cdots&a_{1n}\\\vdots&&\vdots\\a_{n+1}&\cdots&a_{nn}\end{vmatrix}>0.$$

对称阵 $\boldsymbol{A}$ 为负定的充分必要条件是：奇数阶主子式为负，而偶数阶主子式为正，即

即

$$(-1)^r\begin{vmatrix}a_{11}&\cdots&a_{1r}\\\vdots&&\vdots\\a_{r1}&\cdots&a_{rr}\end{vmatrix}>0,(r=1,2,\cdots,n)$$

这个定理称为霍尔维茨定理，这里不予证明.

例 5.4.4　判定二次型 $f=-5x^2-6y^2-4z^2+4xy+4xz$ 的正定性.

解　f 的矩阵为

$$\boldsymbol{A}=\begin{bmatrix}-5&2&2\\2&-6&0\\2&0&-4\end{bmatrix},$$

$$a_{11}=-5,\ \begin{vmatrix}a_{11}&a_{12}\\a_{21}&a_{22}\end{vmatrix}=\begin{vmatrix}-5&2\\2&-6\end{vmatrix}=26>0,$$

$$|\boldsymbol{A}|=-80<0,$$

根据定理 5.4.9 知 f 为负定.

设 $f(x,y)$ 是二元正定二次型，则 $f(x,y)=c$ ($c>0$ 为常数)的图形是以圆形为中心的椭圆. 当把 c 看作任意常数时，则是一簇椭圆. 这簇椭圆随着 $c\to 0$ 而收缩到原点. 当 f 为三元正定二次型时，$f(x,y,z)=c\ (c>0)$ 的图形是一簇椭球.

习　题　5

1. 已知向量 $\boldsymbol{\alpha}=(1,2,-1,1)$，$\boldsymbol{\beta}=(2,3,1,-1)$，$\boldsymbol{\gamma}=(-1,-1,-2,2)$，求与 $\boldsymbol{\alpha},\boldsymbol{\beta},\boldsymbol{\gamma}$ 都正交的向量.

2. 已知 $\boldsymbol{R}^3$ 的一组基为

$$\boldsymbol{\alpha}_1=\begin{pmatrix}1\\1\\1\end{pmatrix},\ \boldsymbol{\alpha}_2=\begin{pmatrix}1\\0\\1\end{pmatrix},\ \boldsymbol{\alpha}_3=\begin{pmatrix}1\\1\\0\end{pmatrix}.$$

求 $\boldsymbol{R}^3$ 的一个与基 $\boldsymbol{\alpha}_1,\boldsymbol{\alpha}_2,\boldsymbol{\alpha}_3$ 等价的标准正交基.

3. 设方阵 $\boldsymbol{A}$ 满足 $\boldsymbol{A}^2-4\boldsymbol{A}+3\boldsymbol{E}=0$，且 $\boldsymbol{A}^{\mathrm{T}}=\boldsymbol{A}$，试证 $\boldsymbol{A}-2\boldsymbol{E}$ 为正交阵.

4. 求下列矩阵的特征值与特征向量.

(1) $\begin{pmatrix}3&-1\\-1&3\end{pmatrix}$；(2) $\begin{pmatrix}1&-1&1\\2&4&-2\\-3&-3&5\end{pmatrix}$；(3) $\begin{pmatrix}4&2&-5\\6&4&-9\\5&3&-7\end{pmatrix}$；

(4) $\begin{pmatrix}-1&1&0\\-4&3&0\\1&0&2\end{pmatrix}$；(5) $\begin{pmatrix}-2&1&1\\0&2&0\\-4&1&3\end{pmatrix}$.

5. 证明：(1)若 λ 是正交矩阵 $\boldsymbol{A}$ 的特征值，则 $\dfrac{1}{\lambda}$ 也是 $\boldsymbol{A}$ 的特征值；

(2) 正交矩阵如果有实特征值，则该特征值是 1 或−1.

6. 已知三阶矩阵 $\boldsymbol{A}$ 的特征值为 $1,2,3$，求下列矩阵的特征值.

(1) $\left(\dfrac{1}{3}A^2\right)^{-1}$；　(2) A^*；(3) $A^*+3A-2E$.

7. 已知四阶矩阵 $\boldsymbol{A}$ 的特征值为 $1,2,-1,3$，求 $\left|\boldsymbol{A}^2-\boldsymbol{A}+\boldsymbol{E}\right|$.

8. 设 n 阶矩阵 $\boldsymbol{A}$ 满足 $2\boldsymbol{A}^2-5\boldsymbol{A}-4\boldsymbol{E}=0$，证明 $2\boldsymbol{A}+\boldsymbol{E}$ 的特征值不能为零.

9. 设 λ 是矩阵 $\boldsymbol{A}$ 的特征值，$\boldsymbol{X}$ 为对应的特征向量，又设 μ 是 $\boldsymbol{A}^{\mathrm{T}}$ 的特征值，$\boldsymbol{Y}$ 为对应的特征向量，若 $\lambda\neq\mu$，证明 $\boldsymbol{X}$ 与 $\boldsymbol{Y}$ 正交.

10. 已知 $A=\begin{pmatrix} a & -2 & 0 \\ b & 1 & -2 \\ c & -2 & 0 \end{pmatrix}$ 的三个特征值为 4,1,−2．求 a,b,c

11. 判断下列矩阵 A 是否可对角化？若可以，求出可逆矩阵 $\boldsymbol{P}$，使 $\boldsymbol{P}^{-1}\boldsymbol{A}\boldsymbol{P}$ 为对角阵.

(1) $\begin{pmatrix} 3 & 0 & 1 \\ 4 & -2 & -8 \\ -4 & 0 & -1 \end{pmatrix}$；(2) $\begin{pmatrix} -2 & 0 & 0 \\ 3 & 1 & 1 \\ 2 & 2 & 0 \end{pmatrix}$.

12. 设 $\boldsymbol{A}$ 为三阶矩阵，满足 $|\boldsymbol{A}+3\boldsymbol{E}|=|\boldsymbol{A}-2\boldsymbol{E}|=|2\boldsymbol{A}+4\boldsymbol{E}|=0$，求 $|\boldsymbol{A}|$.

13. 如果 $\boldsymbol{A}$ 可逆，证明 $\boldsymbol{AB}$ 与 $\boldsymbol{BA}$ 相似.

14. 若矩阵 A 满足 $A^2=A$，证明 $A+E$ 是可逆矩阵.

15. 已知三阶矩阵 A 的特征值为 2，1，−1，对应的特征向量为

$$(1,0,-1)^{\mathrm{T}}(1,-1,0)^{\mathrm{T}}(1,0,1)^{\mathrm{T}},$$

试求矩阵 A.

16. 已知下列矩阵 A，求 A^n

(1) $\begin{pmatrix} 2 & -1 \\ -1 & 2 \end{pmatrix}$；(2) $\begin{pmatrix} 4 & 2 & 2 \\ 0 & 4 & 0 \\ 0 & -2 & 2 \end{pmatrix}$.

17. 设 $A=\begin{pmatrix} 1 & 0 & -2 \\ 0 & -1 & 1 \\ 0 & 1 & 0 \end{pmatrix}$，求 $2A^8-3A^5+A^4+A^2-4E$

18. 设 $A=\begin{pmatrix} 1 & -2 & 2 \\ -2 & -2 & 4 \\ 2 & 4 & -2 \end{pmatrix}$，求可逆矩阵 P，使得 $P^{-1}AP$ 为对角阵.

19. 已知下列矩阵 A，求正交阵 Q，使得 $Q^{\mathrm{T}}AQ=\Lambda$（Λ 为对角阵)，并写出相应的对角阵.

(1) $A=\begin{pmatrix} 2 & 0 & 0 \\ 0 & 3 & 2 \\ 0 & 2 & 3 \end{pmatrix}$；(2) $A=\begin{pmatrix} 0 & -1 & 1 \\ -1 & 0 & 1 \\ 1 & 1 & 0 \end{pmatrix}$； (3) $A=\begin{pmatrix} 4 & 2 & 2 \\ 2 & 4 & 2 \\ 2 & 2 & 4 \end{pmatrix}$.

20. 化二次型 $f(x_1,x_2,x_3)$ 为规范形.

(1) $f(x_1,x_2,x_3)=2x_1x_2+2x_1x_3+2x_2x_3$；

(2) $f(x_1,x_2,x_3)=3x_1^2+6x_2^2+3x_3^2-4x_1x_2-8x_1x_3-4x_2x_3$.

21. 试证：当且仅当 $b^2-4ac\neq0$ 时，$f(x_1,x_2)=ax_1^2+bx_1x_2+cx_2^2$，$a\neq0$ 的秩等于 2.

22. 二次型 $f(x_1,x_2,x_3)=(k+1)x_1^2+(k+2)x_2^2+(k+3)x_3^2$ 正定，求 k 的取值范围.

23. t 取何值时，$A=\begin{pmatrix}1 & 1 & 0\\ 1 & 1 & t\\ 0 & t & 1\end{pmatrix}$ 为对称矩阵为正定的.

24. 设 A 为 n 阶实对称矩阵，且满足 $A^3-2A^2+4A-3E=0$．证明 A 为正定矩阵.

25. 设 A 为 n 阶正定矩阵，E 为 n 阶单位矩阵，证明：$|A+E|$ 大于 1.

第 6 章　概率论的基本概念

概率论是研究随机现象统计规律性的一门数学学科. 人们通常将自然界或社会中出现的现象分成两类：一类是确定性现象，即一旦某个条件实现就必然会发生的现象. 例如，同性电荷必然互相排斥，在室温下生铁必然不会熔化，在标准大气压下将纯水加热到 100℃必然沸腾. 另一类是非确定性现象，人们也称之为随机现象，即在一定的条件实现之后，可能发生也可能不发生的现象. 例如，抛一枚硬币，有可能正面朝上，也有可能反面朝上；远距离射击较小的目标时，可能击中也可能击不中；机床加工生产的产品，可能是合格品，也可能不是合格品.

在事物的联系和发展过程中，随机现象是客观存在的，在事物的表面体现了发展的偶然性，但是这种偶然性又始终受到事物内部隐藏着的必然性所支配.

科学的任务就是要从错综复杂的偶然性中揭露出潜在的必然性，也即事物的客观规律性. 这种客观规律性是从大量的随机现象中得到的. 概率论的主要任务就是寻求随机现象发生的客观规律，并对随机现象发生的可能性的大小给出度量方式及其算法.

6.1　随机事件的关系与运算

6.1.1　随机试验

人们通过长期的反复观察和实践，逐渐发现所谓的不可预言，只是对一次或者少数几次观察或实践而言，当在相同条件下进行大量观察时，偶然现象都呈现某种规律性，因而也是可以预言的. 例如，根据各个国家各个时期的人口统计资料，新生婴儿中男婴和女婴的比例大约总是接近 1∶1. 据传，在我国古代很早的时候就已经知道了这样一个结果. 又如人的身高虽然各有不同，但通过大量的统计，如果在一定范围内把人的高度按所占的比例画出“直方图”，就可以连成一条和铜钟的纵剖面相类似的曲线，如图 6.1.1 所示；定点海面在一段时间内的浪高，也可以画出类似的曲线.

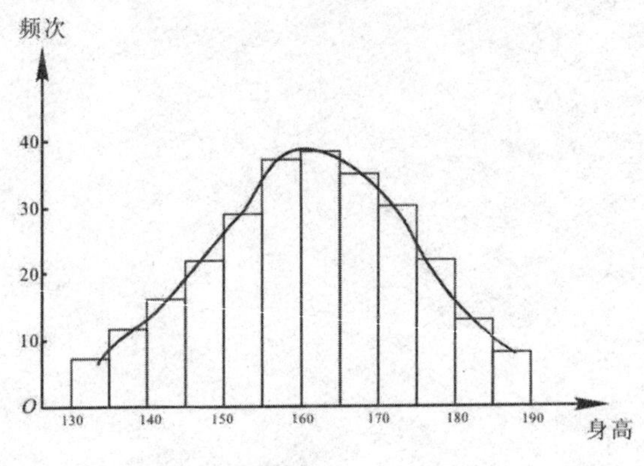

图 6.1.1

尽管随机现象在一次观察中其结果不能把握，但在人们经过长期的实践并深入研究之后，发现对随机现象进行大量重复试验或观察时，又会呈现出一定的统计规律性. 这种在同等条件下大量重复试验或观察中所呈现出的规律性，称为统计规律性.

人们是通过试验去研究随机现象的. 在概率论中，我们常把对某种自然现象的一次观察、测量或进行一次科学实验，统称为一个试验. 如果这个试验在相同的条件下可以重复进行，且试验可能出现的全部结果已知，但是每次试验的结果在试验以前是不可预知的，那么我们将这种试验称为随机试验，简称试验，并用字母 E 表示.

下面给出随机试验的例子：

E_1：掷一颗均匀对称的骰子，观察出现的点数；

E_2：记录一段时间内，某城市 110 报警的次数；

E_3：从装有三个白球与两个黑球的袋中任取两个球，观察两个球的颜色；

E_4：从一批灯泡中任取一只，观察灯泡正常工作时间；

E_5：测量车床加工零件的直径.

随机试验是产生随机现象的过程，随机试验和随机现象是并存的，通过随机试验，人们可进行深入研究揭示自然界的奥秘.

6.1.2　随机事件

在随机试验中，每一个可能发生也可能不发生的结果，称为一个**随机事件**，简称**事件**，一般用字母 A、B、C、…表示. 例如，在 E_1 中，可能的结果为：{出现 1 点}，{出现 2 点}，{出现 3 点}，……，{出现 6 点}，这些都是试验 E_1 的随机事件.

事件是概率论中最基本的概念. 事件又分为基本事件和复合事件. **基本事件**是指在随机试验中最简单的、不能再分解的随机事件. **复合事件**是指由若干基本事件组合而成的事件，即能够分解为两个或多个基本事件的随机事件. 例如，在 E_1 中，{出现偶数点}就是一个复合事件. 因为它由{出现 2 点}，{出现 4 点}，{出现 6 点}这三个基本事件组合而成的. 必须指出，把事件区分为基本事件和复合事件是相对具体试验的观察目的而言的，不可绝对化. 例如，量度人的身高，一般来说，区间(0，4)中的任一实数，都可以是一个基本事件，这时，基本事件有无穷多个; 但如果量度身高是为了确定乘客是否需要购买全票、半票或免票，这时就只有三个基本事件了.

在随机事件中有两个极端情况，一个是“每次试验都必然发生的事件”，称为**必然事件**，记为 Ω. 另一个是“每次试验中都不发生的事件”，称为**不可能事件**，记为 $\varnothing$. 把必然事件和不可能事件也算作随机事件，这对我们讨论问题是很方便的. 例如，就目前世界上人的身高来说，“人的身高小于 4 米”是必然事件，而“人的身高大于 5 米”则是不可能事件.

6.1.3　样本空间

由于随机试验的任一事件都是由该试验的一个或多个最基本的结果构成的，因而可以把事件看成一个集合.

为了用数学方法描述随机试验，下面引入样本空间的概念.

试验 E 产生的所有基本事件构成的集合称为**样本空间**，记为 Ω. 称其中的元素(基本事件)为样本空间的一个**样本点**，记为 ω，即有 $\Omega=\{\omega\}$. 这样一来，试验 E 的任意事件都是其样本空间的一个子集合. 样本空间可以分为离散样本空间和非离散样本空间. 样本空间的引入使得我们能够用集合这一数学工具来研究随机现象.

上述 E_1, E_2, E_3, E_4, E_5 的样本空间分别是：

$\Omega_1=\{$出现 1 点，出现 2 点，……，出现 6 点$\}$；

$\Omega_2=\{$1 次，2 次，……，n 次，……$\}$；

$\Omega_3=\{$两个白球，两个黑球，一白球一黑球$\}$；

$\Omega_4=\{t\,|\,0\leqslant t<+\infty$，$t$ 为工作时间，单位：h$\}$；

$\Omega_5=\{\omega_x\,|\,a\leqslant x\leqslant b$，$\omega_x$ 表示“测得直径为 x mm”$\}$.

6.1.4 事件之间的关系

为了研究随机事件及其规律性，我们需要说明事件之间的各种关系及运算. 任一随机事件都是样本空间的一个子集，所以事件之间的关系及运算与集合之间的关系及运算是完全类似的.

(1) 如果“事件 A 发生必然导致事件 B 发生”，则称事件 B 包含事件 A，或称事件 A 包含于事件 B，记作 $A\subset B$ 或 $B\supset A$，如图 6.1.2(a)所示.

因为不可能事件 $\varnothing$ 不含有任何样本点 ω，所以对任一事件 A，我们约定 $\varnothing\subset A$.

(2) 如果有 $A\subset B$ 与 $B\subset A$ 同时成立，则称事件 A 与 B 相等，记作 $A=B$，如图 6.1.2(b)所示.

(3) “事件 A 与事件 B 中至少有一个发生”，这样的一个新事件称作事件 A 与 B 的并(或和)，记作 $A\cup B$，如图 6.1.2(c)所示.

(4) “事件 A 与 B 同时发生”，这样的一个新事件称作事件 A 与 B 的交(或积)，记作 $A\cap B$ (或 AB)，如图 6.1.2(d)所示.

(5) “事件 A 发生而事件 B 不发生”，这样的新事件称作事件 A 与 B 的差，记作 $A-B$，如图 6.1.2(e)和(f)所示.

(6) 若“事件 A 与 B 不能同时发生”，也就是说，AB 是一个不可能事件，即 $AB=\varnothing$，则称事件 A 与 B 互不相容(或互斥)，如图 6.1.2(g)所示.

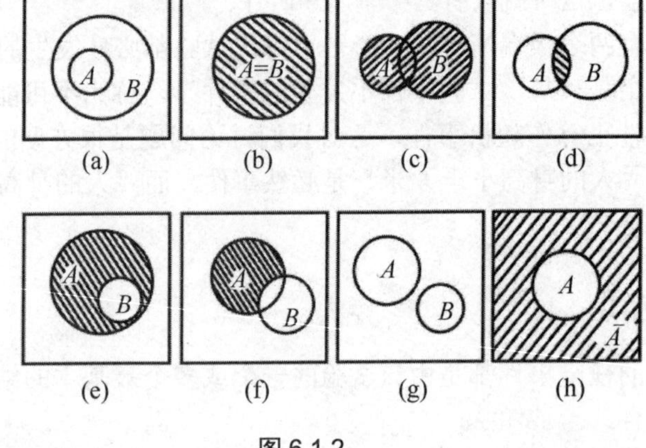

图 6.1.2

通常把两个互不相容事件 A 和 B 的并记作 $A+B$.

(7) 若 A 是一个事件，令 $\overline{A}=\Omega-A$，则称 $\overline{A}$ 是 A 的对立事件或逆事件，如图 6.1.2(h) 所示.

显然有：$A\overline{A}=\varnothing$，$A\cup\overline{A}=\Omega$，$\overline{\overline{A}}=A$.

(8) 若有 n 个事件：$A_1,A_2,\cdots,A_n$，则"$A_1,A_2,\cdots,A_n$ 中至少有一个发生"，这样的事件称作 $A_1,A_2,\cdots,A_n$ 的并，记作 $A_1\cup A_2\cup\cdots\cup A_n$ 或 $\bigcup\limits_{i=1}^{n}A_i$；若"$A_1,A_2,\cdots,A_n$ 同时发生"，这样的事件称作 $A_1,A_2,\cdots,A_n$ 的交，记作 $A_1A_2\cdots A_n$ 或 $\bigcap\limits_{i=1}^{n}A_i$.

例 6.1.1　设 A,B,C 是 Ω 中的随机事件，则

(1) 事件"A 与 B 发生，C 不发生"可以表示成：$AB\overline{C}$ 或 $AB-C$ 或 $AB-ABC$.

(2) 事件"A,B,C 中至少有两个发生"可以表示成：

$$AB\cup BC\cup AC \text{ 或 } AB\overline{C}\cup A\overline{B}C\cup\overline{A}BC\cup ABC.$$

(3) 事件"A,B,C 中恰好有两个发生"可以表示成：$AB\overline{C}\cup A\overline{B}C\cup\overline{A}BC$.

(4) 事件"A,B,C 中有不多于一个事件发生"可以表示成：

$$\overline{A}\,\overline{B}\,\overline{C}\cup A\overline{B}\,\overline{C}\cup\overline{A}B\overline{C}\cup\overline{A}\,\overline{B}C.$$

(5) 事件"A 发生而 B 与 C 都不发生"可以表示成：$A\overline{B}\,\overline{C}$ 或 $A-B-C$ 或 $A-(B\cup C)$.

(6) 事件"A,B,C 恰好发生一个"可以表示成：$A\overline{B}\,\overline{C}\cup\overline{A}B\overline{C}\cup\overline{A}\,\overline{B}C$.

(7) 事件"A,B,C 中至少发生一个"可以表示成：

$$A\cup B\cup C \text{ 或 } A\overline{B}\,\overline{C}\cup\overline{A}B\overline{C}\cup\overline{A}\,\overline{B}C\cup AB\overline{C}\cup A\overline{B}C\cup\overline{A}BC\cup ABC.$$

6.1.5　事件之间的运算

事件之间的运算与集合运算的性质相类似，事件的运算具有下面的性质，对于任意的事件 A,B,C，有

(1) **交换律**：
$$A\cup B=B\cup A, A\cap B=B\cap A; \tag{6.1.1}$$

(2) **结合律**：
$$(A\cup B)\cup C=A\cup(B\cup C),(A\cap B)\cap C=A\cap(B\cap C); \tag{6.1.2}$$

(3) **分配律**：
$$(A\cup B)\cap C=(A\cap C)\cup(B\cap C),(A\cap B)\cup C=(A\cup C)\cap(B\cup C); \tag{6.1.3}$$

(4) **德·摩根(De Morgen)定律**：
$$\overline{A\cup B}=\overline{A}\cap\overline{B}, \overline{A\cap B}=\overline{A}\cup\overline{B}. \tag{6.1.4}$$

这里，我们对德·摩根定律说明如下：

这一性质可以推广到更多个事件的情形. 对任意的 n 个事件 $A_1,A_2,A_3,\cdots,A_n$，有

$$\overline{\bigcup_{i=1}^{n}A_i}=\bigcap_{i=1}^{n}\overline{A_i}，\quad \overline{\bigcap_{i=1}^{n}A_i}=\bigcup_{i=1}^{n}\overline{A_i}. \tag{6.1.5}$$

德·摩根定律表明：**若干个事件的并的对立事件就是各个事件的对立事件的交，若干个事件的交的对立事件就是各个事件的对立事件的并**.

在讨论实际问题时，经常需要考虑试验结果中各种可能的事件，而这些事件是相互关联的，研究事件之间的关系及运算，进而研究这些事件的概率之间的关系及运算，就能够利用简单的事件的概率去推算较复杂的事件的概率.

6.2 随机事件的概率

研究随机现象的目的，就是要研究随机现象发生的规律性，即获得随机现象各种可能结果发生可能性大小的度量. 对于一个事件 A，我们将刻画事件 A 发生可能性大小的度量值称为**事件 A 的概率**，记作 $P(A)$. 事件 A 的概率是事件自身固有的，是事件发生的统计规律性的数量指标.

6.2.1 概率的统计学定义

在对随机现象的研究中，为了用数字合理地刻画事件在一次随机试验中的规律性，在此先引入频率的概念.

定义 6.2.1 设 A 为随机事件. 在相同条件下进行了 n 次试验，若其中事件 A 发生了 m 次，则称 m 为事件 A 在 n 次试验中发生的次数，称比值 $\dfrac{m}{n}$ 为事件 A 在 n 次试验中发生的**频率**，记为 $f_n(A)$.

由频率的定义，显然，频率具有如下基本性质：

(1) 任何事件的频率是介于 0 与 1 之间的一个数，也即 $0 \leqslant f_n(A) \leqslant 1$；

(2) 不可能事件的频率恒等于 0，必然事件的频率恒等于 1，即 $f_n(\Phi)=0$，$f_n(\Omega)=1$；

(3) 若 $A_1, A_2, \cdots, A_k$ 两两互斥，则 $f_n\left(\bigcup\limits_{i=1}^{k} A_i\right)=\sum\limits_{i=1}^{k} f_n(A_i)$.

由于事件 A 在 n 次试验中发生的频率是它发生的次数与总的试验次数之比，其大小表示事件 A 发生的频繁程度. 频率越大，事件 A 在一次试验中发生的可能性就越大. 因此，直观的想法是用频率来表示事件 A 在一次试验中发生的可能性大小. 但是，这并不完全合理. 经验表明，当试验重复多次时，事件 A 的频率具有一定的稳定性.

例如，我们来看下面的试验结果. 表 6.2.1 中 n 表示抛硬币的次数，m 表示徽花向上的次数，$f_n(A)=\dfrac{m}{n}$ 表示徽花向上的频率.

表 6.2.1

试验序号	$n=5$		$n=50$		$n=500$	
	m	$f_n(A)$	m	$f_n(A)$	m	$f_n(A)$
1	2	0.40	22	0.44	251	0.502
2	3	0.60	25	0.50	249	0.498
3	1	0.20	21	0.42	256	0.512
4	5	1.00	25	0.50	253	0.506
5	1	0.20	24	0.48	251	0.502
6	2	0.40	21	0.42	246	0.492

续表

试验序号	$n=5$		$n=50$		$n=500$	
	m	$f_n(A)$	m	$f_n(A)$	m	$f_n(A)$
7	4	0.80	18	0.36	244	0.488
8	2	0.40	24	0.48	258	0.516
9	3	0.60	27	0.54	262	0.542
10	3	0.60	31	0.62	247	0.494

从表 6.1.1 可以看出，当抛硬币的次数较少时，徽花向上的频率是不稳定的. 但是，随着抛硬币次数的增多，频率越来越明显地呈现出稳定性. 如表 6.1.1 所示，我们可以说：当抛硬币的次数充分多时，徽花向上的频率大致是在 0.5 这个数的附近摆动.

在概率论发展的历史上，也曾经有一些著名的统计学专家进行过抛硬币的试验，得到如表 6.2.2 所示的结果.

表 6.2.2

试验学者	抛硬币次数 n	徽花向上次数 m	频率 $f_n(A)$
蒲丰(Buffon)	4040	2048	0.5069
费歇尔(Fisher)	10000	4979	0.4979
皮尔逊(Pearson)	12000	6019	0.5016
皮尔逊(Pearson)	24000	12012	0.5005

在不同的试验中，所有这些结果都表明：当试验次数 n 充分大时，事件 A 的频率 $f_n(A)$ 总是在一个确定的数值附近摆动. 这说明事件在大量重复的试验中存在着某种客观的规律性——频率的稳定性. 因为，它是通过大量试验结果统计显示出来的，所以称为统计规律性.

定义 6.2.2　在相同的条件下，重复做 n 次试验，m 为 n 次试验中事件 A 发生的次数，如果随着 n 逐渐增大，频率 $\frac{m}{n}$ 逐渐稳定于某一数值 p 附近，则称数值 p 为事件 A 在该条件下发生的概率，记做 $P(A)=p$.

这个定义称为概率的统计学定义. 随机事件的概率是客观存在的，它反映了大量现象中的某种客观规律性.

事件 A 的概率 $P(A)$ 具有下述最基本的性质：

(1) 非负性：$0\leqslant P(A)\leqslant 1$；　(6.2.1)

(2) 规范性：$P(\Omega)=1$；　(6.2.2)

(3) 有限可加性：若 $A_1, A_2, \cdots, A_n$ 两两互斥，则

$$P\left(\bigcup_{i=1}^{n} A_i\right)=\sum_{i=1}^{n} P(A_i) \tag{6.2.3}$$

一般情况下，直接计算某一事件的概率是非常困难的，甚至是不可能的，仅仅在比较特殊的情况下才可以计算随机事件的概率. 概率的统计学定义实际上给出了一种近似计算随机事件概率的方法：

在多次重复试验中，把随机事件 A 的频率 $f_n(A)$ 作为随机事件 A 概率的近似值，即当试验次数 n 充分大时，

$$P(A) \approx f_n(A) = \frac{m}{n}. \tag{6.2.4}$$

6.2.2 概率的古典定义

只有在随机事件比较特殊的情况下，才可以直接计算随机事件的概率. 在讨论一般的随机事件之前，先讨论一种最简单的随机事件.

定义 6.2.3 设随机试验 E 的样本空间 Ω 是只含有 n 个基本事件的有限集合，A 是由其中 m 个基本事件组成的随机事件 $(m \leqslant n)$. 如果 Ω 中的每个基本事件的发生具有相同的可能性，则称

$$P(A) = \frac{m}{n} = \frac{A\text{包含的基本事件数}}{\Omega\text{包含的基本事件数}} \tag{6.2.5}$$

为事件 A 的概率.

这种随机现象在概率论发展的初期首先受到注意，得到了较多的讨论和研究. 一般把这类随机试验的数学模型称为**古典概型**. 而其中概率的定义式(6.2.5)称为**概率的古典定义**.

显然，古典概型的特点是:

(1) 每次试验只有有限种可能的试验结果;

(2) 每次试验中，各个基本事件出现的可能性完全相同.

古典概型在概率论中占有重要的地位，对它的讨论有助于直观地理解概率论的基本概念.

在古典概型的实际计算过程中，由于研究对象的复杂性故而需要相当的技巧. 其中，排列、组合的知识是不可缺少的.

加法原理：设事件 A 有 n 类方法出现，若第 i 类方法包含 m_i 种方法，那么 A 一共有 $m_1 + m_2 + \cdots + m_n$ 种方法出现.

乘法原理：设事件 A 有 n 种不同的方法出现，以后另一事件 B 对每一种 A 的出现方法又有 m 种不同的方法出现，则事件 AB 以 nm 种不同的方法出现.

例 6.2.1 掷一颗均匀对称的骰子，分别求下列事件的概率:

(1) A=“出现 6 点”； (2) B=“出现偶数点”.

解 样本空间为 $\Omega = \{1,2,3,4,5,6\}$. 由于骰子是均匀对称的，因此各个基本事件出现的概率相等. 故此试验可看作古典概型. 因为 $A = \{6\}$，于是由古典概型的定义有 $P(A) = \frac{1}{6}$；而 $B = \{2,4,6\}$，故事件 B 的概率为 $P(B) = \frac{3}{6} = 0.5$.

例 6.2.2 用 $0,1,2,3,\cdots,9$ 共 10 个数字中的任意两个组成一个两位数的字码(可重复使用)，求字码和为 3 的概率.

解 显然，此为古典概型问题. 样本空间 Ω 中共有 100 个基本事件，设“字码和为 3”事件为 A，其包含的基本事件有四种：03，12，21，30. 因此，所求概率为 $P(A) = \frac{4}{100} = 0.04$.

解此题的方法称为列举法，在简单场合可取，当研究对象较为复杂时，列举法就很难奏效.

例 6.2.3 (抽查产品) 一批产品共有 $a+b$ 个，其中 a 个正品，b 个次品，今采取随机放回抽样 n 次，问抽到的 n 个产品中恰好有 k 个正品的概率.

一般地，对产品的抽样有两种不同的方式：

(1) 每次取出一件，经试验后放回，再取出一件，这种抽样称为放回式抽样；

(2) 每次取出一件，经试验后不再放回，然后再取出一件，这种抽样称为**不放回式抽样**.

通常，在计算事件概率时，采用放回式抽样和采用不放回式抽样得到的结果是不一样的.

解 令 $A=\{n$ 个产品中恰好有 k 个正品$\}$，由于抽样是放回式的，所以样本空间中共有 $(a+b)^n$ 个基本事件，而事件 A 中含有 $C_n^k a^k b^{n-k}$ 个基本事件. 其中，组合数是考虑到 n 个产品中正品与次品的不同位置，而且随机抽样保证了等可能性，所以可得

$$P(A)=\frac{C_n^k a^k b^{n-k}}{(a+b)^n}=C_n^k\left(\frac{a}{a+b}\right)^k\left(\frac{b}{a+b}\right)^{n-k},\quad k=0,1,2,\cdots,n.$$

对上式，如果把 $\frac{a}{a+b}$，$\frac{b}{a+b}$ 分别记为 p,q，则 p,q 非负且 $p+q=1$，此时

$$P(A)=C_n^k p^k q^{n-k},\quad k=0,1,2,\cdots,n.$$

上式恰好是 $(p+q)^n$ 二项展开式的通项. 另外，如果此题的抽样方式改为不放回式抽样，那么事件 A 的概率是否会发生变化？怎么变化？请读者自己思考.

例 6.2.4 在一批 N 件产品中有 M 件次品. 现从这批产品中任取 n 件产品，做不放回式抽样，求其中恰好有 m 件次品的概率.

解 该试验含有的基本事件的总数是 C_N^n 个. 设事件 A 表示取出的 n 件产品中恰好有 m 件产品，则它所包含的基本事件数为 $C_M^m\cdot C_{N-M}^{n-m}$ 个. 因此，所求的概率为

$$P(A)=\frac{C_M^m\cdot C_{N-M}^{n-m}}{C_N^n}\tag{6.2.6}$$

6.2.3 概率的几何定义

在古典概型中，试验的结果是有限的，因此只适用于样本空间中基本事件的总数是有限的场合. 这不能不说是一个很大的限制，人们当然要竭力突破这个限制，以扩大自己的研究范围. 在实际中，经常会遇到样本空间中的基本事件数为无穷多的情形. 如果等可能性的条件仍然成立，仿照古典概型的计算方法，即可得到几何概型的定义及其计算方法.

定义 6.2.4 设某一事件 A (也是 Ω 中的某一区域)，$A\subset\Omega$. 设 A 的量度大小为 $\mu(A)$ (若区域 A 属于一维空间，则 A 为一区间，$\mu(A)$ 表示区间长度，若区域 A 属于二维空间，则 A 为平面内一子区域，$\mu(A)$ 表示平面子区域的面积)，考虑到随机点落在 Ω 的任意位置是等可能性的，称 $P(A)=\dfrac{\mu(A)}{\mu(\Omega)}$ 为事件 A 的概率. 这种概率称为**几何概率**.

例 6.2.5 (约会问题)甲、乙两人约定在 6:00～7:00 之间在某处会面，并约定先到者

应等候另一个人 15 分钟，过时即离去. 如果每个人在指定的一小时内的任一时刻到达是等可能性的，求两人能会面的概率.

解 以 x 和 y 分别表示甲、乙两人到达约会地点的时间，则两人能够会面的充要条件是 $|x-y|\leqslant 15$. 在平面上建立直角坐标系，如图 6.2.1 所示. 则 (x,y) 的所有可能结果是边长为 60 的正方形，而可能会面的时间由图中的阴影部分所表示. 这是一个几何概率问题，由等可能性知

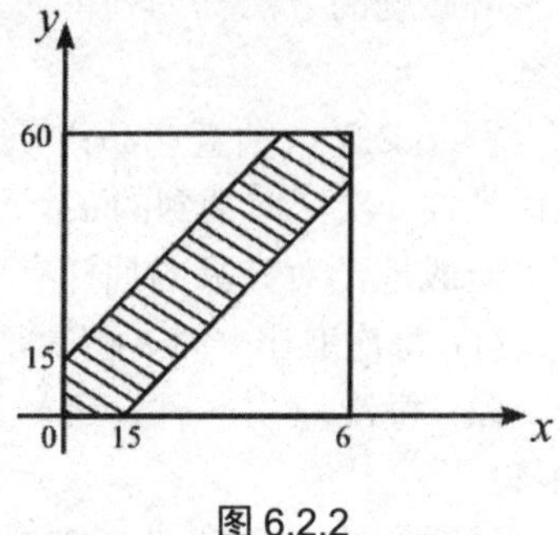

图 6.2.2

$$P(A)=\frac{\mu(A)}{\mu(\Omega)}=\frac{60^2-45^2}{60^2}=\frac{7}{16}.$$

6.2.4 概率的基本性质

根据概率的定义，可以推出概率的如下性质.

性质 6.2.1 $P(\Phi)=0$，$P(\Omega)=1$. (6.2.7)

性质 6.2.2 对任一事件 A，有 $P(\overline{A})=1-P(A)$. (6.2.8)

性质 6.2.3 对任意两个事件 A 和 B，有 $P(A\cup B)=P(A)+P(B)-P(AB)$. (6.2.9)

如果事件 A,B 是互斥的，则 $P(A\cup B)=P(A)+P(B)$ (6.2.10)

性质 6.2.3 还可以推广到多个事件的情形. 例如，对于三个事件 A,B,C，有

$$P(A\cup B\cup C)=P(A)+P(B)+P(C)-P(AB)-P(BC)-P(AC)+P(ABC) \quad (6.2.11)$$

性质 6.2.4 对两个事件 A 和 B，若 $A\subset B$，则有

$$P(B-A)=P(B)-P(A),\quad P(B)\geqslant P(A) \quad (6.2.12)$$

性质 6.2.5 若事件 $A_1,A_2,\cdots,A_n$ 两两互斥，即 $A_iA_j=\Phi$ ($i,j=1,2,\cdots,n$; $i\neq j$)，则有

$$P(A_1\cup A_2\cup\cdots\cup A_n)=P(A_1)+P(A_2)+\cdots+P(A_n) \quad (6.2.13)$$

6.3 条 件 概 率

6.3.1 条件概率的定义

在实际问题中，除了要考虑某事件 A 发生的概率 $P(A)$ 外，常常还要考虑“在已知事件 A 发生的条件下”，求事件 B 发生的概率. 这时，因为求 B 的概率是在已知 A 发生的条件下的，所以称为在事件 A 发生的条件下事件 B 发生的条件概率. 记为 $P(B|A)$.

由此引入条件概率的一般定义：

定义 6.3.1 设 A,B 是两个事件，且 $P(A)>0$，称

$$P(B|A)=\frac{P(AB)}{P(A)} \quad (6.3.1)$$

为在事件 A 发生的条件下，事件 B 发生的**条件概率**.

条件概率 $P(\cdot|A)$ 满足概率的三条基本性质：

(1) 对每个事件 B，均有 $P(B|A)\geqslant 0$；

(2) $P(\Omega|A)=1$；

(3) 若 $B_1,B_2,\cdots,B_n$ 是两两互斥事件，则有

$$P((B_1\cup B_2\cup\cdots\cup B_n)|A)=P(B_1|A)+P(B_2|A)+\cdots+P(B_n|A)$$

显然，条件概率也是概率. 因此，概率的性质也都适用于条件概率. 例如，对任意两个事件 B 和 C，有

$$P((B\cup C)|A)=P(B|A)+P(C|A)-P(BC|A). \tag{6.3.2}$$

计算条件概率可选择两种方法之一：

(1) 在缩小后的样本空间 Ω_A 中计算 B 发生的概率 $P(B|A)$；

(2) 在原样本空间 Ω 中，先计算 $P(AB),P(A)$，再按公式 $P(B|A)=\dfrac{P(AB)}{P(A)}$ 计算，求得 $P(B|A)$.

例 6.3.1　设某种动物从出生起活到 20 岁以上的概率为 80%，活到 25 岁以上的概率为 40%. 如果现在有一个 20 岁的这种动物，问它能活到 25 岁以上的概率是多少？

解　设事件 $A=\{$能活到 20 岁以上$\}$；事件 $B=\{$能活到 25 岁以上$\}$. 按题意，$P(A)=0.8$，由于 $B\subset A$，因此 $P(AB)=P(B)=0.4$. 由条件概率定义

$$P(B|A)=\frac{P(AB)}{P(A)}=\frac{0.4}{0.8}=0.5.$$

例 6.3.2　有 6 只外观相同的三极管，按电流放大系数分类，4 只属于甲类，2 只属于乙类. 不放回式地抽取三极管两次，每次只抽一只. 求在第一次抽到甲类三极管的条件下，第二次又抽到甲类三极管的概率.

解　设事件 $A_i=\{$第 i 次抽到甲类三极管$\}$，$i=1,2$. 则

$$A_1A_2=\{\text{两次抽到甲类三极管}\}.$$

可知 $P(A_1A_2)=\dfrac{12}{30}=\dfrac{2}{5}$，再由 $P(A_1)=\dfrac{4}{6}=\dfrac{2}{3}$. 从而可得

$$P(A_2|A_1)=\frac{P(A_1A_2)}{P(A_1)}=\frac{2/5}{2/3}=\frac{3}{5}.$$

另外，也可以按条件概率的含义直接计算 $P(A_2|A_1)$. 因为在 A_1 已经发生的情况下，即 6 只三极管中有一个甲类三极管已被抽去后，第二次再抽时就只能从剩下的 5 只(其中 3 只属于甲类，2 只属于乙类)中再抽一只三极管. 这时，抽到甲类三极管的概率是 $\dfrac{3}{5}$，这与用条件概率定义计算的结果完全相同.

6.3.2　概率的乘法定理

根据条件概率的定义 6.3.1，可得下列概率的乘法定理：

定理 6.3.1　设 A 和 B 是任意两个事件，则

$$P(AB)=P(A)P(B|A)=P(B)P(A|B). \tag{6.3.3}$$

这一定理可以推广到有限多个随机事件的情形，即有

$$P(A_1A_2\cdots A_n)=P(A_1)P(A_2|A_1)P(A_3|A_1A_2)\cdots P(A_{n-1}|A_1A_2\cdots A_{n-2})P(A_n|A_1A_2\cdots A_{n-1})$$

例 6.3.3 在一批由90件正品，3件次品组成的产品中，不放回式地连续抽取两件产品，问第一件取正品，第二件取次品的概率.

解 设事件 $A=\{$第一件取正品$\}$；事件 $B=\{$第二件取次品$\}$. 按题意，$P(A)=\dfrac{90}{93}$，$P(B|A)=\dfrac{3}{92}$. 由概率的乘法定理，可得

$$P(AB)=P(A)P(B|A)=\frac{90}{93}\times\frac{3}{92}=0.0315.$$

例 6.3.4 一批零件共 100 个，次品率为10%，每次从中任抽取一个零件，取出的零件不再放回去，求第三次才取得合格品的概率.

解 设事件 $A_i=\{$第 i 次取得合格品$\}$，$i=1,2,3$. 依题意，即指第一次取得次品，第二次也取得次品，第三次取得合格品，也就是事件 $\overline{A_1}\,\overline{A_2}A_3$. 易知

$$P(\overline{A_1})=\frac{10}{100},\quad P(\overline{A_2}\,|\,\overline{A_1})=\frac{9}{99},\quad P(A_3\,|\,\overline{A_1}\,\overline{A_2})=\frac{90}{98}.$$

于是，由概率的乘法定理，可知

$$\begin{aligned}P(\overline{A_1}\,\overline{A_2}A_3)&=P(\overline{A_1})P(\overline{A_2}\,|\,\overline{A_1})P(A_3\,|\,\overline{A_1}\,\overline{A_2})\\&=\frac{10}{100}\times\frac{9}{99}\times\frac{90}{98}\approx 0.0083\end{aligned}$$

因此，第三次取得合格品的概率约为0.0083.

6.3.3 全概率公式

为了介绍全概率公式，在此先引入样本空间划分的概念.

定义 6.3.2 设 Ω 是随机试验 E 的样本空间，$B_1,B_2,\cdots,B_n$ 是一组事件，若 $B_1,B_2,\cdots,B_n$ 两两互斥，且 $B_1\cup B_2\cup\cdots\cup B_n=\Omega$，则称 $B_1,B_2,\cdots,B_n$ 是样本空间 Ω 的一个划分.

设对给定的样本空间 Ω，存在划分 $B_1,B_2,\cdots,B_n$，则样本空间中的事件 A 可表示为

$$A=A\Omega=A\left(\bigcup_{i=1}^{n}B_i\right)=\bigcup_{i=1}^{n}AB_i. \tag{6.3.4}$$

定理 6.3.2 设 Ω 是随机试验 E 的样本空间，$B_1,B_2,\cdots,B_n$ 是样本空间 Ω 的一个划分，A 是一个事件，则

$$P(A)=\sum_{i=1}^{n}P(B_i)P(A|B_i). \tag{6.3.5}$$

通常，将式(6.3.5)称为**全概率公式**.

证 因为 $B_1,B_2,\cdots,B_n$ 是样本空间 Ω 的一个划分，所以 $B_1\cup B_2\cup\cdots\cup B_n=\Omega$，$B_iB_j=\Phi$，$i\neq j$，$i,j=1,2,\cdots,n$. 于是，有

$$A=A(B_1\cup B_2\cup\cdots\cup B_n)=(AB_1)\cup(AB_2)\cup\cdots\cup(AB_n).$$

并且 $(AB_i)(AB_j)=A(B_iB_j)=\Phi$，$i\neq j$，$i,j=1,2,\cdots,n$. 于是，$AB_1,AB_2,\cdots,AB_n$ 两两互斥. 从而，$P(A)=\sum\limits_{i=1}^{n}P(AB_i)$. 再由概率的乘法定理，可知

$$P(AB_i)=P(B_i)P(A|B_i),\quad i=1,2,\cdots,n.$$

将此式代入 $P(A)=\sum_{i=1}^{n}P(AB_i)$，整理即可得全概率公式(6.3.5).

全概率公式表明：事件 A 的概率 $P(A)$，可以用事件 A 在各个条件事件 B_i 下的条件概率 $P(A|B_i)$ 及各个条件事件出现的概率 $P(B_i)$ 来表示. 在许多实际问题中，$P(A)$ 不易直接求得，但能比较容易地找到样本空间 Ω 的一个划分 $B_1, B_2, \cdots, B_n$，且 $P(B_i)$ 和 $P(A|B_i)$ 或为已知，或容易求得. 那么，可根据全概率公式求出 $P(A)$.

例 6.3.5　七人轮流抓阄，抓一张参观票，问第二人抓到的概率？

解　设 $A_i=\{第 i 人抓到参观票\}(i=1,2)$，于是

$$P(A_1)=\frac{1}{7},\ P(\overline{A_1})=\frac{6}{7},\ P(A_2|A_1)=0,\ P(A_2|\overline{A_1})=\frac{1}{6}.$$

由全概率公式，$P(A_2)=P(A_1)P(A_2|A_1)+P(\overline{A_1})P(A_2|\overline{A_1})=0+\frac{6}{7}\times\frac{1}{6}=\frac{1}{7}$.

从这道题，我们可以看到，第一个人和第二个人抓到参观票的概率一样；事实上，每个人抓到的概率都一样. 这就是**“抓阄不分先后原理”**.

例 6.3.6　设某仓库有一批产品，已知其中 50%、30%、20%依次是甲、乙、丙三个工厂生产的，且甲、乙、丙三个工厂生产的次品率分别为 $\frac{1}{10},\frac{1}{15},\frac{1}{20}$. 现从这批产品中任取一件，求取得正品的概率.

解　以 A_1, A_2, A_3 事件分别表示“取得的这箱产品是甲、乙、丙厂生产”；以 B 表示事件“取得的产品为正品”，于是有

$$P(A_1)=\frac{5}{10},\ P(A_2)=\frac{3}{10},\ P(A_3)=\frac{2}{10},\ P(B|A_1)=\frac{9}{10},\ P(B|A_2)=\frac{14}{15},\ P(B|A_3)=\frac{19}{20};$$

根据全概率公式，则有

$$\begin{aligned}P(B)&=P(B|A_1)P(A_1)+P(B|A_2)P(A_2)+P(B|A_3)P(A_3)\\&=\frac{9}{10}\times\frac{5}{10}+\frac{14}{15}\times\frac{3}{10}+\frac{19}{20}\times\frac{2}{10}=0.92.\end{aligned}$$

6.3.4　贝叶斯公式

定理 6.3.3　设 $B_1, B_2, \cdots, B_n$ 为样本空间 Ω 的一个划分，且 $P(B_i>0)$，$i=1,2,\cdots,n$. 事件 A 是样本空间 Ω 中的任意一个随机事件. 若 $P(A)>0$，则有

$$P(B_i|A)=\frac{P(B_iA)}{P(A)}=\frac{P(B_i)\cdot P(A|B_i)}{P(B_1)P(A|B_1)+\cdots+P(B_n)P(A|B_n)},\ i=1,2,\cdots,n. \tag{6.3.6}$$

这个公式被称为**贝叶斯公式**，也称为**后验公式**，它是概率论中的一个著名公式.

证　由全概率公式及概率的乘法公式，有

$$\begin{aligned}P(B_i|A)&=\frac{P(B_iA)}{P(A)}=\frac{P(A|B_i)\cdot P(B_i)}{P(A)}\\&=\frac{P(B_i)\cdot P(A|B_i)}{\sum_{j=1}^{n}P(B_j)\cdot P(A|B_j)},\quad i=1,2,\cdots,n.\end{aligned}$$

在全概率公式和贝叶斯公式中，往往把事件 A 理解为“结果”，把样本空间 Ω 的划分 $B_1,B_2,\cdots,B_n$ 理解为“原因”.

从形式上看，贝叶斯公式把一个简单的条件概率 $P(B_i \mid A)$ 表示成了很复杂的形式，但在许多实际问题中，公式右端的 $P(B_i)$ 和 $P(A \mid B_i)$ 或为已知，或容易求得. 因此，公式(6.3.6)提供了计算事件条件概率的一个有效途径.

例 6.3.7 一批同型号的螺钉由编号为甲、乙、丙的三台机器共同生产，各台机器生产的螺钉占这批螺钉的比例分别为$35\%,40\%,25\%$. 各台机器生产的螺钉的次品率分别为$3\%,2\%,1\%$. 现从这批螺钉中抽到一颗次品，试问这颗螺钉由甲、乙、丙三台机器生产的概率各为多少?

解 设 $A=\{$螺钉是次品$\}$，$B_1=\{$螺钉由甲机器生产$\}$，$B_2=\{$螺钉由乙机器生产$\}$，$B_3=\{$螺钉由丙机器生产$\}$. 则

$$P(B_1)=0.35, \quad P(B_2)=0.40, \quad P(B_3)=0.25$$

$$P(A \mid B_1)=0.03, \quad P(A \mid B_2)=0.02, \quad P(A \mid B_3)=0.01.$$

根据贝叶斯公式，可得

$$P(B_1 \mid A)=\frac{P(B_1)P(A \mid B_1)}{P(B_1)P(A \mid B_1)+P(B_2)P(A \mid B_2)+P(B_3)P(A \mid B_3)}=\frac{1}{2},$$

同理，可得 $P(B_2 \mid A)=\dfrac{8}{21}$，$P(B_3 \mid A)=\dfrac{5}{42}$.

由于随机现象中原因与结果不是一一对应的，实际应用中人们往往感兴趣的是条件概率的反问题，即要在知道“结果”发生的条件下，推断“原因”发生的可能性大小. 在本例中，即要计算 $P(B_1 \mid A)$，$P(B_2 \mid A)$，$P(B_3 \mid A)$. 由于“结果”发生在随机试验之后，人们称这一类型的概率为“**后验概率**”，并通过后验概率来作为先验概率的修正. 这一思想所产生的统计判决原理在工程技术、经济分析、投资决策、药物的临床检验诸方面都有极大的实用价值. 所谓的贝叶斯公式就是用来计算后验概率的公式.

6.4 随机事件的独立性

设 A 和 B 是两个随机事件，若 $P(B)>0$，则条件概率 $P(A \mid B)$ 表示在事件 B 发生的条件下，事件 A 发生的概率. 而 $P(A)$ 表示不管事件 B 发生与否事件 A 发生的概率.

若 $P(A \mid B)=P(A)$，则表明事件 B 的发生并不影响事件 A 发生的概率，这时称事件 A 与事件 B 相互独立，并且有 $P(AB)=P(A)P(B)$. 以下用这个公式来刻画事件的独立性.

定义 6.4.1 设 A 和 B 是两个事件，如果满足

$$P(AB)=P(A)P(B) \tag{6.4.1}$$

成立，则称事件 A 与 B 相互独立.

事件的独立性是一种相互的性质. 在实际应用中，两个事件是否相互独立，通常不是根据上述定义式来判断的，而是根据这两个事件的发生是否相互影响来进行判断.

相互独立的事件具有如下性质.

定理 6.4.1 若事件 A 与 B 相互独立，则 A 与 $\overline{B}$，$\overline{A}$ 与 B，$\overline{A}$ 与 $\overline{B}$ 也相互独立.

证　这里仅给出 A 与 $\overline{B}$ 也相互独立的证明. 其他请读者自己完成.

由于 $A=(AB)\cup(A-B)$，且 AB 与 $(A-B)$ 互斥. 于是，有

$P(A)=P(AB)+P(A-B)$，再由 $P(AB)=P(A)P(B)$，可得

$$\begin{aligned}P(A\overline{B})&=P(A-B)=P(A)-P(AB)\\&=P(A)-P(A)P(B)\\&=P(A)[1-P(B)]\\&=P(A)P(\overline{B}).\end{aligned}$$

所以，A 与 $\overline{B}$ 相互独立.

例 6.4.1　两门高射炮彼此独立地射击一架敌机，设甲炮击中敌机的概率为 0.9，乙炮击中敌机的概率为 0.8，求敌机被击中的概率为多大？

解　设 $A=$\{甲炮击中敌机\}，$B=$\{乙炮击中敌机\}，那么，\{敌机被击中\}$=A\cup B$；因为 A 与 B 相互独立，所以，有

$$\begin{aligned}P(A\cup B)&=P(A)+P(B)-P(AB)=P(A)+P(B)-P(A)P(B)\\&=0.9+0.8-0.9\times0.8=0.98.\end{aligned}$$

定义 6.4.2　设 A,B,C 是任意三个事件，若满足以下三个条件:

(1) $P(AB)=P(A)P(B)$；

(2) $P(AC)=P(A)P(C)$；　　(6.4.2)

(3) $P(BC)=P(B)P(C)$.

则称这三个事件 A,B,C 是**两两独立**的.

定义 6.4.3　设 A,B,C 是任意三个事件，若满足以下四个条件:

(1) $P(AB)=P(A)P(B)$；

(2) $P(AC)=P(A)P(C)$；

(3) $P(BC)=P(B)P(C)$；　　(6.4.3)

(4) $P(ABC)=P(A)P(B)P(C)$.

则称 A,B,C 三个事件是**相互独立**的.

由上可知：三个事件相互独立一定是两两独立的，但两两独立未必是相互独立.

关于事件相互独立性的概念和性质，可以推广到更多个事件的情形，请读者自己思考.

例 6.4.2　某一产品的生产分 4 道工序完成，第一、二、三、四道工序生产的次品率分别为 2%,3%,5%,3%，各道工序独立完成，求该产品的次品率？

解　设 $A=$\{该产品是次品\}，$A_i=$\{第 i 道工序生产出次品\}，$i=1,2,\cdots,n$，则

$$\begin{aligned}P(A)&=1-P(\overline{A})=1-P(\overline{A_1A_2A_3A_4})\\&=1-P(\overline{A_1})P(\overline{A_2})P(\overline{A_3})P(\overline{A_4})\\&=1-(1-0.02)(1-0.03)(1-0.05)(1-0.03)=0.124.\end{aligned}$$

因此，该产品的次品率是 0.124.

例 6.4.3　验收 100 件产品的方案如下：从中任取 3 件独立进行测试，如果至少有一件被断定为次品，则拒绝接受这批产品. 设一件次品经过测试后被断定为次品的概率为 0.95，一件正品经过测试后被断定为正品的概率为 0.99，并已知这 100 件产品中恰好有 4 件次品. 求这批产品能被接受的概率.

解 设 $A=${该批产品被接受}，$B_i=${取出的 3 件产品中恰有 i 件是次品}，$i=0,1,2,3$. 则

$$P(B_0)=\frac{C_{96}^3}{C_{100}^3},\quad P(B_1)=\frac{C_4^1C_{96}^2}{C_{100}^3},\quad P(B_2)=\frac{C_4^2C_{96}^1}{C_{100}^3},\quad P(B_3)=\frac{C_4^3}{C_{100}^3}.$$

假设三次测试是相互独立的，于是

$$P(A|B_0)=0.99^3,\quad P(A|B_1)=0.99^2(1-0.95),$$
$$P(A|B_2)=0.99(1-0.95)^2,\quad P(A|B_3)=(1-0.95)^3,$$

由全概率公式，得 $P(A)=\sum_{i=0}^{3}P(B_i)P(A|B_i)\approx 0.8629$.

习 题 6

1. 任意掷一颗均匀的骰子，观察出现的点数. 设事件 A 表示“出现偶数点”，事件 B 表示“出现的点数能被 3 整除”.

(1) 写出试验的样本点及样本空间;

(2) 把事件 A 及事件 B 分别表示为样本点的集合;

(3) 下列事件：$\overline{A}$，$\overline{B}$，$A\cup B$，AB，$\overline{A\cup B}$ 分别表示什么事件？并把它们表示为样本点的集合.

2. 写出下列随机试验的样本点及样本空间.

(1) 掷一颗均匀的骰子两次，观察前后两次出现的点数之和.

(2) 某篮球运动员投篮时，连续 5 次都命中，观察其投篮次数;

(3) 观察某地区一天内的最高气温和最低气温(假设最低气温不低于 T_1，最高气温不高于 T_2).

3. 用作图法说明下列命题成立:

(1) $A\cup B=(A-AB)\cup B$;

(2) $A\cup B=(A-B)\cup(B-A)\cup(AB)$.

4. 按从小到大次序排列 $P(A)$，$P(A\cup B)$，$P(AB)$，$P(A)+P(B)$，并说明理由.

5. 设 A 和 B 是两个事件，$P(A)=0.6$，$P(B)=0.8$. 试问:

(1) 在什么条件下，$P(AB)$ 取得最大值，最大值是多少?

(2) 在什么条件下，$P(AB)$ 取得最小值，最小值是多少?

6. 设 $P(A)=0.2$，$P(B)=0.3$，$P(C)=0.5$，$P(AB)=0$，$P(AC)=0.1$，$P(BC)=0.2$，求事件 A,B,C 中至少有一个发生的概率.

7. 计算下列各题:

(1) 设 $P(A)=0.8$，$P(A-B)=0.4$，求 $P(\overline{AB})$;

(2) 设 $P(AB)=P(\overline{A}\overline{B})$，$P(A)=0.3$，求 $P(B)$.

8. 电话号码由 7 个数字组成，每个数字可以是 0,1,2,…,9 中的任意一个数字(但第一个数字不能为 0)，求电话号码是由完全不相同的数字组成的概率.

9. 把 10 本书任意地放在书架上，求其中指定的 3 本书放在一起的概率.

10. 将 3 个球随机地投入 4 个盒子中，求下列事件的概率：

(1) A——任意 3 个盒子中各有 1 个球；

(2) B——任意 1 个盒子中有 3 个球；

(3) C——任意 1 个盒子中有 2 个球，其他任意 1 个盒子中有 1 个球.

11. 一批产品共 20 件，其中一等品 9 件，二等品 7 件，三等品 4 件. 从这批产品中任取 3 件，求：

(1) 取出的 3 件产品中恰有 2 件等级相同的概率；

(2) 取出的 3 件产品中至少有 2 件等级相同的概率.

12. 一批产品共 20 件，其中有 5 件是次品，其余为正品. 现从这 20 件产品中不放回式地任意抽取三件，每次只取一件，求下列事件的概率:

(1) 在第一、第二次取到正品的条件下，第三次取到次品；

(2) 第三次才取到次品；

(3) 第三次取到次品.

13. 为了安全生产，在矿井里设有两种报警系统，每种系统单独使用时，系统 A 有效的概率为 0.92，系统 B 有效的概率为 0.93，并知在 A 失灵的条件下，B 有效的概率为 0.85. 当发生意外事故时，问下列事件的概率是多少？

(1) A，B 都失灵；

(2) A，B 中至少一个失灵；

(3) A，B 都有效；

(4) A，B 中至少一个有效；

(5) A，B 中一个失灵，一个有效；

(6) B 失灵的条件下，A 有效.

14. 在一个盒子中装有 15 个乒乓球，其中有 9 个新球. 在第一次比赛时，任意取出 3 个球，比赛后仍放回原盒中；在第二次比赛时，同样任意取出 3 个球，求第二次取出的 3 个球均为新球的概率.

15. 两台车床加工同样的零件，第一台出现废品的概率是 0.03，第二台出现废品的概率是 0.02. 加工出来的零件放在一起，并且已知第一台加工的零件比第二台加工的零件多一倍，求任意取出的零件是合格品的概率.

16. 甲、乙、丙三人同时向一飞机射击，击中的概率分别是 0.4,0.5,0.6. 如果只有一人击中，则飞机被击落的概率是 0.2，如果有两人击中，则飞机被击落的概率是 0.6，如果有三人击中，则飞机一定被击落. 求飞机被击落的概率.

17. 某工厂生产过程中出现次品的概率是 0.05. 每 100 个产品为一批，检查产品质量时，在每批中任取一半来检查，如果发现次品不多于一个，则这批产品可以认为是合格的. 求一批产品被认为是合格的概率.

18. 某工厂有三部制造螺丝钉的机器 A,B,C，它们的产品分别占全部产品的 25%，35%，40%，并且它们的废品率分别是 5%，4%，2%. 今从全部产品中任取一个，并发现它是废品. 问它是 A,B,C 制造的概率分别是多少?

19. 仓库中有 10 箱同一规格的产品，其中，2 箱由甲厂生产，3 箱由乙厂生产，5 箱由丙厂生产，三厂产品的合格率分别为 85%，80%和 90%.

(1) 求这批产品的合格率；

(2) 从这 10 箱中任取一箱，再从该箱中任取一件，若此件产品为合格品，问此件产品由甲、乙、丙三厂生产的概率分别是多少?

第 7 章　随机变量及其分布

在本章中，将用实数来表示随机试验的各种结果，即引入随机变量的概念，并讨论随机变量的概率分布问题. 随机变量及其分布是概率论中承上启下的重要概念. 随机变量及其分布的引入，既可以把随机试验的结果进行数量化的描述，又可以用微积分这一数学工具全面而深刻地揭示随机现象的内在规律性，从而把随机事件及其概率的研究引向深入.

7.1　随机变量及其分布函数

7.1.1　随机变量的概念

从上一章中，可以看出，随机试验的结果有的具有数量性质. 例如，电话总机在时间区间$[0,T]$内收到呼叫次数是 0 次、1 次、2 次，等等. 有的不具有数量性质，如加工一件产品是合格品或不合格品.

对于具有数量性质的随机试验的结果，可建立数值与结果的直接对应关系. 例如，电话总机接到的呼叫次数，用“0”表示接到 0 次呼叫；用“1”表示接到 1 次呼叫……. 这样，就得到了数值与结果的直接对应关系，有了这种对应关系以后，便可以用数值来表示试验结果.

对于非数量性质的随机试验结果，可以根据情况指定数值来表示. 例如，加工一件产品，设只有合格品与不合格品两种结果，可用数“1”表示合格品，用“0”表示不合格品. 这样非数量性质的试验结果就数量化了. 因此，同样可用数值来表示这种试验结果.

总之，无论是数量性质的还是非数量性质的试验，都可用数值来表示其试验结果. 因此，无论什么随机试验，都可用一个变量的不同取值来描述它的全部可能结果. 下面给出随机变量的定义.

定义 7.1.1　设随机试验的样本空间为$\Omega=\{\omega\}$. $X=X(\omega)$是定义在样本空间Ω上的实值单值函数，称$X=X(\omega)$为随机变量. 简记为X.

通常用大写字母$X,Y,Z,\cdots$表示随机变量，用小写字母$x,y,z,\cdots$表示随机变量可能的取值.

例 7.1.1　将一枚硬币抛掷三次，观察出现正面和反面的情况，样本空间是

$$\Omega=\{HHH,HHT,HTH,THH,HTT,THT,TTH,TTT\}$$

以X记三次抛掷得到正面H的总数，那么，对于样本空间Ω中的每一个样本点ω，X都有一个数与之对应. X是定义在样本空间Ω上的一个实值单值函数. 它的定义域是样本空间Ω，值域是实数集合$\{0,1,2,3\}$. 使用函数记号可将X写成

$$X=X(\omega)=\begin{cases}3, \omega=HHH\\2, \omega=HHT,HTH,THH\\1, \omega=HTT,THT,TTH\\0, \omega=TTT\end{cases}.$$

随机变量的取值随试验的结果而定，而试验的各个结果的出现有一定的概率，因而随机变量的取值有一定的概率. 例如，在例 7.1.1 中 X 取值为 2，记为 $\{X=2\}$，对应于样本点的集合 $A=\{HHT,HTH,THH\}$，这是一个事件，当且仅当事件 A 发生时，有 $\{X=2\}$. 称概率 $P(A)=P\{HHT,HTH,THH\}$ 为 $\{X=2\}$ 的概率，即 $P\{X=2\}=P(A)=\frac{3}{8}$. 以后，还将事件 $A=\{HHT,HTH,THH\}$ 说成是事件 $\{X=2\}$.

类似地有

$$P\{X\leqslant 1\}=P\{HTT,THT,TTH,TTT\}=\frac{1}{2}.$$

一般，若 L 是一个实数集合，将 X 在 L 上取值写成 $\{X\in L\}$. 它表示事件 $B=\{\omega \mid X(\omega)\in L\}$，即 B 是由 Ω 中使得 $X(\omega)\in L$ 的所有样本点 ω 所组成的事件，此时有

$$P\{\ X\in L\ \}=P(B)=P\{\ \omega \mid X(\omega)\in L\ \}.$$

随机变量的取值随试验的结果而定，在试验之前不能预知它取什么值，且它的取值有一定的概率. 这些性质显示了随机变量与普通函数有着本质的差异.

随机变量的引入，使人们能用随机变量来描述各种随机现象，并能利用数学分析的方法对随机试验的结果进行深入广泛的研究和讨论.

随机变量分为离散型和非离散型两大类. 离散型随机变量是指其所有可能取值为有限或可列无限多个的随机变量. 非离散型随机变量是对除离散型随机变量外的所有随机变量的总称，而其中最重要且在实际中常遇到的是所谓连续型随机变量.

7.1.2 随机变量的分布函数

为了研究随机变量的理论分布，引入随机变量的分布函数的概念.

定义 7.1.2　设 x 是任意实数，考虑随机变量 X 取得的值不大于 x 的概率，即事件 $X\leqslant x$ 的概率；显然，它是 x 的函数，记作

$$F(x)=P\{X\leqslant x\} \tag{7.1.1}$$

这个函数叫作随机变量 X 的概率分布函数或分布函数.

如果已知随机变量 X 的分布函数 $F(x)$，则不难计算随机变量 X 落在半开区间 $(x_1,x_2]$ 内的概率：

$$P\{\ x_1<X\le x_2\ \}=P\{\ X\le x_2\ \}-P\{\ X\le x_1\ \}=F(x_2)-F(x_1) \tag{7.1.2}$$

这表明随机变量 X 落在区间 $(x_1,x_2]$ 内的概率等于分布函数 $F(x)$ 在该区间上的增量.

分布函数是一个普通的函数，正是通过它，使人们能够用数学分析的方法来研究随机变量. 若把随机变量 X 看作是数轴上随机点的坐标，则分布函数 $F(x)$ 表示 X 落在区间 $(-\infty,x]$ 里的概率.

分布函数具有下列性质.

性质 7.1.1　对于任意实数 x，有 $0\leqslant F(x)\leqslant 1$.

由式(7.1.1)及概率的性质知，此性质显然成立.

性质 7.1.2　对任意两个实数 x_1，x_2 $(x_1<x_2)$ 有 $F(x_1)\leqslant F(x_2)$.

事实上，从式(7.1.2)可知：$F(x_2)-F(x_1)\geqslant 0$，故 $F(x_1)\leqslant F(x_2)$，这个性质是指 $F(x)$

是一个单调不减的函数.

性质 7.1.3　如果随机变量 X 的一切可能值都位于区间 $[a,b]$ 内，则当 $x<a$ 时，事件 $\{X\leqslant x\}$ 是不可能事件，所以有

$$F(x)=0,\quad x<a$$

而当 $x\geqslant b$ 时，事件 $\{X\leqslant x\}$ 是必然事件，所以有

$$F(x)=1,\quad x\geqslant b$$

一般情况下，当随机变量 X 可以取得任何实数值时，有

$$F(-\infty)=\lim_{x\to-\infty}F(x)=0$$

及

$$F(+\infty)=\lim_{x\to+\infty}F(x)=1.$$

性质 7.1.4　$F(x+0)=\lim\limits_{t\to x^+}F(t)=F(x)$，即 $F(x)$ 是右连续的函数.

以上性质表明随机变量 X 的分布函数 $F(x)$ 是实数集上的非降、有界和右连续的函数. 同时可以证明满足以上 4 条性质的函数，必定是某个随机变量的分布函数.

例 7.1.2　已知随机变量 X 的分布函数为

$$F(x)=\begin{cases}0, & x<0\\ Ax, & 0\leqslant x\leqslant 3\\ 1, & 3<x\end{cases},$$

求：(1) 常数 A；

(2) 概率 $P\{X\leqslant -1\}$；$P\{1<X\leqslant 2\}$；$P\{X=1.8\}$；$P\{X>2.5\}$；$P\{X<1\}$.

解　(1) 由分布函数的右连续性，有

$$\lim_{x\to 3^+}F(x)=1=F(3)=3A,$$

故

$$A=\frac{1}{3},$$

即

$$F(x)=\begin{cases}0, & x<0\\ \dfrac{1}{3}x, & 0\leqslant x\leqslant 3\\ 1, & 3<x\end{cases},$$

(2) 由式(7.1.1)和式(7.1.2)可得

$$P\{X\leqslant -1\}=F(-1)=0$$

$$P\{1<X\leqslant 2\}=F(2)-F(1)=\frac{1}{3}\times 2-\frac{1}{3}\times 1=\frac{1}{3}$$

$$P\{X=1.8\}=0$$

$$P\{X>2.5\}=1-P\{X\leqslant 2.5\}=1-F(2.5)=\frac{1}{6}$$

$$P\{X<1\}=P\{X\leqslant 1\}-P\{X=1\}=F(1)-0=\frac{1}{3}$$

7.2 离散型随机变量

有些随机变量的全部可能取值是有限多个，例如，掷骰子出现的点数、电话交换台接到的呼唤次数，等等，在本节中，介绍这类随机变量及其概率分布.

7.2.1 离散型随机变量及其概率分布

离散型随机变量仅可能取得有限个或可数无穷多个数值，即这样的数的集合，其中所有的数可按一定的顺序排列，从而可以表示为数列 $x_1, x_2, \cdots, x_n, \cdots$，而取得这些值的概率分别为 $p(x_1), p(x_2), \cdots, p(x_n), \cdots$.

通常把函数

$$p(x_i) = P\{X = x_i\}，\ i = 1, 2, \cdots, n, \cdots$$

称为离散型随机变量 X 的**概率分布**或**分布律**.

概率函数 $p(x_i)$ 具有下列性质：

性质 7.2.1 $p(x_i) \geqslant 0$，$i = 1, 2, \cdots, n, \cdots$；

性质 7.2.2 $\sum\limits_{i=1}^{\infty} p(x_i) = 1$.

因为 $\{X = x_1\} \cup \{X = x_2\} \cup \cdots$ 是必然事件，且 $\{X = x_i\} \cap \{X = x_j\} = \varnothing$，$i \neq j$，故 $P\left[\bigcup\limits_{i=1}^{\infty}\{X = x_i\}\right] = \sum\limits_{i=1}^{\infty} P\{X = x_i\} = 1$，即 $\sum\limits_{i=1}^{\infty} p(x_i) = 1$.

分布律也可以用表 7.2.1 的形式来表示.

表 7.2.1

X	x_1	x_2	…	x_n	…
$p(x_i)$	$p(x_1)$	$p(x_2)$	…	$p(x_n)$	…

通过分布律可以看出随机变量 X 取各个值的概率的规律：X 取各个值各占一些概率，这些概率合起来是 1. 可以想象成，概率 1 以一定的规律分布在各个可能值上.

知道了离散型随机变量的分布律，也就不难计算随机变量落在某一区间内的概率或随机变量不大于某一实数的概率等.

7.2.2 离散型随机变量的分布函数

设离散型随机变量 X 的分布函数为 $F(x)$. 则当 X 有分布律

$$p(x_i) = P\{X = x_i\}，\ i = 1, 2, \cdots, n, \cdots$$

时，得

$$F(x) = P\{X \leqslant x\} = \sum_{x_i \leqslant x} P\{X = x_i\} = \sum_{x_i \leqslant x} p(x_i)$$

由此可见，当 x 在离散型随机变量 X 的两个相邻的可能值之间变化时，分布函数 $F(x)$ 的值保持不变；当 x 增大时，每经过 X 的任一可能值 x_i，$F(x)$ 的值总是跳跃式地增

加，其跃度就等于

$$P\{X=x_i\}=F(x_i)-F(x_i-0),$$

其中，$F(x_i-0)$ 表示分布函数 $F(x)$ 在点 x_i 处的左极限. 所以，离散型随机变量 X 的任一可能值 x_i 是其分布函数 $F(x)$ 的跳跃间断点，函数在该点仅是右连续. 因此，离散型随机变量的分布函数 $F(x)$ 的图形是由若干直线段组成的台阶形“曲线”.

例 7.2.1　随机变量 X 的分布律如表 7.2.2 所示.

表 7.2.2

X	-1	2	3
$p(x_i)$	$\frac{1}{4}$	$\frac{1}{2}$	$\frac{1}{4}$

求 X 的分布函数，并求 $P\left\{X\leqslant\frac{1}{2}\right\}$；$P\left\{\frac{3}{2}<X\leqslant\frac{5}{2}\right\}$；$P\{2\leqslant X\leqslant 3\}$.

解　X 仅在 $x=-1,2,3$ 三点处其概率不为零，而 $F(x)$ 的值是 $X\leqslant x$ 的累积概率值，由概率的有限可加性，知它即为小于或等于 x 的那些 x_i 处的概率 $p(x_i)$ 之和，有

$$F(x)=\begin{cases}0, & x<-1\\ P\{X=-1\}, & -1\leqslant x<2\\ P\{X=-1\}+P\{X=2\}, & 2\leqslant x<3\\ 1, & x\geqslant 3\end{cases}.$$

即

$$F(x)=\begin{cases}0, & x<-1\\ \frac{1}{4}, & -1\leqslant x<2\\ \frac{3}{4}, & 2\leqslant x<3\\ 1, & x\geqslant 3\end{cases}.$$

$F(x)$ 的图形是一条阶梯形的曲线，在 $x=-1,2,3$ 处有跳跃点，跳跃值分别为 $\frac{1}{4},\frac{1}{2},\frac{1}{4}$.

又

$$P\left\{X\leqslant\frac{1}{2}\right\}=F\left(\frac{1}{2}\right)=\frac{1}{4};$$

$$P\left\{\frac{3}{2}<X\leqslant\frac{5}{2}\right\}=F\left(\frac{5}{2}\right)-F\left(\frac{3}{2}\right)=\frac{3}{4}-\frac{1}{4}=\frac{1}{2};$$

$$P\{2\leqslant X\leqslant 3\}=F(3)-F(2)+P\{X=2\}=1-\frac{3}{4}+\frac{1}{2}=\frac{3}{4}.$$

7.2.3 几种重要的离散型随机变量的概率分布

1. (0-1)分布 $B(1,p)$

设随机变量 X 只可能取 0 与 1 两个值，它的分布律是

$$P\{X=x\}=p^x(1-p)^{1-x}\text{，}\quad x=0,1\ (0\leqslant p\leqslant 1)\text{，}$$

则称 X 服从(0-1)分布或两点分布.

(0-1)分布的分布律也可以写成如表 7.2.3 所示.

表 7.2.3

X	0	1
$p(x_i)$	$1-p$	p

凡是只有两个结果的试验，如产品合格与否、试验成功与否、某个事件发生与否等，均可用(0-1)分布来描述.

2. **二项分布** $B(n,p)$

设试验 E 只有两个可能结果：A 及 $\overline{A}$，则称 E 为伯努利试验. 设 $P(A)=p$ $(0\leqslant p\leqslant 1)$，此时，$P(\overline{A})=1-p$. 将 E 独立地重复进行 n 次，则称这一串重复的独立试验为 **n 重伯努利试验**.

这里，“重复”是指在每次试验中 $P(A)=p$ 保持不变；“独立”是指各次试验的结果互不影响，即若以 C_i 记第 i 次试验的结果，C_i 为 A 或 $\overline{A}$，$i=1,2,\cdots,n,\cdots$ “独立”是指

$$P\{C_1C_2\cdots C_n\}=P(C_1)P(C_2)\cdots P(C_n)\text{.}$$

设在每次试验中，随机事件 A 发生的概率 $P(A)=p\ (0\leqslant p\leqslant 1)$，则在 n 次重复独立试验中，事件 A 恰发生 x 次的概率为

$$P\{X=x\}=C_n^x p^x(1-p)^{n-x}\text{，}\quad x=0,1,2,\cdots,n\text{，}$$

称随机变量 X 服从参数为 n,p 的**二项分布**，记为 $X\sim B(n,p)$.

特别，当 $n=1$ 时二项分布化为

$$P\{X=x\}=p^x(1-p)^{1-x}\text{，}\quad x=0,1\text{，}$$

这就是(0-1)分布.

3. **超几何分布** $H(n,M,N)$

设随机变量 X 的可能值是 0, 1, 2, ⋯, n，而概率分布是

$$P\{X=x\}=\frac{C_M^x C_{N-M}^{n-x}}{C_N^n}\text{，}\quad x=0,1,2,\cdots,n\text{，}$$

其中，n,M,N 都是正整数，且 $n\leqslant N$，$M\leqslant N$. 上式中，当 $x>M$ 或 $n-x>N-M$ 时，显然有 $p(x)=0$. 这种分布叫作**超几何分布**.

超几何分布含有三个参数 n,M 及 N，通常把这种分布记作 $H(n,M,N)$.

如果随机变量 X 服从超几何分布 $H(n,M,N)$，则记为 $X\sim H(n,M,N)$. 把超几何分布的概率分布记作 $p(x;\ n,M,N)$.

定理 7.2.1　设随机变量 X 服从超几何分布 $H(n,M,N)$，则当 $N\to\infty$ 时，X 近似地服从二项分布 $B(n,p)$，即下面的近似等式成立：

$$\frac{C_M^x C_{N-M}^{n-x}}{C_N^n}\approx C_n^x p^x q^{n-x},$$

其中，$p=\dfrac{M}{N}$，$q=1-p=\dfrac{N-M}{N}$.

由此可见，当一批产品的总数 N 很大，而抽取样品的个数 n 远较 N 小(一般说来，$\dfrac{n}{N}\leqslant 10\%$)时，则不放回抽样(样品中的次品数服从超几何分布)与放回抽样(样品中的次品数服从二项分布)实际上没有多大差别.

4. 泊松分布 $P(\lambda)$

设随机变量 X 的可能值是一切非负整数，而概率分布是

$$p\{X=x\}=\frac{\lambda^x}{x!}\mathrm{e}^{-\lambda},\quad x=0,1,2,\cdots$$

其中，$\lambda>0$ 为常数. 这种分布叫作泊松分布.

泊松分布含有一个参数 λ，通常把这种分布记作 $P(\lambda)$.

如果随机变量 X 服从泊松分布 $P(\lambda)$，则记为 $X\sim P(\lambda)$. 把泊松分布的概率分布记作 $p(x;\lambda)$.

定理 7.2.2　设随机变量 X 服从二项分布 $B(n,p)$，则当 $n\to\infty$ 时，X 近似地服从泊松分布 $P(\lambda)$，即下面的近似等式成立：

$$C_n^x p^x q^{n-x}\approx\frac{\lambda^x}{x!}\mathrm{e}^{-\lambda},$$

其中，$\lambda=np$.

7.3　连续型随机变量

连续型随机变量在试验的结果中可以取得某一区间内的任何数值. 当描述连续型随机变量 X 的分布时，首先遇到的困难就是不能把 X 的一切可能值排列起来，因为这些值构成不可数的无穷集合. 设 x_0 是连续型随机变量 X 的任一可能值，与离散型随机变量的情形一样，事件 $X=x_0$ 是试验的基本事件.

但是，现在只能认为事件 $\{X=x_0\}$ 的概率等于零，虽然它决不是不可能事件. 例如，在测试灯泡的寿命时，可以认为寿命 X 的取值充满了区间 $[0,+\infty)$，事件 $X=x_0$ 表示灯泡的寿命正好是 x_0，但在实际中，测试数百万只灯泡的寿命，可能也不会有一只的寿命正好是 x_0. 也就是说，事件 $X=x_0$ 发生的频率在零附近波动，自然可认为 $P\{X=x_0\}=0$. 实际上，并不会对灯泡寿命 $X=x_0$ 的概率感兴趣，而是考虑寿命落在某个区间内的概率或寿命 X 大于某个数的概率.

7.3.1 连续型随机变量的分布函数

由于连续型随机变量不能以其取某个值的概率来表示，故转而讨论随机变量 X 的取值落在某一个区间里的概率，即取定 $x_1, x_2\ (x_1 < x_2)$，讨论 $P\{x_1 < X \leqslant x_2\}$.

因为

$$P\{x_1 < X \leqslant x_2\} = P\{X \leqslant x_2\} - P\{X \leqslant x_1\},$$

所以，对任一实数 x，只需知道 $P\{X \leqslant x\}$，就可以知道 X 的取值落在任一区间里的概率了. 为此，可以用 $P\{X \leqslant x\}$ 来讨论连续型随机变量 X 的概率分布情况.

因为连续型随机变量的分布函数：

$$F(x) = P\{X \leqslant x\},$$

则有

$$\begin{aligned} P\{x_1 < X \leqslant x_2\} &= P\{X \leqslant x_2\} - P\{X \leqslant x_1\} \\ &= F(x_2) - F(x_1) \end{aligned}$$

因此，若已知 X 的分布函数，就可知道 X 落在任一区间 $(x_1, x_2]$ 上的概率.

可以证明，连续型随机变量的分布函数 $F(x)$ 是连续函数. 它的图形 $y = F(x)$ 是位于直线 $y = 0$ 与 $y = 1$ 之间的单调上升的连续曲线，如图 7.3.1 所示.

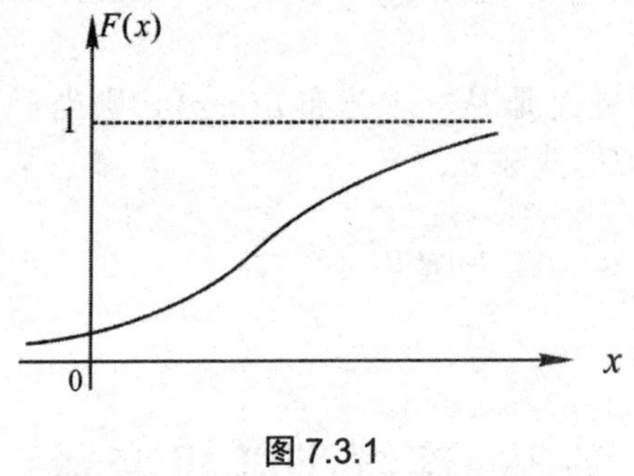

图 7.3.1

7.3.2 连续型随机变量的概率密度

研究连续型随机变量的分布时，除分布函数外，我们还经常用到概率密度的概念.

考虑连续型随机变量 X 落在区间 $(x, x+\Delta x]$ 内的概率：

$$P\{x < X \leqslant x + \Delta x\}$$

其中，x 是任意实数，$\Delta x > 0$ 是区间长度. 比值

$$\frac{P\{x < X \leqslant x + \Delta x\}}{\Delta x} \tag{7.3.1}$$

叫作随机变量 X 在该区间上的平均概率分布密度. 如果当 $\Delta x \to 0$ 时，比值(7.3.1)的极限存在，则该极限叫作随机变量 X 在点 x 处的概率分布密度或概率密度，记作

$$f(x) = \lim_{\Delta x \to 0} \frac{P\{x < X \leqslant x + \Delta x\}}{\Delta x} \tag{7.3.2}$$

连续型随机变量的分布函数 $F(x)$ 与概率密度 $f(x)$ 之间具有以下关系.

(1) 由式(7.3.2)并根据导数的定义，可知

$$f(x)=\lim_{\Delta x\to 0}\frac{F(x+\Delta x)-F(x)}{\Delta x}=F'(x) \tag{7.3.3}$$

所以，连续型随机变量的概率密度 $f(x)$ 是分布函数 $F(x)$ 的导函数；也就是说，分布函数 $F(x)$ 是概率密度 $f(x)$ 的一个原函数.

(2) 由分布函数的定义，并根据牛顿-莱布尼兹公式，可得

$$F(x)=P\{-\infty<X\leqslant x\}=\int_{-\infty}^{x}f(x)\mathrm{d}x \tag{7.3.4}$$

所以，连续型随机变量的分布函数 $F(x)$ 等于概率密度 $f(x)$ 在区间 $(-\infty,x]$ 上的反常积分.

由此可知，如果已知连续型随机变量的分布函数或概率密度中的任一个，则另一个可以按式(7.3.3)或式(7.3.4)求得.

概率密度具有下列性质.

性质 7.3.1　由定义可知，连续型随机变量 X 的概率密度是非负数 $P\{x<X\leqslant x+\Delta x\}$ 与正数 Δx 的比值的极限，所以概率密度 $f(x)$ 是非负函数，即

$$f(x)\geqslant 0$$

概率密度的图形 $y=f(x)$ 通常叫作**分布曲线**. 由此可见，分布曲线 $y=f(x)$ 位于 x 轴的上方.

性质 7.3.2　如果连续型随机变量 X 的一切可能值都位于某区间 $(a,b]$ 内，则因为 $F(a)=0$，$F(b)=1$，所以，按牛顿-莱布尼兹公式，有

$$\int_{a}^{b}f(x)\mathrm{d}x=1 \tag{7.3.5}$$

一般情况下，当随机变量 X 可以取得一切实数值时，注意到 $F(-\infty)=0$，$F(+\infty)=1$，有

$$\int_{-\infty}^{+\infty}f(x)\mathrm{d}x=F(+\infty)-F(-\infty)=1.$$

几何解释就是：介于分布曲线 $y=f(x)$ 与 x 轴之间的平面图形的面积等于 1.

性质 7.3.3　连续型随机变量 X 取任何定值的概率为零，即 $P\{X=x_0\}=0$. 事实上，

$$0\leqslant P\{X=x_0\}\leqslant P\{x_0\leqslant X<x_0+\Delta x\}=F(x_0+\Delta x)-F(x_0)$$

由于 $F(x)$ 为连续函数，故当 $\Delta x\to 0$ 时，$F(x_0+\Delta x)-F(x_0)\to 0$

$$0\leqslant P\{X=x_0\}\leqslant F(x_0)-F(x_0)=0$$

即

$$P\{X=x_0\}=0,$$

有

$$P\{x_1<X<x_2\}=P\{x_1\leqslant X\leqslant x_2\}=P\{x_1<X\leqslant x_2\}=P\{x_1\leqslant X<x_2\}$$

由此可见，当计算连续型随机变量落在某一区间内的概率时，可以不必区别该区间是开区间或闭区间或半开区间，因为，所有这些概率都是相等的. 上述还说明概率为零的事件不一定是不可能事件，换句话说，概率为 1 的事件不一定是必然事件.

性质 7.3.4　对任意实数 $x_1,x_2\ (x_1\leqslant x_2)$，有

$$P\{x_1<X\leqslant x_2\}=F(x_2)-F(x_1)=\int_{x_1}^{x_2}f(x)\mathrm{d}x$$

即连续型随机变量 X 落在任意区间 $(x_1,x_2]$ 内的概率等于其概率密度 $f(x)$ 在该区间上的定积分.

根据定积分的几何意义可知，概率 $P\{x_1 < X \leqslant x_2\}$ 就是区间 $(x_1,x_2]$ 上分布曲线 $y=f(x)$ 之下的曲边梯形的面积，如图 7.3.2 所示.

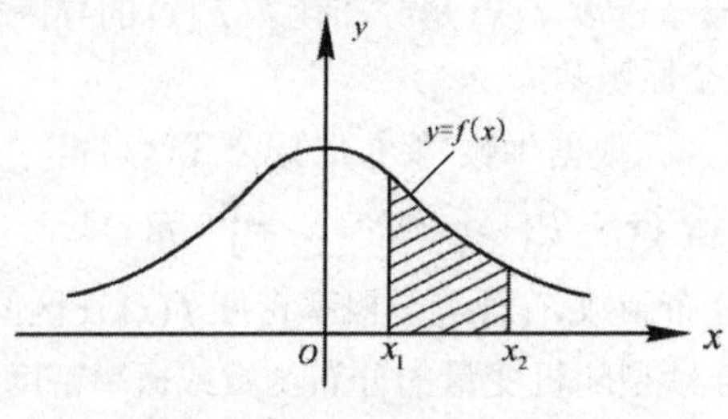

图 7.3.2

例 7.3.1 (柯西分布)设连续型随机变量 X 的概率密度为

$$f(x)=\frac{A}{1+x^2}，\ -\infty < x < +\infty$$

求：(1)常数 A 的值；(2)随机变量 X 落在区间 $[0,1]$ 内的概率；(3)随机变量 X 的分布函数.

解 (1) 根据概率密度的性质 7.3.2，应有：

$$\int_{-\infty}^{+\infty}\frac{A}{1+x^2}\mathrm{d}x=1，$$

即

$$A\int_{-\infty}^{+\infty}\frac{\mathrm{d}x}{1+x^2}=A\cdot\pi=1，$$

由此得

$$A=\frac{1}{\pi}，$$

所以，随机变量 X 的概率密度

$$f(x)=\frac{1}{\pi(1+x^2)}，\ -\infty < x < +\infty .$$

(2) 根据概率密度的性质 7.3.4，有

$$P\{0\leqslant x\leqslant 1\}=\int_0^1\frac{\mathrm{d}x}{\pi(1+x^2)}=\frac{1}{\pi}\cdot\frac{\pi}{4}=0.25 .$$

(3) 根据分布函数与概率密度的关系，有

$$\begin{aligned}F(x)&=\int_{-\infty}^{x}\frac{\mathrm{d}x}{\pi(1+x^2)}\\&=\frac{1}{\pi}\left(\arctan x+\frac{\pi}{2}\right)=\frac{1}{2}+\frac{1}{\pi}\arctan x \qquad -\infty < x < +\infty\end{aligned}$$

7.3.3 常用的连续型随机变量的概率分布

1. 均匀分布 $U(a,b)$

设连续型随机变量 X 的一切可能值充满某一个有限区间 $[a,b]$，并且在该区间内的任

一点有相同的概率密度，即概率密度 $f(x)$ 在区间 $[a,b]$ 上为常数，这种分布叫作**均匀分布**或**等概率分布**.

不难计算在区间 $[a,b]$ 上服从均匀分布的随机变量 X 的概率密度. 事实上，因为在区间 $[a,b]$ 上概率密度 $f(x)=C$ (常数)，所以，按式(7.3.5)，应有

$$\int_a^b C\mathrm{d}x = C(b-a) = 1,$$

即

$$C=\frac{1}{b-a}.$$

又因为随机变量 X 不可能取到区间 $[a,b]$ 外的值，所以，在区间 $[a,b]$ 外，概率密度 $f(x)$ 显然等于零. 于是，我们得到

$$f(x)=\begin{cases}\dfrac{1}{b-a}, & a\leqslant x\leqslant b\\ 0, & 其他\end{cases}.$$

均匀分布含有两个参数 a 及 b，通常把这种分布记作 $U(a,b)$. 如果随机变量 X 在区间 $[a,b]$ 上服从均匀分布，则记为 $X\sim U(a,b)$.

按式(7.3.4)可得，当 $a\leqslant x<b$ 时，

$$F(x)=\int_{-\infty}^a 0\mathrm{d}x+\int_a^x \frac{\mathrm{d}x}{b-a}=\frac{x-a}{b-a}.$$

所以，在区间 $[a,b]$ 上服从均匀分布的随机变量 X 的分布函数为

$$F(x)=\begin{cases}0, & x<a;\\ \dfrac{x-a}{b-a}, & a\leqslant x<b.\\ 1, & x\geqslant b\end{cases}$$

均匀分布的概率密度及分布函数的图形分别如图 7.3.3 及图 7.3.4 所示.

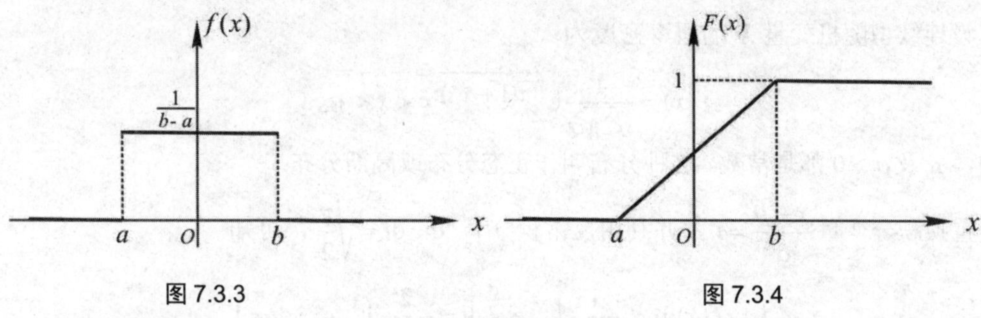

图 7.3.3　　　　图 7.3.4

均匀分布常见于下列情形，例如，在刻度器上读数时把零头数化为最靠近整分度时所发生的误差；在每隔一定时间有一辆公共汽车通过的汽车停车站上乘客候车的时间，等等.

2. 指数分布 $\mathrm{e}(\lambda)$

设连续型随机变量 X 的概率密度为

$$f(x)=\begin{cases}\lambda e^{-\lambda x}, & x>0\\ 0, & x\leqslant 0\end{cases}.$$

其中，$\lambda>0$ 为常数. 这种分布叫作**指数分布**.

显然，我们有

$$\int_{-\infty}^{+\infty}f(x)dx=\int_0^{+\infty}\lambda e^{-\lambda x}dx=-e^{-\lambda x}\Big|_0^{+\infty}=1$$

指数分布含有一个参数 λ，通常把这种分布记作 $e(\lambda)$. 如果随机变量 X 服从指数分布 $e(\lambda)$，则记为 $X\sim e(\lambda)$.

指数分布 $e(\lambda)$ 的分布函数为

$$F(x)=\begin{cases}1-e^{-\lambda x}, & x>0\\ 0, & x\leqslant 0\end{cases}.$$

指数分布的概率密度及分布函数的图形分别如图 7.3.5 及图 7.3.6 所示.

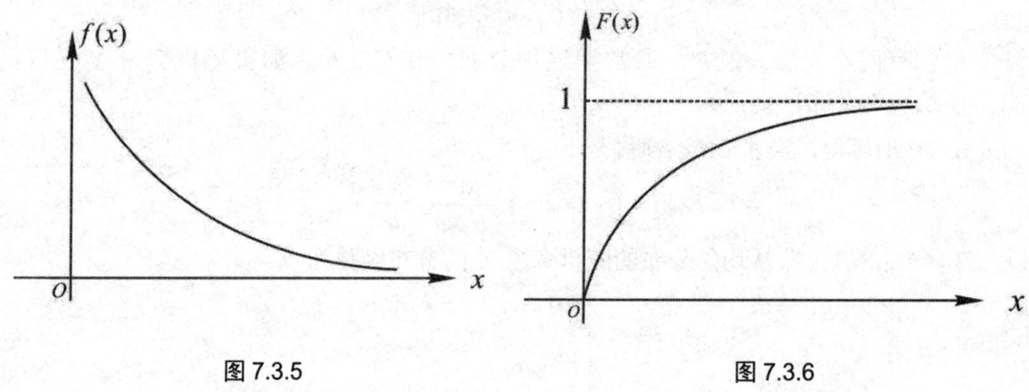

图 7.3.5　　图 7.3.6

指数分布常用来作为各种“寿命”分布的近似，例如，电子元器件的寿命，某些动物的寿命，电话问题中的通话时间；此外，随机服务系统中，例如，到银行取钱、到车站售票处购买车票时需要等待的时间也服从指数分布.

3. 正态分布

设连续型随机变量 X 的概率密度为

$$f(x)=\frac{1}{\sqrt{2\pi}\sigma}e^{-\frac{(x-\mu)^2}{2\sigma^2}},\quad -\infty<x<+\infty,$$

其中，μ 及 $\sigma>0$ 都是常数. 这种分布叫作**正态分布**或**高斯分布**.

置换积分变量 $\frac{x-\mu}{\sigma}=t$，并利用反常积分 $\int_0^{+\infty}e^{-\frac{t^2}{2}}dt=\sqrt{\frac{\pi}{2}}$，可知

$$\int_{-\infty}^{+\infty}f(x)dx=\frac{1}{\sqrt{2\pi}}\int_{-\infty}^{+\infty}e^{-\frac{t^2}{2}}dt=\frac{2}{\sqrt{2\pi}}\int_0^{+\infty}e^{-\frac{t^2}{2}}dt=1$$

正态分布含有两个参数 μ 及 $\sigma>0$，通常把这种分布记作 $N(\mu,\sigma^2)$. 如果随机变量 X 服从正态分布 $N(\mu,\sigma^2)$，则记为 $X\sim N(\mu,\sigma^2)$.

正态分布 $N(\mu,\sigma^2)$ 的分布曲线如图 7.3.7 所示.

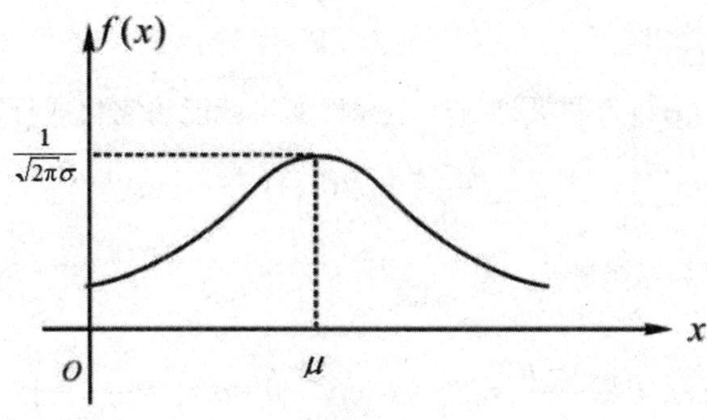

图 7.3.7

分布曲线对称于直线 $x=\mu$，并在 $x=\mu$ 处达到极大值，等于 $\dfrac{1}{\sqrt{2\pi}\sigma}$；在 $x=\mu\pm\sigma$ 处有拐点；当 $x\to\pm\infty$ 时，曲线以 x 轴为其渐近线.

如果固定参数 σ 而变动参数 μ 的值时，则分布曲线沿 x 轴平行移动而不改变其形状；当固定参数 μ 而变动参数 σ 时，随着 σ 的变大，图形的高度下降，形状变得更平坦；随着 σ 变小，图形的高度上升，形状变得更陡峭. 因为分布曲线下面的面积总保持等于 1.

正态分布 $N(\mu,\sigma^2)$ 的分布函数是

$$F(x)=\frac{1}{\sqrt{2\pi}\sigma}\int_{-\infty}^{x}\mathrm{e}^{-\frac{(x-\mu)^2}{2\sigma^2}}\mathrm{d}x$$

这个函数的图形如图 7.3.8 所示.

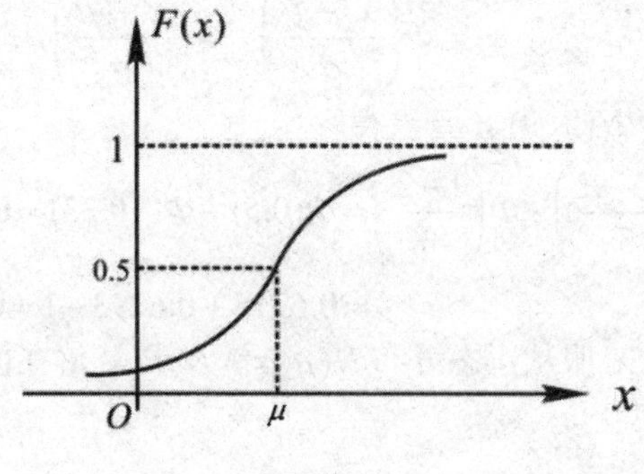

图 7.3.8

特别是，当 $\mu=0$，$\sigma=1$ 时，得到正态分布 $N(0,1)$，叫作标准正态分布，它的概率密度 $\varphi(x)$ 和分布函数 $\Phi(x)$ 分别记作

$$\varphi(x)=\frac{1}{\sqrt{2\pi}}\mathrm{e}^{-\frac{x^2}{2}},\quad -\infty<x<+\infty,$$

$$\Phi(x)=\frac{1}{\sqrt{2\pi}}\int_{-\infty}^{x}\mathrm{e}^{-\frac{t^2}{2}}\mathrm{d}t.$$

分布函数 $\Phi(x)$ 具有下列性质：

(1) $\Phi(0)=0.5$；

(2) $\Phi(+\infty)=1$；

(3) $\Phi(-x)=1-\Phi(x)$.

一般，若 $X\sim N(\mu,\sigma^2)$，只要通过一个线性变换就能将它化成标准正态分布.

引理 若 $X\sim N(\mu,\sigma^2)$，则 $Z=\dfrac{X-\mu}{\sigma}\sim N(0,1)$.

证 $Z=\dfrac{X-\mu}{\sigma}$ 的分布函数为

$$P\{Z\leqslant x\}=P\left\{\frac{X-\mu}{\sigma}\leqslant x\right\}=P\{X\leqslant \mu+\sigma x\}=\frac{1}{\sqrt{2\pi}\sigma}\int_{-\infty}^{\mu+\sigma x}\mathrm{e}^{-\frac{(t-\mu)^2}{2\sigma^2}}\mathrm{d}t.$$

令 $\dfrac{t-\mu}{\sigma}=v$，得

$$P\{Z\leqslant x\}=\frac{1}{\sqrt{2\pi}}\int_{-\infty}^{x}\mathrm{e}^{-\frac{v^2}{2}}\mathrm{d}v=\Phi(x)$$

由此知 $Z=\dfrac{X-\mu}{\sigma}\sim N(0,1)$.

于是，若 $X\sim N(\mu,\sigma^2)$，则它的分布函数 $F(x)$ 可写成

$$F(x)=P\{X\leqslant x\}=P\left\{\frac{X-\mu}{\sigma}\leqslant\frac{x-\mu}{\sigma}\right\}=\Phi\left(\frac{x-\mu}{\sigma}\right)$$

对于任意区间 $(x_1,x_2]$，有

$$\begin{aligned}P\{x_1<X\leqslant x_2\}&=P\left\{\frac{x_1-\mu}{\sigma}<\frac{X-\mu}{\sigma}\leqslant\frac{x_2-\mu}{\sigma}\right\}\\&=\Phi\left(\frac{x_2-\mu}{\sigma}\right)-\Phi\left(\frac{x_1-\mu}{\sigma}\right).\end{aligned}\tag{7.3.6}$$

例如，设随机变量 $X\sim N(2,9)$，查表得

$$\begin{aligned}P\{1<X\leqslant 3.5\}&=\Phi\left(\frac{3.5-2}{3}\right)-\Phi\left(\frac{1-2}{3}\right)=\Phi(0.5)-\Phi(-0.33)=0.6915-[1-\Phi(0.33)]\\&=0.6915+0.6293-1=0.3208.\end{aligned}$$

例 7.3.2 设随机变量 X 服从正态分布 $N(\mu,\sigma^2)$，求 X 落在区间 $(\mu-k\sigma,\mu+k\sigma)$ 内的概率，这里 $k=1,2,3,\cdots$

解 按式(7.3.6)，有

$$\begin{aligned}P(|X-\mu|<k\sigma)&=P(\mu-k\sigma<X<\mu+k\sigma)\\&=\Phi\left(\frac{\mu+k\sigma-\mu}{\sigma}\right)-\Phi\left(\frac{\mu-k\sigma-\mu}{\sigma}\right)\\&=\Phi(k)-\Phi(-k)\\&=\Phi(k)-[1-\Phi(k)]\\&=2\Phi(k)-1,\quad k=1,2,3,\cdots\end{aligned}$$

查附表得

$$P(|X-\mu|<\sigma)=2\Phi(1)-1=0.6826,$$
$$P(|X-\mu|<2\sigma)=2\Phi(2)-1=0.9544,$$

$$P(|X-\mu|<3\sigma)=2\Phi(3)-1=0.9973\,,$$

…

在工程技术中，人们经常遇到 X 服从正态分布 $N(\mu,\sigma^2)$．由例 7.3.2 得到的结果可知，如果随机变量 X 服从正态分布 $N(\mu,\sigma^2)$，则有

$$\begin{aligned}P(|X-\mu|\geqslant 3\sigma)&=1-P(|X-\mu|<3\sigma)=1-0.9973\\&=0.0027<0.003\,.\end{aligned}$$

由此可见，随机变量 X 落在区间 $(\mu-3\sigma,\mu+3\sigma)$ 之外的概率小于 0.3%．通常认为这一概率是很小的，因此，根据小概率事件的实际不可能性原理，通常把区间 $(\mu-3\sigma,\mu+3\sigma)$ 看作是随机变量 X 实际可能的取值区间. 这一原理叫作 **“三倍标准差原理”（或“3σ 法则”）**. 即，尽管正态分布的取值范围是 $(-\infty,+\infty)$，但它的值落在 $(\mu-3\sigma,\mu+3\sigma)$ 内几乎是肯定的事.

正态分布是概率论中最重要的一种分布，因为它是实际中最常见的一种分布. 理论上已证明，如果某个数量指标呈现随机性是由很多相对独立的随机因素影响的结果，而每个随机因素的影响都不大，这时数量指标就服从正态分布. 例如，测量误差、人的身高和体重、产品的某质量指标、农作物的收获量等都服从或近似服从正态分布.

7.4　随机变量函数的分布

在实际中，常需要考虑随机变量的函数. 例如，人们所关心的某个随机指标不能直接由试验得到，而它却是某个能直接通过试验得到的随机指标的函数. 比如能测量圆轴截面的直径 X，而关心的却是截面积 Y，则有 $Y=\dfrac{1}{4}\pi X^2$．本节要解决的问题是，如何由已知的随机变量 X 的分布去求它的函数 $Y=g(X)$ 的分布.

7.4.1　离散型随机变量的函数的分布

设离散型随机变量 X 的分布律如表 7.4.1 所示.

表 7.4.1

X	x_1	x_2	…	x_n	…
$p(x_i)$	$p(x_1)$	$p(x_2)$	…	$p(x_n)$	…

为了求随机变量函数 $Y=g(X)$ 的概率分布，写出表 7.4.2.

表 7.4.2

Y	$y_1=g(x_1)$	$y_2=g(x_2)$	…	$y_n=g(x_n)$	…
$P(y_j)$	$p(x_1)$	$p(x_2)$	…	$p(x_n)$	…

如果 $y_1,y_2,\cdots y_n,\cdots$ 的值全不相等，则上表就是随机变量函数 Y 的概率分布表；但

是，如果 $y_1, y_2, \cdots y_n, \cdots$ 的值中有相等的，则应把那些相等的值分别合并起来，并根据概率加法定理把相应的概率相加，方能得到随机变量 Y 的概率分布.

例 7.4.1　设随机变量 X 的概率分布如表 7.4.3 所示.

表 7.4.3

X	−2	−1	0	1	2	3
$p(x_i)$	0.10	0.20	0.25	0.20	0.15	0.10

求：(1) 随机变量 $Y_1 = -2X$ 的概率分布；

(2) 随机变量 $Y_2 = X^2$ 的概率分布.

解　(1) 先写出表 7.4.4.

表 7.4.4

$Y_1 = -2X$	4	2	0	−2	−4	−6
$P(y_j)$	0.10	0.20	0.25	0.20	0.15	0.10

在概率分布表中，通常是把随机变量的可能值按由小到大的顺序排列，所以整理得随机变量 Y_1 的概率分布如表 7.4.5 所示.

表 7.4.5

Y_1	−6	−4	−2	0	2	4
$p(y_i)$	0.10	0.15	0.20	0.25	0.20	0.10

(2) 先写出表 7.4.6.

表 7.4.6

$Y_2 = X^2$	4	1	0	1	4	7
$P(y_j)$	0.10	0.20	0.25	0.20	0.15	0.10

把 $Y_2 = 1$ 的两个概率、$Y_2 = 4$ 的两个概率分别相加，整理得随机变量 Y_2 的概率分布如表 7.4.7 所示.

表 7.4.7

Y_2	0	1	4	7
$p(y_j)$	0.25	0.40	0.25	0.10

7.4.2　连续型随机变量的函数的分布

假设函数 $g(x)$ 及其一阶导函数在随机变量 X 的一切可能值 x 的区间内是连续的. 问题

是：要根据随机变量 X 的概率密度 $f_X(x)$，寻求随机变量函数 $Y=g(X)$ 的概率密度 $f_Y(y)$.

为了求随机变量函数 $Y=g(X)$ 的概率密度，应先求 Y 的分布函数. 对于任意的实数 y，我们有

$$F_Y(y)=P\{Y\leqslant y\}=P\{g(X)\leqslant y\}=\int_{g(x)\leqslant y} f_X(x)\mathrm{d}x, \tag{7.4.1}$$

而 $Y=g(X)$ 的概率密度函数为

$$f_Y(y)=\frac{\mathrm{d}F_Y(y)}{\mathrm{d}y}.$$

例 7.4.2　设连续型随机变量 X 的概率密度为 $f_X(x)$，求随机变量函数 $Y=a+bX$ 的概率密度，其中 a 及 $b\neq 0$ 都是常数.

解　按式(7.4.1)，对于任意的实数 y，随机变量 Y 的分布函数

$$F_Y(y)=P\{Y\leqslant y\}=P\{a+bX\leqslant y\},$$

将不等式 $a+bX\leqslant y$ 进行等价变换，不难把 $f_Y(y)$ 用 X 的概率密度 $f_X(x)$ 表示出来.

注意到 $b\neq 0$，分两种情形讨论如下.

(1) 设 $b>0$，则有

$$F_Y(y)=P\left\{X\leqslant \frac{y-a}{b}\right\}=\int_{-\infty}^{\frac{y-a}{b}} f_X(x)\mathrm{d}x.$$

上式两边对 y 求导，即得 Y 的概率密度

$$f_Y(y)=f_X\left(\frac{y-a}{b}\right)\cdot\frac{1}{b}=\frac{1}{b}f_X\left(\frac{y-a}{b}\right).$$

(2) 设 $b<0$，则有

$$F_Y(y)=P\left\{X\geqslant \frac{y-a}{b}\right\}=\int_{\frac{y-a}{b}}^{+\infty} f_X(x)\mathrm{d}x,$$

上式两边对 y 求导，即得 Y 的概率密度

$$f_Y(y)=-f_X\left(\frac{y-a}{b}\right)\cdot\frac{1}{b}=-\frac{1}{b}f_X\left(\frac{y-a}{b}\right).$$

综合上述两种情形，可以把随机变量函数 $Y=a+bX$ 的概率密度统一写成

$$f_Y(y)=\frac{1}{|b|}f_X\left(\frac{y-a}{b}\right). \tag{7.4.2}$$

如果随机变量 X 服从正态分布 $N(\mu,\sigma^2)$，则随机变量 X 的线性函数 $Y=a+bX\ (b\neq 0)$ 也服从正态分布，且有

$$Y=a+bX\sim N(a+b\mu,b^2\sigma^2).$$

证　因为随机变量 X 的概率密度

$$f_X(x)=\frac{1}{\sqrt{2\pi}\sigma}\mathrm{e}^{-\frac{(x-\mu)^2}{2\sigma^2}}$$

所以，由式(7.4.2)得到线性函数 $Y=a+bX\ (b\neq 0)$ 的概率密度为

$$f_Y(y)=\frac{1}{|b|}f_X\left(\frac{y-a}{b}\right)=\frac{1}{\sqrt{2\pi}|b|\sigma}\mathrm{e}^{-\frac{[y-(a+b\mu)]^2}{2b^2\sigma^2}}.$$

由此可见，Y 服从正态分布 $N(a+b\mu,b^2\sigma^2)$.

例 7.4.3 设随机变量 X 具有概率密度函数 $f_X(x)$ $(-\infty<x<+\infty)$，试求随机变量 $Y=X^2$ 的概率密度.

解 由于 $Y=X^2\geqslant 0$，故当 $y\leqslant 0$ 时，$F_Y(y)=0$；

当 $y>0$ 时，有

$$F_Y(y)=P\{Y\leqslant y\}=P\{X^2\leqslant y\}=P\{-\sqrt{y}\leqslant X\leqslant\sqrt{y}\}$$
$$=\int_{-\sqrt{y}}^{\sqrt{y}} f_X(x)\mathrm{d}x$$

由此可知 Y 的概率密度函数为

$$f_Y(y)=\frac{\mathrm{d}F_Y(y)}{\mathrm{d}y}=\begin{cases}\dfrac{1}{2\sqrt{y}}[f_X(\sqrt{y})+f_X(-\sqrt{y})], & y>0\\ 0, & y\leqslant 0\end{cases}.$$

若 $X\sim N(0,1)$，X 的概率密度函数为

$$\varphi(x)=\frac{1}{\sqrt{2\pi}}\mathrm{e}^{-\frac{x^2}{2}},\quad -\infty<x<+\infty$$

则 $Y=X^2$ 的概率密度函数为

$$f_Y(y)=\begin{cases}\dfrac{1}{\sqrt{2\pi}}y^{-\frac{1}{2}}\mathrm{e}^{-\frac{y}{2}}, & y>0\\ 0, & y\leqslant 0\end{cases}.$$

此时，称 $Y=X^2$ 服从自由度为 1 的 χ^2 分布，此结果在数理统计中很有用.

上述两个例子解法的关键一步是在“$Y\leqslant y$”中，即在“$g(X)\leqslant y$”中解出 X，从而得到一个与“$g(X)\leqslant y$”等价的 X 的不等式，并以后者代替“$g(X)\leqslant y$”.

例如，在例 7.4.2 中以“$X\leqslant\dfrac{y-a}{b}$”代替“$a+bX\leqslant y$”；在例 7.4.3 中，当 $y>0$ 时，以“$-\sqrt{y}\leqslant X\leqslant\sqrt{y}$”代替“$X^2\leqslant y$”. 以上做法具有普遍性. 一般来说，都可以用这样的方法求连续型随机变量的函数的分布函数或概率密度. 下面仅对 $Y=g(X)$ (其中 $g(\bullet)$ 是严格单调函数的特殊情况)，写出一般的结果.

定理 7.4.1 设随机变量 X 具有概率密度 $f_X(x)$，$-\infty<x<+\infty$，又设函数 $g(x)$ 处处可导且恒有 $g'(x)>0$ (或恒有 $g'(x)<0$)，则 $Y=g(X)$ 是连续型随机变量，其概率密度为

$$f_Y(y)=\begin{cases}f_X[h(y)]\cdot|h'(y)|, & \alpha<y<\beta\\ 0, & 其他\end{cases}\tag{7.4.3}$$

其中，$\alpha=\min(g(-\infty),g(+\infty))$，$\beta=\max(g(-\infty),g(+\infty))$，$h(y)$ 是 $g(x)$ 的反函数.

只证 $g'(x)>0$ 的情况. 此时，$g(x)$ 在 $(-\infty<x<+\infty)$ 严格单调增加，它的反函数 $h(y)$ 存在，且在 (α,β) 严格单调增加，可导. 分别记 X,Y 的分布函数为 $F_X(x),F_Y(y)$. 现在先来

求 Y 的分布函数 $F_Y(y)$.

因为 $Y=g(X)$ 在 (α,β) 取值，故当 $y\leqslant\alpha$ 时，$F_Y(y)=P\{Y\leqslant y\}=0$；当 $y\geqslant\beta$ 时，$F_Y(y)=P\{Y\leqslant y\}=1$.

当 $\alpha<x<\beta$ 时，

$$F_Y(y)=P\{Y\leqslant y\}=P\{g(X)\leqslant y\}=P\{X\leqslant h(y)\}=F_X[h(y)]$$

将 $F_Y(y)$ 关于 y 求导数，即得 Y 的概率密度

$$f_Y(y)=\begin{cases} f_X[h(y)]\cdot[h'(y)], & \alpha<y<\beta \\ 0, & \text{其他} \end{cases}. \tag{7.4.4}$$

对于 $g'(x)<0$ 的情况，可以同样地证明，此时有

$$f_Y(y)=\begin{cases} f_X[h(y)]\cdot[-h'(y)], & \alpha<y<\beta \\ 0, & \text{其他} \end{cases}. \tag{7.4.5}$$

合并式(7.4.4)与式(7.4.5)，式(7.4.3)得证.

若 $f(x)$ 在有限区间 $[a,b]$ 以外等于零，则只需假设在 $[a,b]$ 上恒有 $g'(x)>0$ (或恒有 $g'(x)<0$)，此时

$$\alpha=\min\{g(a),g(b)\},\quad \beta=\max\{g(a),g(b)\}$$

7.5　多维随机变量及其分布

前面讨论了一维随机变量，已经知道所谓一维随机变量，即它们的值仅由一个数来确定. 但在许多实际问题中，对于每一个试验结果，往往同时对应有一个以上的实数值. 例如，炮弹在地面的弹着点位置要由两个随机变量(两个坐标) X,Y 来确定；钢的成分需要同时用含碳量 X，含硫量 Y，含磷量 Z 等三个或三个以上的随机变量来描述. 因此需要把试验中观察到的结果与某个实数组对应，这就是多维随机变量的实际背景.

本章讨论多维随机变量作为一个整体的分布，得到与一维随机变量相平行的一些结论；然后介绍多维随机变量所特有的内容：边缘分布，变量间的独立性；最后介绍随机变量的函数的分布. 由于二维随机变量与更多维的随机变量之间没有本质的差异，为简明起见，本章基本上以二维随机变量为代表进行阐述，多维情形可依此类推.

7.5.1　二维随机变量

在一个样本空间上可以同时定义两个随机变量.

例 7.5.1　将一枚骰子掷两次，定义 $X=\{$第一次掷出的点数$\}$，$Y=\{$第二次掷出的点数$\}$，则 X 和 Y 为同一样本空间上定义的两个随机变量.

定义 7.5.1　设随机试验 E 的样本空间为 $S=\{e\}$，$X=X(e)$ 和 $Y=Y(e)$ 是定义在 S 上的随机变量，由它们构成的一个有序组 (X,Y) 称为**二维随机向量或二维随机变量**.

二维随机变量 (X,Y) 的性质不仅与 X,Y 有关，而且还依赖于这两个随机变量的相互关系. 因此，不仅要逐个讨论 X 和 Y 的性质，还需要把 (X,Y) 作为一个整体来讨论. 二维随机变量可以看成是平面(二维空间)上的随机点，一维随机变量可以看成直线(一维空间)上的随机点. 和一维的情况类似，对二维随机变量，只讨论离散型与连续型两大类，并借

助于分布函数、分布律和概率密度函数来表述二维随机变量作为一个整体的取值规律.

7.5.2 二维随机变量的分布函数

定义 7.5.2 设(X,Y)是二维随机变量，对于任意常数x,y，二元函数

$$F(x,y)=P\{(X\leqslant x)\cap(Y\leqslant y)\}\overset{\text{记为}}{=}P\{X\leqslant x,Y\leqslant y\}$$

称为二维随机变量(X,Y)的**分布函数**，或称为随机变量X和Y的**联合分布函数**.

它表示随机变量X取值不大于x，同时随机变量Y取值不大于y的概率.

如果将二维随机变量(X,Y)看成是平面上随机点的坐标，那么，分布函数$F(x,y)$在(x,y)处的函数值就是随机点(X,Y)落在图 7.5.1 所示的以点(x,y)为顶点而位于该点左下方的无穷矩形域内的概率.

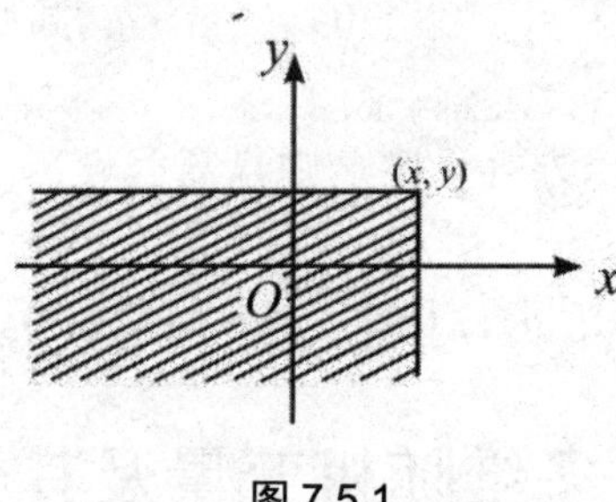

图 7.5.1

依照上述解释，借助于图 7.5.2，容易算出随机点(X,Y)落在矩形域$\{(x,y)\mid x_1\leqslant x\leqslant x_2,y_1\leqslant y\leqslant y_2\}$的概率为

$$P\{x_1<X\leqslant x_2,y_1<Y\leqslant y_2\}=F(x_2,y_2)-F(x_2,y_1)-F(x_1,y_2)+F(x_1,y_1) \tag{7.5.1}$$

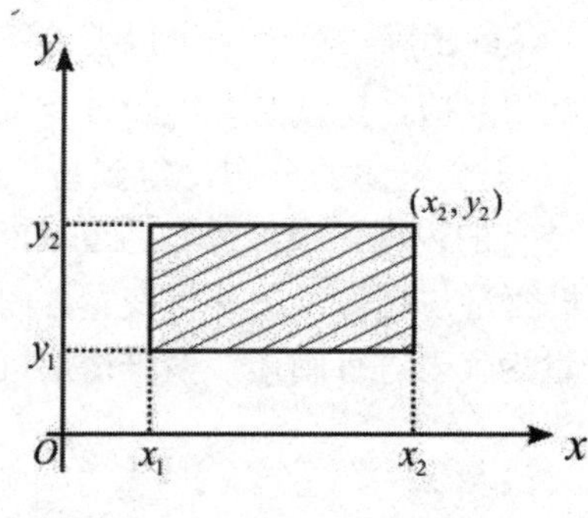

图 7.5.2

分布函数$F(x,y)$具有以下基本性质：

性质 7.5.1 $F(x,y)$是变量x,y的不减函数，

即对于任意固定的y，当$x_2>x_1$时，$F(x_2,y)\geqslant F(x_1,y)$；

对于任意固定的x，当$y_2>y_1$时，$F(x,y_2)\geqslant F(x,y_1)$.

性质 7.5.2 $0\leqslant F(x,y)\leqslant 1$，

且对于任意固定的y，$F(-\infty,y)=0$，

对于任意固定的x，$F(x,-\infty)=0$，

$$F(-\infty,-\infty)=0,$$

$$F(+\infty,+\infty)=1.$$

上面四个式子可以从几何上加以说明. 例如，在图 7.5.1 中将无穷矩形的右面边界向左无限平移(即 $x\to-\infty$)，则“随机点 (X,Y) 落在这个矩形内”这一事件趋于不可能事件，故其概率趋于 0，即有 $F(-\infty,y)=0$；又如当 $x\to+\infty$， $y\to+\infty$ 时，图 7.5.1 中的无穷矩形扩展到全平面，随机点 X,Y 落在其中这一事件趋于必然事件，故其概率趋于 1，即 $F(+\infty,+\infty)=1$.

性质 7.5.3　$F(x+0,y)=F(x,y)$， $F(x,y+0)=F(x,y)$，即 $F(x,y)$ 关于 x 右连续，关于 y 也右连续.

性质 7.5.4　对于任意 (x_1,y_1)， (x_2,y_2)， $x_1<x_2$， $y_1<y_2$，下列不等式成立：

$$F(x_2,y_2)-F(x_2,y_1)-F(x_1,y_2)+F(x_1,y_1)\geqslant 0.$$

这一性质由式(7.5.1)及概率的非负性即可得.

7.5.3　二维离散型随机变量的联合概率分布

如果二维随机变量 (X,Y) 全部可能取到的值是有限对或可列无限多对，则称 (X,Y) 是**二维离散型随机变量**.

设二维离散型随机变量 (X,Y) 所有可能取的值为 (x_i,y_j)， $i,j=1,2,\cdots$，将表示试验结果中随机变量 X 取值 x_i，同时随机变量 Y 取值 y_j 的概率，记作

$$P\{\ X=x_i,Y=y_j\ \}=p_{ij}，\ i,j=1,2,\cdots$$

称为二维离散型随机变量 (X,Y) 的**联合分布律**，或随机变量 X 和 Y 的**联合概率函数**.

我们也能用表格来表示 X 和 Y 的联合分布律，如表7.5.1所示.

表 7.5.1

Y \ X	x_1	x_2	…	x_i	…
y_1	p_{11}	p_{21}	…	p_{i1}	…
y_2	p_{12}	p_{22}	…	p_{i2}	…
…	…	…	…	…	…
y_j	p_{1j}	p_{2j}	…	p_{ij}	…
…	…	…	…	…	…

与一维离散型随机变量的分布律类似，联合分布律具有下列性质.

性质 7.5.5　联合分布律是非负函数，即

$$p_{ij}\geqslant 0,$$

其中，$i,j=1,2,\cdots$

性质 7.5.6　由于 $(X=x_i,Y=y_j)$ 的一切可能的组合构成一个划分，所以有

$$\sum_{i=1}^{\infty}\sum_{j=1}^{\infty}p_{ij}=1.$$

例 7.5.2　设随机变量 X 在 1,2,3,4 四个数中等可能地取值，另一个随机变量 Y 在

$1\sim X$ 中等可能地取一整数值，试求 (X,Y) 的分布律.

解 依题意，X 的可能取值为 1,2,3,4. 因为 $Y\leqslant X$，故 Y 的可能取值也为 1,2,3,4. 根据概率的乘法公式，得

$$P\{X=i,Y=j\}=P\{X=i\}P\{Y=j\mid X=i\}$$
$$=\frac{1}{4}\cdot\frac{1}{i}=\frac{1}{4i},\ i=1,2,3,4,\ j\leqslant i$$

当 $j>i$ 时，$\{X=i,Y=j\}$ 为不可能事件，故 $P\{X=i,Y=j\}=0$，$j>i$. 于是，得 (X,Y) 的分布律，如表 7.5.2 所示.

表 7.5.2

Y \ X	1	2	3	4
1	1/4	1/8	1/12	1/16
2	0	1/8	1/12	1/16
3	0	0	1/12	1/16
4	0	0	0	1/16

将 (X,Y) 看成一个随机点的坐标，由图 7.5.1 知道离散型随机变量 X 和 Y 的联合分布函数为

$$F(x,y)=\sum_{x_i\leqslant x}\sum_{y_j\leqslant y}p_{ij},$$

其中和式是对一切满足 $x_i\leqslant x$，$y_j\leqslant y$ 的 i，j 来求和的.

7.5.4 二维连续型随机变量的联合概率密度

与一维随机变量相似，对于二维随机变量 (X,Y) 的分布函数 $F(x,y)$，如果存在非负的函数 $f(x,y)$ 使对于任意 x，y，有

$$F(x,y)=\int_{-\infty}^{y}\int_{-\infty}^{x}f(u,v)\mathrm{d}u\mathrm{d}v,$$

则称 (X,Y) 是**连续型的二维随机变量**，函数 $f(x,y)$ 称为二维随机变量 (X,Y) 的**概率密度**，或称为随机变量 X 和 Y 的**联合概率密度**.

按定义，概率密度 $f(x,y)$ 具有以下性质：

性质 7.5.7 $f(x,y)\geqslant 0$；

$$\int_{-\infty}^{+\infty}\int_{-\infty}^{+\infty}f(x,y)\mathrm{d}x\mathrm{d}y=F(+\infty,+\infty)=1$$

可以证明，凡满足性质 7.5.7 的任意一个二元函数 $f(x,y)$，必可作为某个二维随机变量的概率密度函数.

性质 7.5.8 若 $f(x,y)$ 在点 (x,y) 处连续，则

$$\frac{\partial^2 F(x,y)}{\partial x\partial y}=f(x,y).$$

事实上，由定义知

$$\frac{\partial F(x,y)}{\partial x}=\frac{\partial}{\partial x}\left[\int_{-\infty}^{x}\left(\int_{-\infty}^{y}f(u,v)\mathrm{d}v\right)\mathrm{d}u\right]=\int_{-\infty}^{y}f(x,v)\mathrm{d}v,$$

$$\frac{\partial^2 F(x,y)}{\partial x\partial y}=\frac{\partial}{\partial y}\left(\int_{-\infty}^{y}f(x,v)\mathrm{d}v\right)=f(x,y).$$

性质 7.5.9　设 G 是 xOy 平面的一个区域，则随机点 (X,Y) 落在 G 内的概率为

$$P\{(X,Y)\in G\}=\iint_G f(x,y)\mathrm{d}x\mathrm{d}y$$

在几何上，$z=f(x,y)$ 表示空间的一张曲面. 由性质 7.5.7 知，介于该曲面和 xOy 平面之间的空间区域的体积是 1. 性质 7.5.9 表明随机点 (X,Y) 落入区域 G 的概率 $P\{(X,Y)\in G\}$ 正好等于 G 为底，以曲面 $z=f(x,y)$ 为顶的曲顶柱体的体积.

例 7.5.3　设 (X,Y) 的概率密度为

$$f(x,y)=\begin{cases}A\mathrm{e}^{-(x+y)}, & x>0,y>0\\ 0, & \text{其他}\end{cases}.$$

求：(1)求常数 A；(2)求分布函数 $F(x,y)$；(3)求 $P\{X+Y\leqslant 1\}$.

解　(1) 由密度函数性质，有

$$1=\int_{-\infty}^{+\infty}\int_{-\infty}^{+\infty}f(x,y)\mathrm{d}x\mathrm{d}y=\int_0^{+\infty}\int_0^{+\infty}A\mathrm{e}^{-(x+y)}\mathrm{d}x\mathrm{d}y$$

$$=A\int_0^{+\infty}\mathrm{e}^{-x}\mathrm{d}x\int_0^{+\infty}\mathrm{e}^{-y}\mathrm{d}y=A$$

即　$A=1$.

(2) 当 $x\leqslant 0$ 或 $y\leqslant 0$ 时，有 $f(x,y)=0$，从而

$$F(x,y)=\int_{-\infty}^{y}\int_{-\infty}^{x}f(u,v)\mathrm{d}u\mathrm{d}v=\int_{-\infty}^{y}\int_{-\infty}^{x}0\mathrm{d}u\mathrm{d}v=0$$

当 $x>0$，$y>0$ 时，

$$F(x,y)=\int_{-\infty}^{y}\int_{-\infty}^{x}f(u,v)\mathrm{d}u\mathrm{d}v=\int_0^{y}\int_0^{x}\mathrm{e}^{-(u+v)}\mathrm{d}u\mathrm{d}v$$

$$=-\mathrm{e}^{-u}\Big|_0^x\cdot(-\mathrm{e}^{-v})\Big|_0^y$$

$$=(1-\mathrm{e}^{-x})(1-\mathrm{e}^{-y})$$

所以

$$F(x,y)=\begin{cases}(1-\mathrm{e}^{-x})(1-\mathrm{e}^{-y}), & x>0,y>0\\ 0, & \text{其他}\end{cases}.$$

(3) 将 (X,Y) 看作平面上随机点的坐标，设 $G=\{(x,y)\,|\,x+y\leqslant 1\}$ 为 xOy 平面上直线 $x+y=1$ 下方的部分，则事件 $\{X+Y\leqslant 1\}=\{(X,Y)\in G\}$. 于是

$$P\{X+Y\leqslant 1\}=P\{(X,Y)\in G\}=\iint_G f(x,y)\mathrm{d}x\mathrm{d}y$$

$$=\int_{-\infty}^{+\infty}\mathrm{d}x\int_{-\infty}^{1-x}f(x,y)\mathrm{d}x\mathrm{d}y$$

$$=\int_0^1\mathrm{d}x\int_0^{1-x}\mathrm{e}^{-(x+y)}\mathrm{d}y$$

$$=1-2\mathrm{e}^{-1}.$$

7.6 边缘分布与随机变量的独立性

7.6.1 边缘分布

二维随机变量(X,Y)作为一个整体，具有分布函数$F(x,y)$. 而X和Y都是随机变量，各自也有分布函数，将它们分别记为$F_X(x)$,$F_Y(y)$，依次称为二维随机变量(X,Y)关于X和关于Y的**边缘分布函数**. 边缘分布函数可以由(X,Y)的分布函数$F(x,y)$所确定，事实上，

$$F_X(x)=P\{X\leqslant x\}=P\{X\leqslant x,Y<+\infty\}=F(x,+\infty),$$

即

$$F_X(x)=F(x,+\infty).$$

就是说，只要在函数$F(x,y)$中令$y\to+\infty$，就能得到$F_X(x)$. 同理

$$F_Y(y)=F(+\infty,y).$$

1. 二维离散型随机变量的边缘分布

设二维离散型随机变量(X,Y)的分布律为$P\{X=x_i,Y=y_j\}=p_{ij}$，$i,j=1,2,\cdots$

则得

$$F_X(x)=F(x,+\infty)=\sum_{x_i\leqslant x}\sum_{j=1}^{+\infty}p_{ij}.$$

另一方面，有

$$F_X(x)=\sum_{x_i<x}P\{X=x_i\},$$

比较以上两式右端，即得

$$P\{X=x_i\}=\sum_{j=1}^{+\infty}p_{ij},\qquad i=1,2,\cdots$$

同理，有

$$P\{Y=y_j\}=\sum_{i=1}^{+\infty}p_{ij},\qquad j=1,2,\cdots$$

记

$$p_{i\cdot}=P\{X=x_i\}=\sum_{j=1}^{+\infty}p_{ij},\qquad i=1,2,\cdots$$

$$p_{\cdot j}=P\{Y=y_j\}=\sum_{i=1}^{+\infty}p_{ij},\qquad j=1,2,\cdots$$

分别称$p_{i\cdot}\ (i=1,2,\cdots)$和$p_{\cdot j}\ (j=1,2,\cdots)$为二维离散型随机变量$(X,Y)$关于$X$和$Y$的边缘分布律(注意，记号$p_{i\cdot}$中的“·”表示$p_{ij}$关于$j$求和后得到的，同理，$p_{\cdot j}$是由$p_{ij}$关于$i$求和后得到的).

2. 二维连续型随机变量的边缘分布

对于连续型随机变量(X,Y)，设它的概率密度为$f(x,y)$，由于

$$F_X(x) = F(x, +\infty) = \int_{-\infty}^{x} \left[\int_{-\infty}^{+\infty} f(u, v) \mathrm{d}v \right] \mathrm{d}u,$$

又由于

$$F_X(x) = \int_{-\infty}^{x} f_X(u) \mathrm{d}u .$$

所以，有

$$f_X(x) = \int_{-\infty}^{+\infty} f(x, y) \mathrm{d}y .$$

同理，有

$$f_Y(y) = \int_{-\infty}^{+\infty} f(x, y) \mathrm{d}x .$$

分别称 $f_X(x), f_Y(y)$ 为 (X, Y) 关于 X 和关于 Y 的**边缘概率密度**.

7.6.2 随机变量的独立性

在研究随机现象时，经常碰到这样的一些随机变量，其中一部分随机变量的取值对其余随机变量的分布没有什么影响. 例如，两个人分别向同一目标进行射击，各自命中的环数 X, Y 就互无影响，为了描述这种情形，借助于两个事件的相互独立概念来引入两个随机变量相互独立这个十分重要的概念.

定义 7.6.1 设 $F(x, y)$ 及 $F_X(x)$，$F_Y(y)$ 分别是二维随机变量 (X, Y) 的分布函数及边缘分布函数. 若对于所有 x，y，有

$$P\{X \leqslant x, Y \leqslant y\} = P\{X \leqslant x\} P\{Y \leqslant y\} \tag{7.6.1}$$

即

$$F(x, y) = F_X(x) F_Y(y) \tag{7.6.2}$$

则称随机变量 X 和 Y 是**相互独立的**.

设 (X, Y) 是连续型随机变量，$f(x, y)$，$f_X(x)$，$f_Y(y)$ 分别为 (X, Y) 的概率密度和边缘概率密度，则 X 和 Y 是相互独立的条件式(7.6.2)等价：等式

$$f(x, y) = f_X(x) f_Y(y)$$

几乎处处成立.

当 (X, Y) 是离散型随机变量时，X 和 Y 是相互独立的条件式(7.6.2)等价于：对于 (X, Y) 的所有可能取的值 (x_i, y_j)，有

$$P\{X = x_i, Y = y_j\} = P\{X = x_i\} P\{Y = y_j\} .$$

例 7.6.1 袋中有 2 个白球，3 个黑球，从袋中任意抽取两次，每次取一个球. 令

$$X = \begin{cases} 0, & \text{第一次取到白球} \\ 1, & \text{第一次取到黑球} \end{cases} .$$

$$Y = \begin{cases} 0, & \text{第二次取到白球} \\ 1, & \text{第二次取到黑球} \end{cases} .$$

求：(1) 在有放回式抽样下，X 和 Y 是否相互独立.

(2) 在无放回式抽样下，X 和 Y 是否相互独立.

解

(1) 先求出 X 与 Y 的联合分布律与边缘分布律(见表 7.6.1).

表 7.6.1

Y \ X	0	1	$P\{X=i\}$
0	4/25	6/25	2/5
1	6/25	9/25	3/5
$P\{Y=j\}$	2/5	3/5	1

由表 7.6.1，通过直接验算知，对 $i, j=0,1$，有

$$P\{X=i，Y=j\}=P\{X=i\}P\{Y=j\}$$

恒成立，所以，在有放回式抽样下，X 和 Y 相互独立.

(2) 在无放回式抽样下，X 与 Y 的联合分布律与边缘分布律如表 7.6.2 所示.

表 7.6.2

Y \ X	0	1	$P\{X=i\}$
0	2/20	6/20	2/5
1	6/20	6/20	3/5
$P\{Y=j\}$	2/5	3/5	1

由表 7.6.2 可知，$P\{X=0，Y=0\}=\dfrac{2}{20}$，而 $P\{X=0\}=\dfrac{2}{5}$，$P\{Y=0\}=\dfrac{2}{5}$，从而

$$P\{X=0，Y=0\}\neq P\{X=0\}P\{Y=0\}.$$

所以，在无放回式抽样下，X 和 Y 不独立.

例 7.6.2 已知二维随机变量 (X,Y) 的概率密度为

$$f(x,y)=\begin{cases}2\mathrm{e}^{-(x+2y)}, & x>0，y>0 \\ 0, & 其他\end{cases}.$$

试判断随机变量 X 与 Y 是否独立.

解 为了判定随机变量 X 与 Y 是否独立，应当先求出它们的边缘概率密度.

由 $f_X(x)=\int_{-\infty}^{+\infty}f(x,y)\mathrm{d}y$ 可知，当 $x\leqslant 0$ 时，显然有 $f_X(x)=0$；当 $x>0$ 时，有

$$\begin{aligned}f_X(x)&=\int_0^{+\infty}2\mathrm{e}^{-(x+2y)}\mathrm{d}y\\&=2\mathrm{e}^{-x}\int_0^{+\infty}\mathrm{e}^{-2y}\mathrm{d}y\\&=2\mathrm{e}^{-x}\cdot\frac{1}{2}=\mathrm{e}^{-x}\end{aligned}$$

由此得 X 的边缘概率密度为

$$f_X(x)=\begin{cases}\mathrm{e}^{-x}, & x>0\\ 0, & x\leqslant 0\end{cases}.$$

同理得 Y 的边缘概率密度为

$$f_Y(y)=\begin{cases}2\mathrm{e}^{-2y}, & y>0\\ 0, & y\leqslant 0\end{cases}.$$

由上面得到的结果易知

$$f(x,y)=f_X(x)f_Y(y).$$

所以随机变量 X 与 Y 是独立的.

例 7.6.3　设随机变量 X 在 $(0,5)$ 内服从均匀分布，Y 服从参数为 $\lambda=1$ 的指数分布，已知 X 和 Y 是相互独立的．求：(X,Y) 的概率密度函数和概率 $P\{Y\leqslant X\}$.

解　由题设，X 的概率密度函数为

$$f_X(x)=\begin{cases}\dfrac{1}{5}, & 0<x<5\\ 0, & 其他\end{cases}.$$

Y 的概率密度函数为

$$f_Y(y)=\begin{cases}\mathrm{e}^{-y}, & y>0\\ 0, & 其他\end{cases}.$$

由于 X 和 Y 是相互独立的，因此，(X,Y) 的概率密度函数为

$$f(x,y)=f_X(x)f_Y(y)=\begin{cases}\dfrac{1}{5}\mathrm{e}^{-y}, & 0<x<5,\ y>0\\ 0, & 其他\end{cases}.$$

故由图 7.6.1 知

$$P\{Y\leqslant X\}=\iint\limits_{y\leqslant x}f(x,y)\mathrm{d}x\mathrm{d}y=\int_0^5\mathrm{d}x\int_0^x\frac{1}{5}\mathrm{e}^{-y}\mathrm{d}y=\int_0^5\frac{1}{5}(1-\mathrm{e}^{-y})\mathrm{d}x$$

$$=\frac{1}{5}(4+\mathrm{e}^{-5})\approx 0.8013$$

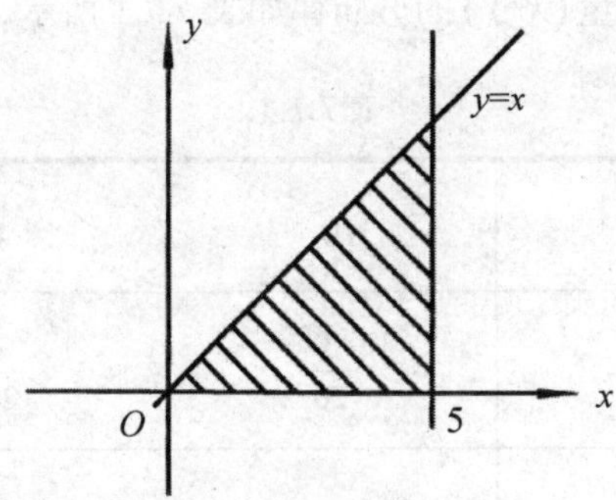

图 7.6.1

7.7　二维随机变量函数的分布

现在我们讨论，如果已知二维随机变量 (X,Y) 的联合分布，怎样求随机变量函数 $Z=g(X,Y)$ 的分布.

7.7.1 和的分布

1. 离散型随机变量 X 与 Y 的和

首先我们考虑两个离散型随机变量 X 与 Y 的和，显然，它也是离散型随机变量，记作 Z：

$$Z = X + Y.$$

变量 Z 的任一个可能值 z_k 是变量 X 的可能值 x_i 与变量 Y 的可能值 y_j 的和：

$$z_k = x_i + y_j.$$

但是，对于不同的 x_i 及 y_j，它们的和 $x_i + y_j$ 可能是相等的. 所以，按概率加法定理，有

$$P\{Z = z_k\} = \sum_i \sum_j P\{X = x_i,\ Y = y_j\},$$

这里求和的范围是一切使 $x_i + y_j = z_k$ 的 i 及 j 的值. 或者也可以写成

$$P\{Z = z_k\} = \sum_i P\{X = x_i,\ Y = z_k - x_i\}.$$

这里求和的范围可以认为是一切 i 的值. 如果对于 i 的某一个值 i_0，数 $z_k - x_{i_0}$ 不是变量 Y 的可能值，则我们规定 $P\{X = x_{i_0},\ Y = z_k - x_{i_0}\} = 0$.

同理可得

$$P\{Z = z_k\} = \sum_j P\{X = z_k - y_j, Y = y_j\},$$

如果 X 与 Y 独立，则有

$$P\{Z = z_k\} = \sum_i P\{X = x_i\} P\{Y = z_k - x_i\},$$

或

$$P\{Z = z_k\} = \sum_j P\{X = z_k - y_j\} P\{Y = y_j\}.$$

例 7.7.1 设二维随机变量 (X,Y) 的分布律如表 7.7.1 所示.

表 7.7.1

X \ Y	-1	0	1	2
-1	$\frac{4}{20}$	$\frac{3}{20}$	$\frac{2}{20}$	$\frac{6}{20}$
2	$\frac{2}{20}$	0	$\frac{2}{20}$	$\frac{1}{20}$

求：随机变量 X 与 Y 的函数 $X+Y$；$X-Y$；XY 的分布律.

解 为了简明起见，先将 (X,Y) 取各对值及对应的概率与函数 $X+Y$；$X-Y$；XY 的值列表 7.7.2.

表 7.7.2

P	4/20	3/20	2/20	6/20	2/20	0	2/20	1/20
(X,Y)	$(-1,-1)$	$(-1,0)$	$(-1,1)$	$(-1,2)$	$(2,-1)$	$(2,0)$	$(2,1)$	$(2,2)$
$X+Y$	-2	-1	0	1	1	2	3	4
$X-Y$	0	-1	-2	-3	3	2	1	0
XY	1	0	-1	-2	-2	0	2	4

所以得各函数的分布律如表 7.7.3 所示.

表 7.7.3

$X+Y$	-2	-1	0	1	3	4
P	4/20	3/20	2/20	8/20	2/20	1/20
$X-Y$	-3	-2	-1	0	1	3
P	6/20	2/20	3/20	5/20	2/20	2/20
XY	-2	-1	0	1	2	4
P	8/20	2/20	3/20	4/20	2/20	1/20

2. 连续型随机变量 X 与 Y 的和

对于连续型随机变量，设 (X,Y) 的概率密度为 $f(x,y)$，则 $Z=X+Y$ 的分布函数为

$$F_Z(z)=P\{Z\leqslant z\}=\iint\limits_{x+y\leqslant z} f(x,y)\mathrm{d}x\mathrm{d}y$$

这里，积分区域 $G:x+y\leqslant z$ 是直线 $x+y=z$ 及其左下方的半平面(见图 7.7.1)，化成累次积分，得

$$F_Z(z)=\int_{-\infty}^{+\infty}\left[\int_{-\infty}^{z-y} f(x,y)\mathrm{d}x\right]\mathrm{d}y$$

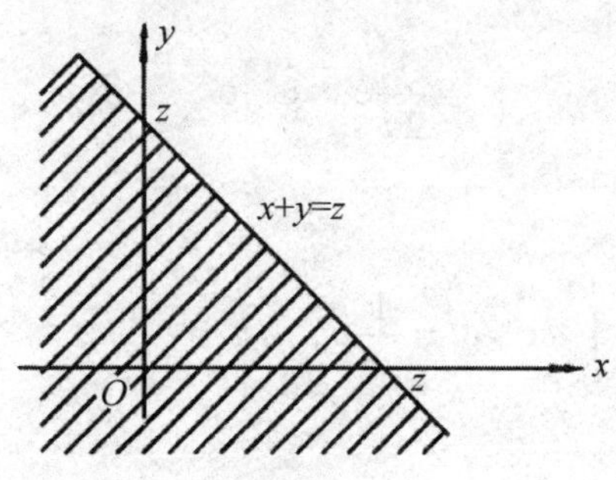

图 7.7.1

固定 z 和 y 对积分 $\int_{-\infty}^{z-y} f(x,y)\mathrm{d}x$ 作变量变换，令 $x=u-y$，得

$$\int_{-\infty}^{z-y} f(x,y)\mathrm{d}x=\int_{-\infty}^{z} f(u-y,y)\mathrm{d}u$$

于是

$$F_Z(z)=\int_{-\infty}^{+\infty}\left[\int_{-\infty}^{z}f(u-y,y)\mathrm{d}u\right]\mathrm{d}y=\int_{-\infty}^{z}\left[\int_{-\infty}^{+\infty}f(u-y,y)\mathrm{d}y\right]\mathrm{d}u .$$

由概率密度的定义，即得 Z 的概率密度为

$$f_Z(z)=\int_{-\infty}^{+\infty}f(z-y,y)\mathrm{d}y , \tag{7.7.1}$$

由 X,Y 的对称性，$f_Z(z)$ 又可写成

$$f_Z(z)=\int_{-\infty}^{+\infty}f(x,z-x)\mathrm{d}x . \tag{7.7.2}$$

式(7.7.1)、式(7.7.2)是两个随机变量和的概率密度的一般公式.

特别地，当 X 和 Y 相互独立时，设 (X,Y) 关于 X,Y 的边缘概率密度分别为 $f_X(x)$，$f_Y(y)$，则式(7.7.1)、式(7.7.2)分别化为

$$f_Z(z)=\int_{-\infty}^{+\infty}f_X(z-y)f_Y(y)\mathrm{d}y , \tag{7.7.3}$$

$$f_Z(z)=\int_{-\infty}^{+\infty}f_X(x)f_Y(z-x)\mathrm{d}x . \tag{7.7.4}$$

这两个公式称为卷积公式，记为 $f_X * f_Y$，即

$$f_X * f_Y=\int_{+\infty}^{-\infty}f_X(z-y)f_Y(y)\mathrm{d}y=\int_{+\infty}^{-\infty}f_X(x)f_Y(z-x)\mathrm{d}x .$$

例 7.7.2 设随机变量 X 与 Y 独立，并且都服从 $N(0,1)$ 分布，其概率密度分别为

$$f_X(x)=\frac{1}{\sqrt{2\pi}}\mathrm{e}^{-\frac{x^2}{2}}，\quad -\infty<x<+\infty ,$$

$$f_Y(y)=\frac{1}{\sqrt{2\pi}}\mathrm{e}^{-\frac{y^2}{2}}，\quad -\infty<y<+\infty .$$

求随机变量 $Z=X+Y$ 的概率密度.

解 由式(7.7.4)

$$\begin{aligned}f_Z(z)&=\int_{-\infty}^{+\infty}f_X(x)f_Y(z-x)\mathrm{d}x\\&=\frac{1}{2\pi}\int_{-\infty}^{+\infty}\mathrm{e}^{-\frac{x^2}{2}}\mathrm{e}^{-\frac{(z-x)^2}{2}}\mathrm{d}x\\&=\frac{1}{2\pi}\mathrm{e}^{-\frac{z^2}{4}}\int_{-\infty}^{+\infty}\mathrm{e}^{-\left(x-\frac{z}{2}\right)^2}\mathrm{d}x\end{aligned}$$

令 $t=x-\dfrac{z}{2}$，得

$$f_Z(z)=\frac{1}{2\pi}\mathrm{e}^{-\frac{z^2}{4}}\int_{-\infty}^{+\infty}\mathrm{e}^{-t^2}\mathrm{d}t=\frac{1}{2\pi}\mathrm{e}^{-\frac{z^2}{4}}\sqrt{\pi}=\frac{1}{2\sqrt{\pi}}\mathrm{e}^{-\frac{z^2}{4}}，\quad -\infty<z<+\infty$$

即 Z 服从 $N(0,2)$ 分布.

一般，设 X 与 Y 相互独立，且

$$X\sim N(\mu_x,\sigma_x^2)，\quad Y\sim N(\mu_y,\sigma_y^2) ,$$

则它们的和也服从正态分布，且有

$$Z=X+Y\sim N(\mu_x+\mu_y,\ \sigma_x^2+\sigma_y^2) .$$

这个结论还能推广到 n 个独立正态随机变量之和的情况. 设随机变量 $X_1,X_2,\cdots,X_n$ 相

互独立，并且都服从正态分布，即

$$X_i \sim N(\mu_i,\sigma_i^2)\text{，}\ i=1,2,\cdots,n$$

则它们的线性组合 $\sum_{i=1}^{n}c_iX_i$ 也服从正态分布，且有

$$\sum_{i=1}^{n}c_iX_i \sim N\left(\sum_{i=1}^{n}c_i\mu_i\text{，}\sum_{i=1}^{n}c_i^2\sigma_i^2\right)\text{，}$$

其中，$c_1, c_2, \cdots, c_n$ 为常数.

7.7.2 最大值与最小值的分布

设随机变量 X 与 Y 独立，它们的分布函数分别为 $F_X(x)$ 及 $F_Y(y)$，我们来求最大值 $\max(X,Y)$ 与最小值 $\min(X,Y)$ 的分布.

1. 最大值的分布

因为事件 $\max(X,Y)\leqslant z$ 与事件"X 及 Y 都不大于 z"(即 $X\leqslant z$，$Y\leqslant z$)相等，注意到 X 与 Y 的独立性，所以我们有 $\max(X,Y)$ 的分布函数：

$$\begin{aligned}F_{\max}(z) &= P[\max(X,Y)\leqslant z] = P\{X\leqslant z,\ Y\leqslant z\}\\ &= P\{X\leqslant z\}P\{Y\leqslant z\} = F_X(z)F_Y(z)\end{aligned}$$

2. 最小值的分布

因为事件 $\min(X,Y)>z$ 与事件"X 及 Y 都大于 z"(即 $X>z$，$Y>z$)相等，注意到 X 与 Y 的独立性，所以有 $\min(X,Y)$ 的分布函数：

$$\begin{aligned}F_{\min}(z) &= P\big[\min(X,Y)\leqslant z\big] = 1-P\big[\min(X,Y)>z\big] = 1-P\{X>z,Y>z\}\\ &= 1-P\{X>z\}P\{Y>z\} = 1-[1-P\{X\leqslant z\}][1-P\{Y\leqslant z\}]\\ &= 1-[1-F_X(z)][1-F_Y(z)]\end{aligned}$$

上述结论不难推广到有限多个独立随机变量的情形. 设随机变量 $X_1, X_2, \cdots, X_n$ 相互独立，则它们的最大值 $\max(X_1,X_2,\cdots,X_n)$ 的分布函数为

$$F_{\max}(z) = \prod_{i=1}^{n}F_i(z)\text{，}$$

最小值 $\min(X_1,X_2,\cdots,X_n)$ 的分布函数为

$$F_{\min}(z) = 1-\prod_{i=1}^{n}[1-F_i(z)]$$

其中，$F_i(z)$ 表示随机变量 X_i 的分布函数 $(i=1,2,\cdots,n)$.

特别地，如果 $X_1, X_2, \cdots, X_n$ 相互独立，并且服从相同的分布，设 X_i 的分布函数为 $F(x)$，则我们有

$$F_{\max}(z) = [F(z)]^n\text{，}$$

$$F_{\min}(z) = 1-[1-F(z)]^n.$$

例 7.7.3　设系统 L 由两个相互独立的子系统 L_1, L_2 连接而成，连接的方式分别为：(1)串联；(2)并联；(3)备用(当系统 L_1 损坏时，系统 L_2 开始工作)，如图 7.7.2 所示. 设 L_1, L_2 的寿命分别为 X, Y，它们的概率密度分别为

$$f_X(x)=\begin{cases}\alpha e^{-\alpha x}, & x>0\\ 0, & x\leqslant 0\end{cases}$$

$$f_Y(y)=\begin{cases}\beta e^{-\beta y}, & y>0\\ 0, & y\leqslant 0\end{cases}$$

其中，$\alpha>0$，$\beta>0$，$\alpha\neq\beta$，试分别就以上三种连接方式写出 L 的寿命 Z 的概率密度函数.

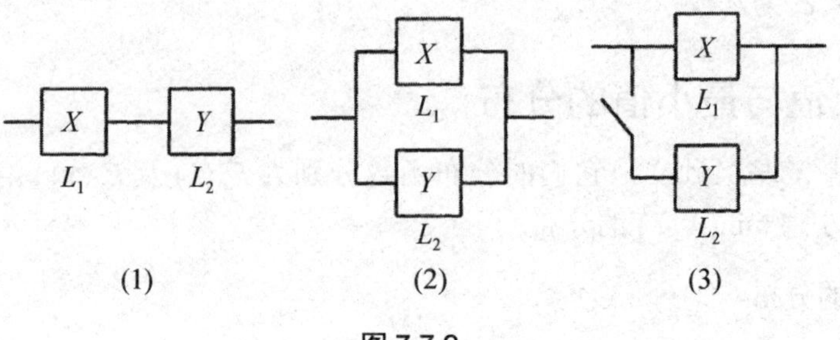

图 7.7.2

解 (1) 串联情况.

由于当 L_1,L_2 中有一个损坏时，系统 L 就停止工作，所以这时 L 的寿命为 $Z=\min(X,Y)$. 由题设，X，Y 的分布函数为

$$F_X(x)=\begin{cases}1-e^{-\alpha x}, & x>0\\ 0, & x\leqslant 0\end{cases},$$

$$F_Y(y)=\begin{cases}1-e^{-\beta y}, & y>0\\ 0, & y\leqslant 0\end{cases}.$$

故得 $Z=\min(X,Y)$ 的分布函数为

$$F_{\min}(z)=1-[1-F_X(z)][1-F_Y(z)]$$
$$=\begin{cases}1-e^{-(\alpha+\beta)z}, & z>0\\ 0, & z\leqslant 0\end{cases}$$

于是 $Z=\min(X,Y)$ 的概率密度函数为

$$f_{\min}(z)=\frac{\mathrm{d}}{\mathrm{d}z}F_{\min}(z)$$
$$=\begin{cases}(\alpha+\beta)e^{-(\alpha+\beta)z}, & z>0\\ 0, & z\leqslant 0\end{cases}.$$

(2) 并联情况.

由于当 L_1,L_2 都损坏时，系统 L 才停止工作，所以 L 的寿命为 $Z=\max(X,Y)$. 由题设，$Z=\max(X,Y)$ 的分布函数为

$$F_{\max}(z)=F_X(z)\cdot F_Y(z)$$
$$=\begin{cases}(1-e^{-\alpha z})(1-e^{-\beta z}), & z>0\\ 0, & z\leqslant 0\end{cases}.$$

于是 $Z=\max(X,Y)$ 的概率密度函数为

$$f_{\max}(z)=\begin{cases}\alpha e^{-\alpha z}+\beta e^{-\beta z}-(\alpha+\beta)e^{-(\alpha+\beta)z}, & z>0\\ 0, & z\leqslant 0\end{cases}$$

(3) 备用情况.

由于当 L_1 损坏时 L_2 才开始工作，因此整个系统 L 的寿命为 L_1,L_2 两者的寿命之和，即 $Z=X+Y$.

由题设及连续型随机变量卷积公式，当 $z>0$ 时，$Z=X+Y$ 的概率密度函数为

$$\begin{aligned}f_{X+Y}(z)&=\int_{-\infty}^{+\infty}f_X(z-y)f_Y(y)dy\\&=\int_0^z\alpha e^{-\alpha(z-y)}\cdot\beta e^{-\beta y}dy\\&=\alpha\beta e^{\alpha z}\int_0^z e^{-(\beta-\alpha)y}dy\\&=\frac{\alpha\beta}{\beta-\alpha}[e^{-\alpha z}-e^{\beta z}]\end{aligned}$$

当 $z\leqslant 0$，$f_{X+Y}(z)=0$，于是

$$f_{X+Y}(z)=\begin{cases}\dfrac{\alpha\beta}{\beta-\alpha}[e^{-\alpha z}-e^{\beta z}], & z>0\\ 0, & z\leqslant 0\end{cases}.$$

习　题　7

1. 设 20 件同类产品中有 5 件次品，从中不放回地任取 3 件，以 X 表示其中次品数. 求 X 的分布律.

2. 进行某项试验，设试验成功的概率为 $p(0<p<1)$，求试验获得首次成功所需要的试验次数 X 的分布律.

3. 传送 15 个信号，每个信号在传送过程中失真的概率为 0.06，每个信号是否失真相互独立. 试求：

(1) 恰有一个信号失真的概率；

(2) 至少有两个信号失真的概率.

4. 一电话交换机每分钟接到的传呼次数为 $X\sim P(4)$. 试求：

(1) 每分钟恰有 7 次传呼的概率；

(2) 每分钟的传呼次数多于 2 次的概率.

5. 随机变量 X 的概率密度为 $f(x)=Ae^{-|x|},-\infty<x<+\infty$. 试求：(1)系数 A；(2)分布函数 $F(x)$，并作图.

6. 某种电子元件的寿命 X 的概率密度为

$$f(x)=\begin{cases}\dfrac{1000}{x^2}, & x>1000\\ 0, & x\leqslant 1000\end{cases}.$$

一台设备中装有此种电子元件 3 个，求在使用的最初 1500h 内：

(1) 没有一个元件损坏的概率；

(2) 只有一个元件损坏的概率；

(3) 至少有一个元件损坏的概率(假定电子元件损坏与否相互独立).

7. 某厂生产的产品的寿命 X 服从 $N(1600,\sigma^2)$ 的正态分布，如果产品寿命在 1200 小时以上的概率不小于 0.76，试求 σ 的值.

8. 设随机变量 X 的分布律为

X	−3	−1	0	1	2
P	0.1	0.2	0.25	0.2	0.25

试求：(1) $Y=-2X+1$的分布律；

(2) $Z=2X^2-3$的分布律.

9. 设随机变量 $X\sim N(0,1)$. 试求：

(1) $Y_1=2X^2+1$的概率密度；(2) $Y_2=|X|$的概率密度.

10. 设随机变量 X 具有概率密度函数

$$f_X(x)=\begin{cases}\dfrac{x}{8}, & 0<x<4\\ 0, & 其他\end{cases}.$$

求随机变量 $Y=2X+8$ 的概率密度.

11. 箱中有 7 个编号，分别为 1, 2, …, 7 的同样的球，从中任取 3 个球，以随机变量 X 表示取出的 3 个球中的最小号，求 X 的分布律.

12. 设随机变量 X 的概率密度为

$$f(x)=\begin{cases}A\cos x, & |x|\leqslant\dfrac{\pi}{2}\\ 0, & |x|>\dfrac{\pi}{2}\end{cases}.$$

试求：(1)系数 A；(2) X 的分布函数；(3) $P\left\{0<X<\dfrac{3}{4}\pi\right\}$.

13. 对圆片直径进行测量，测量值 X 在区间 $[5,6]$ 上服从均匀分布，求圆片面积 Y 的概率密度.

14. 设连续型随机变量 X 的分布函数为

$$F(x)=A+B\arctan x, \quad -\infty<x<+\infty$$

求：(1)系数 A 及 B；(2)随机变量 X 落在区间 $(-1,1)$ 内的概率；(3)随机变量 X 的概率密度.

15. 设随机变量 (X,Y) 的概率密度为

$$f(x,y)=\begin{cases}k\mathrm{e}^{-(3x+4y)}, & x>0,y>0\\ 0, & 其他.\end{cases}$$

试求：(1)常数 k；(2) (X,Y) 的分布函数；(3) $P\{0<X<1,0<Y<2\}$.

16. 设一个口袋里共有三个球，在它们上面分别标有数字 1，2，3. 从这口袋中任取

一球后不放回，再从袋中任取一球，依次以 X, Y 记第一次、第二次取得的球的标号.

试求：(1)随机变量 (X, Y) 的联合分布律；(2) X 和 Y 的边缘分布律.

17. 设随机变量 (X, Y) 的概率密度为

$$f(x, y)=\begin{cases} Cxy^2, & 0<x<1, 0<y<1 \\ 0, & \text{其他} \end{cases}.$$

(1) 试求常数 C；(2) 证明 X 和 Y 是相互独立的.

18. 设随机变量 (X, Y) 的概率分布如下表所示.

X \ Y	−1	1	2
−1	0.15	0.1	0.3
2	0.15	0.15	0.15

试求：随机变量 $X+Y$，$X-Y$，XY 的分布律.

19. 设随机变量 (X, Y) 在由直线 $y=x$ 和曲线 $y=x^2$ 所围成的平面区域 G 上服从均匀分布， 求 (X, Y) 的边缘概率密度 $f_X(x), f_Y(y)$.

20. 设某商品一周的需求量是一个随机变量，其概率密度为

$$f(x)=\begin{cases} t\mathrm{e}^{-t}, & t>0 \\ 0, & \text{其他} \end{cases}$$

并设各周的需求量相互独立. 试求两周、三周需求量的概率密度.

21. 设随机变量 (X, Y) 的概率密度为

$$f(x, y)=\begin{cases} k(2-\sqrt{x^2+y^2}), & x^2+y^2 \leqslant 4 \\ 0, & \text{其他} \end{cases}$$

试求：(1) 常数 k； (2) 随机变量 (X, Y) 在以原点为圆心，以 1 为半径的圆域内取值的概率.

22. 设随机变量 (X, Y) 的概率密度为

$$f(x, y)=\begin{cases} \dfrac{3}{2}x, & 0<x<1, |y|<x \\ 0, & \text{其他} \end{cases}.$$

求边缘概率密度 $f_X(x), f_Y(y)$.

23. 设随机变量 (X, Y) 的联合分布函数为

$$F(x, y)=A\left(B+\arctan\frac{x}{2}\right)\left(C+\arctan\frac{y}{3}\right),$$

求：(1) 系数 A, B, C；(2) (X, Y) 的联合概率密度；(3) 边缘分布函数及边缘概率密度.

第 8 章　随机变量的数字特征

前面讨论了随机变量的分布函数、分布律和概率密度函数，这些都能对随机变量取值的概率规律进行完整的描述. 然而在一些实际问题中要确定一个随机变量的分布函数或概率密度函数却是非常困难的，而且有一些实际问题，并不需要全面地考察随机变量的统计规律，而只需知道它的某些特征，即只要知道随机变量的一些重要的数量指标就够了. 例如，在测量某零件长度时，由于种种偶然因素的影响，测量结果是一随机变量. 我们主要关心的是零件的平均长度及其测量结果的精确程度，后者是反映测量值对平均长度的集中或偏离程度. 又如，衡量一批灯泡的质量，主要是灯泡的平均寿命及灯泡寿命相对平均寿命的偏差. 平均寿命愈长，灯泡的质量愈好；灯泡寿命相对平均寿命的偏差愈小，灯泡的质量就愈稳定. 上述例中的两种综合数量指标，实际上反映了随机变量取值的平均值(数学期望)与相对平均值的偏离程度(方差). 像这种能刻画随机变量取值特征的数量指标，统称为随机变量的数字特征. 它们主要有数学期望、方差、协方差和相关系数，等等. 本章将给出它们的数学描述. 可从中更进一步地理解随机变量分布中参数的特有的含义.

8.1　数 学 期 望

8.1.1　离散型随机变量的数学期望

先考查一个例子. 某校对 n 名新生进行体检，测量结果为：身高为 $X_1, X_2, \cdots, X_k$ $(1 \leqslant k \leqslant n)$ 的人数依次为 $m_1, m_2, \cdots, m_k$，$m_1 + m_2 + \cdots + m_k = n$，则这 n 个人的平均身高为

$$\overline{X} = \frac{1}{n}\sum_{i=1}^{k} x_i m_i = \sum_{i=1}^{k} x_i \frac{m_i}{n}.$$

现在从 n 个人中任取一名，用 X 表示其身高，则随机变量 X 具有分布律

$$P\{X = x_i\} = \frac{m_i}{n},\ i = 1, 2, \cdots, k \quad (1 \leqslant k \leqslant n),$$

因此，这 n 名新生的身高的平均取值又可以表示为

$$\overline{x} = \sum_{i=1}^{k} x_i \frac{m_i}{n} = \sum_{i=1}^{k} x_i P\{X = x_i\},$$

故 $\overline{x}$ 是随机变量 X 的所有可能取值 x_i $(i = 1, 2, \cdots, k)$ 以其概率 $P\{X = x_i\}$ 作为权的一种加权平均值. 对离散型随机变量引入如下定义.

定义 8.1.1　设离散型随机变量 X 的分布律为

$$P\{X = x_k\} = p_k,\ k = 1, 2, \cdots$$

如果级数 $\sum\limits_{k=1}^{\infty} x_k \cdot p_k$ 绝对收敛，则其和称为随机变量 X 的数学期望或平均值，记为 $E(X)$，即

$$E(X)=\sum_{k=1}^{\infty}x_k\cdot p_k \tag{8.1.1}$$

随机变量的数学期望 $E(X)$ 完全由 X 的分布律确定，而不应受 X 可能取值的排列次序的影响，因此要求级数 $\sum_{k=1}^{\infty}x_k\cdot p_k$ 绝对收敛，如果级数 $\sum_{k=1}^{\infty}x_k\cdot p_k$ 不绝对收敛，则 X 的数学期望不存在.

例 8.1.1 欲投资某项新技术，据估计该项新技术若试验成功并用于生产，则可净获利 10 万元，若试验失败，将损失 2 万元的试验费. 估计试验成功的概率约为 0.7，失败的概率约 0.3. 在这项新技术试验之前，求投资该项新技术获利的数学期望值.

解 设 X 为投资者获利数，则其分布律为

X	10	−2
P	0.7	0.3

于是，$E(X)=10\times0.7+(-2)\times0.3=6.4$ (万元)，即投资该项新技术获利的期望值是 6.4 万元.

由上例知，每一个投资者在投资之前，心中总首先要盘算这个数字 $E(X)$，而 $E(X)$ 是投资者想要获利的数学上的一个期望. 这正是称 $E(X)$ 为“数学期望”的原因.

例 8.1.2 在射击训练中，甲、乙两射手各进行 100 次射击，甲命中 8 环、9 环、10 环分别为 30 次、10 次、60 次，乙命中 8 环、9 环、10 环分别为 20 次、50 次、30 次. 试问如何评定甲、乙射手的技术优劣?

解 上面的射击成绩很难立即看出结果. 我们可以从其平均命中环数来评定射手技术优劣.

记 X,Y 分别为甲、乙射手命中环数，则其分布律为

X	8	9	10
P	0.3	0.1	0.6

Y	8	9	10
P	0.2	0.5	0.3

故

$$E(X)=8\times0.3+9\times0.1+10\times0.6=9.3\,(环),$$
$$E(Y)=8\times0.2+9\times0.5+10\times0.3=9.1\,(环).$$

所以，就平均水平而言，甲射手较乙射手的技术要好.

8.1.2 连续型随机变量的数学期望

若 X 为连续型随机变量，其概率密度函数为 $f(x)$，则 X 落在 $(x_k,x_k+\mathrm{d}x)$ 内的概率可近似地表示为 $f(x_k)\,\mathrm{d}x$，它与离散型随机变量的 p_k 类似，下面给出定义.

定义 8.1.2 设连续型随机变量 X 的概率密度函数为 $f(x)$. 如果 $\int_{-\infty}^{+\infty}x f(x)\mathrm{d}x$ 绝对收敛(即积分 $\int_{-\infty}^{+\infty}|x|f(x)\mathrm{d}x$ 存在)，则称该积分值为随机变量 X 的数学期望或平均值，简称期望

或均值. 记为$E(X)$，即

$$E(X)=\int_{-\infty}^{+\infty} x f(x)\mathrm{d}x . \tag{8.1.2}$$

如果积分$\int_{-\infty}^{+\infty} x f(x)\mathrm{d}x$不绝对收敛，则称随机变量$X$的数学期望不存在.

例 8.1.3 设随机变量X的概率密度函数为

$$f(x)=\begin{cases}2x, & 0\leqslant x\leqslant 1\\ 0, & \text{其他}\end{cases}.$$

试求$E(X)$.

解

$$E(X)=\int_{-\infty}^{+\infty} x f(x)\mathrm{d}x=\int_0^1 2x^2\mathrm{d}x=\frac{2}{3}$$

例 8.1.4 设随机变量X的概率密度函数为

$$f(x)=\frac{1}{\pi(1+x^2)}，-\infty<x<+\infty ,$$

试求$E(X)$.

解

$$E(X)=\int_{-\infty}^{+\infty} x f(x)\mathrm{d}x=\int_{-\infty}^{+\infty}\frac{x}{1+x^2}\mathrm{d}x$$

因为反常积分$\int_{-\infty}^{+\infty}\frac{x}{1+x^2}\mathrm{d}x$不绝对收敛，所以数学期望$E(X)$不存在.

例 8.1.5 设有 5 个相互独立工作的电子装置，其寿命$X_k(k=1,2,3,4,5)$服从同一指数分布，其分布函数为

$$F(x)=\begin{cases}1-\mathrm{e}^{-\lambda x}, & x\geqslant 0,\lambda>0\\ 0, & x<0\end{cases}.$$

求：(1) 若将这 5 个电子装置并联组成整机，求整机寿命M的数学期望.

(2) 若将这 5 个电子装置串联组成整机，求整机寿命N的数学期望.

解 由随机变量函数的分布可知

(1) $M=\max\{X_1,X_2,X_3,X_4,X_5\}$的分布函数为

$$F_M(x)=(F(x))^5=\begin{cases}(1-\mathrm{e}^{-\lambda x})^5, & x\geqslant 0\\ 0, & x<0\end{cases}.$$

故其概率密度函数为

$$f_M(x)=\begin{cases}5\lambda\mathrm{e}^{-\lambda x}(1-\mathrm{e}^{-\lambda x})^4, & x\geqslant 0\\ 0, & x<0\end{cases}.$$

所以

$$E(M)=\int_{-\infty}^{+\infty} xf_M(x)\mathrm{d}x=\int_0^{+\infty}5\lambda x\mathrm{e}^{-\lambda x}(1-\mathrm{e}^{-\lambda x})^4\mathrm{d}x=\frac{137}{60\lambda}.$$

(2) $N=\min\{X_1, X_2, X_3, X_4, X_5\}$ 的分布函数为

$$F_N(x)=1-[1-F(x)]^5=\begin{cases}1-\mathrm{e}^{-5\lambda x}, & x\geqslant 0\\ 0, & x<0\end{cases}.$$

其概率密度函数为

$$f_N(x)=\begin{cases}5\lambda\mathrm{e}^{-5\lambda x}, & x\geqslant 0\\ 0, & x<0\end{cases}.$$

故

$$E(N)=\int_{-\infty}^{+\infty}xf_N(x)\mathrm{d}x=\int_0^{+\infty}x\cdot 5\lambda\mathrm{e}^{-5\lambda x}\mathrm{d}x=\frac{1}{5\lambda}$$

可知，$E(M)/E(N)\approx 11.4$．即同样的 5 个电子装置，并联组成整机的平均寿命大约是串联组成整机的平均寿命的 11.4 倍.

8.1.3 二维随机变量的数学期望

定义 8.1.3　设二维随机变量 (X, Y)

(1) 若二维随机变量的联合概率函数为 $P\{X=x_i, Y=y_i\}=p_{ij}$，$i, j=1,2,\cdots$，则随机变量 X 和 Y 的数学期望分别定义为

$$E(X)=\sum_{i=1}^{\infty}\sum_{j=1}^{\infty}x_i\cdot p_{ij}, \tag{8.1.3}$$

$$E(Y)=\sum_{i=1}^{\infty}\sum_{j=1}^{\infty}y_j\cdot p_{ij}. \tag{8.1.4}$$

假定级数都是绝对收敛的. 进一步，可利用式(7.7.1)和(7.7.2)，则式(8.1.3)和(8.1.4)可分别写成

$$E(X)=\sum_{i=1}^{\infty}x_i\cdot p_{i\bullet}, \tag{8.1.5}$$

$$E(Y)=\sum_{j=1}^{\infty}y_j\cdot p_{\bullet j}. \tag{8.1.6}$$

(2) 若二维随机变量的联合概率密度函数为 $f(x, y)$，则随机变量 X 和 Y 的数学期望分别定义为

$$E(X)=\int_{-\infty}^{+\infty}\int_{-\infty}^{+\infty}xf(x, y)\mathrm{d}x\mathrm{d}y, \tag{8.1.7}$$

$$E(Y)=\int_{-\infty}^{+\infty}\int_{-\infty}^{+\infty}yf(x, y)\mathrm{d}x\mathrm{d}y. \tag{8.1.8}$$

假定上述积分都是绝对收敛的. 进一步，可利用式(7.7.3)和(7.7.4)，则式(8.1.7)和式(8.1.8)可分别写成

$$E(X)=\int_{-\infty}^{+\infty}xf_X(x)\mathrm{d}x, \tag{8.1.9}$$

$$E(Y)=\int_{-\infty}^{+\infty}yf_Y(y)\mathrm{d}y. \tag{8.1.10}$$

8.1.4 随机变量函数的数学期望

在实际问题中，常常需要求出随机变量函数的数学期望. 例如，已知随机变量 X 的分布律或概率密度函数，我们要求 X 的函数 $Y=g(X)$ 的数学期望 $E(Y)$. 可以不必求出 Y 的分布律或概率密度函数，而直接由 X 的分布律或概率密度函数来求出 $E(Y)$. 下面的定理说明了这点.

定理 8.1.1 设随机变量 X 的函数为 $Y=g(X)$ (g 是连续函数).

(1) 设 X 为离散型随机变量，其分布律为

$$P\{X=x_k\}=p_k,\quad k=1,2,\cdots$$

若级数 $\sum_{k=1}^{\infty} g(x_k)\cdot p_k$ 绝对收敛，则有

$$E(Y)=E(g(X))=\sum_{k=1}^{\infty} g(x_k)\cdot p_k \tag{8.1.11}$$

(2) 设 X 为连续型随机变量，其概率密度函数为 $f(x)$. 若积分 $\int_{-\infty}^{+\infty} g(x)f(x)\mathrm{d}x$ 绝对收敛(即积分 $\int_{-\infty}^{+\infty}|g(x)|f(x)\mathrm{d}x$ 存在)，则有

$$E(Y)=E(g(X))=\int_{-\infty}^{+\infty} g(x)f(x)\mathrm{d}x \tag{8.1.12}$$

这个定理说明，在求 $Y=g(X)$ 的数学期望时，不必知道 Y 的分布，而只需知道 X 的分布即可. 定理的证明超出了本书的范围，此处从略.

这个定理还可以推广到两个或多个随机变量的函数的情况.

设 Z 是随机变量 X,Y 的函数 $Z=g(X,Y)$ (g 是连续函数)，则 Z 也是一个随机变量.

若二维离散型随机变量 (X,Y) 的联合分布律为

$$P\{X=x_i,Y=y_i\}=p_{ij},\quad i,j=1,2,\cdots$$

则有

$$E(Z)=E[g(X,Y)]=\sum_{i=1}^{\infty}\sum_{j=1}^{\infty} g(x_i,y_j)\cdot p_{ij}\,. \tag{8.1.13}$$

若二维连续型随机变量 (X,Y) 的联合概率密度函数为 $f(x,y)$，则有

$$E(Z)=E[g(X,Y)]=\int_{-\infty}^{+\infty}\int_{-\infty}^{+\infty} g(x,y)f(x,y)\,\mathrm{d}x\mathrm{d}y\,. \tag{8.1.14}$$

这里要求等式右端的级数或积分都是绝对收敛的.

例 8.1.6 设随机变量 X 服从参数为 λ 的泊松分布，且 $Y=\mathrm{e}^X$. 试求数学期望 $E(Y)$.

解 由于 $X\sim P(\lambda)$，故 X 的分布律为

$$P\{X=k\}=\frac{\lambda^k\mathrm{e}^{-\lambda}}{k!},\quad k=0,1,2,\cdots$$

于是

$$E(Y)=E(\mathrm{e}^X)=\sum_{k=0}^{\infty}\mathrm{e}^k\cdot\frac{\lambda^k\mathrm{e}^{-\lambda}}{k!}=\mathrm{e}^{-\lambda}\sum_{k=0}^{\infty}\frac{(\lambda\mathrm{e})^k}{k!}=\mathrm{e}^{-\lambda}\cdot\mathrm{e}^{\mathrm{e}\lambda}=\mathrm{e}^{\lambda(\mathrm{e}-1)}\,.$$

例 8.1.7 设二维随机变量 (X,Y) 的联合概率密度函数为

$$f(x,y)=\begin{cases}x+y, & 0\leqslant x\leqslant 1, 0\leqslant y\leqslant 1\\ 0, & \text{其他}\end{cases}.$$

求 $Z=XY$ 的数学期望 $E(Z)$.

解

$$E(Z)=E(XY)=\int_{-\infty}^{+\infty}\int_{-\infty}^{+\infty}xy\cdot f(x,y)\mathrm{d}x\mathrm{d}y=\int_0^1\int_0^1 xy\cdot(x+y)\mathrm{d}x\mathrm{d}y=\frac{1}{3}$$

例 8.1.8　设市场对某种商品的需求量是随机变量 X (单位：吨)，它服从 (2000, 4000) 上的均匀分布，若售出这种商品 1 吨，可赚 3 万元，但若销售不出去，则每吨需付仓库保管费 1 万元，问应组织多少吨货源才能使收益的期望值最大？

解　设应组织 m 吨货源，Y 为收益(万元)，则

$$Y=g(X)=\begin{cases}3m, & X\geqslant m\\ 3X-(m-X), & X<m\end{cases}$$

而市场需求量 $X\sim U(2000,4000)$，故

$$f(x)=\begin{cases}\dfrac{1}{2000}, & 2000\leqslant x\leqslant 4000\\ 0, & x\leqslant 2000\cup x\geqslant 4000\end{cases}.$$

于是

$$\begin{aligned}E(Y)&=E[g(X)]=\int_{-\infty}^{+\infty}g(x)f(x)\mathrm{d}x\\&=\frac{1}{2000}\left[\int_{2000}^{m}(3x-(m-x))\mathrm{d}x+\int_{m}^{4000}3m\mathrm{d}x\right]\\&=\frac{1}{2000}(-2m^2+12\,000m-8\times10^6)\end{aligned}$$

8.1.5　数学期望的性质

现在给出数学期望的几个重要性质. 在下面的讨论中，所遇到的随机变量的数学期望均假设存在，且仅对连续型随机变量给予证明，对离散型随机变量证明只需将积分换为类似的求和即可.

性质 8.1.1　设 C 为常数，则有 $E(C)=C$.

证　因为 $P\{X=C\}=1$，故由定义即得 $E(C)=C$.

性质 8.1.2　设 C 为常数，X 为随机变量，则有

$$E(CX)=CE(X).$$

证　设 X 的概率密度函数为 $f(x)$，则

$$E(CX)=\int_{-\infty}^{+\infty}Cxf(x)\mathrm{d}x=C\int_{-\infty}^{+\infty}xf(x)\mathrm{d}x=CE(X).$$

性质 8.1.3　设 X,Y 为任意两个随机变量，则有

$$E(X+Y)=E(X)+E(Y).$$

证　设二维随机变量 (X,Y) 的联合概率密度函数为 $f(x,y)$，边缘概率密度函数分别为 $f_X(x),f_Y(y)$，则

$$\begin{aligned}E(X+Y)&=\int_{-\infty}^{+\infty}\int_{-\infty}^{+\infty}(x+y)f(x,y)\mathrm{d}x\mathrm{d}y\\&=\int_{-\infty}^{+\infty}\int_{-\infty}^{+\infty}xf(x,y)\mathrm{d}x\mathrm{d}y+\int_{-\infty}^{+\infty}\int_{-\infty}^{+\infty}yf(x,y)\mathrm{d}x\mathrm{d}y\\&=\int_{-\infty}^{+\infty}xf_X(x)\mathrm{d}x+\int_{-\infty}^{+\infty}yf_Y(x)\mathrm{d}y\\&=E(X)+E(Y).\end{aligned}$$

这一性质可以推广到任意有限多个随机变量之和的情形，即

$$E(X_1+X_2+\cdots+X_n)=E(X_1)+E(X_2)+\cdots+E(X_n)$$

性质 8.1.4　设 X,Y 是相互独立的随机变量，则有

$$E(XY)=E(X)\cdot E(Y).$$

证　因为 X 与 Y 相互独立，其联合概率密度函数与边缘概率密度函数满足：$f(x,y)=f_X(x)f_Y(y)$，所以

$$\begin{aligned}E(XY)&=\int_{-\infty}^{+\infty}\int_{-\infty}^{+\infty}xy\cdot f(x,y)\mathrm{d}x\mathrm{d}y=\int_{-\infty}^{+\infty}\int_{-\infty}^{+\infty}xy\cdot f_X(x)f_Y(y)\mathrm{d}x\mathrm{d}y\\&=\left(\int_{-\infty}^{+\infty}xf_X(x)\mathrm{d}x\right)\cdot\left(\int_{-\infty}^{+\infty}yf_Y(y)\mathrm{d}y\right)\\&=E(X)\cdot E(Y)\end{aligned}$$

这一性质可以推广到任意有限多个相互独立的随机变量之积的情形，即若 $X_1,X_2,\cdots,X_n$ 为相互独立的随机变量，则有

$$E(X_1X_2\cdots X_n)=E(X_1)E(X_2)\cdots E(X_n).$$

例 8.1.9　设 X 表示某种产品的日产量，Y 表示相应的成本，每件产品的成本为 6 元，而每天固定设备的折旧费为 600 元，若平均日产量 $E(X)=50$ 件，求每天生产产品所需的平均成本.

解　$Y=600+6X$. 由数学期望性质可得

$$E(Y)=600+6E(X)=600+6\times 50=900$$

故每天生产产品的平均成本为 900 元.

例 8.1.10　对某一目标连续投弹，直至命中 n 次为止. 设每次投弹的命中率为 p，求消耗的炸弹数 X 的数学期望.

解　设 X_i 表示从第 $i-1$ 次命中后至第 i 次命中时所消耗的炸弹数，则其消耗的炸弹数 $X=\sum_{i=1}^{n}X_i$，而 X_i 的分布律为

$$P\{X_i=k\}=p\cdot(1-p)^{k-1}，\ k=1,2,\cdots,n$$

于是

$$E(X_i)=\sum_{k=1}^{\infty}k\cdot(1-p)^{k-1}\cdot p=\frac{1}{p},$$

故

$$E(X)=\sum_{i=1}^{n}E(X_i)=\frac{n}{p}.$$

例 8.1.11　设二维随机变量 (X,Y) 的联合概率密度函数为

$$f(x,y)=\begin{cases}x+y, & 0\leqslant x\leqslant 1, 0\leqslant y\leqslant 1\\ 0, & \text{其他}\end{cases}.$$

试验证 $E(XY)\neq E(X)\cdot E(Y)$.

解

$$E(XY)=\int_{-\infty}^{+\infty}\int_{-\infty}^{+\infty}xyf(x,y)\mathrm{d}x\mathrm{d}y=\int_0^1\int_0^1 xy(x+y)\mathrm{d}x\mathrm{d}y=\frac{1}{3},$$

$$E(X)=\int_{-\infty}^{+\infty}\int_{-\infty}^{+\infty}xf(x,y)\mathrm{d}x\mathrm{d}y=\int_0^1\int_0^1 x(x+y)\mathrm{d}x\mathrm{d}y=\frac{7}{12}.$$

又由对称性知

$$E(X)=E(Y)=\frac{7}{12},$$

故

$$E(XY)\neq E(X)\cdot E(Y).$$

由此可知，独立性不满足时，不能保证性质 8.1.4 成立.

8.2　方　　差

8.2.1　方差的概念

在许多实际问题中，不仅关心某一指标的平均取值，而且还关心该指标取值与平均值的偏离程度. 例如，有一批灯泡平均寿命 $E(X)=1000\,\mathrm{h}$，仅仅由这个指标并不能完全判定这批灯泡质量的好坏，还需考察灯泡寿命 X 与平均值 $E(X)$ 的偏离程度，若偏离程度较小，则灯泡质量比较稳定. 因此，研究随机变量与其平均值的偏离程度是十分重要的.

用什么量去表示随机变量 X 与其数学期望的偏离程度呢？显然，可利用平均值 $E[|X-E(X)|]$ 来表示 X 与 $E(X)$ 的偏离程度. 但由于上式含绝对值，在计算上不方便，通常用 $E[X-E(X)]^2$ 来表示 X 与 $E(X)$ 的偏离程度.

定义 8.2.1　设 X 是一个随机变量. 若 $E[X-E(X)]^2$ 存在，则称 $E[X-E(X)]^2$ 为 X 的方差，记为 $D(X)$，即

$$D(X)=E[X-E(X)]^2 \tag{8.2.1}$$

称 $\sqrt{D(X)}$ 为 X 的标准差或均方差.

由定义 8.2.1 知，随机变量 X 的方差反映出 X 的取值与其数学期望的偏离程度，若 $D(X)$ 较小，则 X 取值比较集中，否则，X 取值比较分散，因此，方差 $D(X)$ 是刻划 X 取值分散程度的一个量. 方差实际上是随机变量 X 的函数的数学期望. 故若 X 为离散型随机变量，其分布律为

$$P\{X=x_k\}=p_k,\quad k=1,2,\cdots$$

则

$$D(X)=E[X-E(X)]^2=\sum_{k=1}^{\infty}[x_k-E(X)]^2\cdot p_k. \tag{8.2.2}$$

若 X 为连续型随机变量，其概率密度函数为 $f(x)$，则

$$D(X)=\int_{-\infty}^{+\infty}[x-E(X)]^2\cdot f(x)\mathrm{d}x \tag{8.2.3}$$

除定义 8.2.1 外，关于随机变量 X 的方差的计算，有以下重要公式：

$$D(X)=E(X^2)-[E(X)]^2 \tag{8.2.4}$$

证 由期望的性质并注意到 $E(X)$ 是常数，有

$$\begin{aligned}D(X)&=E[X-E(X)]^2=E\{X^2-2XE(X)+[E(X)]^2\}\\&=E(X^2)-2E(X)\cdot E(X)+[E(X)]^2\\&=E(X)^2-[E(X)]^2.\end{aligned}$$

例 8.2.1 设甲、乙两人加工同种零件，两人每天加工的零件数相等，所出的次品数分别为 X 和 Y，且 X 和 Y 的分布律分别如表 8.2.1 和表 8.2.2 所示。

表 8.2.1

X	0	1	2
P	0.6	0.1	0.3

图 8.2.2

Y	0	1	2
P	0.5	0.3	0.2

试对甲、乙两人的技术进行比较.

解

$$E(X)=0\times0.6+1\times0.1+2\times0.3=0.7,$$

$$E(Y)=0\times0.5+1\times0.3+2\times0.2=0.7,$$

$$D(X)=(0-0.7)^2\times0.6+(1-0.7)^2\times0.1+(2-0.7)^2\times0.3=0.81,$$

$$D(Y)=(0-0.7)^2\times0.5+(1-0.7)^2\times0.3+(2-0.7)^2\times0.2=0.61.$$

由于 $E(X)=E(Y)$，所以甲、乙两人技术水平相当，而 $D(X)>D(Y)$，故乙的技术水平比甲稳定.

例 8.2.2 设随机变量 X 服从 $(0-1)$ 分布，即 $X\sim B(1,p)$，分布律为 $P\{X=1\}=p$，$P\{X=0\}=1-p=q$，试求 $D(X)$.

解

$$E(X)=1\times p+0\times q=p,$$

$$E(X^2)=1^2\times p+0^2\times q=p.$$

故

$$D(X)=E(X^2)-[E(X)]^2=p-p^2=pq.$$

例 8.2.3 设随机变量 X 具有概率密度函数为

$$f(x)=\begin{cases}1+x, & -1\leqslant x\leqslant 0\\ 1-x, & 0<x\leqslant 1\end{cases}.$$

求 $D(X)$.

解

$$
\begin{aligned}
E(X) &= \int_{-\infty}^{+\infty} xf(x)\mathrm{d}x \\
&= \int_{-1}^{0} x(1+x)\mathrm{d}x + \int_{0}^{1} x(1-x)\mathrm{d}x = 0 \\
E(X^2) &= \int_{-\infty}^{+\infty} x^2 f(x)\mathrm{d}x \\
&= \int_{-1}^{0} x^2(1+x)\mathrm{d}x + \int_{0}^{1} x^2(1-x)\mathrm{d}x = \frac{1}{6}
\end{aligned}
$$

故

$$D(X) = E(X^2) - [E(X)]^2 = \frac{1}{6}$$

8.2.2 方差的性质

以下假设所遇到的随机变量的期望或方差都存在.

性质 8.2.1 设 C 为常数，则 $D(C) = 0$.

证 $D(C) = E(C^2) - [E(C)]^2 = C^2 - C^2 = 0$.

性质 8.2.2 设 C 为常数，则 $D(CX) = C^2 D(X)$.

证 $D(CX) = E(C^2X^2) - [E(CX)]^2$

$$= C^2\left\{E(X^2) - [E(X)]^2\right\} = C^2 D(X).$$

性质 8.2.3 设随机变量 X, Y 相互独立，则 $D(X \pm Y) = D(X) \pm D(Y)$.

证 $D(X \pm Y) = E[(X \pm Y) - E(X \pm Y)]^2$

$$
\begin{aligned}
&= E[(X - E(X)) \pm (Y - E(Y))]^2 \\
&= E[X - E(X)]^2 \pm 2E[(X - E(X))\cdot(Y - E(Y))] + E[Y - E(Y)]^2,
\end{aligned}
$$

若 X 与 Y 相互独立，则 $X - E(X)$ 与 $Y - E(Y)$ 也相互独立，于是

$$E[(X - E(X))\cdot(Y - E(Y))] = E[X - E(X)]\cdot E[Y - E(Y)] = [E(X) - E(X)]\cdot[E(Y) - E(Y)] = 0,$$

从而，$D(X \pm Y) = D(X) + D(Y)$.

这一性质可以推广到任意有限个相互独立的随机变量的代数和的情况.

性质 8.2.4 $D(X) \equiv 0$ 的充分必要条件是存在某常数 C，使 $P\{X = C\} = 1$，此时 $C = E(X)$ (证略).

例 8.2.4 设随机变量的方差 $D(X)$ 存在，证 $D(aX + b) = a^2 D(X)$，其中 a, b 均为任意常数.

证 由于常数和任何随机变量相互独立，因此

$$D(aX + b) = D(aX) + D(b) = a^2 D(X) + 0 = a^2 D(X),$$

特别有

$$D(X + b) = D(X).$$

例 8.2.5 设从学校乘汽车到火车站途径 4 个交通十字，设在各路口遇到红灯的事件是相互独立的，其概率均为 0.4，试求途中遇到红灯次数的数学期望.

解 令 X：途中遇到红灯数，由题目知：$X \sim B\left(4, \frac{2}{5}\right)$，则如表 8.2.3 所示.

表 8.2.3

X	0	1	2	3	4
P	$\left(\frac{3}{5}\right)^4$	$\binom{4}{1}\frac{1}{5}\left(\frac{3}{5}\right)^3$	$\binom{4}{2}\left(\frac{2}{5}\right)^2\left(\frac{3}{5}\right)^2$	$\binom{4}{3}\left(\frac{2}{5}\right)^3\frac{3}{5}$	$\left(\frac{2}{5}\right)^4$

进而得

$$E(X)=\sum_{i=0}^{4}x_i p_i=1.6 .$$

常用分布及其数学期望与方差如表 8.2.4 所示.

表 8.2.4

分布名称及记号	分布律或概率密度函数	数学期望	方 差
(0-1) 分布	$P\{X=k\}=p^k q^{1-k}$, $k=0,1$ $0\leqslant p\leqslant 1$, $p+q=1$	p	pq
二项分布 $B(n,p)$	$P\{X=k\}=\binom{n}{k}p^k q^{n-k}$, $k=0,1,\cdots,n$ $0\leqslant p\leqslant 1$, $p+q=1$	np	npq
泊松分布 $P(\lambda)$	$P\{X=k\}=\frac{\lambda^k}{k!}\mathrm{e}^{-\lambda}$, $k=0,1,\cdots,n$ $0\leqslant p\leqslant 1$, $p+q=1$	λ	λ
超几何分布 $H(n,M,N)$	$P\{X=x\}=\frac{\binom{M}{x}\cdot\binom{N-M}{n-x}}{\binom{N}{n}}$, $x=0,1,2,\cdots,\min(n,M)$. (n,M,N 为正整数; $n\leqslant N, M\leqslant N$)	$\frac{nM}{N}$	$\frac{nM(N-M)\cdot(N-n)}{N^2(N-1)}$
均匀分布 $U(a,b)$	$f(x)=\begin{cases}\frac{1}{b-a}, & a\leqslant x\leqslant b\\ 0, & 其他\end{cases}$	$\frac{a+b}{2}$	$\frac{(b-a)^2}{12}$
指数分布 $\mathrm{e}(\lambda)$	$f(x)=\begin{cases}\lambda\mathrm{e}^{-\lambda x}, & x>0\\ 0. & x\leqslant 0\end{cases}$ $\lambda>0$	$\frac{1}{\lambda}$	$\frac{1}{\lambda^2}$
正态分布 $N(\mu,\sigma^2)$	$f(x)=\frac{1}{\sqrt{2\pi}\sigma}\mathrm{e}^{-\frac{(x-\mu)^2}{2\sigma^2}}$, $-\infty<x<+\infty$, $\sigma>0$	μ	σ^2

8.3 矩、协方差与相关系数

对于二维随机变量(X,Y)，除了讨论单个随机变量X与Y的数学期望与方差外，还需讨论描述两个随机变量X与Y之间相互关系的数字特征. 本节将讨论有关这方面的数字特征.

协方差和相关系数的概念在本章 8.2 的方差性质 3 的证明中可以看到，如果两个随机变量 X 与 Y 相互独立，那么 $E[(X-E(X))\cdot(Y-E(Y))]=0$，这意味着当 $E[(X-E(X))\cdot(Y-E(Y))]\neq 0$ 时，X 与 Y 不相互独立，而是存在着一定的关系，因此，量 $E[(X-E(X))\cdot(Y-E(Y))]$ 在一定程度上反映了 X 与 Y 之间的关系.

8.3.1 矩

定义 8.3.1 设 X 与 Y 是随机变量，

若 $E(X^k)$，$k=1,2,\cdots$ 存在，则称为随机变量 X 的 k 阶原点矩.

若 $E[(X-E(X))^k]$，$k=1,2,\cdots$ 存在，则称为随机变量 X 的 k 阶中心矩.

若 $E(X^kY^l)$，$k,l=1,2,\cdots$ 存在，则称为随机变量 X 与 Y 的 $k+l$ 阶混合原点矩.

若 $E[(X-E(X))^k(Y-E(Y))^l]$，$k,l=1,2,\cdots$ 存在，则称为随机变量 X 与 Y 的 $k+l$ 阶混合中心矩.

8.3.2 协方差与相关系数

定义 8.3.2 若 $E[(X-E(X))\cdot(Y-E(Y))]$ 存在，则称为随机变量 X 与 Y 的协方差，记为 $\mathrm{Cov}(X,Y)$，即

$$\mathrm{Cov}(X,Y)=E[(X-E(X))\cdot(Y-E(Y))] \tag{8.3.1}$$

而

$$\rho_{XY}=\frac{\mathrm{Cov}(X,Y)}{\sqrt{D(X)}\cdot\sqrt{D(Y)}},\ (D(X)\cdot D(Y)\neq 0) \tag{8.3.2}$$

称为随机变量 X 与 Y 的相关系数. 当 $\rho_{XY}=0$ 时，称随机变量 X 与 Y 是不相关的.

由上述定义，可得下面的计算公式：

当 (X,Y) 是二维离散型随机变量，联合分布律为 $P\{X=x_i,Y=y_j\}=p_{ij}$ 时，

$$\mathrm{Cov}(X,Y)=\sum_{i=1}^{\infty}\sum_{j=1}^{\infty}[X-E(X)][Y-E(Y)]p_{ij} \tag{8.3.3}$$

当 (X,Y) 是二维连续型随机变量，联合概率密度函数为 $f(x,y)$ 时，

$$\mathrm{Cov}(X,Y)=\int_{-\infty}^{+\infty}\int_{-\infty}^{+\infty}[X-E(X)][Y-E(Y)]f(x,y)\mathrm{d}x\mathrm{d}y. \tag{8.3.4}$$

由上述定义，协方差的计算也常用下列公式：

$$\mathrm{Cov}(X,Y)=E(XY)-E(X)\cdot E(Y) \tag{8.3.5}$$

例 8.3.1 设二维离散型随机变量 (X,Y) 的联合分布律为

X \ Y	0	1
0	0.1	0.1
1	0.8	0

试求协方差 $\mathrm{Cov}(X,Y)$ 与相关系数 ρ_{XY}.

解 用公式$\mathrm{Cov}(X,Y)=E(XY)-E(X)E(Y)$，

$$E(X)=\sum_{i=0}^{1}\sum_{j=0}^{1}i\cdot p_{ij}=0\times(0.1+0.1)+1\times(0.8+0)=0.8\,,$$

$$E(Y)=\sum_{i=0}^{1}\sum_{j=0}^{1}j\cdot p_{ij}=0\times(0.1+0.8)+1\times(0.1+0)=0.1\,,$$

$$E(XY)=\sum_{i=0}^{1}\sum_{j=0}^{1}i\cdot j\cdot p_{ij}=0\times0\times0.1+0\times1\times0.1+1\times0\times0.8+1\times1\times0=0\,,$$

故

$$\mathrm{Cov}(X,Y)=E(XY)-E(X)E(Y)=0-0.8\times0.1=-0.08\,.$$

又

$$E(X^2)=\sum_{i=0}^{1}\sum_{j=0}^{1}i^2\cdot p_{ij}=0.8\,,$$

$$E(Y^2)=\sum_{i=0}^{1}\sum_{j=0}^{1}j^2\cdot p_{ij}=0.1\,,$$

于是

$$D(X)=E(X^2)-(E(X))^2=0.8-0.64=0.16\,,$$
$$D(Y)=E(Y^2)-(E(Y))^2=0.1-0.01=0.09\,,$$

故

$$\rho_{XY}=\frac{\mathrm{Cov}(X,Y)}{\sqrt{D(X)}\cdot\sqrt{D(Y)}}=\frac{-0.08}{\sqrt{0.16}\cdot\sqrt{0.09}}=-\frac{2}{3}$$

8.3.3 协方差和相关系数的性质

1. 协方差的有关性质

(1) $\mathrm{Cov}(X,Y)=\mathrm{Cov}(Y,X)$；

(2) $\mathrm{Cov}(aX,bY)=ab\mathrm{Cov}(X,Y)$ (其中a,b为常数)；

(3) $\mathrm{Cov}(X_1+X_2,Y)=\mathrm{Cov}(X_1,Y)+\mathrm{Cov}(X_2,Y)$；

(4) $\mathrm{Cov}(X,X)=D(X)$；

(5) $D(X\pm Y)=D(X)+D(Y)\pm2\mathrm{Cov}(X,Y)$.

2. 相关系数的有关性质

(1) $|\rho_{XY}|\leqslant1$.

证 将随机变量X与Y标准化，得

$$X^*=\frac{X-E(X)}{\sqrt{D(X)}},\quad Y^*=\frac{Y-E(Y)}{\sqrt{D(Y)}}.$$

由相关系数的定义知：$\rho_{XY}=\mathrm{Cov}(X^*,Y^*)$，则

$$\begin{aligned}D(X^*\pm Y^*)&=D(X^*)+D(Y^*)\pm2\mathrm{Cov}(X^*,Y^*)\\&=1+1\pm2\rho_{XY}\cdot\sqrt{D(X^*)}\cdot\sqrt{D(Y^*)}\\&=2(1\pm\rho_{XY})\geqslant0\,,\end{aligned}$$

故

$$1 \pm \rho_{XY} \geqslant 0,$$

即

$$|\rho_{XY}| \leqslant 1.$$

(2) $|\rho_{XY}|=1$ 的充分必要条件是 X 与 Y 依概率 1 线性相关，即 $P\{Y=aX+b\}=1$，其中 $a \neq 0$，a,b 为常数(证略).

性质(2)说明：相关系数 $|\rho_{XY}|=1$ 等价于随机变量 (X,Y) 以概率 1 位于某直线 $y=ax+b$ 上，即随机点 (X,Y) 几乎仅局限于该直线，而不是整个平面.

以上讨论说明相关系数 ρ_{XY} 是反映 X 与 Y 之间线性相关的程度. 一般，当 $|\rho_{XY}|$ 较大时，X 与 Y 线性相关的程度较好；当 $|\rho_{XY}|$ 较小时，X 与 Y 线性相关的程度较差. 特别地，当 $|\rho_{XY}|=0$ 时，X 与 Y 不线性相关.

随机变量 X,Y 的不相关与相互独立是两个不相同的概念. 设 ρ_{XY} 存在，若 X,Y 相互独立，则 $\mathrm{Cov}(X,Y)=0$，从而 $\rho_{XY}=0$，即 X,Y 不相关；反之，若 X,Y 不相关，那么 X,Y 不一定相互独立. 这是因为不相关只是就线性关系而言的，而相互独立是一般关系而言的. 但也有特殊情形，对二维正态分布而言，当 (X,Y) 为二维正态分布时，X,Y 相互独立等价于 X,Y 不相关.

习　题　8

1. 盒内有 5 个球，其中 3 个为白球，2 个为黑球，从中随机地取出 2 个. 设 X 为取得白球的个数，

求：(1) $E(X)$；(2) $E(X^2)$；(3) $D(X)$；(4) $D(2X-3)$.

2. 设随机变量 X 的概率密度函数为

$$f(x)=\frac{1}{2}\mathrm{e}^{-|x|},\ -\infty < x < +\infty$$

试求：(1) 数学期望 $E(X)$ 和方差 $D(X)$；(2) $Y=X^2$ 的数学期望.

3. 设随机变量 X 的分布函数为

$$F(x)=\begin{cases} 0, & x \leqslant 0 \\ x/4, & 0 < x \leqslant 4. \\ 1, & x > 4 \end{cases}$$

试求：(1) 数学期望 $E(X)$ 和方差 $D(X)$；(2) $Y=\mathrm{e}^{-3X}$ 的数学期望.

4. 设随机变量 X 和 Y 独立，$X \sim N(\mu_1,\sigma_1^2)$，$Y \sim N(\mu_2,\sigma_2^2)$，求：

(1) 随机变量 $Z_1=aX+bY$ 的数学期望与方差，其中 a 和 b 为常数.

(2) 随机变量 $Z_2=XY$ 的数学期望与方差.

5. 设二维离散型随机变量(X,Y)的联合分布律为

X \ Y	-2	0	1
0	0.20	0.05	0.10
1	0.05	0.10	0.25
2	0	0.15	0.10

求：(1) $E(X)$；(2) $E(Y)$；(3) $E(XY)$；(4) $E(X^2+Y^2)$；(5) $D(X)$.

6. 设二维随机变量(X,Y)具有联合概率密度函数

$$f(x,y)=\begin{cases}1, & 0<x<1,\ |y|<x \\ 0, & \text{其他}\end{cases}.$$

求：(1) 数学期望$E(X)$和$E(Y)$；(2) $E(XY)$；(3) $E(X^2+Y^2)$；(4) $D(X)$.

7. 设二维随机变量(X,Y)具有联合概率密度函数

$$f(x,y)=\begin{cases}\dfrac{1}{8}(x+y), & 0\leqslant x\leqslant 2,0\leqslant y\leqslant 2 \\ 0, & \text{其他}\end{cases}.$$

求：(1) 数学期望$E(X)$，$E(Y)$和相关系数ρ_{XY}.

8. 设二维随机变量(X,Y)具有联合概率密度函数为

$$f(x,y)=\begin{cases}12y^2, & 0\leqslant y\leqslant x\leqslant 1 \\ 0, & \text{其他}\end{cases}.$$

求数学期望$E(X)$，$E(Y)$与协方差$\mathrm{Cov}(X,Y)$.

9. 设随机变量X的概率密度函数为

$$f(x)=\begin{cases}\dfrac{1}{\pi\sqrt{1-x^2}}, & -1<x<1 \\ 0, & \text{其他}\end{cases}.$$

求：(1) 数学期望$E(X)$与方差$D(X)$；(2) $Y=3X-1$的数学期望和方差.

10. 设某人某月收入服从参数为$\lambda(\lambda>0)$指数分布，月平均收入为 800 元，按规定月收入超过 2500 元，应交个人所得税. 设此人在一年内各月的收入相互独立，又设此人每年有X个月需交个人所得税.

求：(1) 此人每月需交个人所得税的概率；

(2) 随机变量X的分布律；

(3) 每年平均有几个月需交个人所得税.

11. 设一台机器上有 3 个部件，使用一段时间后需要调试，3 个部件需要调试的概率分别为 0.2，0.3，0.5，且相互独立，任意部件调试即为机器需要调试，求需要调试的部件数的数学期望和方差.

12. 设随机变量X,Y的方差分别为 25,36，相关系数为 0.4，求方差$D(X+Y)$和$D(X-Y)$.

13. 设随机变量$X\sim N(0,1)$，$Y\sim N(0,1)$，且X和Y相互独立. 令$U=2X$，

$V = 0.5X - \beta Y$，求 β 使 $D(V) = 1$，并求相关系数 ρ_{UV}.

14. 某车间生产的圆盘，其直径在 (a, b) 上服从均匀分布，试求圆盘面积的数学期望.

15. 在长为 l 的线段上任取两点，求两点间距离的数学期望.

16. 对一批产品进行检查，每次任取一件，检查后放回，再取一件，如此继续进行. 如果发现次品就停止检查，认为这批产品不合格；如果连取 5 次都合格，也停止检查，认为这批产品合格. 设产品的次品率为 0.2，问用这种方法检查，平均每批抽查多少件产品？

17. 某个卖水果的个体户在不下雨的日子每天 500 元，在雨天则要损失 80 元. 该地区每年的 365 天中约有 130 天下雨，求该个体户每天获利的期望值.

18. 某工地靠近河岸，如做防洪准备，则要花费 a 元，如没有做准备而遇到洪水，则将造成 b 元的损失. 若施工期间发生洪水的概率是 $p\,(0 < p < 1)$，问什么情况下需要做防洪准备？

第 9 章　大数定律和中心极限定理

概率论是研究随机现象统计规律性的数学学科，而这种统计规律性需要在相同条件下进行大量的重复试验才能够表现出来. 同其他学科一样，概率论的理论和方法必须符合客观实际. 在前面章节中介绍了随机事件的概率的统计性定义，并指出概率的统计性定义是不严密的，因为在概率的统计性定义中引用了尚未证明的频率的稳定性. 随机事件的概率的严格定义最后是用公理化方法给出的.

在概率的公理化系统中，仍然需要对频率的稳定性给出理论上的论证，因为频率稳定性是事件概率的存在性和客观性的依据. 本章将要介绍的第一部分内容——大数定律，即是为论证频率稳定性的. 确切地说，作为极限定理内容之一的大数定律，研究的是大量随机现象中某些平均结果的稳定性，频率稳定性仅是其特例.

另外，许多情况下，或者不掌握随机变量的精确分布，或者因精确分布比较复杂而不便于具体使用. 在类似的情形下，人们需要确定独立随机变量之和的极限分布. 本章将要介绍内容之二——中心极限定理，研究的是相互独立的随机变量之和的分布趋于正态分布的条件.

大数定律和中心极限定理的研究，在概率论的发展史上占有重要地位，是概率论成为一门成熟的数学学科的重要标志之一. 在概率论中，有关极限定理的内容相当广泛，理论结果也十分深刻. 限于本课程的要求，本书只能介绍最常用的也是最基本的几个极限定理.

9.1 大 数 定 律

9.1.1 切比雪夫不等式

为了证明一系列关于大数定律的定理，首先证明切比雪夫不等式.

定理 9.1.1 设随机变量 X 的均值 $E(X)$ 及方差 $D(X)$ 存在，则对于任意正数 ε，有不等式

$$P\{|X-E(X)|\geqslant\varepsilon\}\leqslant\frac{D(X)}{\varepsilon^2} \tag{9.1.1}$$

或

$$P\{|X-E(X)|<\varepsilon\}\geqslant 1-\frac{D(X)}{\varepsilon^2} \tag{9.1.2}$$

成立.

称不等式(9.1.1)或式(9.1.2)为**切比雪夫(Chebyshev)不等式**.

证 (仅对连续型的随机变量进行证明)设 $f(x)$ 为 X 的密度函数，记 $E(X)=\mu$，$D(X)=\sigma^2$，则

$$\begin{aligned}P\{|X-E(X)|\geqslant\varepsilon\}&=\int_{|x-\mu|\geqslant\varepsilon}f(x)\mathrm{d}x\leqslant\int_{|x-\mu|\geqslant\varepsilon}\frac{(x-\mu)^2}{\varepsilon^2}f(x)\mathrm{d}x\\&\leqslant\frac{1}{\varepsilon^2}\int_{-\infty}^{+\infty}(x-\mu)^2f(x)\mathrm{d}x=\frac{1}{\varepsilon^2}\times\sigma^2=\frac{D(X)}{\varepsilon^2}.\end{aligned}$$

从式 (9.1.2) 中看出，如果 $D(X)$ 越小，那么随机变量 X 取值于开区间 $(E(X)-\varepsilon,\ E(X)+\varepsilon)$ 中的概率就越大，这就说明方差是一个反映随机变量的概率分布对其分布中心 $(E(X))$ 的集中程度的数量指标.

利用切比雪夫不等式，我们可以在随机变量 X 的分布未知的情况下估算事件 $\{|X-E(X)|<\varepsilon\}$ 的概率.

例 9.1.1　设随机变量 X 的数学期望 $E(X)=10$，方差 $D(X)=0.04$, 估计 $P\{9.2<X<11\}$ 的大小.

解　$P\{9.2<X<11\}=P\{-0.8<X-10<1\}\geqslant P\{|X-10|<0.8\}\geqslant 1-\dfrac{0.04}{(0.8)^2}=0.9375$.

因而　$P\{9.2<X<11\}$ 不会小于 0.9375.

9.1.2　切比雪夫大数定律

定理 9.1.2　设相互独立的随机变量 $X_1,X_2,\cdots,X_n$，分别具有均值 $E(X_1),\ E(X_2),\cdots,\ E(X_n)$，及方差 $D(X_1),\ D(X_2),\cdots,\ D(X_n)$，若存在常数 C，使得 $D(X_k)\leqslant C$ $(k=1,2,\cdots,n)$，则对于任意正整数 ε，有

$$\lim_{n\to\infty}P\left\{\left|\frac{1}{n}\sum_{k=1}^{n}X_k-\frac{1}{n}\sum_{k=1}^{n}E(X_k)\right|<\varepsilon\right\}=1 \tag{9.1.3}$$

证　由于 $X_1,X_2,\cdots,X_n$ 相互独立，那么对于任意的 $n>1$，$X_1,X_2,\cdots,X_n$ 相互独立. 于是

$$D\left(\frac{1}{n}\sum_{k=1}^{n}X_k\right)=\frac{1}{n^2}\sum_{k=1}^{n}D(X_k)\leqslant\frac{C}{n}.$$

令 $y_n=\dfrac{1}{n}\sum_{k=1}^{n}X_k$，则由切比雪夫不等式，有

$$1\geqslant P\{|Y_n-E(Y_n)|<\varepsilon\}\geqslant 1-\frac{D(Y_n)}{\varepsilon^2}\geqslant 1-\frac{C}{n\varepsilon^2},$$

令 $n\to\infty$，则有

$$\lim_{n\to\infty}P\{|Y_n-E(Y_n)|<\varepsilon\}=1,$$

即

$$\lim_{n\to\infty}P\left\{\left|\frac{1}{n}\sum_{k=1}^{n}X_k-\frac{1}{n}\sum_{k=1}^{n}E(X_k)\right|<\varepsilon\right\}=1.$$

推论 9.1.1　设相互独立的随机变量 $X_1,X_2,\cdots,X_n$ 有相同的分布，且 $E(X_k)=\mu$，$D(X_k)\leqslant\sigma^2(k=1,2,\cdots,n)$ 存在，则对于任意正整数 ε，有

$$\lim_{n\to\infty}P\left\{\left|\frac{1}{n}\sum_{k=1}^{n}X_k-\mu\right|<\varepsilon\right\}=1. \tag{9.1.4}$$

定理 9.1.2 我们称之为**切比雪夫大数定理**，推论 9.1.1 是它的特殊情况. 该推论表明，当 n 很大时，事件 $\left\{\left|\dfrac{1}{n}\sum_{k=1}^{n}X_k-\mu\right|<\varepsilon\right\}$ 的概率接近于 1. 一般地，我们称概率接近于 1 的事件为**大概率事件**，而称概率接近于 0 的事件为**小概率事件**，在一次试验中大概率事件几乎肯定要发生，而小概率事件几乎不可能发生，这一规律我们称之为**小概率事件的实际不可能性原理**. 它在国家经济建设事业中有着广泛的应用.

必须指出的是，任何有正概率的随机事件，无论它多么小，总是可能会发生的. 因此，所谓的小概率事件的实际不可能原理仅仅适用于个别的或次数极少的试验，当试验次数较多时就不适用了.

从小概率事件的实际不可能原理，可以得到如下结论：**如果随机事件的概率很接近1，则可以认为该事件在个别试验中一定会发生.**

9.1.3 伯努利大数定律

定理 9.1.3 设 m 是 n 次独立重复试验中事件 A 发生的次数，p 是事件 A 在每次试验中发生的概率，则对于任意正整数 ε，有

$$\lim_{n\to\infty}P\left\{\left|\frac{m}{n}-p\right|<\varepsilon\right\}=1. \tag{9.1.5}$$

证 令 $X_k=\begin{cases}1, & \text{第}k\text{次试验}A\text{发生}\\ 0, & \text{第}k\text{次试验}A\text{不发生}\end{cases}$ $(k=1,2,\cdots,n)$，$X_1,X_2,\cdots,X_n$ 是 n 个相互独立的随机变量，且 $E(X_i)=p$，$D(X_i)=pq$. 又 $m=X_1+X_2+\cdots+X_k$，因而，由推论 9.1.1 有

$$\lim_{n\to\infty}P\left\{\left|\frac{m}{n}-p\right|<\varepsilon\right\}=1,$$

$$\lim_{n\to\infty}P\left\{\left|\frac{1}{n}\sum_{k=1}^{n}X_k-p\right|<\varepsilon\right\}=1.$$

将定理 9.1.3 称之为**伯努利大数定律**，它表明当试验在不变的条件下重复进行很多次时，事件 A 发生的频率 $\frac{m}{n}$ 依概率收敛于事件 A 的概率 p，也就是说，当 n 很大时，事件发生的频率总是在它的概率的附近摆动，与它概率偏差很大的可能性很小. 根据小概率事件的实际不可能原理，当试验次数很大时，就可以利用事件发生的频率来近似地代替事件的概率.

9.2 中心极限定理

中心极限定理是研究在适当的条件下独立随机变量的部分和 $\sum\limits_{k=1}^{n}X_k$ 的分布收敛于正态分布的问题.

定理 9.2.1 设相互独立的随机变量 $X_1,X_2,\cdots,X_n$ 服从同一分布，且 $E(X_k)=\mu$，$D(X_k)=\sigma^2\neq 0(k=1,2,\cdots,n)$，则对于任意实数 x，随机变量 $Y_n=\dfrac{\sum\limits_{k=1}^{n}X_k-n\mu}{\sqrt{n}\sigma}$ 的分布函数 $F_n(x)$ 趋于标准正态分布函数，即有

$$\lim_{n\to\infty}F_n(x)=\lim_{n\to\infty}P\left\{\frac{\sum\limits_{k=1}^{n}X_k-n\mu}{\sqrt{n}\sigma}\leqslant x\right\}=\int_{-\infty}^{x}\frac{1}{\sqrt{2\pi}}\mathrm{e}^{-\frac{t^2}{2}}\mathrm{d}t, \tag{9.2.1}$$

定理的证明从略.

我们通常将定理 9.2.1 称之为**林德贝格-勒维**(Lindeberg-Levy)定理.

推论 9.2.1　设相互独立的随机变量 $X_1, X_2, \cdots, X_n$ 服从同一分布，且 $E(X_k)=\mu$，方差为 $D(X_k)=\sigma^2>0(k=1,2,\cdots,n)$. 单个随机变量的分布函数未知，当 n 充分大时，$X=\sum\limits_{k=1}^{n}X_k$ 近似服从正态分布 $N(n\mu,(\sigma\sqrt{n})^2)$.

推论 9.2.2　设相互独立的随机变量 $X_1, X_2, \cdots, X_n$ 服从同一分布，且 $E(X_k)=\mu$，方差为 $D(X_k)=\sigma^2>0\ (k=1,2,\cdots,n)$. 单个随机变量的分布函数未知，当 n 充分大时，$\overline{X}=\dfrac{1}{n}\sum\limits_{k=1}^{n}X_k$ 近似服从正态分布 $N\left(\mu,\left(\dfrac{\sigma}{\sqrt{n}}\right)^2\right)$.

由推论 9.2.2 知，无论 $X_1, X_2, \cdots, X_n$ 是什么样的分布函数，它的平均数 $\overline{X}$ 当 n 充分大时总是近似地服从正态分布.

例 9.2.1　某单位内部有 260 部电话分机，每个分机有 4%的时间要与外线通话，可以认为每个电话分机用不同的外线是相互独立的，问总机需备多少条外线才能 95%满足每个分机在用外线时不用等候?

解　令 $X_k=\begin{cases}1, & 第k个分机要用外线\\ 0, & 第k个分机不要用外线\end{cases}\ (k=1,2,\cdots,260)$，$X_1, X_2, \cdots, X_{260}$ 是 260 个相互独立的随机变量，且 $E(X_i)=0.04$，$X=X_1+X_2+\cdots+X_{260}$ 表示同时使用外线的分机数，根据题意，应确定最小的 x，使 $P\{X<x\}\geqslant 95\%$ 成立. 由上面的定理，有

$$P\{X<x\}=P\left\{\frac{X-260p}{\sqrt{260p(1-p)}}\leqslant\frac{x-260p}{\sqrt{260p(1-p)}}\right\}\approx\Phi\left(\frac{x-260p}{\sqrt{260p(1-p)}}\right).$$

查得 $\Phi(1.65)=0.9505>0.95$，于是

$$x=1.65\times\sqrt{260p(1-p)}+260p=1.65\times\sqrt{260\times0.04\times0.96}+260\times0.04\approx15.61,$$

也就是说，至少需要 16 条外线才能 95%满足每个分机在用外线时不用等候.

例 9.2.2　用机器包装味精，每袋净重为随机变量，期望值为 100 克，标准差为 10 克，一箱内装 200 袋味精，求一箱味精净重大于 20500 克的概率.

解　设一箱味精净重为 X 克，箱中第 k 袋味精的净重为 X_k 克，$k=1,2,\cdots,200$. $X_1, X_2, \cdots, X_{200}$ 是 200 个相互独立的随机变量，且 $E(X_k)=100, D(X_k)=100$，

$$E(X)=E(X_1+X_2+\cdots+X_{200})=20000,\ D(X)=20000,\ \sqrt{D(X)}=100\sqrt{2},$$

因而有　$P\{X>20500\}=1-P\{X\leqslant 20500\}$

$$=1-P\left\{\frac{X-20000}{100\sqrt{2}}\leqslant\frac{500}{100\sqrt{2}}\right\}\approx1-\Phi(3.54)=0.0002.$$

定理 9.2.2　(德莫佛-拉普拉斯定理 DeMovire-Laplace)设随机变量 Y_n 表示 n 次独立重复试验中事件 A 发生的次数，p 是事件 A 在每次试验中发生的概率. 则对于任意实数 x，则有

$$\lim_{n\to\infty}P\left\{\frac{Y_n-np}{\sqrt{np(1-p)}}\leqslant x\right\}=\int_{-\infty}^{x}\frac{1}{\sqrt{2\pi}}\mathrm{e}^{-\frac{t^2}{2}}\mathrm{d}t \tag{9.2.2}$$

因为事件 A 在 n 次试验中发生的次数 m_n 服从二项分布 $B(n,p)$，所以德莫佛-拉普拉斯定理说明：当 n 充分大时，服从二项分布 $B(n,p)$ 的随机变量 m_n 近似服从正态分布 $N(np,npq)$，表明二项分布的极限分布是正态分布.

同时，由此定理可以推知，设在独立重复试验中，事件 A 在各次试验中发生的概率为 p，则当 n 充分大时，事件 A 在 n 次试验中发生的次数 Y_n 在 n_1 与 n_2 之间的概率

$$\begin{aligned}P\{n_1\leqslant Y_n\leqslant n_2\}&=P\left\{\frac{n_1-np}{\sqrt{np(1-p)}}\leqslant\frac{Y_n-np}{\sqrt{np(1-p)}}\leqslant\frac{n_2-np}{\sqrt{np(1-p)}}\right\}\\&\approx\Phi\left(\frac{n_2-np}{\sqrt{np(1-p)}}\right)-\Phi\left(\frac{n_1-np}{\sqrt{np(1-p)}}\right)\end{aligned} \tag{9.2.3}$$

一般来说，当 n 较大时，二项分布的概率计算起来非常复杂，此时可以用正态分布来近似地计算二项分布.

例 9.2.3 设随机变量 X 服从 $B(100,0.8)$，求 $P\{80\leqslant X\leqslant 100\}$.

解 $$\begin{aligned}P\{80\leqslant X\leqslant 100\}&\approx\Phi\left(\frac{100-80}{\sqrt{100\times0.8\times0.2}}\right)-\Phi\left(\frac{80-80}{\sqrt{100\times0.8\times0.2}}\right)\\&=\Phi(5)-\Phi(0)=1-0.5=0.5.\end{aligned}$$

例 9.2.4 设电路供电网内有 10 000 盏灯，夜间每一盏灯开着的概率为 0.7，假设各灯的开关相互独立，计算同时开着的灯数在 6800 与 7200 之间的概率.

解 记同时开着的灯数为 X，它服从二项分布 $B(10000,0.7)$，于是有

$$\begin{aligned}P\{6800\leqslant X\leqslant 7200\}&\approx\Phi\left(\frac{7200-7000}{\sqrt{10000\times0.7\times0.3}}\right)-\Phi\left(\frac{6800-7000}{\sqrt{10000\times0.7\times0.3}}\right)\\&=2\Phi\left(\frac{200}{45.83}\right)-1=2\Phi(4.36)-1=0.99999\approx1\end{aligned}$$

习　题　9

1. 已知正常男性成人血液中，每一毫升白细胞数平均是 7300，标准差是 700．利用切比雪夫不等式估计每毫升含白细胞数在 5200～9400 之间的概率.

2. 螺钉的重量是随机变量，其均值是 50g，标准差是 5g．求一盒螺钉(100 个)的重量超过 5100g 的概率.

3. 某商场每天接待顾客 10 000 人，设每位顾客的消费额(元)，服从[100 ,1000]上的均匀分布，且顾客的消费额是相互独立的．试求该商场的销费额在平均销售额上下浮动不超过 20 000 的概率.

4. 掷一枚均匀硬币时，需投掷多少次才能保证正面出现的频率在 0.4～0.6 之间的概率不小于 90%.

5. 某工厂生产的产品，在正常情况下，废品率为 0.01，现取 500 个装成一盒，问每

盒中废品不超过 5 个的概率是多少？

6. 某保险公司有 10 000 人投保，每年每人付 120 元保险费．设一年内一个人死亡率为 0.003，死亡时其家属可领得保金 20 000 元．问该保险公司亏本的概率及一年利润不少于 400 000 元的概率各是多少？

7. 某个复杂的系统由 100 个相互独立起作用的部件组成，每个部件的可靠性(部件正常工作的概率)为 0.9，为了使系统正常工作，至少必须有 85 个部件正常工作，求整个系统的可靠性(系统能正常工作的概率)．

第 10 章　数理统计的基本概念

从本章开始，课程内容进入数理统计，数理统计与概率论是两个有密切联系的学科，它们都以随机现象为研究对象，概率论是数理统计的理论基础，而数理统计是概率论的实际应用.

数理统计是一门应用性很强的学科，有其方法、应用和基础理论. 在西方，“数理统计”一词是专指统计方法的数学基础理论那部分而言，在我国，“数理统计”一词有较广的含义，即包括方法、应用和基础理论都在内，而这些在西方称为“统计学”，因为在我国还有一门被认为是社会科学的“统计学”存在，所以“数理统计”与“统计学”这两个名词的区别使用是必要的.

数理统计是这样一门学科：它使用概率论和数学的方法，研究怎样收集(通过试验或观察)带有随机误差的数据，并在设定的模型(称为统计模型)之下，对这种数据进行分析(称为统计分析)，以对所研究的问题做出推断(称为统计推断).

数理统计在工农业生产、工程技术、自然科学和社会科学等领域中有着非常广泛的应用，随着计算机的发展，数理统计的研究和应用也得到了迅速的发展. 目前数理统计已发展成两大类：一是研究如何对随机现象进行观测、试验，以取得有代表性的观测值，称为描述统计；二是研究对已取得的观测值进行整理、分析，做出推断、决策，即以此推断总体的规律性，称为推断统计(或称统计推断).

本书介绍统计推断的基本内容和基本方法. 这一章先引入必要的基本概念，再给出一些基础结果.

10.1　数理统计的基本概念及常用分布

数理统计虽说是概率论的实际应用，但并不是将实际数据代入概率论的定理公式进行计算那样简单，它对其研究的问题有着独特的提法和解决问题的思想. 为此，先引入一些基本概念和术语.

10.1.1　总体

在数理统计中，将研究对象的全体称为总体(或母体)，而把组成总体的元素称为个体. 例如，检查一批产品的质量. 整批产品是总体，每件产品是个体；又如，研究一批元件的寿命，该批元件的全体构成了研究的总体，其中每个元件就是个体.

在实际问题中，研究对象往往是具体的事物和现象，而人们关心的是研究对象的某个数量指标. 比如产品的尺寸(或重量)，又比如元件的寿命. 每个个体都有自己的指标值，也可以将每个指标值看成一个个体，这样总体就成为一些指标值(数值)的全体了. 在实际问题中，更关心这些指标值的分布状况. 如果指标值为元件的寿命，感兴趣的是总体中有多少寿命值在 500h 以上(优等品)，有多少寿命值在 10h 以下(次品). 也可以这样问：从总体中任取一个个体，其寿命值在 500h 以上的概率是多大？寿命值在 10h 以下的概率是多大？这样，就要研究的总体实质上就是服从某个概率分布的随机变量. 因此，将总体定义为服从一个概率分布的随机变量或一个概率分布.

以后将用随机变量的符号表示总体，也可以用随机变量的分布函数 $F(x)$ 表示总体. 在概率论中，几乎所有关于随机变量的概念都可以移植到总体上来，比如说，总体 X 的概率密度函数 $f(x)$，总体 X 的数学期望 $E(X)$ 和方差 $D(X)$，等等.

10.1.2　样本

统计推断是通过从总体中随机地抽取部分个体来研究分析总体的性态，即通过部分个体对总体的统计特性进行合理的推断. 从总体中随机(等同机会)地抽出的部分个体就称为一个样本.

样本携带有总体的概率分布的信息. 样本是从总体中按一定规则(随机地)抽取出的部分个体. 所谓从总体抽取一个个体，就是对总体 X 进行一次观测(即进行一次随机试验)，并记录其结果. 我们在相同的条件下对总体 X 进行 n 次重复的、独立的观测，将 n 次观测结果按试验的次序记为 $X_1, X_2, \cdots, X_n$. 由于 $X_1, X_2, \cdots, X_n$ 是对总体(随机变量) X 观测的结果，且各次观测是在相同条件下独立进行的，所以有理由认为 $X_1, X_2, \cdots, X_n$ 是相互独立的，且都是与(总体) X 具有相同分布的 n 个随机变量. 这样得到的 $X_1, X_2, \cdots, X_n$ 称为来自总体 X (或 $F(x)$)的 n 个独立随机样本，n 称为这个样本容量. 以后，在无特别说明时，提到的样本都是指独立随机样本.

在理论上，总体 X 的一个容量为 n 的样本 $X_1, X_2, \cdots, X_n$ 是 n 个相互独立且与总体 X 同分布的随机变量.

在具体问题中，总体的一个样本应该是一组具体的数据. 它是由总体 X 观测得到的一组数值 $x_1, x_2, \cdots, x_n$，其中 x_i 为第 i 次观测结果. 我们称 $x_1, x_2, \cdots, x_n$ 为总体 X 的一组容量为 n 的样本观测值.

样本观测值简称为样本值. 总体 X 的样本值 $x_1, x_2, \cdots, x_n$ 是总体的样本 $X_1, X_2, \cdots, X_n$ 的观测值，又是总体 X 的 n 个相互独立的观测值.

如果 $X_1, X_2, \cdots, X_n$ 为总体 X (或 $F(x)$)的一个样本，则 $(X_1, X_2, \cdots, X_n)$ 的联合分布函数为

$$F(x_1, x_2, \cdots, x_n) = \prod_{i=1}^{n} F(x_i).$$

对于离散型分布的总体，若其样本 X_i 分布律为 $P\{\ X = x_i\ \} = p(x_i)$，$i = 1, 2, \cdots$，则 $(X_1, X_2, \cdots, X_n)$ 的联合分布律为

$$P\{X = x_1, X = x_2, \cdots, X = x_n\} = \prod_{i=1}^{n} p(x_i),$$

对于连续型分布的总体，若其样本 X_i 概率密度函数为 $f(x_i)$，$i = 1, 2, \cdots$，则 $(X_1, X_2, \cdots, X_n)$ 的联合概率密度函数为

$$f(x_1, x_2, \cdots, x_n) = \prod_{i=1}^{n} f(x_i).$$

10.1.3 统计量

为了实现通过样本对总体进行统计推断的思想，必须对样本进行“加工”，从样本中“提炼”出我们所关心的总体信息，即将总体分散于样本中的某一方面的信息集中起来. 例如，考察一批产品的次品率，其研究对象就是总体 $X \sim B(1,p)$ 中的 p，样本 $X_1, X_2, \cdots, X_n$ 是 n 个可能取 0 或 1 的随机变量. 显然，$\overline{X} = \frac{1}{n}(X_1 + X_2 + \cdots + X_n)$ 反映“1”(即次品)在 n 个量(即产品)中占的比例. 我们自然会想到用 $\overline{X}$ 来估计 p. 这里，$\overline{X}$ 就是由样本 $X_1, X_2, \cdots, X_n$“加工”出来的量. 我们称之为统计量.

定义 10.1.1 设 $X_1, X_2, \cdots, X_n$ 为来自总体 X 的一个样本，$T = g(X_1, X_2, \cdots, X_n)$ 为一个 n 元连续函数. 如果 $T = g(X_1, X_2, \cdots, X_n)$ 中不含任何未知参数，则称 $T = g(X_1, X_2, \cdots, X_n)$ 为一个统计量.

由 $X_1, X_2, \cdots, X_n$ 都是随机变量可知，统计量 $T = g(X_1, X_2, \cdots, X_n)$ 是随机变量的函数，因此统计量是一个随机变量.

设 $x_1, x_2, \cdots, x_n$ 是相应于样本 $X_1, X_2, \cdots, X_n$ 的样本值，则称 $g(x_1, x_2, \cdots, x_n)$ 是 $g(X_1, X_2, \cdots, X_n)$ 的观测值. 将样本构造成统计量应该有明确的目标，要尽可能地提取样本中所含有关总体的分布特性的信息. 以后，针对不同的问题我们总是构造相应的统计量以实现对总体的统计推断.

下面我们介绍一类最常用的统计量.

设 $X_1, X_2, \cdots, X_n$ 是来自总体 X 的一个样本，$x_1, x_2, \cdots, x_n$ 是这一样本的观测值. 定义

(1) 样本均值

$$\overline{X} = \frac{1}{n}\sum_{i=1}^{n} X_i .$$

(2) 样本方差

$$S^2 = \frac{1}{n-1}\sum_{i=1}^{n}(X_i - \overline{X})^2 = \frac{1}{n-1}\left[\ \sum_{i=1}^{n} X_i^2 - n(\overline{X})^2\ \right].$$

(3) 样本标准差(均方差)

$$S = \sqrt{S^2} = \sqrt{\frac{1}{n-1}\sum_{i=1}^{n}(X_i - \overline{X})^2} .$$

(4) 样本 k 阶原点矩

$$A_k = \frac{1}{n}\sum_{i=1}^{n} X_i^k ,\quad k = 1,2,\cdots$$

(5) 样本 k 阶中心矩

$$B_k = \frac{1}{n}\sum_{i=1}^{n}(X_i - \overline{X})^k ,\quad k = 2,3,\cdots$$

它们的观测值分别为

$$\overline{x} = \frac{1}{n}\sum_{i=1}^{n} x_i ,$$

$$s^2=\frac{1}{n-1}\sum_{i=1}^{n}(x_i-\bar{x})^2=\frac{1}{n-1}\left[\sum_{i=1}^{n}x_i^2-n(\bar{x})^2\right],$$

$$s=\sqrt{s^2}=\sqrt{\frac{1}{n-1}\sum_{i=1}^{n}(x_i-\bar{x})^2},$$

$$a_k=\frac{1}{n}\sum_{i=1}^{n}x_i^k,\quad k=1,2,\cdots$$

$$b_k=\frac{1}{n}\sum_{i=1}^{n}(x_i-\bar{x})^k,\quad k=2,3,\cdots$$

为了方便起见，不妨把某统计量的观测值就简称为该统计量，分别称这些观测值为样本均值、样本方差、样本标准差、样本 k 阶原点矩以及样本 k 阶中心矩.

计算样本均值 $\bar{x}$、样本方差 s^2 等，借助于具有统计计算功能的电子计算器或利用统计计算软件在计算机上进行计算，可以大大节省计算的工作量.

10.1.4　常用分布

统计量是人们对总体的分布规律或数字特征进行统计推断的基础. 在使用统计量进行统计推断时，必须要知道它的分布. 在数理统计中，统计量的分布称为抽样分布，因而确定抽样分布是数理统计的基本问题之一. 在本小节，我们将对正态总体给出一些抽样分布的结论. 为此，先要介绍由正态分布派生出来的三大分布，即 χ^2 分布、t 分布和 F 分布. 它们在数理统计中占有极其重要的地位.

1. χ^2 分布

定义 10.1.2　设随机变量 $X_1,X_2,\cdots,X_n$ 相互独立，且都服从标准正态分布，即 $X_i\sim N(0,1)$，$i=1,2,\cdots n$，则称统计量

$$\chi^2=X_1^2+X_2^2+\cdots+X_n^2$$

服从自由度为 n 的 χ^2 分布，记作 $\chi^2\sim\chi^2(n)$. 这里，自由度 n 是指独立随机变量的个数. $\chi^2(n)$ 分布的概率密度函数为

$$f_{\chi^2}(x)=\begin{cases}\dfrac{1}{2^{\frac{n}{2}}\Gamma\left(\dfrac{n}{2}\right)}x^{\frac{n}{2}-1}\mathrm{e}^{-\frac{x}{2}}, & x>0\\ 0, & x\leqslant 0\end{cases}.$$

其中，$\Gamma\left(\dfrac{n}{2}\right)$ 为 Γ 函数(伽玛函数)，其定义为 $\Gamma(\alpha)=\int_0^{+\infty}x^{\alpha-1}\mathrm{e}^{-x}\mathrm{d}x\ (\alpha>0)$.

伽玛函数具有以下性质：

(1) $\Gamma(\alpha+1)=\alpha\Gamma(\alpha)$；

(2) $\Gamma(n)=(n-1)!$，n 为正整数；

(3) $\Gamma\left(\dfrac{1}{2}\right)=\sqrt{\pi}$.

图 10.1.1 给出了，当 $n=1,3,5$ 时，χ^2 分布的概率密度函数 $f(x)$ 的曲线.

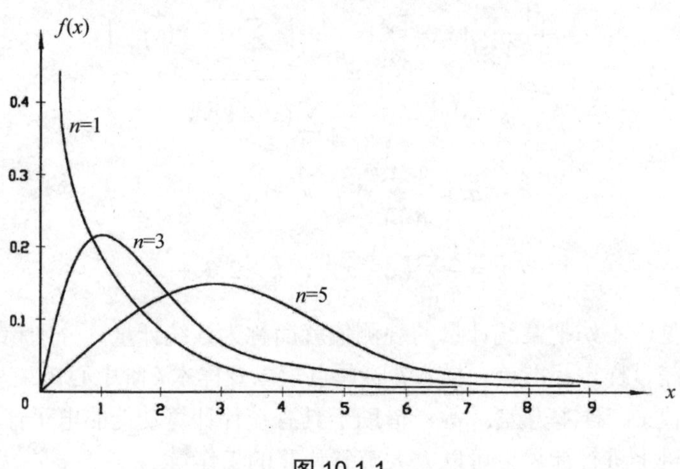

图 10.1.1

χ^2分布的性质：

(1) χ^2分布的可加性：设$\chi_1^2 \sim \chi^2(n_1)$，$\chi_2^2 \sim \chi^2(n_2)$，且$\chi_1^2, \chi_2^2$相互独立，则有$\chi_1^2 + \chi_2^2 \sim \chi^2(n_1 + n_2)$；

(2) χ^2分布的数学期望和方差：设$\chi^2 \sim \chi^2(n)$，则有$E(\chi^2) = n$，$D(\chi^2) = 2n$.

2. t分布

定义 10.1.3 设$X \sim N(0,1)$，$Y \sim \chi^2(n)$，且X与Y相互独立，则称随机变量

$$T = \frac{X}{\sqrt{\frac{Y}{n}}}$$

是服从自由度为n的t分布. 记为$T \sim t(n)$.

t分布又称学生氏分布. t分布的概率密度函数为

$$f_t(x) = \frac{\Gamma\left(\frac{n+1}{2}\right)}{\sqrt{n\pi}\Gamma\left(\frac{n}{2}\right)}\left(1 + \frac{x^2}{n}\right)^{-\frac{n+1}{2}}, \quad -\infty < x < +\infty .$$

图 10.1.2 描绘了$t(1)$，$t(4)$和$t(+\infty)$的概率密度函数曲线，由图 10.1.2 可见，t分布曲线很像标准正态分布曲线. 可以证明，当n趋于无穷大时，t分布的极限分布就是标准正态分布$N(0,1)$.

3. F分布

定义 10.1.4 设$X \sim \chi^2(n_1)$，$Y \sim \chi^2(n_2)$，且X与Y相互独立，则称随机变量

$$F = \frac{X / n_1}{Y / n_2}$$

为服从自由度为n_1和n_2的F分布，记为$F \sim F(n_1, n_2)$. 其中，n_1是分子的自由度，叫作第一自由度；n_2是分母的自由度，叫作第二自由度.

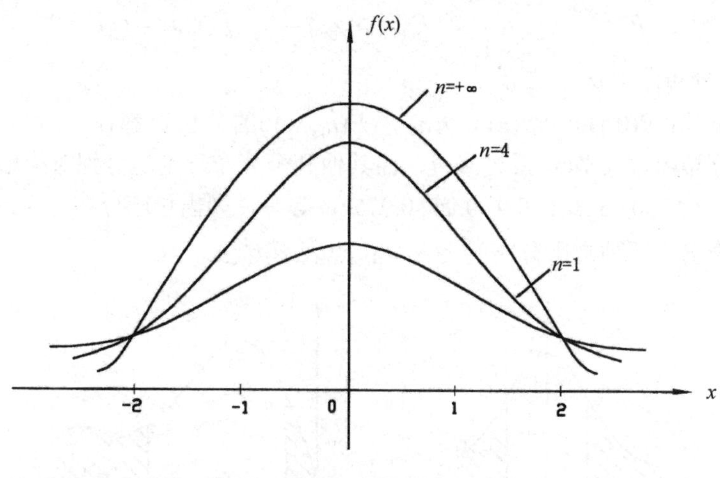

图 10.1.2

F 分布的概率密度函数为

$$f(x)=\begin{cases}\dfrac{\Gamma[(n_1+n_2)/2]}{\Gamma(n_1/2)\Gamma(n_2/2)}\left(\dfrac{n_1}{n_2}\right)\left(\dfrac{n_1}{n_2}x\right)^{\frac{n_1}{2}-1}\left(1+\dfrac{n_1}{n_2}x\right)^{-\frac{n_1+n_2}{2}}, & x>0\\ 0, & x\leqslant 0\end{cases}$$

图 10.1.3 描绘了 $F(10,50)$，$F(10,10)$，$F(10,4)$ 的概率密度函数曲线.

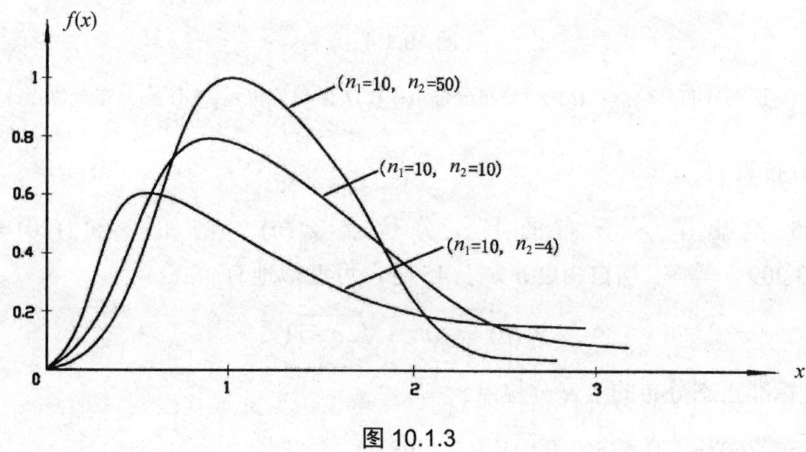

图 10.1.3

10.1.5　分位点

设随机变量 X，$F(x)$ 为其分布函数，我们知道对于给定的实数 x，$F(x)=P\{X<x\}$ 给出了事件 $\{X<x\}$ 的概率. 在统计中，我们常常需要考虑上述问题的逆问题：就是若已给定分布函数 $F(x)$ 的值，亦即已给定事件 $\{X<x\}$ 的概率，要确定 x 取什么值. 所以，对于连续型随机变量，实际上，就是求 $F(x)$ 的反函数，准确地说，有如下定义.

定义 10.1.5　设随机变量 X 的分布函数为 $F(x)$，概率密度函数为 $f(x)$，数 α 为一概率值(通常比较小). 如果数值 χ_α 满足

$$F(\chi_\alpha)=1-\alpha \text{，即} P\{X>\chi_\alpha\}=\int_{\chi_\alpha}^{+\infty} f(x)\mathrm{d}x=\alpha \text{，}$$

则称数 χ_α 为 χ^2 分布的上 α 分位点.

几种常用分布($N(0,1)$ ， $\chi^2(n)$ ， $t(n)$ ， $F(n_1,n_2)$)的分位点都在书后附表中可以查到. 其中 $N(0,1)$ 是分布函数表 $\Phi(x)$ 反过来查，而其他几个分布，则是分别对给出的几个 α 的常用值，如 $\alpha=0,0.25,0.05,0.1,0.9,0.95,0.975$ ，等等，列出相应分布对应 α 值的分位点.

图 10.1.4 给出了四种常用分布的上 α 分位点表示方法.

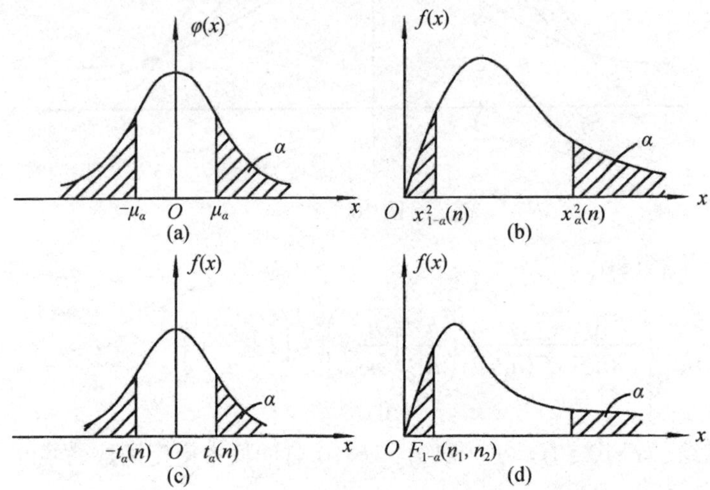

图 10.1.4

(a)正态分布分位点；(b) χ^2 分布分位点；(c) t 分布分位点；(d) F 分布分位点

1. χ^2 分布表

附表 3 给出了 χ^2 分布的上 α 分位点 $\chi_\alpha^2(n)$. 例如， $\chi_{0.95}^2(20)=10.851$ ， $\chi_{0.01}^2(10)=23.209$ ，等等. 当自由度 n 大于 45 时，可近似地有

$$\chi_\alpha^2(n)\approx\frac{1}{2}(u_\alpha+\sqrt{2n-1})^2 .$$

其中， u_α 是标准正态分布的上 α 分位点.

例如， $\chi_{0.05}^2(60)\approx\frac{1}{2}(1.645+\sqrt{119})^2\approx 78.798$.

2. t 分布表

附表 4 给出了 t 分布的上 α 分位点 $t_\alpha(n)$. 例如， $t_{0.10}(10)=1.3722$.

由 t 分布的对称性知： $t_{1-\alpha}(n)=-t_\alpha(n)$ ，于是有 $t_{0.95}(20)=-t_{0.05}(20)=-1.7247$.

当自由度 n 大于 45 时，可以有 $t_\alpha(n)\approx u_\alpha$. 例如， $t_{0.01}(50)\approx u_{0.01}=2.326$.

3. 标准正态分布表

标准正态分布的上 α 分位点通常记成 u_α ，则

$$\Phi(u_\alpha)=\int_{-\infty}^{u_\alpha}\varphi(x)\mathrm{d}x=1-\alpha,$$

即

$$P\{X>u_\alpha\}=\int_{u_\alpha}^{+\infty}\varphi(x)\mathrm{d}x=\alpha.$$

因为当自由度n趋于无穷大时，t分布的极限分布是标准正态分布，即$t_\alpha(\infty)=u_\alpha$. 于是可以通过$t$分布表查到$u_\alpha$的值，例如，$u_{0.10}=1.282$，$u_{0.05}=1.646$，$u_{0.025}=1.96$等.

4. F 分布表

附表 5 给出了F分布的上α分位点$F_\alpha(n_1,n_2)$. 不难证明，对于给定的n_1,n_2及α，有下面的等式：

$$F_\alpha(n_1,n_2)=\frac{1}{F_{1-\alpha}(n_2,n_1)}.$$

这样，从附表 5 中也可以查得较大α的分位点值.

例如，$F_{0.95}(3,7)=\dfrac{1}{F_{0.05}(7,3)}=\dfrac{1}{8.89}=0.1125$.

10.2 正态总体统计量的分布

在研究数理统计问题时，往往需要知道所讨论的统计量$g(X_1,X_2,\cdots,X_n)$的分布. 一般来说，要确定某个统计量的分布是困难的，有时甚至是不可能的. 然而，对于总体X服从正态分布的情形已经有了详尽的研究. 下面我们讨论服从正态分布的总体的某些统计量的分布.

10.2.1 单个正态总体的统计量的分布

首先讨论单个正态总体的统计量的分布. 从总体X中抽取容量为n的样本X_1，X_2，…，X_n.

样本均值与样本方差分别是

$$\overline{X}=\frac{1}{n}\sum_{i=1}^{n}X_i,\quad S^2=\frac{1}{n-1}\sum_{i=1}^{n}(X_i-\overline{X})^2$$

定理 10.2.1 设总体X服从正态分布$N(\mu,\sigma^2)$，则样本均值$\overline{X}$服从正态分布$N\left(\mu,\dfrac{\sigma^2}{n}\right)$：

$$\overline{X}\sim N\left(\mu,\frac{\sigma^2}{n}\right).$$

证 因为随机变量$X_1,X_2,\cdots,X_n$相互独立，并且与总体X服从相同的正态分布$N(\mu,\sigma^2)$，所以它们的线性组合为

$$E(\overline{X})=E\left(\frac{1}{n}\sum_{i=1}^{n}X_i\right)=\frac{1}{n}\sum_{i=1}^{n}E(X_i)=\mu,$$

$$D(\overline{X})=D\left(\frac{1}{n}\sum_{i=1}^{n}X_i\right)=\frac{1}{n^2}\sum_{i=1}^{n}D(X_i)=\frac{\sigma^2}{n}$$

服从正态分布$N\left(\mu,\dfrac{\sigma^2}{n}\right)$.

这个证明表明，n个独立同分布的随机变量的算术平均值$\overline{X}$的数学期望仍和单个随机变量的数学期望相同，但方差缩小了$\dfrac{1}{n}$. 因此，在实际问题中，常用算术平均值$\overline{X}$代替单个的X_i，$i=1,2,\cdots,n$去估计数学期望μ，其精度显然提高了n倍.

定理 10.2.2 设总体X服从正态分布$N(\mu,\sigma^2)$，则统计量$u=\dfrac{\overline{X}-\mu}{\sigma/\sqrt{n}}$服从标准正态分布$N(0,1)$：

$$u=\frac{\overline{X}-\mu}{\sigma/\sqrt{n}}\sim N(0,1).$$

证 由定理 10.2.1 知，$\overline{X}\sim N\left(\mu,\dfrac{\sigma^2}{n}\right)$. 所以，将$\overline{X}$标准化，即得

$$u=\frac{\overline{X}-\mu}{\sigma/\sqrt{n}}\sim N(0,1).$$

定理 10.2.3 设总体X服从正态分布$N(\mu,\sigma^2)$，则统计量$\chi^2=\dfrac{1}{\sigma^2}\sum\limits_{i=1}^{n}(X_i-\mu)^2$服从自由度为$n$的$\chi^2$分布：

$$\chi^2=\frac{1}{\sigma^2}\sum_{i=1}^{n}(X_i-\mu)^2\sim\chi^2(n).$$

证 因为$X_i\sim N(\mu,\sigma^2)$，所以有

$$\frac{X_i-\mu}{\sigma}\sim N(0,1),\quad i=1,2,\cdots,n.$$

又因为$X_1,X_2,\cdots,X_n$相互独立，所以，$\dfrac{X_1-\mu}{\sigma}$，$\dfrac{X_2-\mu}{\sigma}$，$\cdots$，$\dfrac{X_n-\mu}{\sigma}$也相互独立. 于是有

$$\chi^2=\frac{1}{\sigma^2}\sum_{i=1}^{n}(X_i-\mu)^2=\sum_{i=1}^{n}\left(\frac{X_i-\mu}{\sigma}\right)^2\sim\chi^2(n).$$

定理 10.2.4 设总体X服从正态分布$N(\mu,\sigma^2)$，则

(1) 样本均值$\overline{X}$与样本方差S^2独立；

(2) 统计量$\chi^2=\dfrac{(n-1)S^2}{\sigma^2}$服从自由度为$n-1$的$\chi^2$分布：

$$\chi^2=\frac{(n-1)S^2}{\sigma^2}\sim\chi^2(n-1).$$

下面对自由度作一些说明：由样本方差S^2的定义，易知

$$(n-1)S^2=\sum_{i=1}^{n}(X_i-\overline{X})^2.$$

所以统计量为

$$\chi^2=\frac{(n-1)S^2}{\sigma^2}=\frac{1}{\sigma^2}\sum_{i=1}^{n}(X_i-\overline{X})^2=\sum_{i=1}^{n}\left(\frac{X_i-\overline{X}}{\sigma}\right)^2.$$

虽然是n个随机变量的平方和，但是这些随机变量不是相互独立的，因为它们的和恒等于零：

$$\sum_{i=1}^{n}\frac{X_i-\overline{X}}{\sigma}=\frac{1}{\sigma}\left(\sum_{i=1}^{n}X_i-n\overline{X}\right)\equiv 0.$$

由于受到一个条件的约束，所以自由度为$n-1$.

定理 10.2.5　设总体X服从正态分布$N(\mu,\sigma^2)$，则统计量$t=\dfrac{\overline{X}-\mu}{S/\sqrt{n}}$服从自由度为$n-1$的$t$分布：

$$t=\frac{\overline{X}-\mu}{S/\sqrt{n}}\sim t(n-1).$$

证　由定理 10.2.2 知，统计量为

$$u=\frac{\overline{X}-\mu}{\sigma/\sqrt{n}}\sim N(0,1)$$

又由定理 10.2.4 知，统计量为

$$\chi^2=\frac{(n-1)S^2}{\sigma^2}\sim\chi^2(n-1)$$

因为$\overline{X}$与S^2独立，所以统计量$u=\dfrac{\overline{X}-\mu}{\sigma/\sqrt{n}}$与$\chi^2=\dfrac{(n-1)S^2}{\sigma^2}$也是独立的. 于是有

$$t=\frac{u}{\sqrt{\dfrac{\chi^2}{n-1}}}=\frac{\dfrac{\overline{X}-\mu}{\sigma/\sqrt{n}}}{\sqrt{\dfrac{(n-1)S^2/\sigma^2}{n-1}}}=\frac{\overline{X}-\mu}{S/\sqrt{n}}\sim t(n-1)$$

例 10.2.1　设总体X服从正态分布$N(\mu,\sigma^2)$，从总体X中抽取容量为 9 的样本，求样本均值$\overline{X}$与总体均值μ之差的绝对值小于 2 的概率，如果

(1) 已知总体方差$\sigma^2=16$；

(2) 未知σ^2，但已知样本方差的观测值$s^2=18.45$.

解

(1) 已知$\sigma^2=16$，由定理 10.2.2 知，样本函数为

$$u=\frac{\overline{X}-\mu}{\sqrt{16/9}}\sim N(0,1),$$

所以有

$$\begin{aligned}P\{|\overline{X}-\mu|<2\}&=P\left\{\frac{|\overline{X}-\mu|}{\sqrt{16/9}}<\frac{2}{\sqrt{16/9}}\right\}\\&=P\{|u|<1.5\}=\Phi(1.5)-\Phi(-1.5)\\&=\Phi(1.5)-[1-\Phi(1.5)]\\&=2\Phi(1.5)-1.\end{aligned}$$

查附表 2 得 $\Phi(1.5)=0.9332$，则

$$P\{|\overline{X}-\mu|<2\}=2\times 0.9332-1=0.8664 .$$

(2) 已知 $s^2=18.45$，由定理 10.2.5 知，样本函数为

$$t=\frac{\overline{X}-\mu}{\sqrt{18.45/9}}\sim t(8),$$

所以有

$$\begin{aligned}P\{|\overline{X}-\mu|<2\}&=P\left\{\frac{|\overline{X}-\mu|}{\sqrt{18.45/9}}<\frac{2}{\sqrt{18.45/9}}\right\}\\&=P\{|t|<1.397\}=1-P\{|t|\geqslant 1.397\}\\&=1-2P\{t\geqslant 1.397\}.\end{aligned}$$

查附表 4 得 $t_{0.10}(8)=1.397$，则

$$P\{|\overline{X}-\mu|<2\}=1-2\times 0.10=0.80 .$$

例 10.2.2 设总体 X 服从正态分布 $N(\mu,2^2)$，从总体 X 中抽取容量为 16 的样本 $X_1,X_2,\cdots,X_{16}$.

(1) 如果已知 $\mu=0$，求 $\sum\limits_{i=1}^{16}X_i^2<128$ 的概率；

(2) 如果未知 μ，求 $\sum\limits_{i=1}^{16}(X_i-\overline{X})^2<100$ 的概率.

解

(1) 已知 $\mu=0$，由定理 10.2.3 知，统计量

$$\chi_1^2=\frac{1}{2^2}\sum_{i=1}^{16}X_i^2\sim\chi^2(16),$$

所以有

$$\begin{aligned}P\left\{\sum_{i=1}^{16}X_i^2<128\right\}&=P\left\{\frac{1}{2^2}\sum_{i=1}^{16}X_i^2<\frac{128}{2^2}\right\}\\&=P\{\ \chi_1^2<32\ \}=1-P\{\ \chi_1^2\geqslant 32\ \}.\end{aligned}$$

查附表 3 得 $\chi_{0.01}^2(16)=32.0$，由此得所求概率为

$$P\left\{\sum_{i=1}^{16}X_i^2<128\right\}=1-0.01=0.99 .$$

(2) 未知 μ，由定理 10.2.4 知，统计量

$$\chi_2^2=\frac{(16-1)S^2}{2^2}=\frac{1}{2^2}\sum_{i=1}^{16}(X_i-\overline{X})^2\sim\chi^2(15)$$

所以有

$$\begin{aligned}P\left\{\sum_{i=1}^{16}(X_i-\overline{X})^2<100\right\}&=P\left\{\frac{1}{2^2}\sum_{i=1}^{16}(X_i-\overline{X})^2<\frac{100}{2^2}\right\}\\&=P\{\chi_2^2<25\}=1-P\{\chi_2^2\geqslant 25\}.\end{aligned}$$

查附表 3 得 $\chi_{0.05}^2(15)\approx 25.0$，由此得所求概率为

$$P\left\{\sum_{i=1}^{16}(X_i-\overline{X})^2<100\right\}\approx 1-0.05=0.95.$$

10.2.2　两个正态总体的统计量的分布

现在讨论两个正态总体的统计量的分布. 从总体 X 中抽取容量为 n_1 的样本

$$X_1,\ X_2,\ \cdots,\ X_{n_1};$$

从总体 Y 中抽取容量为 n_2 的样本

$$Y_1,\ Y_2,\ \cdots,\ Y_{n_2}.$$

假设所有的抽样都是相互独立的，由此得到的样本 X_1，X_2，…，X_{n_1}，Y_1，Y_2，…，Y_{n_2} 都是相互独立的随机变量. 把取自总体 X 和 Y 的样本均值分别记作

$$\overline{X}=\frac{1}{n_1}\sum_{i=1}^{n_1}X_i,\qquad \overline{Y}=\frac{1}{n_2}\sum_{j=1}^{n_2}Y_j;$$

样本方差分别记作

$$S_1^2=\frac{1}{n_1-1}\sum_{i=1}^{n_1}(X_i-\overline{X})^2,\ S_2^2=\frac{1}{n_2-1}\sum_{j=1}^{n_2}(Y_j-\overline{Y})^2.$$

定理 10.2.6　设总体 X 服从正态分布 $N(\mu_1,\sigma_1^2)$，总体 Y 服从正态分布 $N(\mu_2,\sigma_2^2)$，则统计量为

$$U=\frac{(\overline{X}-\overline{Y})-(\mu_1-\mu_2)}{\sqrt{\dfrac{\sigma_1^2}{n_1}+\dfrac{\sigma_2^2}{n_2}}}$$

服从标准正态分布 $N(0,1)$，为

$$U=\frac{(\overline{X}-\overline{Y})-(\mu_1-\mu_2)}{\sqrt{\dfrac{\sigma_1^2}{n_1}+\dfrac{\sigma_2^2}{n_2}}}\sim N(0,1).$$

证　由定理 10.2.1 知

$$\overline{X}\sim N\left(\mu_1,\frac{\sigma_1^2}{n_1}\right),\qquad \overline{Y}\sim N\left(\mu_2,\frac{\sigma_2^2}{n_2}\right).$$

因为 $\overline{X}$ 与 $\overline{Y}$ 独立，所以可知

$$\overline{X}-\overline{Y}\sim N\left(\mu_1-\mu_2,\frac{\sigma_1^2}{n_1}+\frac{\sigma_2^2}{n_2}\right)$$

于是有

$$U=\frac{(\overline{X}-\overline{Y})-(\mu_1-\mu_2)}{\sqrt{\dfrac{\sigma_1^2}{n_1}+\dfrac{\sigma_2^2}{n_2}}}\sim N(0,1).$$

特别地，如果 $\sigma_1=\sigma_2=\sigma$，则得到下面的推论.

推论　设总体 X 服从正态分布 $N(\mu_1,\sigma^2)$，总体 Y 服从正态分布 $N(\mu_2,\sigma^2)$，则统计量

$$U=\frac{(\overline{X}-\overline{Y})-(\mu_1-\mu_2)}{\sigma\sqrt{\dfrac{1}{n_1}+\dfrac{1}{n_2}}}$$

服从标准正态分布$N(0,1)$，为

$$U=\frac{(\overline{X}-\overline{Y})-(\mu_1-\mu_2)}{\sigma\sqrt{\dfrac{1}{n_1}+\dfrac{1}{n_2}}}\sim N(0,1).$$

定理 10.2.7 设总体X服从正态分布$N(\mu_1,\sigma^2)$，总体Y服从正态分布$N(\mu_2,\sigma^2)$，则统计量为

$$T=\frac{(\overline{X}-\overline{Y})-(\mu_1-\mu_2)}{S_\omega\sqrt{\dfrac{1}{n_1}+\dfrac{1}{n_2}}}$$

服从自由度为n_1+n_2-2的t分布：

$$T=\frac{(\overline{X}-\overline{Y})-(\mu_1-\mu_2)}{S_\omega\sqrt{\dfrac{1}{n_1}+\dfrac{1}{n_2}}}\sim t(n_1+n_2-2).$$

其中，有

$$S_\omega=\sqrt{\frac{(n_1-1)S_1^2+(n_2-1)S_2^2}{n_1+n_2-2}}$$

证 由定理 10.2.6 的推论知，统计量为

$$U=\frac{(\overline{X}-\overline{Y})-(\mu_1-\mu_2)}{\sigma\sqrt{\dfrac{1}{n_1}+\dfrac{1}{n_2}}}\sim N(0,1).$$

又由定理 10.2.4 知

$$\chi_1^2=\frac{(n_1-1)S_1^2}{\sigma^2}\sim\chi^2(n_1-1),$$

$$\chi_2^2=\frac{(n_2-1)S_2^2}{\sigma^2}\sim\chi^2(n_2-1).$$

因为S_1^2与S_2^2独立，所以χ_1^2与χ_2^2也是独立的. 由χ^2分布的可加性可知，统计量为

$$\chi^2=\chi_1^2+\chi_2^2=\frac{(n_1-1)S_1^2+(n_2-1)S_2^2}{\sigma^2}\sim\chi^2(n_1+n_2-2).$$

由定理 10.2.4 知，$\overline{X}$与S_1^2独立，$\overline{Y}$与S_2^2独立，所以统计量U与χ^2也是独立的. 于是，统计量为

$$T=\frac{U}{\sqrt{\dfrac{\chi^2}{n_1+n_2-2}}}=\frac{(\overline{X}-\overline{Y})-(\mu_1-\mu_2)}{S_\omega\sqrt{\dfrac{1}{n_1}+\dfrac{1}{n_2}}}\sim t(n_1+n_2-2).$$

定理 10.2.8 设总体X服从正态分布$N(\mu_1,\sigma_1^2)$，总体Y服从正态分布$N(\mu_2,\sigma_2^2)$，则统计量为

$$F=\frac{\sum_{i=1}^{n_1}(X_i-\mu_1)^2/(n_1\sigma_1^2)}{\sum_{j=1}^{n_2}(Y_j-\mu_2)^2/(n_2\sigma_2^2)}$$

服从自由度为(n_1,n_2)的F分布：

$$F=\frac{\sum_{i=1}^{n_1}(X_i-\mu_1)^2/(n_1\sigma_1^2)}{\sum_{j=1}^{n_2}(Y_j-\mu_2)^2/(n_2\sigma_2^2)}\sim F(n_1,n_2).$$

证　由定理 10.2.3 知：

$$\chi_1^2=\frac{1}{\sigma_1^2}\sum_{i=1}^{n_1}(X_i-\mu_1)^2\sim\chi^2(n_1),$$

$$\chi_2^2=\frac{1}{\sigma_2^2}\sum_{j=1}^{n_2}(Y_j-\mu_2)^2\sim\chi^2(n_2).$$

因为所有的$X_i\ (i=1,2,\cdots,n_1)$与$Y_j\ (j=1,2,\cdots,n_2)$都是相互独立的，所以统计量χ_1^2与χ_2^2也是独立的.

于是，统计量为

$$F=\frac{\chi_1^2/n_1}{\chi_2^2/n_2}=\frac{\sum_{i=1}^{n_1}(X_i-\mu_1)^2/(n_1\sigma_1^2)}{\sum_{j=1}^{n_2}(Y_j-\mu_2)^2/(n_2\sigma_2^2)}\sim F(n_1,n_2).$$

定理 10.2.9　设总体X服从正态分布$N(\mu_1,\sigma_1^2)$，总体Y服从正态分布$N(\mu_2,\sigma_2^2)$，则统计量为

$$F=\frac{S_1^2/\sigma_1^2}{S_2^2/\sigma_2^2}$$

服从自由度为$(n_1-1,\ n_2-1)$的F分布：

$$F=\frac{S_1^2/\sigma_1^2}{S_2^2/\sigma_2^2}\sim F(n_1-1,\ n_2-1)$$

证　由定理 10.2.4 知

$$\chi_1^2=\frac{(n_1-1)S_1^2}{\sigma_1^2}\sim\chi^2(n_1-1),$$

$$\chi_2^2=\frac{(n_2-1)S_2^2}{\sigma_2^2}\sim\chi^2(n_2-1).$$

因为S_1^2与S_2^2独立，所以统计量χ_1^2与χ_2^2也是独立的.

于是，统计量为

$$F=\frac{\chi_1^2/(n_1-1)}{\chi_2^2/(n_2-1)}=\frac{S_1^2/\sigma_1^2}{S_2^2/\sigma_2^2}\sim F(n_1-1,\ n_2-1).$$

例 10.2.3　设总体X服从正态分布$N(20,5^2)$，总体Y服从正态分布$N(10,2^2)$，从总体X与Y中分别抽取容量为$n_1=10$与$n_2=8$的样本，求：

(1) 样本均值差$\overline{X}-\overline{Y}$大于 6 的概率；

(2) 样本方差比$\dfrac{S_1^2}{S_2^2}$小于 22 的概率.

解

(1) 由定理 10.2.6 知，统计量为

$$U=\frac{(\overline{X}-\overline{Y})-(20-10)}{\sqrt{\dfrac{5^2}{10}+\dfrac{2^2}{8}}}=\frac{\overline{X}-\overline{Y}-10}{\sqrt{3}}\sim N(0,1),$$

所以有

$$\begin{aligned}P\{\overline{X}-\overline{Y}>6\}&=P\left\{\frac{\overline{X}-\overline{Y}-10}{\sqrt{3}}>\frac{6-10}{\sqrt{3}}\right\}\\&=P\{U>-2.31\}=1-P\{U\leqslant -2.31\}\\&=1-\Phi(-2.31)=\Phi(2.31).\end{aligned}$$

查附表 2 得$\Phi(2.31)=0.9896$，由此得所求概率为

$$P\{\overline{X}-\overline{Y}>6\}=0.9896.$$

(2) 由定理 10.2.9 知，统计量为

$$F=\frac{S_1^2/5^2}{S_2^2/2^2}\sim F(9,7),$$

所以有

$$\begin{aligned}P\left\{\frac{S_1^2}{S_2^2}<23\right\}&=P\left\{\frac{S_1^2/5^2}{S_2^2/2^2}<\frac{23/5^2}{1/2^2}\right\}\\&=P\{F<3.68\}=1-P\{F\geqslant 3.68\}.\end{aligned}$$

查附表 5 得$F_{0.05}(9,7)=3.68$，由此得所求概率为

$$P\left\{\frac{S_1^2}{S_2^2}<23\right\}=1-0.05=0.95.$$

习 题 10

1. 从某厂生产的一批仪表中，随机抽取 9 台做寿命试验，各台从开始工作到初次发生故障的时间(单位：h)为

1408　1622　1957　2215　2400　2910　4215　4278

试求样本均值$\overline{x}$和样本方差s^2.

2. 已知总体的数学期望$\mu=50$，标准差$\sigma=300$，$\overline{X}$为来自总体容量为 100 的样本均值，试求$\overline{X}$的数学期望和标准差.

3. 设从总体$X\sim N(\mu,\sigma^2)$中抽取一容量为 15 的样本. 这里μ,σ^2均为未知.求$P\left\{\dfrac{S^2}{\sigma^2}\leqslant 2\right\}$.

4. 设总体 $X \sim N(150, 25^2)$，$\overline{X}$ 为容量是 25 的样本均值.

(1) 求 $P\left\{140 \leqslant \overline{X} \leqslant 147.5\right\}$.

(2) 抽取容量为 64 的样本，求 $|\overline{X}-150|<1$ 的概率.

(3) 抽取样本容量 n 多大时，才能使概率 $P\{|\overline{X}-150|<1\}$ 达到 0.95？

5. 设总体 $X \sim N(12, 4)$，现从中抽取样本 $X_1, X_2, \cdots, X_6$. 试问：

(1) 样本均值 $\overline{X}$ 大于 12 的概率是多少?

(2) 样本的最小值小于 10 的概率是多少?

(3) 样本的最大值大于 15 的概率是多少?

6. 求总体 $X \sim N(20, 3)$ 的容量分别为 10,15 的两个相互独立的样本均值差的绝对值小于 0.2 的概率.

7. 某厂生产的电容器的使用寿命服从指数分布，但参数 λ 未知，为此随机抽查 n 只电容器，测得其实际使用寿命. 试问本题中什么是总体、样本？并求样本的联合概率密度.

8. 设总体 $X \sim N(\mu, \sigma^2)$，抽取样本 $X_1, X_2 \cdots, X_n$，样本均值为 $\overline{X}$，样本方差为 S^2. 如果再抽取一个样本 X_{n+1}，证明：统计量

$$\sqrt{\frac{n}{n+1}}\frac{X_{n+1}-\overline{X}}{S} \sim t(n-1).$$

9. 设 $X_1, X_2 \cdots, X_{10}$ 为 $N(0, 0.3^2)$ 的一个样本，求 $P\left\{\sum_{i=1}^{10} X_i^2 > 1.44\right\}$.

第11章　参 数 估 计

从本章起，我们介绍统计推断. 统计推断问题分为两大类：参数估计问题和假设检验问题，它们是数理统计的基础组成部分. 本章介绍参数估计. 统计推断就是通过由样本构造适当的统计量对总体的分布情况做出合理的估计和推断. 在实际工作中，往往对总体分布并非一无所知. 例如，一批产品的某项质量指标 X 是随机变量，根据以往的经验知道它服从正态分布 $N(\mu,\sigma^2)$，只是其中的参数 μ 和 σ^2 待确定. 又如，某信息台在一定时间内接到的呼叫次数 X 是一个随机变量，由 X 产生的机理能推知它是服从泊松分布 $P(\lambda)$ 的，只要估计出参数 λ 就能算出在某一段时间内接到 k 次呼叫的概率. 这类已知总体分布类型，需要通过样本构造适当统计量来估计总体分布中某些参数的问题就是本章所要介绍的参数估计，参数估计的方法分为点估计和区间估计两大类，下面分别进行介绍.

11.1　点 估 计

设已知总体 X 的分布函数 $F(x,\theta)$，θ 是未知参数. 抽取该总体的样本 $X_1,X_2,\cdots,X_n$，根据参数在总体中的作用，并依据一个合理的理由来构造一个统计量 $\hat{\theta}(X_1,X_2,\cdots,X_n)$，用这个统计量来估计总体中的未知参数 θ，则我们称统计量 $\hat{\theta}(X_1,X_2,\cdots,X_n)$ 为参数 θ 的估计量. 将抽样完成后得到的样本值 $x_1,x_2,\cdots,x_n$ 代入上述估计量，则可以算出一个关于参数 θ 的估计值 $\hat{\theta}(x_1,x_2,\cdots,x_n)$.

由上述定义可知，估计量 $\hat{\theta}(X_1,X_2,\cdots,X_n)$ 是随机变量，而估计值 $\hat{\theta}(x_1,x_2,\cdots,x_n)$ 是一个实数. 在没有必要强调两者的区别时，我们常常将它们统称为参数 θ 的估计 $\hat{\theta}$.

例 11.1.1　设某电路中的电流 X 服从正态分布 $N(\mu,\sigma^2)$，其中 μ 和 σ^2 为未知参数，今随机测试 5 次电流的电流值(单位：A)如下：

10.50　10.31　10.21　10.78　10.65

试估计参数 μ 和 σ^2.

解　因为总体 $X\sim N(\mu,\sigma^2)$，故有 $E(X)=\mu, D(X)=\sigma^2$，我们可以考虑用样本均值 $\overline{X}$ 和样本方差 S^2 来分别估计总体均值 μ 和总体方差 σ^2，即

$$\hat{\mu}=\overline{X}=\frac{1}{n}\sum_{i=1}^{n}X_i,$$

$$\hat{\sigma}^2=S^2=\frac{1}{n-1}\sum_{i=1}^{n}(X_i-\overline{X})^2.$$

得到了 μ 和 σ^2 的估计量分别为 $\bar{x}$ 和 s^2. 再由所给的样本值可算出 μ 和 σ^2 的估计值：

$$\hat{\mu}=\bar{x}=\frac{1}{5}(10.50+10.31+10.21+10.78+10.65)=10.49,$$

$$\sigma^2 = s^2 = \frac{1}{5}[(10.50-10.49)^2+(10.31-10.49)^2+(10.21-10.49)^2+(10.78-10.49)^2+(10.65-10.49)^2]$$

$$=0.05515.$$

利用总体的一个样本所构造的统计量来估计总体未知参数的问题，称为参数的点估计问题，如何求估计量呢？方法很多，下面介绍最常用的两种方法.

11.1.1　矩估计法

矩估计法是一种简捷的方法，它是一种基于替换的方法，即用样本矩去替换总体矩. 我们知道，矩是由随机变量的分布唯一确定，而样本来源于总体，样本矩在一定程度上反映了总体矩的特征，用样本矩来估计总体矩就称为矩估计法.

从直观上看，总体 X 的均值 $E(X)$ (一阶原点矩)是对 X 的取值求以概率为权的加权平均，而样本均值 $\overline{X}$ 是对抽取的样本求算术平均. 从理论上讲，由大数定律：

$$\lim_{n\to\infty} P\{|\overline{X}-E(X)|<\varepsilon\}=1$$

即样本均值 $\overline{X}$ 依概率收敛于总体均值 $E(X)$，即当 n 很大时，样本均值 $\overline{X}$ 的值会很接近总体均值 $E(X)$，因此，用 $\overline{X}$ 估计 $E(X)$ 是有充分理由的一种选择. 将这类依据推广就得到用样本的矩估计总体的矩，基于这一思想形成的点估计法就是矩估计法.

矩估计的具体做法如下：

设总体 X，$\theta_1,\theta_2,\cdots,\theta_k$ 为待估参数，设 $X_1,X_2,\cdots,X_n$ 是来自总体 X 的样本，假设总体 X 的 k 阶矩为

$$\mu_k=\mu_k(\theta_1,\theta_2,\cdots,\theta_k).$$

(1) 设

$$\begin{cases}\mu_1=\mu_1(\theta_1,\theta_2,\cdots,\theta_k)\\ \mu_2=\mu_2(\theta_1,\theta_2,\cdots,\theta_k)\\ \quad\vdots\\ \mu_k=\mu_k(\theta_1,\theta_2,\cdots,\theta_k)\end{cases}.$$

(2) 解方程组，一般来说，可以从中解出 $\theta_1,\theta_2,\cdots,\theta_k$，得到

$$\begin{cases}\theta_1=\theta_1(\mu_1,\mu_2,\cdots,\mu_k)\\ \theta_2=\theta_2(\mu_1,\mu_2,\cdots,\mu_k)\\ \quad\vdots\\ \theta_k=\theta_k(\mu_1,\mu_2,\cdots,\mu_k)\end{cases}.$$

(3) 再以样本的 k 阶矩分别代替上式中的 μ_i, $i=1,2,\cdots,k$，可得 $\hat{\theta}_i$, $i=1,2,\cdots,k$，这种估计量称为矩估计量，矩估计量的观察值称为矩估计值.

例 11.1.2　某纺织厂细纱机上的断头次数 X 服从泊松分布 $P(\lambda)$，其中，$\lambda>0$ 为未知参数，设 $X_1,X_2,\cdots,X_n$ 是来自总体 X 的样本，求参数 λ 的矩估计.

解　泊松分布的分布律:

$$P\{X=x\}=\frac{\lambda^x}{x!}\mathrm{e}^{-\lambda}, \lambda>0, \quad x=0,1,2,\cdots$$

于是有：

(1) $\mu_1 = E(X) = \lambda$；

(2) $\mu_1 \approx A_1$；

(3) $\lambda \approx A_1 = \frac{1}{n}\sum_{i=1}^{n} X_i = \overline{X}$.

得矩估计量：$\hat{\lambda} = \overline{X}$；

相应的矩估计值：$\hat{\lambda} = \overline{x}$.

例 11.1.3 某人去银行存取款等候时间 X 服从指数分布 $\mathrm{e}(\lambda)$，其概率密度函数为

$$f(x,\lambda) = \begin{cases} \lambda \mathrm{e}^{-\lambda x}, & x > 0 \\ 0, & x \leqslant 0 \end{cases}.$$

其中，$\lambda > 0$ 为未知参数，设 $X_1, X_2, \cdots, X_n$ 是来自总体 X 的样本，求参数 λ 的矩估计.

解 (1) $\mu_1 = E(X) = \frac{1}{\lambda}$

(2) $\mu_1 \approx A_1$

(3) $\frac{1}{\lambda} \approx A_1 = \overline{X}$

得矩估计量：$\hat{\lambda} = \frac{1}{\overline{X}}$；相应的矩估计值：$\hat{\lambda} = \frac{1}{\overline{x}}$.

例 11.1.4 设某物体的温度 X 服从正态分布 $N(\mu, \sigma^2)$，其中，μ 和 σ^2 为未知参数，设 $X_1, X_2, \cdots, X_n$ 是来自总体 X 的样本，求参数 μ 和 σ^2 的矩估计.

解 分析：这里要估计的未知参数有两个，根据用矩估计法求估计的作法，应建立两个关于 X 的矩的方程，即

(1) $\mu_1 = E(X) = \mu$，

$\mu_2 = D(X) = \sigma^2$；

(2) $\mu_1 \approx A_1$，

$\mu_2 \approx S^2$；

(3) $\mu \approx A_1 = \overline{X}$，

$\sigma^2 \approx S^2 = \frac{1}{n-1}\sum_{i=1}^{n}(X_i - n\overline{X})^2$，

得矩估计量：$\hat{\mu} = \overline{X}$，$\hat{\sigma}^2 = \frac{1}{n-1}\sum_{i=1}^{n} X_i^2 - (\overline{X})^2 = \frac{1}{n-1}\sum_{i=1}^{n}(X_i - n\overline{X})^2 = S^2$

相应的矩估计值：$\hat{\mu} = \overline{x}$，$\hat{\sigma}^2 = \frac{1}{n-1}\sum_{i=1}^{n} x_i^2 - (\overline{x})^2 = \frac{1}{n-1}\sum_{i=1}^{n}(x_i - n\overline{x})^2 = s^2$.

11.1.2 极大似然估计

矩估计法具有直观、简便等优点，特别是求总体均值和方差的矩估计并不要求了解总体的分布，但它也有缺点. 例如对原点矩不存在的分布如柯西分布就不能用，下面再介绍一种求点估计的方法——极大似然估计法.

设总体 X 为离散型随机变量，其分布律为 $P\{X=x\}=P(x,\theta),\theta\in\Theta$ 的形式为已知，θ 为待估参数，θ 是 Θ 可能取值范围. 设 $X_1,X_2,\cdots,X_n$ 是来自总体 X 的样本，则 $X_1,X_2,\cdots,X_n$ 的联合分布律为

$$\prod_{i=1}^{n}P(x_i,\theta).$$

设 $x_1,x_2,\cdots,x_n$ 是相应于样本 $X_1,X_2,\cdots,X_n$ 的一个样本值，我们定义事件 $\{X_1=x_1,X_2=x_2,\cdots,X_n=x_n\}$ 发生的概率为

$$L(x_1,x_2,\cdots,x_n,\theta)=L(\theta)=\prod_{i=1}^{n}P(x_i,\theta)\quad\theta\in\Theta \tag{11.1.1}$$

这一概率随 θ 的取值而变化，它是 θ 的函数. $L(\theta)$ 称为样本的似然函数.

设总体 X 为连续型随机变量，其概率密度函数为 $f(x,\theta),\theta\in\Theta$ 的形式为已知，θ 为待估参数，θ 是 Θ 可能取值范围. 设 $X_1,X_2,\cdots,X_n$ 是来自总体 X 的样本，则 $X_1,X_2,\cdots,X_n$ 的联合概率密度函数为

$$\prod_{i=1}^{n}f(x_i,\theta).$$

设 $x_1,x_2,\cdots,x_n$ 是相应于样本 $X_1,X_2,\cdots,X_n$ 的一个样本值，则随机点 $(X_1,X_2,\cdots,X_n)$ 落在点 $(x_1,x_2,\cdots,x_n)$ 的领域内的概率近似地为

$$\prod_{i=1}^{n}f(x_i,\theta)\mathrm{d}x_i,$$

其值也随 θ 的取值而变化，它也是 θ 的函数，由于因子 $\prod_{i=1}^{n}\mathrm{d}x_i$ 不随 θ 而变，故样本 $X_1,X_2,\cdots,X_n$ 的似然函数可定义为

$$L(x_1,x_2,\cdots,x_n,\theta)=L(\theta)=\prod_{i=1}^{n}f(x_i,\theta)\quad\theta\in\Theta \tag{11.1.2}$$

极大似然估计法是由英国统计学家费舍尔(R. A. Fisher)给出，这个点估计法无论从理论上还是应用上来看，至今仍是重要的并普遍适用的估计法. 极大似然估计法的思想就是固定样本观察值 $x_1,x_2,\cdots,x_n$，在 θ 取值的可能范围内挑选出使似然函数 $L(x_1,x_2,\cdots,x_n,\theta)$ 达到最大的参数值 $\hat{\theta}$，作为参数 θ 的估计值，即取 $\hat{\theta}$ 使

$$L(x_1,x_2,\cdots,x_n,\hat{\theta})=\max_{\theta\in\Theta}L(x_1,x_2,\cdots,x_n,\theta),$$

这样得到的 $\hat{\theta}$ 与样本值 $x_1,x_2,\cdots,x_n$ 有关，常记为 $\hat{\theta}(x_1,x_2,\cdots,x_n)$，称为参数 θ 的极大似然估计值，而相应的统计量 $\hat{\theta}(X_1,X_2,\cdots,X_n)$，称为参数 θ 的极大似然估计量. 这样，确定极大似然估计量的问题，就转化为计算似然函数极大值的问题了.

既然似然函数 $L(\theta)$ 是参数 θ 的函数，如果它是 θ 的可微函数，则可通过计算所谓似然方程:

$$\frac{\mathrm{d}}{\mathrm{d}\theta}L(\theta)=0$$

解得极大似然估计 $\hat{\theta}$，又因 $L(\theta)$ 与 $\ln L(\theta)$ 在同一 θ 处取得极值，因此，θ 的极大似然估计 $\hat{\theta}$ 也可以从下面的对数似然方程

$$\frac{\mathrm{d}}{\mathrm{d}\theta}\ln L(\theta)=0$$

来求解. $\hat{\theta}$ 要比似然方程求解简便得多.

极大似然估计法也适用于分布中含多个未知参数 $\theta_1,\theta_2,\cdots,\theta_k$ 的情况. 这时，似然函数是参数 $\theta_1,\theta_2,\cdots,\theta_k$ 的函数，分别令

似然方程组：

$$\frac{\partial L}{\partial \theta_i}=0,\ i=1,2,\cdots,k;$$

对数似然方程组：

$$\frac{\partial \ln L}{\partial \theta_i}=0, i=1,2\cdots,k.$$

解上述方程组，即可得到未知参数的极大似然估计.

例 11.1.5 求例 11.1.2 中未知参数 λ 的极大似然估计.

解 设样本 $X_1,X_2,\cdots,X_n$ 的观测值为 $x_1,x_2,\cdots,x_n$，且总体 $X\sim p(\lambda)$. 则

$$L(x_1,x_2,\cdots,x_n,\lambda)=L(\lambda)=\prod_{i=1}^{n}P(x_i,\lambda)=\prod_{i=1}^{n}\frac{\lambda^{x_i}}{x_i\,!}\mathrm{e}^{-\lambda}=\frac{\lambda^{\sum_{i=1}^{n}x_i}}{x_1\,!x_2\,!\cdots x_n\,!}\mathrm{e}^{-n\lambda},$$

上式两边取对数，有

$$\ln L(\lambda)=-n\lambda+\ln\lambda\sum_{i=1}^{n}x_i-\sum_{i=1}^{n}\ln x_i\,!.$$

令

$$\frac{\mathrm{d}\ln L(\lambda)}{\mathrm{d}\lambda}=-n+\frac{\sum_{i=1}^{n}x_i}{\lambda}=0,$$

解得极大似然估计量：$\hat{\lambda}=\overline{X}$；

相应地极大似然估计值：$\hat{\lambda}=\overline{x}$.

例 11.1.6 求例 11.1.3 中未知参数 λ 的极大似然估计.

解 设样本 $X_1,X_2,\cdots,X_n$ 的观测值为 $x_1,x_2,\cdots,x_n$，且总体 $X\sim \mathrm{e}(\lambda)$，则

$$L(x_1,x_2,\cdots,x_n,\lambda)=L(\lambda)=\prod_{i=1}^{n}f(x_i,\lambda)=\prod_{i=1}^{n}\lambda\mathrm{e}^{-\lambda x_i}=\lambda^n\mathrm{e}^{-\lambda\sum_{i=1}^{n}x_i},$$

上式两边取对数，有

$$\ln L(\lambda)=n\ln\lambda-\lambda\sum_{i=1}^{n}x_i,$$

令

$$\frac{\mathrm{d}\ln L(\lambda)}{\mathrm{d}\lambda}=\frac{n}{\lambda}-\sum_{i=1}^{n}x_i=0,$$

解得极大似然估计量：$\hat{\lambda}=\frac{1}{\overline{X}}$；

相应地极大似然估计值：$\hat{\lambda}=\frac{1}{\overline{x}}$.

例 11.1.7 求例 11.1.4 中未知参数 μ 和 σ^2 的极大似然估计.

解 设样本 $X_1, X_2, \cdots, X_n$ 的观测值为 $x_1, x_2, \cdots, x_n$，且总体 $X \sim N(\mu, \sigma^2)$，则

$$L(x_1, x_2, \cdots, x_n, \mu, \sigma^2) = L(\mu, \sigma^2) = \prod_{i=1}^{n} f(x_i, \mu, \sigma^2) = \prod_{i=1}^{n} \frac{1}{\sqrt{2\pi}\sigma} e^{-\frac{(x_i-\mu)^2}{2\sigma^2}}$$

$$= (\sqrt{2\pi}\sigma)^{-n} \cdot e^{-\frac{1}{2\sigma^2}\sum_{i=1}^{n}(x_i-\mu)^2},$$

上式两边取对数，有

$$\ln L(\mu, \sigma^2) = -\frac{n}{2}\ln 2\pi\sigma^2 - \frac{1}{2\sigma^2}\sum_{i=1}^{n}(x_i - \mu)^2 .$$

由于似然函数 L 为参数 μ 和 σ^2 的函数，因此，对数似然方程组为

$$\frac{\partial \ln L(\mu, \sigma^2)}{\partial \mu} = \frac{1}{\sigma^2}\left(\sum_{i=1}^{n} x_i - n\mu\right) = 0,$$

$$\frac{\partial \ln L(\mu, \sigma^2)}{\partial \sigma^2} = -\frac{n}{2\sigma^2} + \frac{1}{2\sigma^4}\sum_{i=1}^{n}(x_i - \mu)^2 = 0,$$

解得极大似然估计量：$\hat{\mu} = \overline{X}$，$\sigma^2 = S^2$；

相应地极大似然估计值：$\hat{\mu} = \bar{x}$，$\sigma^2 = s^2$.

从上述几个例子中发现，泊松分布、指数分布和正态分布的相应参数的矩估计与极大似然估计是一样的，那么，是不是其他参数的矩估计与极大似然估计也一样呢？下面的例子给出了否定的回答.

例 11.1.8 设总体 X 服从 $[a, b]$ 上的均匀分布，求未知参数 a 和 b 的矩估计和极大似然估计.

解 均匀分布的概率密度函数为

$$f(x) = \begin{cases} \frac{1}{b-a}, & a \leqslant x \leqslant b \\ 0, & \text{其他} \end{cases}.$$

设 $X_1, X_2, \cdots, X_n$ 是来自总体 X 的样本，样本 $X_1, X_2, \cdots, X_n$ 的观测值为 $x_1, x_2, \cdots, x_n$.

首先求矩估计：

$$\mu_1 = E(X) = \int_a^b \frac{x}{b-a}\mathrm{d}x = \frac{a+b}{2},$$

$$\mu_2 = D(X) = \frac{(b-a)^2}{12}.$$

解上述方程组，得

矩估计量：

$$\hat{a} = \overline{X} - \sqrt{6}S,$$
$$\hat{b} = \overline{X} + \sqrt{6}S;$$

矩估计值：

$$\hat{a} = \bar{x} - \sqrt{6}s,$$
$$\hat{b} = \bar{x} + \sqrt{6}s.$$

再计算极大似然估计.

设似然函数为

$$L(a,b)=\begin{cases}\dfrac{1}{(b-a)^n}, & a\leqslant x_1,x_2,\cdots,x_n\leqslant b \\ 0, & \text{其他}\end{cases}.$$

通过观察，可以发现似然函数L在$a=b$处不连续，则似然函数L不是参数a和b的可微函数. 因此，不能用解似然方程组求a和b的极大似然估计，而要直接求似然函数L的极大值点$(\hat{a},\hat{b})$. 从似然函数式可以看出，a和b越靠近，似然函数L就越大，但同时也要满足$a\leqslant x_1,x_2,\cdots,x_n\leqslant b$，所以取$a=\min\limits_{1\leqslant i\leqslant n}\{x_i\},b=\max\limits_{1\leqslant i\leqslant n}\{x_i\}$时，似然函数$L$达到最大，即$a$和$b$的极大似然估计为

$$\hat{a}=\min_{1\leqslant i\leqslant n}\{x_i\},$$

$$\hat{b}=\max_{1\leqslant i\leqslant n}\{x_i\}.$$

11.1.3 估计量的评选标准

从之前的内容可以看到，对同一个未知参数，采用不同的估计方法可能得到不同的估计量. 很明显，原则上任何统计量都可以作为未知参数的估计量. 正像对未来的天气，人人都可以做出预报，但不同的预报方法，有一个预报好坏的问题. 人们自然会问，对于一个未知参数，采用哪一个估计量为好呢？这就要求进一步研究点估计的性质，以帮助人们决定估计量的选取和提供求得优良估计的方法. 下面介绍从不同的角度来研究点估计的优良性质，从而得出几个用来衡量估计量好坏的评选标准.

1. 无偏性

估计量是一个随机变量. 同一个估计量由不同抽样所得到的估计值一般是不同的. 即估计量会在一定范围内波动. 我们自然希望估计量能围绕着待估参数的真值θ波动. 或者说估计的平均取值为θ，这就提出了所谓无偏性标准.

定义 11.1.1 设$\hat{\theta}=\hat{\theta}(X_1,X_2,\cdots,X_n)$是未知参数$\theta$的一个估计量. 如果$E(\hat{\theta})=\theta$，则称$\hat{\theta}$为$\theta$的无偏估计量.

一个估计如果不是无偏的就称这个估计是有偏的. 称$|E(\hat{\theta})-\theta|$为估计$\hat{\theta}$的偏，在科学技术中也称为$\hat{\theta}$的系统误差. 无偏估计的实际意义就是无系统误差.

例 11.1.9 证明样本均值$\overline{X}$和样本方差S^2分别是总体均值$E(X)$和总体方差$D(X)$的无偏估计量.

证 因为

$$E(\overline{X})=E\left(\frac{1}{n}\sum_{i=1}^{n}X_i\right)=\frac{1}{n}\sum_{i=1}^{n}E(X_i)=E(X),$$

$$E(S^2)=E\left(\frac{1}{n-1}\sum_{i=1}^{n}(X_i-\overline{X})^2\right)=\frac{1}{n-1}E\left(\sum_{i=1}^{n}X_i^2-n(\overline{X})^2\right)=\frac{1}{n-1}\sum_{i=1}^{n}E(X_i^2)-\frac{n}{n-1}E((\overline{X})^2).$$

由于$E(X^2)=D(X)+(E(X))^2$，则$E(S^2)=D(X)$，得证

2. 有效性

对于参数θ的无偏估计量，其取值应在真值附近波动，我们自然希望它与真值之间的偏差越小越好，也就是说，无偏估计的方差越小越有效.

定义 11.1.2　设$\hat{\theta}_1$和$\hat{\theta}_2$都是参数θ的无偏估计量．如果$D(\hat{\theta}_1) < D(\hat{\theta}_2)$，则称$\hat{\theta}_1$比$\hat{\theta}_2$有效.

例 11.1.10　设$X_1, X_2, \cdots, X_n$为总体X的一个样本，则$\overline{X}$和X_1都是总体均值$E(X)$的无偏估计，试判定$\overline{X}$和X_1哪一个更有效.

解　由于，当$n>1$时，有

$$D(\overline{X}) = \frac{1}{n^2}\sum_{i=1}^{n} D(X_i) = \frac{D(X)}{n} < D(X) = D(X_1),$$

所以，$\overline{X}$比X_1更有效.

3. 一致性

在参数的估计中很容易想到，如果样本容量越大，样本所含的总体分布的信息应该越多，换句话说，就是样本容量n越大，就越能精确地估计总体的未知参数，随着n的无限增大，一个好的估计量与被估计参数的真值之间任意接近的可能性会越来越大．特别对有限总体时，若将其所有个体全部抽出，则其估计值应与真实参数值一致．估计量的这种性质称为一致性.

定义 11.1.3　设$\hat{\theta} = \hat{\theta}(X_1, X_2, \cdots, X_n)$为参数$\theta$的估计量．如果对任意的$\varepsilon > 0$，有

$$\lim_{n\to\infty} P(|\hat{\theta} - \theta| < \varepsilon) = 1$$

即$\hat{\theta}$依概率收敛于参数θ，则称$\hat{\theta}$为参数θ的一个一致估计量.

11.2　正态总体参数的区间估计

在点估计中，我们求得的估计值$\hat{\theta}(x_1, x_2, \cdots, x_n)$仅仅是未知参数值$\theta$的一个近似值，即使$\hat{\theta}$具有无偏性、有效性和一致性等优良性质，用$\hat{\theta}$作为$\theta$的估计值时也不可避免地会有误差，而这个误差究竟有多大(误差范围)在点估计中没有明确地表现出来．而在实际应用中，往往还需要知道参数的估计值落在其真值附近的一个范围．因此有必要进一步探讨用估计量来估计θ的误差范围，例如，在估计某阶层人的月收入时，可以说："月收入 1000 元左右"，也可以说："月收入在 800～1200 元之间"．前者就是点估计的说法，而后者给人的信息量显然比前者多，这就是本节要介绍的区间估计.

11.2.1　区间估计的概念

所谓参数的区间估计，本质上是构造出两个统计量$\hat{\theta}_1 = \hat{\theta}_1(X_1, X_2, \cdots, X_n)$，$\hat{\theta}_2 = \hat{\theta}_2(X_1, X_2, \cdots, X_n)$，而且恒有$\hat{\theta}_1 < \hat{\theta}_2$，由它们组成一个区间$(\hat{\theta}_1, \hat{\theta}_2)$，这是一个随机区间．对一个具体问题，一旦取得了样本值$x_1, x_2, \cdots, x_n$之后，便给出了一个具体的区间$(\hat{\theta}_1(x_1, x_2, \cdots, x_n), \hat{\theta}_2(x_1, x_2, \cdots, x_n))$，并且认为未知参数$\theta$是在这个区间内．一般，对不同

的样本值会得到不同的具体区间，因而随机区间$(\hat{\theta}_1,\hat{\theta}_2)$是一个随机事件. 这个随机事件的概率的大小反映了这个区间估计的可靠程度，常用$1-\alpha(0<\alpha<1)$表示；而区间长度的均值$E(\hat{\theta}_2-\hat{\theta}_1)$的大小反映了这个区间估计的精确程度. 自然希望反映可靠程度的概率$1-\alpha$越大越好，而反映精确程度的平均区间长度$E(\hat{\theta}_2-\hat{\theta}_1)$越小越好. 但在实际问题中，两者总是不能兼顾. 例如，要预报兰州地区的日平均气温，总是用大小相差 10℃的两个数来预报. 即最低气温与最高气温. 若预报气温的两数相差太大，虽然预报得很可靠，但是这样根本没有实用价值；若用相差 1℃的两个数来预报气温，虽然预报区间长度很小(精度很高)，但气温预报的可靠性很差. 因此，求区间估计的原则是在保证足够可靠程度$1-\alpha$的前提下，尽量使区间的平均长度$E(\hat{\theta}_2-\hat{\theta}_1)$小一些.

定义 11.2.1 设θ为总体的未知参数，$X_1,X_2,\cdots,X_n$为来自总体的一个样本，构造两个统计量$\hat{\theta}_1=\hat{\theta}_1(X_1,X_2,\cdots,X_n)$和$\hat{\theta}_2=\hat{\theta}_2(X_1,X_2,\cdots,X_n)$，使对事先给定的$\alpha(0<\alpha<1)$，有$P\{\hat{\theta}_1<\theta<\hat{\theta}_2\}=1-\alpha$，则称$(\hat{\theta}_1,\hat{\theta}_2)$为$\theta$的一个置信区间，$1-\alpha$为置信度，$\hat{\theta}_1$为置信下限，$\hat{\theta}_2$为置信上限.

定义 11.2.1 中的式子$P\{\hat{\theta}_1<\theta<\hat{\theta}_2\}=1-\alpha$不能解释为$\theta$落在区间$(\hat{\theta}_1,\hat{\theta}_2)$的概率为$1-\alpha$，因为$\theta$是$\hat{\theta}_1,\hat{\theta}_2$中一个客观存在的未知数，所以确切的解释应该为随机区间$(\hat{\theta}_1,\hat{\theta}_2)$包含$\theta$(盖住$\theta$)的概率为$1-\alpha$.

置信度$1-\alpha$反映的是置信区间的可靠程度，其值是根据实际情况事先选取的，一般常用的值为 0.90，0.95，0.99 等. 例如，取$1-\alpha=0.95$，则定义 11.2.1 中的式子$P\{\hat{\theta}_1<\theta<\hat{\theta}_2\}=1-\alpha$的解释为：对总体取 100 个容量为$n$的样本值，可得到 100 个确定的区间$(\hat{\theta}_1,\hat{\theta}_2)$，这 100 个区间中平均有 95 个包含了未知参数θ，还有大约 5 个不包含θ.

我们分情形给出构造置信区间的方法.

11.2.2 单个正态总体参数的区间估计

设$X_1,X_2,\cdots,X_n$为取自正态总体$N(\mu,\sigma^2)$的一个样本，$\overline{X}$和S^2分别为样本均值和样本方差，下面考虑μ和σ^2的区间估计问题.

1. 求μ的置信区间

(1) σ^2已知.

由于样本$X_1,X_2,\cdots,X_n$为取自正态总体$N(\mu,\sigma^2)$，故

$$\overline{X}\sim N\left(\mu,\frac{\sigma^2}{n}\right),$$

将X标准化，得

$$\frac{\overline{X}-\mu}{\sigma/\sqrt{n}}\sim N(0,1).$$

对事先给定的α，查表得$u_{\frac{\alpha}{2}}$，使

$$P\left\{-\mu_{\frac{\alpha}{2}} < \frac{\overline{X}-\mu}{\sigma/\sqrt{n}} < \mu_{\frac{\alpha}{2}}\right\} = 1-\alpha,$$

整理得：

$$P\left\{\overline{X}-\frac{\sigma}{\sqrt{n}}\mu_{\frac{\alpha}{2}} < \mu < \overline{X}+\frac{\sigma}{\sqrt{n}}\mu_{\frac{\alpha}{2}}\right\} = 1-\alpha.$$

置信区间：

$$\mu \in \left(\overline{X}-\frac{\sigma}{\sqrt{n}}\mu_{\frac{\alpha}{2}}\ ,\ \overline{X}+\frac{\sigma}{\sqrt{n}}\mu_{\frac{\alpha}{2}}\right). \tag{11.2.1}$$

例 11.2.1　已知某厂生产的滚珠直径 $X \sim N(\mu, 0.06)$，从某天生产的滚珠中随机抽取 6 个，测得直径(单位：mm)为

14.6　15.1　14.9　14.8　15.2　15.1

求 μ 的置信度为 0.95 的置信区间.

解　计算 $\bar{x} = \frac{1}{6}(14.6+15.1+14.9+14.8+15.2+15.1) = 14.95$，

查表得 $\mu_{\frac{\alpha}{2}} = \mu_{0.025} = 1.96$.

而 $n=6$，$\sigma = \sqrt{0.06}$.

将上述数据代入式(11.2.1)中，得 μ 的置信度为 0.95 的置信区间为 $(14.75, 15.15)$.

(2) σ^2 未知.

由于样本方差 S^2 是 σ^2 的无偏估计，可考虑 $\frac{\overline{X}-\mu}{S/\sqrt{n}} \sim t(n-1)$.

对事先给定的 α，查表得 $t_{\frac{\alpha}{2}}(n-1)$，使

$$P\left\{-t_{\frac{\alpha}{2}}(n-1) < \frac{\overline{X}-\mu}{S/\sqrt{n}} < t_{\frac{\alpha}{2}}(n-1)\right\} = 1-\alpha,$$

整理得

$$P\left\{\overline{X}-\frac{S}{\sqrt{n}}t_{\frac{\alpha}{2}}(n-1) < \mu < \overline{X}+\frac{S}{\sqrt{n}}t_{\frac{\alpha}{2}}(n-1)\right\} = 1-\alpha.$$

置信区间：

$$\mu \in \left(\overline{X}-\frac{S}{\sqrt{n}}t_{\frac{\alpha}{2}}(n-1),\ \overline{X}+\frac{S}{\sqrt{n}}t_{\frac{\alpha}{2}}(n-1)\right). \tag{11.2.2}$$

例 11.2.2　对某型号飞机的飞行速度进行了 15 次试验，测得最大飞行速度(单位：m/s)如下：

422.2　417.2　425.6　420.3　425.3

423.1　418.7　428.2　438.3　434.0

412.3　431.5　441.3　423.0　411.5

根据长期经验，可以认为最大飞行速度服从正态分布. 试就上述试验数据对最大飞行速度的期望值 μ 进行区间估计(置信度取 0.95).

解 计算 $\bar{x}=\frac{1}{15}(422.2+\cdots+413.5)=425.0$，

$$s=\sqrt{\frac{1}{14}[(422.2-425)^2+\cdots+(413.5-425)^2]}=8.49.$$

查表得 $t_{\frac{\alpha}{2}}(n-1)=t_{0.025}(14)=2.1448$.

将上述数据代入式(11.2.2)中，得 μ 的置信度为 0.95 的置信区间为 $(420.3, 429.7)$.

2. 求 σ^2 的置信区间

(1) μ 已知.

因为 $\frac{1}{n}\sum_{i=1}^{n}(X_i-\mu)^2$ 是 σ^2 的无偏估计，可考虑 $\frac{\sum_{i=1}^{n}(X_i-\mu)^2}{\sigma^2}\sim\chi^2(n)$.

对事先给定的 α，查表得 $\chi^2_{\frac{\alpha}{2}}(n), \chi^2_{1-\frac{\alpha}{2}}(n)$，使

$$P\left\{\chi^2_{1-\frac{\alpha}{2}}(n)<\frac{\sum_{i=1}^{n}(X_i-\mu)^2}{\sigma^2}<\chi^2_{\frac{\alpha}{2}}(n)\right\}=1-\alpha,$$

整理得

$$P\left\{\frac{\sum_{i=1}^{n}(X_i-\mu)^2}{\chi^2_{\frac{\alpha}{2}}(n)}<\sigma^2<\frac{\sum_{i=1}^{n}(X_i-\mu)^2}{\chi^2_{1-\frac{\alpha}{2}}(n)}\right\}=1-\alpha.$$

置信区间：

$$\sigma^2\in\left(\frac{\sum_{i=1}^{n}(X_i-\mu)^2}{\chi^2_{\frac{\alpha}{2}}(n)}, \frac{\sum_{i=1}^{n}(X_i-\mu)^2}{\chi^2_{1-\frac{\alpha}{2}}(n)}\right). \tag{11.2.3}$$

(2) μ 未知.

因为 S^2 是 σ^2 的无偏估计，可考虑 $\frac{(n-1)S^2}{\sigma^2}\sim\chi^2(n-1)$.

对事先给定的 α，查表得 $\chi^2_{\frac{\alpha}{2}}(n-1), \chi^2_{1-\frac{\alpha}{2}}(n-1)$，使

$$P\left\{\chi^2_{1-\frac{\alpha}{2}}(n-1)<\frac{(n-1)S^2}{\sigma^2}<\chi^2_{\frac{\alpha}{2}}(n-1)\right\}=1-\alpha.$$

整理得

$$P\left\{\frac{(n-1)S^2}{\chi^2_{\frac{\alpha}{2}}(n-1)}<\sigma^2<\frac{(n-1)S^2}{\chi^2_{1-\frac{\alpha}{2}}(n-1)}\right\}=1-\alpha.$$

置信区间：

$$\sigma^2 \in \left(\frac{(n-1)S^2}{\chi^2_{\frac{\alpha}{2}}(n-1)} , \frac{(n-1)S^2}{\chi^2_{1-\frac{\alpha}{2}}(n-1)} \right). \tag{11.2.4}$$

例 11.2.3　从自动机床加工的同类零件中抽取 16 件，测得长度值(单位：mm)为

12.15　12.12　12.01　12.28　12.09　12.16　12.03　12.03

12.06　12.01　12.13　12.13　12.07　12.11　12.08　12.01

若可认为这来自正态总体的样本观察值，求总体标准差 σ 的置信度为 0. 95 的置信区间.

解　计算 $\bar{x}=12.09$，

$$s=\sqrt{\frac{1}{15}[(12.15-12.09)^2+\cdots+(12.01-12.09)^2]}=0.072,$$

查表得 $\chi^2_{\frac{\alpha}{2}}(n-1)=\chi^2_{0.025}(15)=27.488$，

$\chi^2_{1-\frac{\alpha}{2}}(n-1)=\chi^2_{0.975}(15)=6.262$.

将上述数据代入式(11.2.4)中，得 μ 的置信度为 0.95 的置信区间为 $(0.20, 0.42)$.

11.2.3　两个正态总体参数的区间估计

在实际生活中，我们知道学习成绩服从正态分布，但由于学习态度、学习方法、平时表现、临场发挥等因素，导致总体均值和总体方差有所改变，那么这个改变有多大？这就需要考虑两个正态总体均值差或方差比的估计问题.

设 $X_1, X_2, \cdots, X_n$ 为总体 $N(\mu_1, \sigma_1^2)$ 的样本，其样本均值和样本方差分别为 $\overline{X}$ 和 S_1^2，$Y_1, Y_2, \cdots, Y_n$ 为总体 $N(\mu_2, \sigma_2^2)$ 的样本，其样本均值和样本方差分别为 $\overline{Y}$ 和 S_2^2.

1. 求 $\mu_1-\mu_2$ 的置信区间

已知 $\sigma_1^2=\sigma_2^2$，但 σ_1^2, σ_2^2 未知.

由于 $\overline{X}$ 和 $\overline{Y}$ 分别是 μ_1 和 μ_2 的无偏估计，且已知 $\sigma_1^2=\sigma_2^2$，可考虑

$$\frac{(\overline{X}-\overline{Y})-(\mu_1-\mu_2)}{S_w\sqrt{\frac{1}{n_1}+\frac{1}{n_2}}} \sim t(n_1+n_2-2),$$

其中　$S_w^2=\dfrac{(n_1-1)S_1^2+(n_2-1)S_2^2}{n_1+n_2-2}$.

对事先给定的 α，查表得 $t_{\frac{\alpha}{2}}(n_1+n_2-2)$，使

$$P\left\{-t_{\frac{\alpha}{2}}(n_1+n_2-2)<\frac{(\overline{X}-\overline{Y})-(\mu_1-\mu_2)}{S_w\sqrt{\frac{1}{n_1}+\frac{1}{n_2}}}<t_{\frac{\alpha}{2}}(n_1+n_2-2)\right\}=1-\alpha,$$

整理得

$$P\left\{(\overline{X}-\overline{Y})-S_w\sqrt{\frac{1}{n_1}+\frac{1}{n_2}}\cdot t_{\frac{\alpha}{2}}(n_1+n_2-2)<\mu_1-\mu_2<(\overline{X}-\overline{Y})+S_w\sqrt{\frac{1}{n_1}+\frac{1}{n_2}}\cdot t_{\frac{\alpha}{2}}(n_1+n_2-2)\right\}=1-\alpha$$

置信区间：

$$\mu_1-\mu_2\in\left((\overline{X}-\overline{Y})-S_w\sqrt{\frac{1}{n_1}+\frac{1}{n_2}}\cdot t_{\frac{\alpha}{2}}(n_1+n_2-2)\ ,\ (\overline{X}-\overline{Y})+S_w\sqrt{\frac{1}{n_1}+\frac{1}{n_2}}\cdot t_{\frac{\alpha}{2}}(n_1+n_2-2)\right) \tag{11.2.5}$$

类似地，可以推出当σ_1^2和σ_2^2都已知时，$\mu_1-\mu_2$的置信度为$1-\alpha$的置信区间：

$$\mu_1-\mu_2\in\left(\left(\overline{X}-\overline{Y}\right)-u_{\frac{\alpha}{2}}\sqrt{\frac{\sigma_1^2}{n_1}+\frac{\sigma_2^2}{n_2}}\ ,\ \left(\overline{X}-\overline{Y}\right)+u_{\frac{\alpha}{2}}\sqrt{\frac{\sigma_1^2}{n_1}+\frac{\sigma_2^2}{n_2}}\right) \tag{11.2.6}$$

例 11.2.4 为比较两种型号步枪子弹的枪口速度，随机地取甲型子弹 10 发进行试验，得枪口速度的均值$\overline{x}=500\text{m/s}$，标准差$S_1=1.04\text{m/s}$；乙型子弹 20 发，得枪口速度均值$\overline{y}=500\text{m/s}$，标准差$S_2=1.17\text{m/s}$. 设两个总体均可以认为近似地服从正态分布，并且方差相等，求两总体均值差$\mu_1-\mu_2$的置信度为 0.95 的置信区间.

解 由题设，甲型子弹枪口速度$X\sim N(\mu_1,\sigma_1^2)$，乙型子弹枪口速度$Y\sim N(\mu_2,\sigma_2^2)$，

$$n_1=10\ ,\ n_2=20\ ,\ \overline{x}=500\ ,\ \overline{y}=496\ ,\ S_w=1.1298\ ,$$

查表得 $t_{\frac{\alpha}{2}}(n_1+n_2-2)=t_{0.025}(28)=2.0484$.

将上述数据代入式(11.2.5)中，得$\mu_1-\mu_2$的置信度为 0.95 的置信区间为$(3.104\ ,\ 4.896)$.

2. 求两个总体方差比$\frac{\sigma_1^2}{\sigma_2^2}$的置信区间

μ_1,μ_2未知.

考虑$\dfrac{S_1^2/S_2^2}{\sigma_1^2/\sigma_2^2}\sim F\left(n_1-1,n_2-1\right)$.

对事先给定的α，查表得$F_{\frac{\alpha}{2}}(n_1-1,n_2-1)$，$F_{1-\frac{\alpha}{2}}(n_1-1,n_2-1)$，使

$$P\left\{F_{1-\frac{\alpha}{2}}(n_1-1,n_2-1)<\frac{S_1^2/S_2^2}{\sigma_1^2/\sigma_2^2}<F_{\frac{\alpha}{2}}(n_1-1,n_2-1)\right\}=1-\alpha\ ,$$

整理得

$$P\left\{\frac{S_1^2}{S_2^2}\frac{1}{F_{\frac{\alpha}{2}}(n_1-1,n_2-1)}<\frac{\sigma_1^2}{\sigma_2^2}<\frac{S_1^2}{S_2^2}\frac{1}{F_{1-\frac{\alpha}{2}}(n_1-1,n_2-1)}\right\}=1-\alpha\ .$$

置信区间：

$$\frac{\sigma_1^2}{\sigma_2^2}\in\left(\frac{S_1^2}{S_2^2}\frac{1}{F_{\frac{\alpha}{2}}(n_1-1,n_2-1)}\ ,\ \frac{S_1^2}{S_2^2}\frac{1}{F_{1-\frac{\alpha}{2}}(n_1-1,n_2-1)}\right). \tag{11.2.7}$$

类似地，可以推出在 μ_1, μ_2 都已知时，$\dfrac{\sigma_1^2}{\sigma_2^2}$ 的置信度为 $1-\alpha$ 的置信区间：

$$\frac{\sigma_1^2}{\sigma_2^2} \in \left(\frac{\frac{1}{n_1}\sum_{i=1}^{n_1}(X_i-\mu_1)^2}{\frac{1}{n_2}\sum_{j=1}^{n_2}(Y_j-\mu_2)^2} \frac{1}{F_{\frac{\alpha}{2}}(n_1, n_2)}, \frac{\frac{1}{n_1}\sum_{i=1}^{n_1}(X_i-\mu_1)^2}{\frac{1}{n_2}\sum_{j=1}^{n_2}(Y_j-\mu_2)^2} \frac{1}{F_{1-\frac{\alpha}{2}}(n_1, n_2)} \right) \tag{11.2.8}$$

例 11.2.5　设从正态总体 $N(\mu_1, \sigma_1{}^2)$ 与正态总体 $N(\mu_2, \sigma_2{}^2)$ 中各独立地抽取容量为 10 的样本，其样本方差分别为 $S_1^2 = 0.5419$，$S_2^2 = 0.6065$，求方差比 $\dfrac{\sigma_1^2}{\sigma_2^2}$ 的置信度为 0.90 的置信区间.

解　查表得

$$F_{\frac{\alpha}{2}}(n_1-1, n_2-1) = F_{0.05}(9, 9) = 3.18,$$

$$F_{1-\frac{\alpha}{2}}(n_1-1, n_2-1) = F_{0.95}(9, 9) = \frac{1}{F_{0.05}(9, 9)} = \frac{1}{3.18}.$$

将上述数据代入式(11.2.7)中，得 $\dfrac{\sigma_1^2}{\sigma_2^2}$ 的置信度为 0.90 的置信区间为 $(0.281, 2.841)$.

11.2.4　单侧置信限

上述区间估计都是双侧的，即同时估计置信下限 $\hat{\theta}_1$ 和置信上限 $\hat{\theta}_2$. 在许多实际问题中，我们关心的是未知参数“至少有多大”，例如，对产品的寿命等问题，或关心的是未知参数“至多有多大”. 例如，药品的毒性、产品的不合格率等问题. 这些问题往往只需要估计出置信下限或置信上限，这就引出了单侧置信区间的概念，单侧置信区间具有 $(\hat{\theta}_1, +\infty)$ 或 $(-\infty, \hat{\theta}_2)$ 的形式. 称 $\hat{\theta}_1$ 为单侧置信下限，$\hat{\theta}_2$ 为单侧置信上限.

设 $X_1, X_2, \cdots, X_n$ 为取自正态总体 $X \sim N(\mu, \sigma^2)$ 的样本，$\overline{X}$ 和 S^2 分别为样本均值和样本方差，σ^2 为未知参数，求 μ 的置信度为 $1-\alpha$ 的单侧置信限，由

$$\frac{\overline{X}-\mu}{S/\sqrt{n}} \sim t(n-1),$$

有

$$P\left\{\frac{\overline{X}-\mu}{S/\sqrt{n}} < t_\alpha(n-1)\right\} = 1-\alpha,$$

或

$$P\left\{\frac{\overline{X}-\mu}{S/\sqrt{n}} > -t_\alpha(n-1)\right\} = 1-\alpha.$$

于是得到 μ 的单侧置信下限：

$$\overline{X} - \frac{S}{\sqrt{n}} t_\alpha(n-1). \tag{11.2.9}$$

单侧置信上限：

$$\overline{X}+\frac{S}{\sqrt{n}}t_{\alpha}(n-1). \tag{11.2.10}$$

由以上推导可以看出，将双侧置信限的分位点下标 $\frac{\alpha}{2}$ 换成 α 就是单侧置信限．读者可类似地推导出其他情形下的相应单侧置信限的公式．

例 11.2.6 从一批产品中随机抽取 5 件做寿命试验，其寿命值(单位：小时)如下：

1050　1100　1120　1250　1280

设该种产品寿命服从正态分布 $N(\mu,\sigma^2)$，求 μ 的置信度为 0.95 的单侧置信下限．

解 由题知 σ^2 未知，考虑 $\frac{\overline{X}-\mu}{S/\sqrt{n}}\sim t(n-1)$．

已知 $n=5$，

计算

$$\bar{x}=\frac{1}{5}(1050+1100+1120+1250+1280)=1160,$$

$$s^2=\frac{1}{5}[(1050-1160)^2+(1100-1160)^2+(1120-1160)^2+(1250-1160)^2+(1280-1160)^2]=7960.$$

对 $\alpha=0.05$ 查表得　$t_{\alpha}(n-1)=t_{0.05}(4)=2.1318$．

故 μ 的置信度为 0.95 的单侧置信下限为：1074.94(小时)．

习　题　11

1．设总体 $X\sim B(n,p)$，$X_1,X_2,\cdots,X_n$ 为来自总体的样本，求未知参数 p 的矩估计和极大似然估计．

2．设总体 X 具有分布律

X	1	2	3
P	θ^2	$2\theta(1-\theta)$	$(1-\theta)^2$

其中，$\theta\,(0<\theta<1)$为未知参数．已知取得样本值为 1，3，0，3，1，3，2，3，试求 θ 的矩估计和极大似然估计．

3．设总体 X 的概率密度函数为

$$f(x,\theta)=\begin{cases}\theta x^{\theta-1}, & 0<x<1\\ 0, & \text{其他}\end{cases}.$$

其中，$\theta>0$，如果取得样本观测值为 $x_1,x_2,\cdots,x_n$，求参数 θ 的矩估计值和极大似然估计值．

4．设总体 X 服从拉普拉斯分布：

$$f(x,\theta)=\frac{1}{2\theta}\mathrm{e}^{-\frac{|x|}{\theta}},-\infty<x<+\infty.$$

其中，$\theta>0$，如果取得样本观测值为 $x_1,x_2,\cdots,x_n$，求参数 θ 的矩估计值和极大似然估计值.

5. 随机地从一批钉子中抽取 16 个，测得其长度(单位：cm)为

2.14　2.11　2.10　2.15　2.11　2.12　2.11　2.10

2.15　2.12　2.14　2.10　2.11　2.11　2.14　2.11

若钉长分布为正态的，试对下面情况分别求出总体期望 μ 的置信度为 0.90 的置信区间：

(1) 已知 $\sigma = 0.01\,\text{cm}$；

(2) σ 未知.

6. 为了得到某种材料抗压力的资料，对 10 个试验件做压力试验，得数据(单位：$1000\text{N}/\text{cm}^2$)如下:

49.3　48.6　47.5　48.0　51.2　45.6　47.7　49.5　46.0　50.6

若试验数据服从正态分布，试以 0.95 的置信度估计：

(1) 该种材料平均抗压力的区间；

(2) 该种材料抗压力方差的区间.

7. 为了在正常条件下检验一种杂交作物的两种新处理方法，在同一地区随机地选择 5 块地段，在各地段按两种方案试验作物，得到单位面积产量(单位：kg)如下.

方案 1：87　56　93　93　75

方案 2：79　58　91　82　74

若两种产量都服从正态分布，且有相同的方差，问按 95%的置信度，两种方法的平均产量的差在什么范围？

8. 有两台机器生产同一种零件，都抽取 5 件测量其尺寸(单位：cm)如下.

第一台机器：6.2　5.7　6.5　6.0　6.3

第二台机器：5.9　5.6　5.6　5.7　5.8

已知零件尺寸服从正态分布，问若取置信度为 0.90，那么，两台机器加工精度(标准差)之比应在什么范围？

9. 从一批电容器中随机抽取 10 个测得其电容值(单位：μF)为

102.5　103.5　103.5　104.5　105.0　105.5　105.5　106.0　106.5　107.5

设电容值服从正态分布 $N(\mu,\sigma^2)$.

(1) 若已知 $\sigma^2 = 4$，求 μ 的置信度为 90%的单侧置信下限；

(2) 求 σ^2 的置信度为 90%的单侧置信上限.

10. 设总体 X 的概率密度函数为

$$f(x)=\begin{cases}\dfrac{6x}{\theta^3}(\theta-x), & 0<x<\theta \\ 0, & \text{其他}\end{cases}.$$

$X_1, X_2, \cdots, X_n$ 是取自总体 X 的简单随机样本.

(1) 求 θ 的矩估计量 $\hat{\theta}$；

(2) 求 $\hat{\theta}$ 的方差；

(3) 讨论 $\hat{\theta}$ 的无偏性和一致性.

11. 一个盒子里装有白球和黑球，有放回地取出一个容量为 n 的样本，其中，有 k 个

白球，求盒子里黑球数和白球数之比 R 的极大似然估计量.

12. 设总体 X 服从双参数的指数分布，其概率密度函数为

$$f(x,\theta)=\begin{cases}\dfrac{1}{\theta}x^{-(x-c)/\theta}, & x\geqslant c\\ 0, & \text{其他}\end{cases}.$$

其中，未知参数 c ，$\theta>0$，如果取得样本观测值为 $x_1,x_2,\cdots,x_n$ ，求参数 θ 与 c 的矩估计和极大似然估计.

13. 已知一批产品的长度指标 $X\sim N(\mu,0.5^2)$ ，要使样本均值 $\overline{X}$ 与总体均值 μ 的误差在置信度为 0.95 的情况下小于 0. 1，问至少应取多大容量的样本？

14. 设总体 X 服从指数分布 $\mathrm{e}\left(\dfrac{1}{\lambda}\right)$，其中，$\lambda>0$，抽取样本 $X_1,X_2,\cdots,X_n$ ，证明：

(1) 虽然样本均值 $\overline{X}$ 是 λ 的无偏估计量，但 $\overline{X}^2$ 不是 λ^2 的无偏估计量；

(2) 统计量 $\dfrac{n}{n+1}\overline{X}^2$ 是 λ^2 的无偏估计量.

第 12 章　假设检验

在实际生活中，我们常要对很多问题提出一些猜测或论断，这就是对问题提出某种假设，而假设是否正确需要做出是或非的回答．为此，我们需要作一些试验(抽取样本)，然后，根据试验的结果对假设是否正确做出是或非的回答(通过样本检验该假设是否与实际相符)．这就是对某种假设进行检验．以上的过程我们称之为假设检验．假设检验是统计推断的重要内容之一．直接对总体分布进行的假设检验称之为非参数假设检验．如果总体分布类型已确定，就可以假设其中的未知参数 θ 为某确定的值 θ_0，然后抽样本来检验该假设是否正确，这就是参数假设检验．本章在建立假设检验基本概念和思想方法后，介绍正态总体的参数假设检验．

12.1　假设检验的基本概念

下面通过例子说明假设检验基本思想．

例 12.1.1　为了提高平均成绩决定进行一项教学方法改革实验，在实验之前，我们可以在同一年级随机抽取 50 人的样本进行短期(如只讲一章)的微型实验．实验之后，对全年级进行统一测验，取得全年级的平均成绩 μ_0，标准差 σ 和 50 人样本的平均成绩 $\bar{x}$．根据这些资料，决断是否应进行这项教改实验．

我们可以把 50 人组成的实验看成来自全年级这个总体中的一个样本，现在假设总体在测验前的平均成绩是 μ，同时标准差在测验前后保持不变，均为 σ．我们的目的是要判断测验前的平均成绩 μ 与测验后的平时成绩 μ_0 是否不同．可先假设 $\mu=\mu_0$，这个假设称为原假设，通常又称为零假设，记为 H_0．利用样本判断当 H_0 为真时，表明测验前后平均成绩无变化，也就没有进行这项教改实验的必要．当 H_0 不真，即 $\mu\neq\mu_0$ 时，称为备择假设．记为 H_1，若 $\mu<\mu_0$ 时，表示这项教改有成效，实验可进行下去，而当 $\mu>\mu_0$ 时，则表明实验是失败的．

例 12.1.2　设某厂生产的一种灯管的寿命 $X\sim N(\mu,40000)$，从过去较长一段时间的生产情况来看，灯管的平均寿命 $\mu_0=1500$ 小时，现在采用新工艺后，在所生产的灯管中随机抽取 25 只，测得平均寿命 $\bar{x}=1675$ 小时，问采用新工艺后，灯管寿命是否有变化？

这里的问题，也只需检验是否有 $\mu\neq\mu_0$，仿上面的例，我们先提出假设：

$$H_0:\mu=\mu_0=1500 \qquad H_1:\mu\neq\mu_0=1500 \tag{12.1.1}$$

接着根据抽取的样本来检验 H_0 是否为真，若 H_0 为真，则接受 H_0 (即拒绝 H_1)，说明灯管寿命没变化．若 H_0 为不真，则拒绝 H_0 (即接受 H_1)，说明灯管寿命有变化．

因为直接利用所取的样本来推断 H_0 是否为真比较困难，此处可以选用 μ 的无偏估计量 $\overline{X}$ 比较合适．假设 H_0 为真，$\bar{x}-\mu_0$ 不应过大或过小，如 $\bar{x}-\mu_0$ 大(或小)到一定程度，就应怀疑 H_0 不真．也就是说，根据 $\bar{x}-\mu_0$ 的大小就能对 H_0 做出检验．我们按一定的原则找一

个常数k作为界，当$|\overline{x}-\mu_0|>k$时，就认为H_0不真，而拒绝H_0. 反之，若$|\overline{x}-\mu_0|\leqslant k$，则接受$H_0$，这就是假设检验的基本思想. 那么又如何确定$k$呢？由于$\overline{x}$是$\overline{X}$的观察值，自然想到应由$\overline{X}$的分布来确定$k$，若$H_0$为真，$\overline{X}\sim N\left(\mu_0,\dfrac{\sigma^2}{n}\right)$，将其标准化，所得的统计量记为

$$U=\frac{\overline{X}-\mu}{\sigma/\sqrt{n}}\sim N(0,1), \tag{12.1.2}$$

U统计量可用来检验H_0，常称它为检验统计量. 当H_0为真时，因为$\overline{x}-\mu_0$不应过大或过小，那么U过大或过小的可能性应很小. 我们就取一个较小的正数α，按$P\{|u|>k\}=\alpha$来确定k值，对于确定的k值，样本观察值算出检验统计量U的观察值u，只要"$|u|>k$"，则认为"小概率事件在一次观察下就发生了"，违背了一般的实际推理原理，而违背常理的原因是假设H_0为真，从而从反面认为应拒绝H_0；反之，若$|u|\leqslant k$，则接受H_0.

再回到例 12.1.2，取$\alpha=0.05$，由$P\{|u|>u_{\frac{\alpha}{2}}\}=\alpha$，查表得$u_{\frac{\alpha}{2}}=1.96$.

我们称$u_{\frac{\alpha}{2}}$为临界值(它相当于上面的k值)，将观察值代入式(12.1.2)中算得U的观察值为$|u|=4.375>1.96=\mu_{\frac{\alpha}{2}}$，按"小概率原则"应拒绝$H_0$，接受$H_1$，认为采用新工艺后，灯泡寿命有变化.

像上面那样，只对H_0作接受或拒绝的检验，称作显著性假设检验. α称作显著性水平，而式(12.1.1)则称为双边假设检验，它是判断原假设H_0真与不真的依据，一般取α为$0.1, 0.05, 0.01, 0.005$ 等. 显然，当U的观察值落入$C=\left\{u:|u|>u_{\frac{\alpha}{2}}\right\}$时，则拒绝$H_0$，所以我们称$C$为拒绝域或临界域.

有时，我们只关心总体均值是否增大或缩小，例如考试成绩、电器的使用寿命，就希望越高越好，而像产品废品率、生产成本希望越低越好. 此时，我们需要检验假设：

$$H_0:\mu\leqslant\mu_0,\ H_1:\mu>\mu_0. \tag{12.1.3}$$

称式(12.1.3)为右边假设检验，类似地，我们需要检验假设

$$H_0:\mu\geqslant\mu_0,\ H_1:\mu<\mu_0. \tag{12.1.4}$$

称式(12.1.4)为左边假设检验，左边假设检验和右边假设检验统称为单边假设检验.

由于检验法则是根据样本做出的，所以无论拒绝域如何取，都可能犯以下两类错误.

第一类错误是：当H_0为真时，却拒绝了H_0，这类错误称为拒真错误，犯这类错误的概率记为α，即$P\{H_0$为真拒绝$H_0\}\leqslant\alpha$. 这就是前述的"小概率"，它不超过假设检验的显著性水平.

第二类错误是：当H_0为不真时，却接受了H_0，这类错误称为取伪错误，犯这类错误的概率记为β，即$P\{H_0$为不真接受$H_0\}=\beta$.

统计推断中犯错误是不可避免的，我们希望犯错误的概率尽可能地小. 因此样本容量确定的显著性假设检验要求在优先控制犯第一类错误的概率的条件下，尽量控制犯第二类

错误的概率.

综上，总结出显著性假设检验的一般处理步骤如下。

(1) 根据实际问题提出原假设 H_0 及备择假设 H_1；

(2) 选择检验统计量，在给定显著性水平 α 下，确定出临界值，进而求出拒绝域；

(3) 由样本观察值计算出检验统计量的值，视其是否落入拒绝域做出拒绝或接受 H_0 的判断.

12.2　正态总体参数的假设检验

本节介绍正态总体参数的常用假设检验方法. 根据检验统计量的分布，正态总体参数的假设检验可以分为 U 检验、T 检验、χ^2 检验和 F 检验.

12.2.1　单个正态总体均值 μ 的假设检验

1. σ^2 已知，关于 μ 的检验(U 检验)

设 $X_1, X_2, \cdots, X_n$ 为取自正态总体 $X \sim N(\mu, \sigma^2)$ 的样本.

(1) 双边假设检验.

提出检验：

$$H_0: \mu = \mu_0, \quad H_1: \mu \neq \mu_0.$$

选用统计量：

$$U = \frac{\overline{X} - \mu}{\sigma/\sqrt{n}} \sim N(0, 1). \tag{12.2.1}$$

对给定的水平 α，由 $P\{|u| \geqslant u_{\frac{\alpha}{2}}\} = \alpha$，查 t 分布表得 $u_{\frac{\alpha}{2}}$，确定出拒绝域为 $C = \{u : |u| \geqslant u_{\frac{\alpha}{2}}\}$. 然后将样本观察值代入式(12.2.1)计算出 u 的观察值，视其是否落入拒绝域而做出拒绝或接受 H_0 的判断.

(2) 单边假设检验.

右边假设检验：

提出检验：

$$H_0: \mu \leqslant \mu_0, \quad H_1: \mu > \mu_0.$$

选用统计量：

$$U = \frac{\overline{X} - \mu}{\sigma/\sqrt{n}} \sim N(0, 1).$$

若 H_0 为真，$\bar{x} - \mu_0$ 不应过大，这意味着当 $\bar{x} - \mu_0 > k$ 时，H_0 为不真，拒绝 H_0.

对给定的水平 α，由 $P\{u > u_\alpha\} = \alpha$，查 t 分布表得 u_α，确定出拒绝域为

$$C = \{u : u > u_\alpha\},$$

类似地，可得左边假设检验 $H_0: \mu \geqslant \mu_0$，$H_1: \mu < \mu_0$ 的拒绝域为

$$C=\left\{u:u<-u_{\alpha}\right\}.$$

例 12.2.1 某大学大一进行高数考试，某专业平均成绩为 70.5 分，标准差为 5.2 分，假定标准差不变，从全年级中抽取 60 位学生，测得平均高数成绩为 75 分，试问该专业高数成绩与全年级高数成绩有无显著差异(假设考试成绩服从正态分布，显著性水平为 0.05)?

解 提出假设：

$$H_0:\mu=\mu_0=70.5，\quad H_1:\mu\neq\mu_0=70.5.$$

选用统计量：$U=\dfrac{\overline{X}-\mu}{\sigma/\sqrt{n}}\sim N(0,1)$.

由 $P\left\{|u|>u_{\frac{\alpha}{2}}\right\}=0.05$，查表得 $u_{0.025}=1.96$.

将 $\mu_0=70.5$，$\sigma_0=5.2$，$n=60$，$\overline{x}=75$ 代入拒绝域 $C=\left\{u:|u|>u_{\frac{\alpha}{2}}\right\}$，

$$u=\frac{75-70.5}{5.2/\sqrt{60}}\approx 6.70$$

因 $|u|=6.70>1.96$，故应拒绝 H_0，认为该专业成绩与全年级成绩有显著差异.

2. σ^2 未知，关于 μ 的检验(T 检验)

(1) 双边假设检验.

作单个总体均值的 U 检验，要求总体标准差已知，但在实际应用中，σ^2 往往并不知道，我们可以用 σ^2 的无偏估计 S^2 代替它.

设 $X_1,X_2,\cdots,X_n$ 为取自正态总体 $X\sim N(\mu,\sigma^2)$ 的样本，

提出假设：

$$H_0:\mu=\mu_0，\quad H_1:\mu\neq\mu_0.$$

选用统计量：

$$T=\frac{\overline{X}-\mu}{S/\sqrt{n}}\sim t(n-1) \tag{12.2.2}$$

对给定的水平 α，由 $P\left\{|t|>t_{\frac{\alpha}{2}}(n-1)\right\}=\alpha$，查 t 分布表得 $t_{\frac{\alpha}{2}}(n-1)$，进而确定出拒绝域为

$$C=\left\{t:|t|>t_{\frac{\alpha}{2}}(n-1)\right\}$$

然后将样本观察值代入式(12.2.2)计算出 T 的观察值，视其是否落入拒绝域而做出拒绝或接受 H_0 的判断.

(2) 单边假设检验.

右边假设检验：

提出假设：

$$H_0:\mu\leqslant\mu_0，\quad H_1:\mu>\mu_0.$$

选用统计量：$T=\dfrac{\overline{X}-\mu}{S/\sqrt{n}}\sim t(n-1)$.

对给定的水平α，由$P\{t>t_\alpha(n-1)\}=\alpha$，查$t$分布表得$t_\alpha(n-1)$，进而确定出拒绝域为

$$C=\{t:t>t_\alpha(n-1)\}.$$

类似地，可得左边假设检验$H_0:\mu\geqslant\mu_0$，$H_1:\mu<\mu_0$的拒绝域为

$$C=\{t:t<-t_\alpha(n-1)\}.$$

例 12.2.2　健康成年男子脉搏平均为 72 次/分，体育测验时，某校参加体检的 25 名男生的脉搏平均为 73.5 次/分，标准差为 4.5 次/分，问此 25 名男生每分钟脉搏次数与一般成年男子相比是否有显著提高(假设脉搏/分服从正态分布，显著性水平为 0.05)？

分析：由于总体方差未知，只能用T检验.

解　提出假设：

$$H_0:\ \mu\leqslant\mu_0=72,\ H_1:\ \mu>\mu_0=72.$$

按$P\{t>t_\alpha(n-1)\}=\alpha$，查表得$t_{0.05}(24)=1.7109$.

计算t值：$t=\dfrac{\overline{x}-\mu_0}{S/\sqrt{n}}=\dfrac{73.5-72}{4.5/\sqrt{25}}\approx1.6667$.

由于$|1.6667|<1.7109$，故接受H_0. 认为此 25 名男生每分钟脉搏次数与一般成年男子相比无显著提高.

以上讨论的U检验和T检验都是关于正态总体均值的检验，现在来讨论正态总体方差的检验.

12.2.2　单个正态总体方差σ^2的假设检验

1. μ已知，关于σ^2的检验(χ^2检验)

(1) 双边假设检验.

设$X_1,X_2,\cdots,X_n$为取自正态总体$X\sim N(\mu,\sigma^2)$的样本.

提出假设：

$$H_0:\sigma^2={\sigma_0}^2,\ H_1:\sigma^2\neq{\sigma_0}^2.$$

由于μ已知且$\dfrac{1}{n}\sum\limits_{i=1}^{n}(X_i-\mu)^2$是$\sigma^2$的无偏估计，选用统计量：

$$\chi^2=\frac{\sum\limits_{i=1}^{n}(X_i-\mu)^2}{\sigma^2}\sim\chi^2(n). \tag{12.2.3}$$

若H_0为真，$\dfrac{\sum\limits_{i=1}^{n}(X_i-\mu)^2}{\sigma^2}$不应过分大于 1 或过分小于 1. 则上述检验问题的拒绝域为：$\chi^2>k_1$或$\chi^2<k_2$，对给定的水平α，$P\{\chi^2>k_1\cup\chi^2<k_2\}=\alpha$，为了计算方便，习惯上取

$$P\{\chi^2 < k_2\} = \frac{\alpha}{2}, \quad P\{\chi^2 > k_1\} = \frac{\alpha}{2}.$$

查 χ^2 分布表得出 $k_1 = \chi^2_{\frac{\alpha}{2}}(n), k_2 = \chi^2_{1-\frac{\alpha}{2}}(n)$.

于是确定拒绝域为

$$C = \{\chi^2 : \chi^2 > \chi^2_{\frac{\alpha}{2}}(n) \cup \chi^2 < \chi^2_{1-\frac{\alpha}{2}}(n)\}.$$

然后将样本观察值代入式(12.2.3)，计算出 χ^2 的观察值，视其是否落入拒绝域而做出拒绝或接受 H_0 的判断.

(2) 单边假设检验.

右边假设检验：

提出假设：

$$H_0 : \sigma^2 \leqslant {\sigma_0}^2, \quad H_1 : \sigma^2 > {\sigma_0}^2.$$

若 H_0 为真，$\dfrac{\sum\limits_{i=1}^{n}(X_i-\mu)^2}{\sigma^2}$ 不应过分小于 1，这意味着当 $\dfrac{\sum\limits_{i=1}^{n}(X_i-\mu)^2}{\sigma^2} > k$ 时，H_0 为不真，拒绝 H_0. 对给定的水平 α，由 $P\{\chi^2 > \chi^2_\alpha(n)\} = \alpha$，查 χ^2 分布表得 $\chi^2_\alpha(n)$，确定出拒绝域为 $C = \{\chi^2 : \chi^2 > \chi^2_\alpha(n)\}$.

类似地，可得左边假设检验 $H_0 : \sigma^2 \geqslant \sigma_0^2$，$H_1 : \sigma^2 < \sigma_0^2$ 的拒绝域为

$$C = \left\{\chi^2 : \chi^2 < \chi^2_{1-\alpha}(n)\right\}.$$

2. μ 未知，关于 σ^2 的检验(χ^2 检验)

(1) 双边假设检验.

设 $X_1, X_2, \cdots, X_n$ 为取自正态总体 $X \sim N(\mu, \sigma^2)$ 的样本.

提出假设：

$$H_0 : \sigma^2 = {\sigma_0}^2, \quad H_1 : \sigma^2 \neq {\sigma_0}^2.$$

用样本均值 $\overline{X}$ 代替 μ，即用 $\dfrac{1}{n}\sum\limits_{i=1}^{n}(X_i - \overline{X})^2$ 代替 $\dfrac{1}{n}\sum\limits_{i=1}^{n}(X_i-\mu)^2$，选用统计量：

$$\chi^2 = \frac{\sum\limits_{i=1}^{n}(X_i - \overline{X})^2}{\sigma^2} = \frac{(n-1)S^2}{\sigma^2} \sim \chi^2(n-1). \tag{12.2.4}$$

同样，若 H_0 为真，$\dfrac{(n-1)S^2}{\sigma^2}$ 不应过分大于 1 或过分小于 1，则上述检验问题的拒绝域为 $\chi^2 > k_1$ 或 $\chi^2 < k_2$，对给定的水平 α，$P\left\{\chi^2 > k_1 \cup \chi^2 < k_2\right\} = \alpha$，为了计算方便，习惯上取

$$P\{\chi^2 < k_2\} = \frac{\alpha}{2}, \quad P\{\chi^2 > k_1\} = \frac{\alpha}{2}$$

查 χ^2 分布表得出 $k_1 = \chi^2_{\frac{\alpha}{2}}(n-1), k_2 = \chi^2_{1-\frac{\alpha}{2}}(n-1)$. 从而确定拒绝域为

$$C = \{\chi^2 : \chi^2 > \chi^2_{\frac{\alpha}{2}}(n-1) \cup \chi^2 < \chi^2_{1-\frac{\alpha}{2}}(n-1)\}.$$

然后将样本观察值代入式(12.2.4)计算出 χ^2 的观察值，视其是否落入拒绝域而做出拒绝或

接受 H_0 的判断.

(2) 单边假设检验.

右边假设检验：

提出假设：

$$H_0: \sigma^2 \leqslant \sigma_0^2, \quad H_1: \sigma^2 > \sigma_0^2.$$

若 H_0 为真，$\dfrac{(n-1)S^2}{\sigma^2}$ 不应过分小于 1，这意味着当 $\dfrac{(n-1)S^2}{\sigma^2} > k$ 时，H_0 为不真，拒绝 H_0.

对给定的水平 α，由 $P\{\chi^2 > \chi^2_\alpha(n-1)\} = \alpha$，查 χ^2 分布表得 $\chi^2_\alpha(n-1)$，确定出拒绝域为

$$C = \{\chi^2: \chi^2 > \chi^2_\alpha(n-1)\}.$$

类似地，可得左边假设检验 $H_0: \mu \geqslant \mu_0$，$H_1: \mu < \mu_0$ 的拒绝域为

$$C = \{\chi^2: \chi^2 < \chi^2_{1-\alpha}(n-1)\}.$$

例 12.2.3　某车间生产铜丝，其折断力服从正态分布，现从产品中随机地取 10 根铜丝检查其折断力(单位：N)如下：

292　289　286　285　284　286　285　285　286　298

是否可以认为该车间生产的铜丝折断力方差为 16($\alpha = 0.05$)?

解　由题意提出假设

$$H_0: \sigma^2 = 16, \quad H_1: \sigma^2 \neq 16.$$

由于总体均值 μ 未知，因此选用统计量 $\chi^2 = \dfrac{(n-1)S^2}{\sigma^2} \sim \chi^2(n-1)$，得拒绝域为

$$\left\{\chi^2: \chi^2 > \chi^2_{\frac{\alpha}{2}}(n-1) \cup \chi^2 < \chi^2_{1-\frac{\alpha}{2}}(n-1)\right\}.$$

查表得 $\chi^2_{1-\frac{\alpha}{2}}(n-1) = \chi^2_{0.975}(9) = 2.70$, $\chi^2_{\frac{\alpha}{2}}(n-1) = \chi^2_{0.025}(9) = 19.023$，计算 $\chi^2 = 9.585$，没有落入拒绝域，故接受 H_0，可以认为该车间生产的铜丝折断力方差为 16.

12.2.3　两个正态总体的假设检验

1. 两个正态总体均值差的检验(t 检验)

(1) $\sigma_1^2 = \sigma_2^2 = \sigma^2$，$\sigma^2$ 未知.

设 $X_1, X_2, \cdots, X_{n_1}$ 是取自正态总体 $X \sim N(\mu_1, \sigma_1^2)$ 的样本，$Y_1, Y_2, \cdots, Y_{n_2}$ 是取自正态总体 $Y \sim N(\mu_2, \sigma_2^2)$ 的样本，且两样本相互独立.

① 双边假设检验.

提出假设：

$$H_0: \mu_1 - \mu_2 = 0, \quad H_1: \mu_1 - \mu_2 \neq 0.$$

由于 σ^2 未知且样本方差 S^2 是 σ^2 的无偏估计.

选用统计量：

$$T=\frac{(\overline{X}-\overline{Y})-(\mu_1-\mu_2)}{S_w\sqrt{\dfrac{1}{n_1}+\dfrac{1}{n_2}}}\sim t(n_1+n_2-2),\tag{12.2.5}$$

其中 $S_w^2=\dfrac{(n_1-1)S_1^2+(n_2-1)S_2^2}{n_1+n_2-2}$.

对给定的水平α，$P\left\{|t|>t_{\frac{\alpha}{2}}(n_1+n_2-2)\right\}=\alpha$，查$t$分布表得出$t_{\frac{\alpha}{2}}(n_1+n_2-2)$. 从而确定出拒绝域为

$$C=\left\{t:|t|>t_{\frac{\alpha}{2}}(n_1+n_2-2)\right\}.$$

然后将样本观察值代入式(12.2.5)，计算出T的观察值，视其是否落入拒绝域而做出拒绝或接受H_0的判断.

② 单边假设检验.

右边假设检验:

提出假设:

$$H_0: \mu_1-\mu_2\leqslant 0，H_1:\mu_1-\mu_2>0.$$

对给定的水平α，$P\{t>t_\alpha(n_1+n_2-2)\}=\alpha$，查$t$分布表得出$t_\alpha(n_1+n_2-2)$. 从而确定出拒绝域为

$$C=\{t:t>t_\alpha(n_1+n_2-2)\}.$$

类似地，可得左边假设检验H_0: $\mu_1-\mu_2\geqslant 0$，H_1: $\mu_1-\mu_2<0$的拒绝域为

$$C=\{t:t<-t_\alpha(n_1+n_2-2)\}.$$

(2) σ_1^2,σ_2^2已知.

设$X_1,X_2,\cdots,X_{n_1}$是取自正态总体$X\sim N(\mu_1,\sigma_1^2)$的样本，$Y_1,Y_2,\cdots,Y_{n_2}$是取自正态总体$Y\sim N(\mu_2,\sigma_2^2)$的样本，且两样本相互独立.

① 双边假设检验.

提出假设:

$$H_0: \mu_1-\mu_2=0，H_1:\mu_1-\mu_2\neq 0.$$

选用统计量:

$$u=\frac{(\overline{X}-\overline{Y})-(\mu_1-\mu_2)}{\sqrt{\dfrac{\sigma_1^2}{n_1}+\dfrac{\sigma_2^2}{n_2}}}\sim N(0,1)\tag{12.2.6}$$

对给定的水平α，$P\left\{|u|>u_{\frac{\alpha}{2}}\right\}=\alpha$，查$t$分布表得出$u_{\frac{\alpha}{2}}$. 从而确定出拒绝域这

$$C=\left\{u:|u|>u_{\frac{\alpha}{2}}\right\}.$$

然后将样本观察值代入式(12.2.6)，计算出U的观察值，视其是否落入拒绝域而做出拒绝或接受H_0的判断.

② 单边假设检验.

右边假设检验：

提出假设：

$$H_0：\mu_1-\mu_2\leqslant 0，H_1：\mu_1-\mu_2>0.$$

对给定的水平α，$P\{u>u_\alpha\}=\alpha$，查t分布表得出u_α. 从而确定出拒绝域为

$$C=\{u：u>u_\alpha\}.$$

类似地，可得左边假设检验$H_0：\mu_1-\mu_2\geqslant 0$，$H_1：\mu_1-\mu_2<0$的拒绝域为

$$C=\{u：u<-u_\alpha\}.$$

例 12.2.4　某卷烟厂生产两种香烟，现分别对两种尼古丁含量做 6 次测量是

甲：25　28　23　26　29　22

乙：28　23　30　35　21　27

若香烟中尼古丁含量服从正态分布，且方差相等，试问这两种香烟中尼古丁含量是否有显著差异(α=0.05)？

解　设甲种烟尼古丁含量$X\sim N(\mu_1,\sigma^2)$，乙种烟尼古丁含量$Y\sim N(\mu_2,\sigma^2)$，则提出假设

$$H_0：\mu_1-\mu_2=0，H_1：\mu_1-\mu_2\neq 0.$$

因为方差相等但未知，选用统计量$\dfrac{(\overline{X}-\overline{Y})-(\mu_1-\mu_2)}{S_w\sqrt{\dfrac{1}{n_1}+\dfrac{1}{n_2}}}\sim t(n_1+n_2-2)$.

由数据计算出$\overline{x}=25.5$，$\overline{y}=27.3$, $S_w=3.68$，查表得$t_{0.025}(6+6-2)=2.2281$.

$|t|=0.8433<2.2281$，故可接受H_0，即认为这两种香烟中尼古丁含量无显著差异.

2. 两个正态总体方差比的检验(F 检验)

设$X_1,X_2,\cdots,X_{n_1}$是取自正态总体$X\sim N(\mu_1,\sigma_1{}^2)$的样本，$Y_1,Y_2,\cdots,Y_{n_2}$是取自正态总体$Y\sim N(\mu_2,\sigma_2{}^2)$的样本，且两样本相互独立.

(1) μ_1,μ_2未知.

① 双边假设检验.

提出假设：

$$H_0：\frac{\sigma_1^2}{\sigma_2^2}=1，H_1：\frac{\sigma_1^2}{\sigma_2^2}\neq 1.$$

选用统计量：

$$F=\frac{S_1^2/S_2^2}{\sigma_1^2/\sigma_2^2}\sim F(n_1-1,n_2-1). \tag{12.2.7}$$

对给定的水平α，$P\left\{F>F_{\frac{\alpha}{2}}(n_1-1,n_2-1)\cup F<F_{1-\frac{\alpha}{2}}(n_1-1,n_2-1)\right\}=\alpha$，

从而确定拒绝域为

$$C=\{F：F>F_{\frac{\alpha}{2}}(n_1-1,n_2-1)\cup F<F_{1-\frac{\alpha}{2}}(n_1-1,n_2-1)\},$$

然后将样本观察值代入式(12.2.7)，计算出 F 的观察值，视其是否落入拒绝域而做出拒绝或接受 H_0 的判断.

② 单边假设检验.

右边假设检验：

$$H_0: \frac{\sigma_1^2}{\sigma_2^2} \leqslant 1, \quad H_1: \frac{\sigma_1^2}{\sigma_2^2} > 1.$$

对给定的水平 α，$P\{F > F_\alpha(n_1-1, n_2-1)\} = \alpha$，从而确定拒绝域为

$$C = \{F: F > F_\alpha(n_1-1, n_2-1)\}.$$

类似地，可得左边假设检验 $H_0: \frac{\sigma_1^2}{\sigma_2^2} \geqslant 1$，$H_1: \frac{\sigma_1^2}{\sigma_2^2} < 1$ 的拒绝域为

$$C = \{F: F < F_{1-\alpha}(n_1-1, n_2-1)\}.$$

(2) μ_1, μ_2 已知.

① 双边假设检验.

提出假设：

$$H_0: \frac{\sigma_1^2}{\sigma_2^2} = 1, \quad H_1: \frac{\sigma_1^2}{\sigma_2^2} \neq 1.$$

选用统计量：

$$F = \frac{\sum_{i=1}^{n_1}(X_i - \mu_1)^2/(n_1\sigma_1^2)}{\sum_{j=1}^{n_2}(Y_j - \mu_2)^2/(n_2\sigma_2^2)} \sim F(n_1, n_2). \tag{12.2.8}$$

对给定的水平 α，$P\left\{F > F_{\frac{\alpha}{2}}(n_1, n_2) \cup F < F_{1-\frac{\alpha}{2}}(n_1, n_2)\right\} = \alpha$，查 F 分布表得出 $F_{\frac{\alpha}{2}}(n_1, n_2)$，从而确定出拒绝域为

$$C = \left\{F: F > F_{\frac{\alpha}{2}}(n_1, n_2) \cup F < F_{1-\frac{\alpha}{2}}(n_1, n_2)\right\}.$$

然后将样本观察值代入式(12.2.8)，计算出 F 的观察值，视其是否落入拒绝域而做出拒绝或接受 H_0 的判断.

② 单边假设检验.

右边假设检验：

$$H_0: \frac{\sigma_1^2}{\sigma_2^2} \leqslant 1, \quad H_1: \frac{\sigma_1^2}{\sigma_2^2} > 1.$$

对给定的水平 α，$P\{F > F_\alpha(n_1, n_2)\} = \alpha$，从而确定拒绝域为

$$C = \{F: F > F_\alpha(n_1, n_2)\}.$$

类似地，可得左边假设检验 $H_0: \frac{\sigma_1^2}{\sigma_2^2} \geqslant 1$，$H_1: \frac{\sigma_1^2}{\sigma_2^2} < 1$ 的拒绝域为

$$C = \{F: F < F_{1-\alpha}(n_1, n_2)\}.$$

习　题　12

1. 水泥厂用自动打包机打包，每包标准重量为 50kg，每天开工后需要检验一次打包机工作是否正常，某日开工后测得 9 包重量(单位：kg)如下：

49.65　49.35　50.25　50.6　49.15　49.85　49.75　51.05　50.25

问该日打包机工作是否正常？($\alpha = 0.05$，已知包重服从正态分布)？

2. 从一批保险丝中抽取 10 根试验其熔化时间，结果(单位：ms)为

43　65　75　78　71　59　57　69　55　57

若熔化时间服从正态分布，问在显著性水平 $\alpha = 0.05$ 下，可否认为熔化时间的标准差为 9？

3. 现要求一种元件的使用寿命不低于 1000h. 今从一批这种元件中随机地抽取 25 件，测定寿命，算得寿命的平均值为 950h. 已知该种元件的寿命 $X \sim N(\mu, \sigma^2)$，据经验知 $\sigma = 100\text{h}$，试在检验水平 $\alpha = 0.05$ 的条件下，确定这批元件是否合格？

4. 有甲、乙两台车床加工同一种产品，设产品直径服从正态分布. 现从两车床加工的产品中随机地抽取若干件产品测量其直径(单位：mm)，得

甲：20.5　19.8　20.4　19.7　20.1　20.0　19.6　19.9

乙：19.7　20.8　20.5　19.8　19.4　20.6　19.2

问两车床加工精度有无显著性差异($\alpha = 0.05$)？

5. 甲、乙两个化验员每天从工厂的冷却水中取样一次，并对同一水样分别测定水中含氯量(10^{-6})，下面是 7 天的记录：

甲的化验结果：1.08　1.86　0.93　1.82　1.12　1.65　1.90

乙的化验结果：1.00　1.90　0.90　1.80　1.20　1.70　1.95

问在显著性水平 $\alpha = 0.01$ 下，这两个化验员化验的结果有无显著性差异？

6. 在正常情况下，维尼纶纤度服从正态分布，方差不大于 0.048^2. 某日抽取 5 根纤维，测得纤度为

1.32　1.55　1.36　1.40　1.44

是否可以认为该日生产的维尼纶纤度的方差是正常的(取显著性水平 $\alpha = 0.01$)？

7. 5 名测量人员彼此独立地测量同一块土地，分别测得这块土地的面积(km^2)为

1.27　1.24　1.20　1.29　1.23

算得平均面积 $1.246\,\text{km}^2$. 设测量值总体服从正态分布，由这批样本值能否说明这块土地的面积不到 $1.25\,\text{km}^2$ ($\alpha = 0.05$)？

8. 电视台广告部称某类企业在该台黄金时段内播放电视广告后的平均受益量(平均利润增加量)至少为 15 万元，已知这类企业广告播出后的受益量近似服从正态分布，为此，某调查公司对该电视台广告播出后的此类企业进行了随机抽样调查，抽出容量为 20 的样本，得平均受益量为 13.2 万元，标准差为 3.4 万元，试在 $\alpha = 0.05$ 下判断该广告部的说法是否正确？

第 13 章　线性回归分析

在自然科学、工程技术和经济活动中，经常出现一些变量，它们的关系是相互依存又相互制约的，因而它们之间存在一定的关系. 一般来说，变量之间的关系可以分为以下两类。

(1) 确定性关系. 也就是我们所熟知的函数关系.

(2) 非确定性关系. 例如，人的身高与体重之间存在着关系，一般来说，人高一些，体重要重一些，但同样高度的人，体重往往不尽相同，但是这两个变量之间的关系不能用函数关系来表达. 又如，炼钢时钢水的含碳量与冶炼时间有一定的关系，同样也不能用函数关系来表达. 变量之间的这种非确定性的关系称为**相关关系**.

对于具有相关关系的变量，虽然不能找到它们之间的精确表达式，但是通过大量的试验(或观测)数据，可以发现它们之间存在一定的规律统计性. 数理统计中，研究变量之间相关关系的一种有效方法就是**回归分析**.

13.1　回归分析的基本概念

回归分析是研究变量之间相关关系的一种统计推断法.

例如，人的血压 y 与年龄 x 有关，这里 x 是一个普通变量，y 是随机变量. y 与 x 之间的相依关系 $f(x)$ 受随机误差 ε 的干扰使之不能完全确定，故可设

$$y = f(x) + \varepsilon . \tag{13.1.1}$$

式中，$f(x)$ 称作回归函数，ε 为随机误差或随机干扰，它是一个分布与 x 无关的随机变量，我们常假定它是均值为 0 的正态变量. 为估计未知的回归函数 $f(x)$，我们通过 n 次独立观测，得 x 与 y 的 n 对实测数据 (x_i, y_i) $(i=1,\cdots,n)$，对 $f(x)$ 作估计.

实际中常遇到的是多个自变量的情形.

例如，在考察某化学反应时，发现反应速度 y 与催化剂用量 x_1、反应温度 x_2、所加压力 x_3 等多种因素有关. 这里 $x_1, x_2, \cdots$ 都是可控制的普通变量，y 是随机变量，y 与各个 x_i 间的依存关系受随机干扰和随机误差的影响，使之不能完全确定，故可假设有

$$y = f(x_1, x_2, \cdots, x_k) + \varepsilon . \tag{13.1.2}$$

这里，ε 是不可观察的随机误差，它是分布与 $x_1, \cdots, x_k$ 无关的随机变量，一般设其均值为 0，这里的多元函数 $f(x_1, x_2, \cdots, x_k)$ 称为回归函数，为了估计未知的回归函数，同样可作 n 次独立观察，基于观测值去估计 $f(x_1, x_2, \cdots, x_k)$.

以下讨论中，我们总称自变量 $x_1, x_2, \cdots, x_k$ 为控制变量，y 为响应变量，不难想象，如对回归函数 $f(x_1, x_2, \cdots, x_k)$ 的形式不作任何假设，问题过于一般，将难以处理，所以，本章将主要讨论响应变量 y 和控制变量 $x_1, x_2, \cdots, x_k$ 呈现线性相关关系的情形，即假定

$$f(x_1, x_2, \cdots, x_k) = b_0 + b_1 x_1 + \cdots + b_k x_k .$$

并称由它确定的模型(13.1.1) ($k=1$)及式(13.1.2)为**线性回归模型**，对于线性回归模型，估

计回归函数 $f(x_1,x_2,\cdots,x_k)$ 就转化为估计系数.

当线性回归模型只有一个控制变量时，称为**一元线性回归模型**，有多个控制变量时称为多元线性回归模型，本着由浅入深的原则，我们重点讨论一元线性回归模型，在此基础上再简单介绍多元线性回归模型.

13.2　一元线性回归

13.2.1　一元线性回归的数学模型

前面我们曾提到，在一元线性回归中，有两个变量，其中 x 是可观测、可控制的普通变量，常称它为自变量或控制变量. y 为随机变量，常称其为因变量或响应变量. 通过散点图或计算相关系数判定 y 与 x 之间存在着显著的线性相关关系，即 y 与 x 之间存在如下关系：

$$y=a+bx+\varepsilon . \tag{13.2.1}$$

通常认为 $\varepsilon\sim N(0,\sigma^2)$ 且假设 σ^2 与 x 无关. 将观测数据 $(x_i,y_i)\,(i=1,\cdots,n)$ 代入式(13.2.1)，再注意样本为简单随机样本，得

$$\begin{cases} y_i=a+bx_i+\varepsilon_i \qquad (i=1,\cdots,n), \\ \varepsilon_1,\cdots,\varepsilon_n \text{ 独立同分布 } N(0,\sigma^2) \end{cases} \tag{13.2.2}$$

称式(13.2.1)或式(13.2.2)(又称为数据结构式)所确定的模型为一元(正态)线性回归模型. 对其进行统计分析称为一元线性回归分析.

不难理解，模型(13.2.2)中，$E(Y)=a+bx$，若记 $y=E(Y)$，则 $y=a+bx$ 就是所谓的一元线性回归方程，其图像就是回归直线，b 为回归系数，a 称为回归常数，有时也通称 a,b 为回归系数.

我们对一元线性回归模型主要讨论以下三项问题。

(1) 对参数 a,b 和 σ^2 进行点估计，估计量 $\hat{a},\hat{b}$ 称为样本回归系数或经验回归系数，而 $\hat{y}=\hat{a}+\hat{b}x$ 称为经验回归直线方程，其图形相应地称为经验回归直线.

(2) 在模型(13.2.2)下检验 y 与 x 之间是否线性相关.

(3) 利用求得的经验回归直线，通过 x 对 y 进行预测或控制.

13.2.2　a,b 的最小二乘估计与经验公式

现讨论如何根据观测值 $(x_i,y_i)\,(i=1,\cdots,n)$ 估计模型(13.2.2)中回归函数 $f(x)=a+bx$ 中的回归系数.

采用最小二乘法，记平方和

$$Q(a,b)=\sum_{i=1}^{n}(y_i-a-bx_i)^2 . \tag{13.2.3}$$

找使 $Q(a,b)$ 达到最小的 a,b 作为其估计，即

$$Q(\hat{a},\hat{b})=\min_{a,b}Q(a,b) .$$

为此，分别求 $Q(a,b)$ 对 a 和 b 的偏导数，并令它们等于零，化简得如下方程：

$$\begin{cases} \dfrac{\partial Q}{\partial a} = 2\sum_{i=1}^{n}[y_i - a - bx_i] = 0 \\ \dfrac{\partial Q}{\partial b} = 2\sum_{i=1}^{n}(y_i - a - bx_i)x_i = 0 \end{cases},$$

称此方程组为模型的正规方程.

解方程组可得

$$\begin{cases} \hat{b} = \dfrac{L_{xy}}{L_{xx}} \\ \hat{a} = \overline{y} - \hat{b}\overline{x} \end{cases}. \tag{13.2.4}$$

式(13.2.4)所示的 $\hat{a},\hat{b}$ 分别称为 a , b 的最小二乘估计，式中

$$L_{xx} = \sum_{i=1}^{n}(x_i - \overline{x})^2 = \sum_{i=1}^{n}x_i^2 - \frac{1}{n}\left(\sum_{i=1}^{n}x_i\right)^2,$$

$$L_{xy} = \sum_{i=1}^{n}(x_i - \overline{x})(y_i - \overline{y}) = \sum_{i=1}^{n}x_i y_i - \frac{1}{n}\left(\sum_{i=1}^{n}x_i\right)\left(\sum_{i=1}^{n}y_i\right).$$

称 $\hat{y} = \hat{a} + \hat{b}x$ 为经验回归(直线方程)或经验公式.

例 13.2.1 某种合成纤维的强度与其拉伸倍数有关. 下表是 24 个纤维样品的强度与相应的拉伸倍数的实测记录. 试求这两个变量间的经验公式.

编　号	1	2	3	4	3	6	7	8	9	10	11	12
拉伸倍数 x	1.9	2.0	2.1	2.5	2.7	2.7	3.5	3.5	4.0	4.0	4.5	4.6
强度 y (MPa)	1.4	1.3	1.8	2.5	2.8	2.5	3.0	2.7	4.0	3.5	4.2	3.5
编　号	13	14	15	16	17	18	19	20	21	22	23	24
拉伸倍数 x	5.0	5.2	6.0	6.3	6.5	7.1	8.0	8.0	8.9	9.0	9.5	10.0
强度 y (MPa)	5.5	5.0	5.5	6.4	6.0	5.6	6.5	7.0	8.5	8.0	8.1	8.1

将观察值 (x_i, y_i) $(i=1,\cdots,24)$ 在平面直角坐标系下用点标出，所得的图称为散点图. 从本例的散点图看出，强度 y 与拉伸倍数 x 之间大致呈线性相关关系，一元线性回归模型是适用 y 与 x 的. 现用式(13.2.4)求 $\hat{a},\hat{b}$ ，这里 $n=24$.

$$\sum_{i=1}^{24}x_i = 127.5,\quad \sum_{i=1}^{24}y_i = 113.1,\quad \sum_{i=1}^{24}x_i^2 = 829.61, \sum_{i=1}^{24}y_i^2 = 650.93, \sum_{i=1}^{24}x_i y_i = 731.6,$$

$$L_{xx} = 829.61 - \frac{1}{24}\times 127.5^2 = 152.266,\quad L_{xy} = 731.6 - \frac{1}{24}\times 127.5\times 113.1 = 130.756,$$

从而可得 $\hat{b} = \dfrac{L_{xy}}{L_{xx}} = 0.859$ ， $\hat{a} = \overline{y} - \hat{b}\overline{x} = 0.15$.

由此得强度 y 与拉伸倍数 x 之间的经验公式为 $\hat{y} = 0.15 + 0.859x$.

13.2.3 最小二乘估计 $\hat{a},\hat{b}$ 的基本性质

定理 13.2.1 一元线性回归模型(13.2.2)中， a、b 的最小二乘估计 $\hat{a},\hat{b}$ 满足：

(1) $E(\hat{a}) = a$ ， $E(\hat{b}) = b$.

(2) $D(\hat{a})=\left(\dfrac{1}{n}+\dfrac{\overline{x}^2}{L_{xx}}\right)\sigma^2$，$D(\hat{b})=\dfrac{\sigma^2}{L_{xx}}$.

(3) $\mathrm{Cov}(\hat{a},\hat{b})=-\dfrac{\overline{x}}{L_{xx}}\sigma^2$.

证　(1) 注意到对任意 $i=1,\cdots,n$，有

$$E(y_i)=a+bx_i,\qquad E(\overline{y})=a+b\overline{x},$$

$$D(y_i)=\sigma^2,\qquad E(y_i-\overline{x})=E(y_i)-E(\overline{y})=b(x_i-\overline{x})^2,$$

于是 $E(\hat{b})=\dfrac{1}{L_{xx}}E\left(\sum\limits_{i=1}^{n}(x_i-\overline{x})(y_i-\overline{y})\right)=\dfrac{b\sum\limits_{i=1}^{n}(x_i-\overline{x})^2}{L_{xx}}=b$，

$E(\hat{a})=E(\overline{y})-\overline{x}\cdot E(\hat{b})=a+b\overline{x}-b\overline{x}=a.$

(2) 利用 $\sum\limits_{i=1}^{n}(x_i-\overline{x})=0$，将 $\hat{a},\hat{b}$ 表示为

$$\hat{b}=\frac{1}{L_{xx}}\sum_{i=1}^{n}(x_i-\overline{x})(y_i-\overline{y})=\frac{1}{L_{xx}}\sum_{i=1}^{n}(x_i-\overline{x})y_i\,,\tag{13.2.5}$$

$$\hat{a}=\frac{1}{n}\sum_{i=1}^{n}y_i-\overline{x}\hat{b}=\sum_{i=1}^{n}\left[\frac{1}{n}-\frac{(x_i-\overline{x})\overline{x}}{L_{xx}}\right]y_i\,.\tag{13.2.6}$$

由于 $y_1,y_2,\cdots,y_n$ 相互独立，有

$$D(\hat{a})=\sum_{i=1}^{n}\left[\frac{1}{n}-\frac{(x_i-\overline{x})\overline{x}}{L_{xx}}\right]^2\sigma^2=\left[\frac{1}{n}+\sum_{i=1}^{n}\frac{(x_i-\overline{x})^2\overline{x}^2}{L_{xx}^2}\right]\sigma^2=\left(\frac{1}{n}+\frac{\overline{x}^2}{L_{xx}^2}\right)\sigma^2,$$

$$D(\hat{b})=\frac{1}{L_{xx}^2}\sum_{i=1}^{n}(x_i-\overline{x})^2\sigma^2=\frac{\sigma^2}{L_{xx}}.$$

$$\mathrm{Cov}(\hat{a},\hat{b})=\sum_{i=1}^{n}\frac{(x_i-\overline{x})}{L_{xx}^2}\left[\frac{1}{n}-\frac{(x_i-\overline{x})\overline{x}}{L_{xx}^2}\right]\sigma^2=-\sum_{i=1}^{n}\frac{(x_i-\overline{x})^2\overline{x}}{L_{xx}^2}\sigma^2=-\frac{\overline{x}}{L_{xx}}\sigma^2.$$

定理 13.2.1 表明，a,b 的最小二乘估计 $\hat{a}$，$\hat{b}$ 是无偏的，从式(13.2.5)和式(13.2.6)还知道它们又是线性的，因此，式(13.2.4)所示的最小二乘估计 $\hat{a},\hat{b}$ 分别是 a,b 的线性无偏估计.

13.2.4　建立回归方程后进一步的统计分析

1. σ^2 的无偏估计

由于 σ^2 是误差 $\varepsilon_i(i=1,\cdots,n)$ 的方差，如果 ε_i 能观测，自然想到用 $\dfrac{1}{n}\sum\limits_{i}\varepsilon_i^2$ 来估计 σ，然而 ε_i 是观测不到的，能观测的是 y_i. 由 $E(\hat{y}_i)=\hat{a}+\hat{b}x_i=\hat{y}_i$（即 $E(y_i)$ 的估计），就应用残差 $y_i-\hat{y}_i$ 来估计 ε_i，因此，想到用 $\dfrac{1}{n}\sum\limits_{i=1}^{n}(y_i-\hat{y}_i)^2=\dfrac{1}{n}\sum\limits_{i=1}^{n}(y_i-\hat{a}-\hat{b}x_i)^2=\dfrac{1}{n}Q(\hat{a},\hat{b})$ 来估计 σ^2，我们希望得到无偏估计，为此需求残差平方和 $Q(\hat{a},\hat{b})$ 的数学期望，由定理 13.2.1 可推出

$$E[Q(\hat{a},\hat{b})]=(n-2)\sigma^2,$$

于是得 $\hat{\sigma}^2 = \dfrac{Q(\hat{a},\hat{b})}{n-2} = \dfrac{1}{n-2}\sum_{i=1}^{n}(y_i - \hat{y}_i)^2$ 为 σ^2 的无偏估计，例如，在例 13.2.1 中，$\hat{\sigma} = 0.2545$. 即有如下结论：

定理 13.2.2 设 $\hat{\sigma}^2 = \dfrac{Q(\hat{a},\hat{b})}{n-2}$，则 $E(\hat{\sigma}^2) = \sigma^2$.

我们称 $\hat{\sigma} = \sqrt{\dfrac{Q(\hat{a},\hat{b})}{n-2}}$ 为标准误差，它反映回归直线拟合的程度.

具体计算时，可利用下式计算：

$$\hat{b} = \frac{L_{xy}}{L_{xx}},\quad Q(\hat{a},\hat{b}) = L_{yy} - 2\hat{b}L_{xy} + (\hat{b})^2 L_{xy} = L_{yy}\left(1 - \frac{L_{xy}^2}{L_{xx}L_{yy}}\right) = L_{yy}(1-r^2).$$

2. 预测与控制

(1) 预测问题.

对于一元线性回归模型

$$\begin{cases} y = a + bx + \varepsilon \\ \varepsilon \sim N(0,\sigma^2) \end{cases}, \tag{13.2.7}$$

我们根据观测数据 $(x_i, y_i)\ (i=1,\cdots,n)$，得到经验回归方程 $\hat{y} = \hat{a} + \hat{b}x$，当控制变量 x 取值 $x_0(x_0 \neq x_i,\ i=1,\cdots,n)$，如何估计或预测相应的 y_0 呢？这就是所谓的预测问题. 自然我们想到用经验公式，取 $\hat{y}_0 = \hat{a} + \hat{b}x_0$ 来估计实际的 $y_0 = a + bx_0 + \varepsilon_0$，并称 $\hat{y}_0$ 为 y_0 **点估计**或**点预测**. 在实际应用中，若响应变量 y 难以观测，而控制变量 x 却容易观察或测量，那么，根据观测资料得到经验公式后，只要观测 x 就能求得 y 的估计和预测值，这是回归分析最重要的应用之一. 例如在例 13.2.1 中，拉伸倍数 $x_0 = 7.5$，则可预测强度：

$$\hat{y}_0 = 0.15 + 0.859 \times 7.5 = 6.59.$$

但是，上面这样的估计用来预测 y 究竟好不好呢？它的精度如何？我们希望知道误差，于是就产生了考虑给出一个类似于置信区间的预测区间的想法.

定理 13.2.3 对于一元(正态)线性模型：

$$\begin{cases} y_i = a + bx_i + \varepsilon_i \quad (i=1,\cdots,n) \\ \varepsilon_1,\cdots,\varepsilon_2\text{独立同分布}N(0,\ \sigma^2) \end{cases}, \tag{13.2.8}$$

有以下结论成立：

① $(\hat{a},\hat{b})$ 服从二维正态分布.

② $\dfrac{Q(\hat{a},\hat{b})}{\sigma^2} = (n-2)\dfrac{\hat{\sigma}^2}{\sigma^2} \sim \chi^2(n-2)$.

③ $\overline{y}, \hat{b}, \hat{\sigma}^2$ 是相互独立的随机变量.

此处略去证明过程. 请读者自己完成.

我们知道 y_0 是随机变量，且与 $y_1, y_2, \cdots, y_n$ 相互独立，由定理 13.2.2 和定理 13.2.3 知，$y_0 = a + bx_0 + \varepsilon_0$，$\varepsilon_0 \sim N(0,\sigma^2)$，则有

$$E(\hat{y}_0) = E(\hat{a}) + x_0 E(\hat{b}) = a + bx_0,$$

$$D(\hat{y}_0)=D(\hat{a})+x_0^2D(\hat{b})+2x_0\mathrm{Cov}(\hat{a},\hat{b})$$
$$=\left[\frac{1}{n}+\frac{(x_0-\bar{x})^2}{L_{xx}}\right]\sigma^2,$$

从而

$$\hat{y}_0=\hat{a}+\hat{b}x_0\sim N\left(a+b_0x_0\ ,\left(\frac{1}{n}+\frac{(x_0-\bar{x})^2}{L_{xx}}\right)\sigma^2\right).$$

由于 y_0 与 $\hat{y}_0$ 相互独立($\hat{y}_0$ 只与 $y_1,y_2,\cdots,y_n$ 有关)，且 $y_0\sim N(a+bx_0,\sigma^2)$ ，则有

$$y_0-\hat{y}_0\sim N\left(0\,,\left[1+\frac{1}{n}+\frac{(x_0-\bar{x})^2}{L_{xx}}\right]\sigma^2\right).$$

由定理 13.2.3 知， $y_0-\hat{y}_0$ 与 $(n-2)\dfrac{\hat{\sigma}^2}{\sigma^2}$ 独立，故

$$T=(y_0-\hat{y}_0)\Bigg/\sqrt{\hat{\sigma}^2\left[1+\frac{1}{n}+\frac{(x_0-\bar{x})^2}{L_{xx}}\right]}\sim t(n-2). \tag{13.2.9}$$

对于给定的置信水平 $1-\alpha$ ，查自由度为 $n-2$ 的 T 分布表可得满足 $P\left\{|T|<t_{\frac{\alpha}{2}}(n-2)\right\}=1-\alpha$ 的临界值 t_α . 根据不等式的恒等变形可得 y_0 的置信度为 1-α 的置信区间为

$$\left(\hat{y}_0-t_{\frac{\alpha}{2}}(n-2)\sqrt{\hat{\sigma}^2\left[1+\frac{1}{n}+\frac{(x_0-\bar{x})^2}{L_{xx}}\right]},\ \hat{y}_0+t_{\frac{\alpha}{2}}(n-2)\sqrt{\hat{\sigma}^2\left[1+\frac{1}{n}+\frac{(x_0-\bar{x})^2}{L_{xx}}\right]}\right)$$

这就是 y_0 的置信度为$1-\alpha$ 的预测区间，它是以 $\hat{y}_0$ 为中心，长度为 $2t_{\frac{\alpha}{2}}(n-2)\delta(x)$ 的区间 $\left(\text{记}\delta(x)=\sqrt{\hat{\sigma}^2\left[1+\frac{1}{n}+\frac{(x_0-\bar{x})^2}{L_{xx}}\right]}\right)$，区间的中点 $\hat{y}_0=\hat{a}+\hat{b}x_0$ 随 x_0 而线性变化，它的长度在 $x_0=\bar{x}$ 处最短， x_0 越远离 $\bar{x}$ ，预测区间的长度就越长. 预测区间的上限与下限落在关于经验回归直线对称的两条曲线上，并呈喇叭形.

当 n 较大， L_{xx} 充分大时， $1+\dfrac{1}{n}+\dfrac{(x_0-\bar{x})^2}{L_{xx}}\approx 1$.

可得 y_0 的近似预测区间为

$$\left(\hat{y}_0-t_{\frac{\alpha}{2}}(n-2)\hat{\sigma},\ \hat{y}_0+t_{\frac{\alpha}{2}}(n-2)\hat{\sigma}\right). \tag{13.2.10}$$

上式说明预测区间的长度，即预测的精度主要由 $\hat{\sigma}$ 确定，因此，在预测中， $\hat{\sigma}$ 是一个基本而重要的量.

(2) 控制问题.

在实际应用中，往往还需要考虑预测的反问题，即要以不小于$1-\alpha$ 的概率将 y_0 控制在 $(y_1\,,y_2)$ 内，也就是使 $P(y_1<y_0<y_2)\geqslant 1-\alpha$. 相应的 x_0 应控制在什么范围内. 这类问题称为**控制问题**. 根据前一段的讨论，若 x_0 满足

$$\left(\hat{y}_0 - t_{\frac{\alpha}{2}}(n-2)\delta(x),\ \hat{y}_0 + t_{\frac{\alpha}{2}}(n-2)\delta(x)\right) \subset (y_1, y_2), \tag{13.2.11}$$

则可有
$$P\{y_1 < y_0 < y_2\} \geqslant 1-\alpha .$$

因此，控制问题一般是找满足式(13.2.10)的 y_0 的范围. 但求解很麻烦. 一种近似的处理法是：

由 $y_0 \sim N(a+bx_0,\ \sigma^2)$，将 a,b,σ^2 分别用其无偏估计 $\hat{a},\ \hat{b},\ \hat{\sigma}^2$ 代替，有 $y_0 \overset{\text{近似}}{\sim} N(\hat{a}+\hat{b}x_0,\hat{\sigma}^2) = N(\hat{y}_0,\hat{\sigma}^2)$，从而 $\dfrac{y_0-\hat{y}_0}{\hat{\sigma}} \overset{\text{近似}}{\sim} N(0.1)$.

根据 $P\left(\left|\dfrac{y_0-\hat{y}_0}{\hat{\sigma}}\right| < u_\alpha\right) = 1-\alpha$ 查 $N(0,1)$ 分布表确定 u_α，于是 y_0 的置信度 $1-\alpha$ 的预测区间可近似认为是 $(\hat{y}_0 - u_\alpha\hat{\sigma},\ \hat{y}_0 + u_\alpha\hat{\sigma})$，要解决前述问题，可以从满足：$(\hat{y}_0 - u_\alpha\hat{\sigma},\ \hat{y}_0 + u_\alpha\hat{\sigma}) \subset (y_1, y_2)$ 的去寻找 x_0 的控制范围. 显然，当 $2u_\alpha\hat{\sigma} > y_2 - y_1$ 时，问题无解，否则，方程组

$$\begin{cases} y_1 = \hat{a} + \hat{b}x' - u_\alpha\hat{\sigma} \\ y_2 = \hat{a} + \hat{b}x'' + u_\alpha\hat{\sigma} \end{cases}$$

有解 x', x''.

由此得 x_0 的控制范围是 $(\min(x',x''),\ \max(x',x''))$.

3. 线性相关的检验

前面的讨论都是在假定 y 与 x 呈线性相关关系的前提下进行的，若这个假定不成立，则我们建立的经验回归直线方程也失去了意义. 为此，必须对 y 与 x 之间的线性相关关系作检验，为解决这个问题，先从以下入手.

(1) 偏差平方和分解.

记 $L = \sum\limits_{i=1}^{n}(y_i - \overline{y})^2$，称它为总偏差平方和，它反映数据 y_i 的总波动，易得 L 有如下分解式：

$$L = \sum_{i=1}^{n}(y_i - \hat{y}_i + \hat{y}_i - \overline{y})^2 = \sum_{i=1}^{n}(y_i - \hat{y}_i)^2 + \sum_{i=1}^{n}(\hat{y}_i - \overline{y})^2 \overset{\Delta}{=} Q_e + U,$$

其中，$Q_e = Q(\hat{a},\hat{b})$ 就是前面提到的残差平方和，$U = \sum\limits_{i=1}^{n}(\hat{y}_i - \overline{y})^2$ 称为回归平方和，上式右边的交叉项：

$$\begin{aligned} 2\sum_{i=1}^{n}(y_i - \hat{y}_i)(\hat{y}_i - \overline{y}) &= 2\sum_{i=1}^{n}[y_i - (\hat{a} + \hat{b}x_i)][\hat{a} + \hat{b}x_i - \overline{y}] \\ &= 2\sum_{i=1}^{n}[(y_i - \overline{y}) - \hat{b}(x_i - \overline{x})][\hat{b}(x_i - \overline{x})] \\ &= 2\hat{b}\left[\sum_{i=1}^{n}(y_i - \overline{y})(x_i - \overline{x}) - \hat{b}\sum_{i=1}^{n}(x_i - \overline{x})^2\right] \\ &= 2\hat{b}(L_{xy} - \hat{b}L_{xx}) = 0 . \end{aligned}$$

由上可知，U 越大，Q_e 就越小，x 与 y 间线性关系就越显著；反之，x 与 y 之间的线

性关系越不显著. 于是，自然地考虑到检验回归方程是否有显著意义是考察U/Q的大小，其比值大，则L中U占的比重大，回归方程有显著意义，反之，无显著意义.

(2) 线性相关的F检验.

根据上段的思想来构造检验统计量，先看下面的定理.

定理 13.2.4 当H_0：$b=0$成立时，$\dfrac{U}{\sigma^2}\sim\chi^2(1)$，且$Q_e$与$U$相互独立.

证 当H_0成立时，可知，$\hat{b}\sim N\left(\hat{b},\dfrac{\sigma^2}{L_{xx}}\right)$

故 $\dfrac{\hat{b}\sqrt{L_{xx}}}{\sigma}\sim N(0,1)$，于是，$\dfrac{U}{\sigma^2}=\dfrac{\hat{b}^2L_{xx}}{\sigma^2}\sim\chi^2(1)$.

由定理 13.2.4，我们还知$(n-2)\dfrac{\hat{\sigma}^2}{\sigma^2}=\dfrac{Q_e}{\sigma^2}\sim\chi^2(n-2)$，且$Q_e$与$\hat{b}$相互独立，从而$Q_e$与$U=\hat{b}^2L_{xx}$独立，由上面的定理及$F$分布的构造性定理知

$$F=\frac{U}{Q/n-2}=\frac{\hat{b}^2L_{xx}}{\sigma^2}\overset{H_0\text{真}}{\sim}F(1,\ n-2).\tag{13.2.12}$$

因此可选它作检验H_0：$b=0$的检验统计量，当H_0为真时，F的值不应太大，故对选定的水平$\alpha>0$，由$P\{F\geqslant F_{1-\alpha}\}=\alpha$，查$F(1,n-2)$分布表确定临界值$F_{1-\alpha}$分位数，当观测数据代入式(13.2.12)算出的$F$值适合$F\geqslant F_{1-\alpha}$时，不能接受$H_0$，认为建立的回归方程有显著意义.

检验H_0：经验公式无显著意义($\alpha=0.05$).

选用$F=\dfrac{(n-2)U}{Q}\overset{H_0\text{真}}{\sim}F(1,22)$. 由$P\{F>F_\alpha\}=\alpha$查表得$F_\alpha(1,22)=4.50$. 计算$F$值，由$L=L_{yy}=117.95$，$U=\hat{b}^2L_{xx}=0.859^2\times152.266\doteq112.35$，$Q_e=L-U=5.6$. 得$F=\dfrac{22\times112.35}{5.6}=441.375$.

因为$F>F_\alpha(1,22)$，所以拒绝H_0，认为所得的经验回归方程有显著意义.

4. 相关与回归的区别与联系

(1) 联系.

由前面的讨论，有：

$$\frac{U}{L}=\frac{\hat{b}^2L_{xx}}{L_{yy}}=\left(\frac{L_{xy}}{L_{xx}}\right)^2\frac{L_{xx}}{L_{yy}}=r^2,$$

得回归平方和$U=r^2L$和残差平方和$Q_e=Q(\hat{a},\hat{b})=L(1-r^2)$.

可见r^2反映了回归平方和在总偏差平方和中占的比重，该比重越大，残差平方和在总偏差平方和中占的分量就越小. 通常称r^2为**拟合优度系数**. r就是变量x与y的积差相关系数，另由 $F=\dfrac{(n-2)U}{Q_e}=\dfrac{(n-2)r^2L}{(1-r^2)L}=\left(\dfrac{r\sqrt{(n-2)}}{\sqrt{1-r^2}}\right)^2$ 可看出，在检验y与x是否显著线性相关时，F检验法与相关系数T检验法等效.

(2) 区别.

相关关系不表明因果关系，是双向对称的，在相关分析中，对所讨论的两个变量或多个变量是平等对待的，相关系数r反映数据(x_i, y_i)所描述的散点对直线的靠拢程度.

回归分析中，变量在研究中地位不同，要求因变量(响应变量)y是随机变量，自变量一般是可控制的普通变量(当然也可以是随机的). 在回归方程中，回归系数只反映回归直线的陡度，且它不是双向对称的.

13.2.5 一元非线性回归

前面讨论的线性回归问题，是在回归模型为线性这一基本假定下给出的，然而在实用，中还经常碰到非线性回归的情形，这里我们只讨论可以化为线性回归的非线性回归问题，仅通过对某些常见的可化为线性回归问题的讨论来阐明解决这类问题的基本思想和方法.

1. 曲线改直

例 13.2.2 炼钢过程中用来盛钢水的钢包，由于受钢水的侵蚀作用，容积会不断扩大. 下表给出了使用次数和容积增大量的 15 对试验数据. 试求y关于x的经验公式.

使用次数(x_i)	增大容积(y_i)	使用次数(x_i)	增大容积(y_i)
2	6.42	10	10.49
3	8.20	11	10.59
4	9.58	12	10.60
5	9.50	13	10.80
6	9.70	14	10.60
7	10.00	15	10.90
8	9.93	16	10.76
9	9.99		

解 首先要知道y关于x的回归函数是什么类型，我们先作散点图. 如图 13.2.1 所示. 从图上看，开始浸蚀速度较快，然后逐渐减缓，变化趋势呈双曲线状.

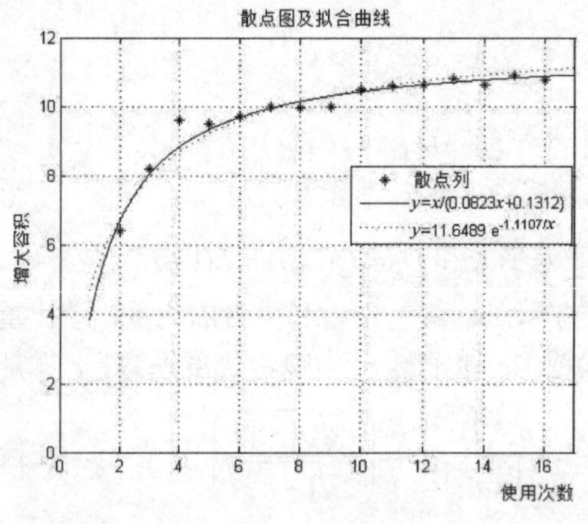

图 13.2.1

因此可选取双曲线(设 y 与 x 之间具有如下双曲线关系)：

$$\frac{1}{y}=a+b\frac{1}{x}. \tag{13.2.13}$$

作为回归函数的类型，即假设 y 与 x 满足：

$$\frac{1}{y}=a+b\frac{1}{x}+\varepsilon. \tag{13.2.14}$$

令 $\xi=\frac{1}{x}$，$\eta=\frac{1}{y}$，则式(13.2.13)变成 $\eta=a+b\xi+\varepsilon$，$E(\varepsilon)=0$，$D(\xi)=\sigma^2$.

这是一种非线性回归，先由 x,y 的数据取倒数，可得 η,ξ 的数据(0.5000,0.1558)，…，(0.0625，0.0929)，对得到的 15 对新数据，用最小二乘法可得：线性回归方程为 $\hat{\eta}=0.1312\xi+0.0823$，然后代回原变量，可得

$$\frac{1}{y}=0.1312\frac{1}{x}+0.0823=\frac{0.1312+0.0823x}{x}$$

因此，$\hat{y}=\frac{x}{0.0823x+0.1312}$ 为 y 关于 x 的经验公式(回归方程)，其图像如图 13.2.1 所示.

在例 13.2.2 中，假设 y 与 x 之间满足双曲线回归模型，显然，这是一种主观判断，因此所求得的回归曲线不一定是最佳的拟合曲线. 在实用中，往往是选用不同的几种曲线进行拟合，然后分别计算相应的残差平方和 $Q_e=\sum\limits_i(y_i-\hat{y}_i)^2$ 或 $\hat{\sigma}$ (标准误差)进行比较 Q_e(或 $\hat{\sigma}$)，最小者为最优拟合.

2. 常见可改直的曲线

下面简介一些可通过变量替换化为线性回归的曲线回归模型.

(1) 双曲线 $\frac{1}{y}=a+\frac{b}{x}$. 作变换 $y'=\frac{1}{y}$，$x'=\frac{1}{x}$，则回归函数化为 $y'=a+bx'$.

(2) 幂函数 $y=ax^b$ (或 $y=ax^{-b}$) $(b>0)$ 对幂函数两边取对数 $\ln y=\ln a+b\ln x$，作变换 $y'=\ln y,\ x'=\ln x,\ a'=\ln a$，则有 $y'=a'\pm b'x'$.

(3) 指数函数 $y=a\mathrm{e}^{bx}$ 或 $y=a\mathrm{e}^{-bx}$ $(b>0)$.

两边取对数：$\ln y=\ln a\pm bx$. 令 $y'=\ln y,\ a'=\ln a,$ 有 $y'=a'\pm bx$.

(4) 倒指数函数 $y=a\mathrm{e}^{-\frac{b}{x}}$ 或 $y=a\mathrm{e}^{\frac{b}{x}}$ $(b>0,\ a>0)$.

两边取对数后作变换：$y'=\ln y$，$x'=\frac{1}{x}$，$a'=\ln a$，则有 $y'=a'\pm bx'$.

(5) 对数函数，$y=a+b\ln x$. 作变换 $x'=\ln x$，则有 $y=a+bx'$.

另外，还有一些可化为线性回归的曲线回归，读者可以查阅其他相关资料.

例 13.2.1(续) 由例 13.2.1 的散点图看出，除双曲线拟合外，本例还可选择倒指数拟合：

$y=a\mathrm{e}^{\frac{b}{x}}$ 两边取对数得：$\ln y=b\cdot\frac{1}{x}+\ln a$.

令 $\eta'=\ln y$，$\xi'=\frac{1}{x}$，变为如下的回归问题：$\eta'=A+B\xi'+\varepsilon$. 利用最小二乘法求得：

$\hat{B}$ =-1.1107， $\hat{A}$ =2.4578. 因此，回归直线为 $\eta' = -1.1107\xi' + 2.4578$. 代回原变量，得 $\hat{y} = 11.6489\mathrm{e}^{-1.1107/x}$.

经计算，双曲线拟合时，$Q_e = 1.4396$， $\hat{\sigma} = 0.3328$. 倒指数拟合时， $\hat{\sigma}$ =0.2168，故倒指数拟合效果更好些.

习 题 13

1. 以家庭为单位，某种商品年需求量与该商品价格之间的一组调查数据如下:

价格 p_i (元)	1	2	2	2.3	2.5	2.6	2.8	3	3.3	3.5
需求量 d_i (千克)	5	3.5	3	2.7	2.4	2.5	2	1.5	1.2	1.2

(1) 在直角坐标系下画出散点图;

(2) 求需求量 d 关于价格 p 的回归方程.

2. 在钢线碳含量对于电阻的效应研究中，得到以下数据:

碳含量 x (%)	0.10	0.30	0.40	0.55	0.70	0.80	0.95
电阻 y (20℃, $\mu\Omega$)	15	18	19	21	22.6	23.8	26

(1) 在直角坐标系下画出散点图;

(2) 求线性回归方程 $\hat{y} = \hat{a} + \hat{b}x$；

(3) 试在显著性水平 $\alpha = 0.05$ 下，检验线性相关关系的显著性;

(4) 求 $x_0 = 0.50$ 处电阻 y 的预测值及信度为 0.95 的预测区间.

3. 某地区 1997—2001 年消费的零售额(亿元)如下表:

年份	1997	1998	1999	2000	2001
消费零售额 y (亿元)	35.10	35.85	36.60	37.26	38.69

(1) 求回归直线方程(年份序号 t 为 1～5);

(2) 预测 2002 年的零售额.

4. 对一元线性回归模型

$$y_i = \beta x_i + e_i \quad , \qquad i = 1, 2, \cdots, n$$

它不包含常数项，假设误差服从 Gauss-Markov 假设.

(1) 求斜率 β 的最小二乘估计 $\hat{\beta}$.

(2) 若进一步假设误差 $e_i \sim N(0, \sigma^2)$，试求 $\hat{\beta}$ 的分布.

(3) 导出假设 H_0∶$\beta = 0$ 的检验统计量.

附　表

附表 1　泊松分布表

$$P\left\{X = x\right\} = \frac{e^{-\lambda}}{x!}\lambda^{x}$$

x	0	1	2	3	4	5	6	7	8	9
0.0	0.500 0	0.504 0	0.508 0	0.512 0	0.516 0	0.519 9	0.523 9	0.527 9	0.531 9	0.535 9
0.1	0.539 8	0.543 8	0.547 8	0.551 7	0.555 7	0.559 6	0.563 6	0.567 5	0.571 4	0.575 3
0.2	0.579 3	0.583 2	0.587 1	0.591 0	0.594 8	0.598 7	0.602 6	0.606 4	0.610 3	0.614 1
0.3	0.617 9	0.621 7	0.625 5	0.629 3	0.633 1	0.636 8	0.640 4	0.644 3	0.648 0	0.651 7
0.4	0.655 4	0.659 1	0.662 8	0.666 4	0.670 0	0.673 6	0.677 2	0.680 8	0.684 4	0.687 9
0.5	0.691 5	0.695 0	0.698 5	0.701 9	0.705 4	0.708 8	0.712 3	0.715 7	0.719 0	0.722 4
0.6	0.725 7	0.729 1	0.732 4	0.735 7	0.738 9	0.742 2	0.745 4	0.748 6	0.751 7	0.754 9
0.7	0.758 0	0.761 1	0.764 2	0.767 3	0.770 3	0.773 4	0.776 4	0.779 4	0.782 3	0.785 2
0.8	0.788 1	0.791 0	0.793 9	0.796 7	0.799 5	0.802 3	0.805 1	0.807 8	0.810 6	0.813 3
0.9	0.815 9	0.818 6	0.821 2	0.823 8	0.826 4	0.828 9	0.835 5	0.834 0	0.836 5	0.838 9
1	0.841 3	0.843 8	0.846 1	0.848 5	0.850 8	0.853 1	0.855 4	0.857 7	0.859 9	0.862 1
1.1	0.864 3	0.866 5	0.868 6	0.870 8	0.872 9	0.874 9	0.877 0	0.879 0	0.881 0	0.883 0
1.2	0.884 9	0.886 9	0.888 8	0.890 7	0.892 5	0.894 4	0.896 2	0.898 0	0.899 7	0.901 5
1.3	0.903 2	0.904 9	0.906 6	0.908 2	0.909 9	0.911 5	0.913 1	0.914 7	0.916 2	0.917 7
1.4	0.919 2	0.920 7	0.922 2	0.923 6	0.925 1	0.926 5	0.927 9	0.929 2	0.930 6	0.931 9
1.5	0.933 2	0.934 5	0.935 7	0.937 0	0.938 2	0.939 4	0.940 6	0.941 8	0.943 0	0.944 1
1.6	0.945 2	0.946 3	0.947 4	0.948 4	0.949 5	0.950 5	0.951 5	0.952 5	0.953 5	0.953 5
1.7	0.955 4	0.956 4	0.957 3	0.958 2	0.959 1	0.959 9	0.960 8	0.961 6	0.962 5	0.963 3
1.8	0.964 1	0.964 8	0.965 6	0.966 4	0.967 2	0.967 8	0.968 6	0.969 3	0.970 0	0.970 6
1.9	0.971 3	0.971 9	0.972 6	0.973 2	0.973 8	0.974 4	0.975 0	0.975 6	0.976 2	0.976 7
2	0.977 2	0.977 8	0.978 3	0.978 8	0.979 3	0.979 8	0.980 3	0.980 8	0.981 2	0.981 7
2.1	0.982 1	0.982 6	0.983 0	0.983 4	0.983 8	0.984 2	0.984 6	0.985 0	0.985 4	0.985 7
2.2	0.986 1	0.986 4	0.986 8	0.987 1	0.987 4	0.987 8	0.988 1	0.988 4	0.988 7	0.989 0
2.3	0.989 3	0.989 6	0.989 8	0.990 1	0.990 4	0.990 6	0.990 9	0.991 1	0.991 3	0.991 6
2.4	0.991 8	0.992 0	0.992 2	0.992 5	0.992 7	0.992 9	0.993 1	0.993 2	0.993 4	0.993 6
2.5	0.993 8	0.994 0	0.994 1	0.994 3	0.994 5	0.994 6	0.994 8	0.994 9	0.995 1	0.995 2
2.6	0.995 3	0.995 5	0.995 6	0.995 7	0.995 9	0.996 0	0.996 1	0.996 2	0.996 3	0.996 4
2.7	0.996 5	0.996 6	0.996 7	0.996 8	0.996 9	0.997 0	0.997 1	0.997 2	0.997 3	0.997 4
2.8	0.997 4	0.997 5	0.997 6	0.997 7	0.997 7	0.997 8	0.997 9	0.997 9	0.998 0	0.998 1
2.9	0.998 1	0.998 2	0.998 2	0.998 3	0.998 4	0.998 4	0.998 5	0.998 5	0.998 6	0.998 6
x	0	0.1	0.2	0.3	0.4	0.5	0.6	0.7	0.8	0.9
3	0.99 865	0.99 903	0.99 931	0.99 952	0.99 966	0.99 977	0.99 984	0.99 989	0.99 993	0.99 995
4	0.999 968	0.999 979	0.999 987	0.999 991	0.999 995	0.999 997	0.999 998	0.999 999	0.9 999 992	0.9 999 995

附表 2 标准正态分布表

$$\Phi(x)=\int_{-\infty}^{x}\frac{1}{\sqrt{2\pi}}\mathrm{e}^{-\frac{u^2}{2}}\mathrm{d}u=P\{X\leqslant x\}$$

x	0	1	2	3	4	5	6	7	8	9
0.0	0.500 0	0.504 0	0.508 0	0.512 0	0.516 0	0.519 9	0.523 9	0.527 9	0.531 9	0.535 9
0.1	0.539 8	0.543 8	0.547 8	0.551 7	0.555 7	0.559 6	0.563 6	0.567 5	0.571 4	0.575 3
0.2	0.579 3	0.583 2	0.587 1	0.591 0	0.594 8	0.598 7	0.602 6	0.606 4	0.610 3	0.614 1
0.3	0.617 9	0.621 7	0.625 5	0.629 3	0.633 1	0.636 8	0.640 4	0.644 3	0.648 0	0.651 7
0.4	0.655 4	0.659 1	0.662 8	0.666 4	0.670 0	0.673 6	0.677 2	0.680 8	0.684 4	0.687 9
0.5	0.691 5	0.695 0	0.698 5	0.701 9	0.705 4	0.708 8	0.712 3	0.715 7	0.719 0	0.722 4
0.6	0.725 7	0.729 1	0.732 4	0.735 7	0.738 9	0.742 2	0.745 4	0.748 6	0.751 7	0.754 9
0.7	0.758 0	0.761 1	0.764 2	0.767 3	0.770 3	0.773 4	0.776 4	0.779 4	0.782 3	0.785 2
0.8	0.788 1	0.791 0	0.793 9	0.796 7	0.799 5	0.802 3	0.805 1	0.807 8	0.810 6	0.813 3
0.9	0.815 9	0.818 6	0.821 2	0.823 8	0.826 4	0.828 9	0.835 5	0.834 0	0.836 5	0.838 9
1	0.841 3	0.843 8	0.846 1	0.848 5	0.850 8	0.853 1	0.855 4	0.857 7	0.859 9	0.862 1
1.1	0.864 3	0.866 5	0.868 6	0.870 8	0.872 9	0.874 9	0.877 0	0.879 0	0.881 0	0.883 0
1.2	0.884 9	0.886 9	0.888 8	0.890 7	0.892 5	0.894 4	0.896 2	0.898 0	0.899 7	0.901 5
1.3	0.903 2	0.904 9	0.906 6	0.908 2	0.909 9	0.911 5	0.913 1	0.914 7	0.916 2	0.917 7
1.4	0.919 2	0.920 7	0.922 2	0.923 6	0.925 1	0.926 5	0.927 9	0.929 2	0.930 6	0.931 9
1.5	0.933 2	0.934 5	0.935 7	0.937 0	0.938 2	0.939 4	0.940 6	0.941 8	0.943 0	0.944 1
1.6	0.945 2	0.946 3	0.947 4	0.948 4	0.949 5	0.950 5	0.951 5	0.952 5	0.953 5	0.953 5
1.7	0.955 4	0.956 4	0.957 3	0.958 2	0.959 1	0.959 9	0.960 8	0.961 6	0.962 5	0.963 3
1.8	0.964 1	0.964 8	0.965 6	0.966 4	0.967 2	0.967 8	0.968 6	0.969 3	0.970 0	0.970 6
1.9	0.971 3	0.971 9	0.972 6	0.973 2	0.973 8	0.974 4	0.975 0	0.975 6	0.976 2	0.976 7
2	0.977 2	0.977 8	0.978 3	0.978 8	0.979 3	0.979 8	0.980 3	0.980 8	0.981 2	0.981 7
2.1	0.982 1	0.982 6	0.983 0	0.983 4	0.983 8	0.984 2	0.984 6	0.985 0	0.985 4	0.985 7
2.2	0.986 1	0.986 4	0.986 8	0.987 1	0.987 4	0.987 8	0.988 1	0.988 4	0.988 7	0.989 0
2.3	0.989 3	0.989 6	0.989 8	0.990 1	0.990 4	0.990 6	0.990 9	0.991 1	0.991 3	0.991 6
2.4	0.991 8	0.992 0	0.992 2	0.992 5	0.992 7	0.992 9	0.993 1	0.993 2	0.993 4	0.993 6
2.5	0.993 8	0.994 0	0.994 1	0.994 3	0.994 5	0.994 6	0.994 8	0.994 9	0.995 1	0.995 2
2.6	0.995 3	0.995 5	0.995 6	0.995 7	0.995 9	0.996 0	0.996 1	0.996 2	0.996 3	0.996 4
2.7	0.996 5	0.996 6	0.996 7	0.996 8	0.996 9	0.997 0	0.997 1	0.997 2	0.997 3	0.997 4
2.8	0.997 4	0.997 5	0.997 6	0.997 7	0.997 7	0.997 8	0.997 9	0.997 9	0.998 0	0.998 1
2.9	0.998 1	0.998 2	0.998 2	0.998 3	0.998 4	0.998 4	0.998 5	0.998 5	0.998 6	0.998 6

x	0	1	2	3	4	5	6	7	8	9
3	0.99 865	0.99 903	0.99 931	0.99 952	0.99 966	0.99 977	0.99 984	0.99 989	0.99 993	0.99 995
4	0.999 968	0.999 979	0.999 987	0.999 991	0.999 995	0.999 997	0.999 998	0.999 999	0.9 999 992	0.9 999 995

附表 3　χ^2 分布表

$$P(\chi^2(n) > \chi^2_\alpha(n)) = \alpha$$

n \ α	0.995	0.99	0.975	0.95	0.90	0.75	0.25	0.10	0.05	0.025	0.01	0.005
1	—	—	0.001	0.004	0.016	0.102	1.323	2.706	3.841	5.024	6.365	7.879
2	0.010	0.020	0.051	0.103	0.211	0.575	2.773	4.605	5.991	7.378	9.210	10.597
3	0.072	0.115	0.216	0.352	0.584	1.213	4.108	6.251	7.815	9.348	11.345	12.838
4	0.207	0.297	0.484	0.711	1.064	1.923	5.385	7.779	9.448	11.143	13.277	14.860
5	0.412	0.554	0.831	1.145	1.610	2.675	6.626	9.236	11.071	12.833	15.086	16.750
6	0.676	0.872	1.237	1.635	2.204	3.455	7.814	10.645	12.592	14.449	16.812	18.548
7	0.989	1.239	1.690	2.167	2.833	4.255	9.037	12.017	14.067	16.013	18.475	20.278
8	1.344	1.646	2.180	2.733	3.490	5.071	10.219	13.362	15.507	17.535	20.090	21.995
9	1.735	2.088	2.700	3.325	4.168	5.899	11.389	14.684	16.919	19.023	21.666	23.589
10	2.156	2.558	3.247	3.940	4.865	6.737	12.549	15.987	18.307	20.483	23.209	25.188
11	2.603	3.053	3.816	4.575	5.578	7.584	13.701	17.275	19.675	21.920	24.725	26.757
12	3.074	3.571	4.404	5.226	6.304	8.438	14.854	18.549	21.026	23.337	26.217	28.299
13	3.565	4.107	5.009	5.892	7.042	9.299	15.984	19.812	22.362	24.736	27.688	29.819
14	4.705	4.660	5.629	6.571	7.790	10.165	17.117	21.064	23.685	26.119	29.141	31.319
15	4.601	5.229	6.262	7.261	8.547	11.037	18.245	22.307	24.996	27.488	30.578	32.801
16	5.142	5.812	6.908	7.962	9.312	11.912	19.369	23.542	26.296	28.845	32.000	34.267
17	5.697	6.408	7.564	8.672	10.085	12.792	20.489	24.769	27.587	30.191	33.409	35.718
18	6.265	7.015	8.231	9.930	10.865	13.675	21.605	25.989	28.869	31.526	34.805	37.156
19	6.884	7.633	8.907	10.117	11.651	14.562	22.718	27.204	30.144	32.852	36.191	38.582
20	7.434	8.260	9.591	10.851	12.443	15.452	23.828	28.412	31.410	34.170	37.566	39.997
21	8.034	8.897	10.283	11.591	13.240	16.344	24.935	29.615	32.671	35.479	38.932	41.401
22	8.643	9.542	10.982	12.338	14.042	17.240	26.039	30.813	33.924	36.781	40.289	42.796
23	9.260	10.196	11.689	13.091	14.848	18.137	27.141	32.007	35.172	38.076	41.638	44.181
24	9.886	10.856	12.401	13.848	15.659	19.037	28.241	33.196	36.415	39.364	42.980	45.559
25	10.520	11.524	13.120	14.611	16.473	19.939	29.339	34.382	37.652	40.646	44.314	46.928
26	11.160	12.198	13.844	15.379	17.292	20.843	30.435	35.563	38.885	41.923	45.642	48.290
27	11.808	12.879	14.573	16.151	18.114	21.749	31.528	36.741	40.113	43.194	46.963	49.654
28	12.461	13.565	15.308	16.928	18.939	22.657	32.620	37.916	41.337	44.461	48.273	50.993
29	13.121	14.257	16.047	17.708	19.768	23.567	33.711	39.087	42.557	45.722	49.588	52.336
30	13.787	14.954	16.791	18.493	20.599	24.478	34.800	40.256	43.773	46.979	50.892	53.672
35	17.192	18.509	20.569	22.465	24.797	29.054	40.223	46.059	49.802	53.203	57.342	60.275
40	20.707	22.164	24.433	26.509	29.051	33.660	45.616	51.805	55.758	59.342	63.691	66.766
45	24.311	25.901	28.366	30.612	33.350	38.291	50.985	57.505	61.656	65.410	69.957	73.166

附表 4 t 分布表

$$P(t(n) > t_\alpha(n)) = \alpha$$

n \ α	0.25	0.1	0.05	0.025	0.01	0.005
1	1.000 0	3.077 7	6.313 8	12.706 2	31.820 7	63.657 4
2	0.816 5	1.885 6	2.920 0	4.303 7	6.964 6	9.924 8
3	0.764 9	1.637 7	2.353 4	3.182 4	4.540 7	5.840 9
4	0.740 7	1.533 2	2.131 8	2.776 4	3.764 9	4.6041
5	0.726 7	1.475 9	2.015 0	2.570 6	3.364 9	4.0322
6	0.717 6	1.439 8	1.943 2	2.446 9	3.142 7	3.707 4
7	0.711 1	1.414 9	1.894 6	2.364 6	2.998 0	3.499 5
8	0.706 4	1.396 8	1.859 5	2.306 0	2.896 5	3.355 4
9	0.702 7	1.383 0	1.833 1	2.262 2	2.821 4	3.249 8
10	0.699 8	1.372 2	1.812 5	2.228 1	2.763 8	3.169 3
11	0.697 4	1.363 4	1.795 9	2.201 0	2.718 1	3.105 8
12	0.695 5	1.356 2	1.782 3	2.178 8	2.681 0	3.054 5
13	0.693 8	1.350 2	1.770 9	2.164 0	2.650 3	3.012 3
14	0.692 4	1.345 0	1.761 3	2.144 8	2.624 5	2.976 8
15	0.691 2	1.340 6	1.753 1	2.131 5	2.602 5	2.946 7
16	0.690 1	1.336 8	1.745 9	2.119 9	2.583 5	2.920 8
17	0.689 2	1.333 4	1.739 6	2.109 8	2.566 9	2.898 2
18	0.688 4	1.330 4	1.734 1	2.100 9	2.552 4	2.878 4
19	0.687 6	1.327 7	1.729 1	2.093 0	2.539 5	2.860 9
20	0.687 0	1.325 3	1.724 7	2.086 0	2.528 0	2.845 3
21	0.686 4	1.323 2	1.720 7	2.079 6	2.517 7	2.831 4
22	0.685 8	1.321 2	1.717 1	2.073 9	2.508 3	2.818 8
23	0.685 3	1.319 5	1.713 9	2.068 7	2.499 9	2.807 3
24	0.684 8	1.317 8	1.710 9	2.063 9	2.492 2	2.796 9
25	0.684 4	1.316 3	1.708 1	2.059 5	2.485 1	2.787 4
26	0.684 0	1.315 0	1.705 6	2.055 5	2.478 6	2.778 7
27	0.683 7	1.313 7	1.703 3	2.051 8	2.472 7	2.770 7
28	0.683 4	1.312 5	1.701 1	2.048 4	2.467 1	2.763 3
29	0.683 0	1.311 4	1.699 1	2.045 2	2.462 0	2.756 4
30	0.682 8	1.310 4	1.687 3	2.042 3	2.457 3	2.750 0
31	0.682 5	1.309 5	1.695 5	2.039 5	2.452 8	2.744 0
32	0.682 2	1.308 6	1.693 9	2.036 9	2.448 7	2.738 5
33	0.682 0	1.307 7	1.692 4	2.034 5	2.444 8	2.733 3
34	0.681 8	1.307 0	1.690 9	2.032 2	2.441 1	2.728 4
35	0.681 6	1.306 2	1.689 6	2.030 1	2.437 7	2.723 8
36	0.681 4	1.305 5	1.688 3	2.028 1	2.434 5	2.719 5
37	0.681 2	1.304 9	1.687 1	2.026 2	2.431 4	2.715 4
38	0,681 0	1.304 2	1.686 0	2.024 4	2.428 6	2.711 6
39	0.680 8	1.303 6	1.684 9	2.022 7	2.425 8	2.707 9
40	0.680 7	1.303 1	1.683 9	2.021 1	2.423 3	2.704 5
∞	0.674	1.282	1.645	1.96	2.33	2.58

附表 5 F分布表

$$P(F(n_1,n_2) > F_\alpha(n_1,n_2)) = \alpha$$

$\alpha = 0.10$

n_2 \ n_1	1	2	3	4	5	6	7	8	9	10	12	15	20	24	30	40	60	120	∞
1	39.86	49.50	53.59	55.33	57.24	58.20	58.91	59.44	59.86	60.19	60.71	61.22	61.74	62.06	62.26	62.53	62.79	63.06	63.33
2	8.53	9.00	9.16	9.24	6.29	9.33	9.35	9.37	9.38	9.39	9.41	9.42	9.44	9.45	9.46	9.47	9.47	9.48	9.49
3	5.54	5.46	5.39	5.34	5.31	5.28	5.27	5.25	5.24	5.23	5.22	5.20	5.18	5.18	5.17	5.16	5.15	5.14	5.13
4	4.54	4.32	4.19	4.11	4.05	4.01	3.98	3.95	3.94	3.92	3.90	3.87	3.84	3.83	3.82	3.80	3.79	3.78	3.76
5	4.06	3.78	3.62	3.52	3.45	3.40	3.37	3.34	3.32	3.30	3.27	3.24	3.21	3.19	3.17	3.16	3.14	3.12	3.10
6	3.78	3.46	3.29	3.18	3.11	3.05	3.01	2.98	2.96	2.94	2.90	2.87	2.84	2.82	2.80	2.78	2.76	2.74	2.72
7	3.59	3.26	3.07	2.96	2.88	2.83	2.78	2.75	2.72	2.70	2.67	2.63	2.59	2.58	2.56	2.54	2.51	2.49	2.47
8	3.46	3.11	2.92	2.81	2.73	2.67	2.62	2.59	2.56	2.54	2.50	2.46	2.42	2.40	2.38	2.36	2.34	2.32	2.29
9	3.36	3.01	2.81	2.69	2.61	2.55	2.51	2.47	2.44	2.42	2.38	2.34	2.30	2.28	2.25	2.23	2.21	2.18	2.16
10	3.20	2.92	2.73	2.61	2.52	2.46	2.41	2.38	2.35	2.32	2.28	2.24	2.20	2.18	2.16	2.13	2.11	2.08	2.06
11	3.23	2.86	2.66	2.54	2.45	2.39	2.34	2.30	2.27	2.25	2.21	2.17	2.12	2.10	2.08	2.05	2.03	2.00	1.97
12	3.18	2.81	2.61	2.48	2.39	2.33	2.28	2.24	2.21	2.19	2.15	2.10	2.06	2.04	2.01	1.99	1.96	1.93	1.90
13	3.14	2.76	2.56	2.43	2.35	2.28	2.23	2.20	2.16	2.14	2.10	2.05	2.01	1.98	1.96	1.93	1.90	1.88	1.85
14	3.10	2.73	2.52	2.39	2.31	2.24	2.19	2.15	2.12	2.10	2.05	2.01	1.96	1.94	1.91	1.89	1.82	1.83	1.80
15	3.07	2.70	2.49	2.36	2.27	2.21	2.16	2.12	2.09	2.06	2.02	1.97	1.92	1.90	1.87	1.85	1.82	1.79	1.76
16	3.05	2.67	2.46	2.33	2.24	2.18	2.13	2.09	2.06	2.03	1.99	1.94	1.89	1.87	1.84	1.81	1.78	1.75	1.72
17	3.03	2.64	2.44	2.31	2.22	2.15	2.10	2.06	2.03	2.00	1.96	1.91	1.86	1.84	1.81	1.78	1.75	1.72	1.69
18	3.01	2.62	2.42	2.29	2.20	2.13	2.08	2.04	2.00	1.98	1.93	1.89	1.84	1.81	1.78	1.75	1.72	1.69	1.66
19	2.99	2.61	2.40	2.27	2.18	2.11	2.06	2.02	1.98	1.96	1.91	1.86	1.81	1.79	1.76	1.73	1.70	1.67	1.63
20	2.97	2.50	2.38	2.25	2.16	2.09	2.04	2.00	1.96	1.94	1.89	1.84	1.79	1.77	1.74	1.71	1.68	1.64	1.61

续表

$\alpha = 0.10$

n_2 \ n_1	1	2	3	4	5	6	7	8	9	10	12	15	20	24	30	40	60	120	∞
21	2.96	9.57	2.36	2.23	2.14	2.08	2.02	1.98	1.95	1.92	1.87	1.83	1.78	1.75	1.72	1.69	1.66	1.62	1.59
22	2.95	2.56	2.35	2.22	2.13	2.06	2.01	1.97	1.93	1.90	1.86	1.81	1.76	1.73	1.70	1.67	1.64	1.60	1.57
23	2.94	2.55	2.34	2.21	2.11	2.05	1.99	1.95	1.92	1.89	1.84	1.80	1.74	1.72	1.69	1.66	1.62	1.59	1.55
24	2.93	2.54	2.33	2.19	2.10	2.04	1.98	1.94	1.91	1.88	1.83	1.78	1.73	1.70	1.67	1.64	1.61	1.57	1.53
25	2.92	2.53	2.32	2.18	2.09	2.02	1.97	1.93	1.89	1.87	1.82	1.77	1.72	1.69	1.66	1.63	1.59	1.56	1.52
26	2.91	2.52	2.31	2.17	2.08	2.01	1.96	1.92	1.88	1.86	1.81	1.76	1.71	1.68	1.65	1.61	1.58	1.54	1.50
27	2.90	2.51	2.30	2.17	2.07	2.00	1.95	1.91	1.87	1.85	1.80	1.75	1.70	1.67	1.64	1.60	1.57	1.53	1.49
28	2.89	2.50	2.29	2.16	2.60	2.00	1.94	1.90	1.87	1.84	1.79	1.74	1.69	1.66	1.63	1.59	1.56	1.52	1.48
29	2.89	2.50	2.28	2.15	2.06	1.99	1.93	1.89	1.86	1.83	1.78	1.73	1.68	1.65	1.62	1.58	1.55	1.51	1.47
30	2.88	2.49	2.22	2.14	2.05	1.98	1.93	1.88	1.85	1.82	1.77	1.72	1.67	1.64	1.61	1.57	1.54	1.50	1.46
40	2.84	2.41	2.23	2.00	2.00	1.93	1.87	1.83	1.79	1.76	1.71	1.66	1.61	1.57	1.54	1.51	1.47	1.42	1.38
60	2.79	2.39	2.18	2.04	1.95	1.87	1.82	1.77	1.74	1.71	1.66	1.60	1.54	1.51	1.48	1.44	1.40	1.35	1.29
120	2.75	2.35	2.13	1.99	1.90	1.82	1.77	1.72	1.68	1.65	1.60	1.55	1.48	1.45	1.41	1.37	1.32	1.26	1.19
∞	2.71	2.30	2.08	1.94	1.85	1.77	1.72	1.67	1.63	1.60	1.55	1.49	1.42	1.38	1.34	1.30	1.24	1.17	1.00

续表

$\alpha = 0.05$

n_2 \ n_1	1	2	3	4	5	6	7	8	9	10	12	15	20	24	30	40	60	120	∞
1	161.40	199.50	215.70	224.60	230.20	234.00	236.80	238.90	240.50	241.90	243.90	245.90	248.00	249.10	250.10	251.10	252.20	253.30	254.30
2	18.51	19.00	19.16	19.25	19.30	19.33	19.35	19.37	19.38	19.40	19.41	19.43	19.45	19.45	19.46	19.47	19.48	19.49	19.50
3	10.13	9.55	9.28	9.12	9.90	8.94	8.89	8.85	8.81	8.79	8.74	8.70	8.66	8.64	8.62	8.59	8.57	8.55	8.53
4	7.71	6.94	6.59	6.39	6.26	6.16	6.09	6.04	6.00	5.96	5.91	5.86	5.80	5.77	5.75	5.72	5.69	5.66	5.63
5	6.61	5.79	5.41	5.19	5.05	4.95	4.88	4.82	4.77	4.74	4.68	4.62	4.56	4.53	4.50	4.46	4.43	4.40	4.36
6	5.99	5.14	4.76	4.53	4.39	4.28	4.21	4.15	4.10	4.06	4.00	3.94	3.87	3.84	3.81	3.77	3.74	3.70	3.67
7	5.59	4.74	4.35	4.12	3.97	3.87	3.79	3.73	3.68	3.64	3.57	3.51	3.44	3.41	3.38	3.34	3.30	3.27	3.23
8	5.32	4.46	4.07	3.84	3.69	3.58	3.50	3.44	3.69	3.35	3.28	3.22	3.15	3.12	3.08	3.04	3.01	2.97	2.93
9	5.12	4.26	3.86	3.63	3.48	3.37	3.29	3.23	3.18	3.14	3.07	3.01	2.94	2.90	2.86	2.83	2.79	2.75	2.71
10	4.96	4.10	3.71	3.48	3.33	3.22	3.14	3.07	3.02	2.98	2.91	2.85	2.77	2.74	2.70	2.66	2.62	2.58	2.54
11	4.84	3.98	3.59	3.36	3.20	3.09	3.01	2.95	2.90	2.85	2.79	2.72	2.65	2.61	2.57	2.53	2.49	2.45	2.40
12	4.75	3.89	3.49	3.26	3.11	3.00	2.91	2.85	2.80	2.75	2.69	2.62	2.54	2.51	2.47	2.43	2.38	2.34	2.30
13	4.67	3.81	3.41	3.18	3.03	2.92	2.83	2.77	2.71	2.67	2.60	2.53	2.46	2.42	2.38	2.34	2.30	2.25	2.21
14	4.60	3.74	3.34	3.11	2.96	2.85	2.76	2.70	2.65	2.60	2.53	2.46	2.39	2.35	2.31	2.27	2.22	2.18	2.13
15	4.54	3.68	3.29	3.06	2.90	2.79	2.71	2.64	2.59	2.54	2.48	2.40	2.33	2.29	2.25	2.20	2.16	2.11	2.07
16	4.49	3.63	3.24	3.01	2.85	2.74	2.66	2.59	2.54	2.49	2.42	2.35	2.28	2.24	2.19	2.15	2.11	2.06	2.01
17	4.45	3.59	3.20	2.96	2.81	2.70	2.61	2.55	2.49	2.45	2.38	2.31	2.23	2.19	2.15	2.10	2.06	2.01	1.96
18	4.41	3.55	3.16	2.93	2.77	2.66	2.58	2.51	2.46	2.41	2.34	2.27	2.19	2.15	2.11	2.06	2.02	1.97	1.92
19	4.38	3.52	3.13	2.90	2.74	2.63	2.54	2.48	2.42	2.38	2.31	2.23	2.16	2.11	2.07	2.03	1.98	1.93	1.88
20	4.35	3.49	3.10	2.87	2.71	2.60	2.51	2.45	2.39	2.35	2.28	2.20	2.12	2.08	2.04	1.99	1.95	1.90	1.84

续表

$\alpha = 0.05$

n_2 \ n_1	1	2	3	4	5	6	7	8	9	10	12	15	20	24	30	40	60	120	∞
21	4.32	3.47	3.07	2.84	2.68	2.57	2.49	2.42	2.37	2.32	2.25	2.18	2.10	2.05	2.01	1.96	1.92	1.87	1.81
22	4.30	3.44	3.05	2.82	2.66	2.55	2.46	2.40	2.34	2.30	2.23	2.15	2.07	2.03	1.98	1.94	1.89	1.84	1.78
23	4.28	3.42	3.03	2.80	2.64	2.53	2.44	2.37	2.32	2.27	2.20	2.13	2.05	2.01	1.96	1.91	1.86	1.81	1.76
24	4.26	3.40	3.01	2.78	2.62	2.51	2.42	2.36	2.30	2.25	2.18	2.11	2.03	1.98	1.94	1.89	1.84	1.79	1.73
25	4.24	3.39	2.99	2.76	2.60	2.49	2.40	2.34	2.28	2.24	2.16	2.09	2.01	1.96	1.92	1.87	1.82	1.77	1.71
26	4.23	3.37	2.98	2.74	2.59	2.47	2.39	2.32	2.27	2.22	2.15	1.07	1.99	1.95	1.90	1.85	1.80	1.75	1.69
27	4.21	3.35	2.96	2.73	2.57	2.46	2.37	2.31	2.25	2.20	2.13	1.06	1.97	1.93	1.88	1.84	1.79	1.73	1.67
28	4.20	3.34	2.95	2.71	2.56	2.45	2.36	2.29	2.24	2.19	2.12	1.04	1.96	1.91	1.87	1.82	1.77	1.71	1.65
29	4.18	3.33	2.93	2.70	2.55	2.43	2.35	2.28	2.22	2.18	2.10	1.03	1.94	1.90	1.85	1.81	1.75	1.70	1.64
30	4.17	3.32	2.92	2.69	2.53	2.42	2.33	2.27	2.21	2.16	2.09	2.01	1.93	1.89	1.84	1.79	1.74	1.68	1.62
40	4.08	3.23	2.84	2.61	2.45	2.34	2.25	2.18	2.12	2.08	2.00	1.92	1.84	1.79	1.74	1.69	1.64	1.58	1.51
60	4.00	3.15	2.76	2.53	2.37	2.25	2.17	2.10	2.04	1.99	1.92	1.84	1.75	1.70	1.65	1.59	1.53	1.47	1.39
120	3.92	3.07	2.68	2.45	2.29	2.17	2.09	2.02	1.96	1.91	1.83	1.75	1.66	1.61	1.55	1.50	1.43	1.35	1.25
∞	3.84	3.00	2.60	2.37	2.21	2.10	2.01	1.94	1.88	1.83	1.75	1.67	1.57	1.52	1.46	1.39	1.32	1.22	1.00

$\alpha = 0.025$

n_2 \ n_1	1	2	3	4	5	6	7	8	9	10	12	15	20	24	30	40	60	120	∞
1	647.80	799.50	864.20	899.60	921.80	937.10	948.20	956.70	963.30	968.60	976.70	984.90	993.10	997.20	1001	1006	1010	1014	1018
2	38.51	39.00	39.17	39.25	139.30	39.33	39.36	39.37	39.39	39.40	39.41	39.43	39.45	39.46	39.46	39.47	39.48	39.49	39.50
3	17.44	16.04	15.44	15.10	14.88	14.73	14.62	14.54	14.47	14.42	14.34	14.25	14.17	14.12	14.08	14.04	13.99	13.95	13.90
4	12.22	10.65	9.98	9.60	9.36	9.20	9.07	8.98	8.90	8.84	8.75	8.66	8.56	8.51	8.46	8.41	8.36	8.31	8.26
5	10.01	8.43	7.76	7.39	7.15	6.98	6.85	6.76	6.68	6.62	6.52	6.43	6.33	6.28	6.23	6.18	6.12	6.07	6.02
6	8.81	7.26	6.60	6.23	5.99	5.82	5.70	5.60	5.52	5.46	5.37	5.27	5.17	5.12	5.07	5.01	4.96	4.90	4.85
7	8.07	6.54	5.89	5.52	5.29	5.12	4.99	4.90	4.82	4.76	4.67	4.57	4.47	4.42	4.36	4.31	4.25	4.20	4.14
8	7.57	6.06	5.42	5.05	4.82	4.65	4.53	4.43	4.36	4.30	4.20	4.10	4.00	3.95	3.89	3.84	3.78	3.73	3.67
9	7.21	5.71	5.08	4.72	4.48	4.32	4.20	4.10	4.03	3.96	3.87	3.77	3.67	3.61	3.56	3.51	3.45	3.39	3.33
10	6.94	5.46	4.83	4.47	4.24	4.07	3.95	3.85	3.78	3.72	3.62	3.52	3.42	3.37	3.31	3.26	3.20	3.14	3.08
11	6.72	5.26	4.63	4.28	4.04	3.88	3.76	3.66	3.59	3.53	3.43	3.33	3.23	3.17	3.12	3.06	3.00	2.94	2.88
12	6.55	5.10	4.47	4.12	3.89	3.73	3.61	3.51	3.44	3.37	3.28	3.18	3.07	3.02	2.96	2.91	2.85	2.79	2.72
13	6.41	4.97	4.35	4.00	3.77	3.60	3.48	3.39	3.31	3.25	3.15	3.05	2.95	2.89	2.84	2.78	2.72	2.66	2.60
14	6.30	4.86	4.24	3.89	3.66	3.50	3.38	3.29	3.21	3.15	3.05	2.95	2.84	2.79	2.73	2.67	2.61	2.55	2.49
15	6.20	4.77	4.15	3.80	3.58	3.41	3.29	3.30	3.12	3.06	2.96	2.86	2.76	2.70	2.64	2.59	2.52	2.46	2.40
16	6.12	4.69	4.08	3.73	3.50	3.34	3.22	3.12	3.05	2.99	2.89	2.79	2.68	2.63	2.57	2.51	2.45	2.38	2.32
17	6.04	4.62	4.01	3.66	3.44	3.28	3.16	3.06	2.98	2.92	2.82	2.72	2.62	2.56	2.50	2.44	2.38	2.32	2.25
18	5.98	4.56	3.95	3.61	3.38	3.22	3.10	3.01	2.93	2.87	2.77	2.67	2.56	2.50	2.44	2.38	2.32	2.26	2.19
19	5.92	4.51	3.90	3.56	3.33	3.17	3.05	2.96	2.88	2.82	2.72	2.62	2.51	2.45	2.39	2.35	2.27	2.20	2.13
20	5.87	4.46	3.86	3.51	3.29	3.13	3.01	2.91	2.84	2.77	2.68	2.57	2.46	2.41	2.35	2.29	2.22	2.16	2.09

续表

$\alpha = 0.025$

n_2 \ n_1	1	2	3	4	5	6	7	8	9	10	12	15	20	24	30	40	60	120	∞
21	5.83	4.42	3.82	3.48	3.25	3.09	2.97	2.87	2.80	2.73	2.64	2.53	2.42	2.37	2.31	2.25	2.18	2.11	2.04
22	5.79	4.38	3.78	3.44	3.22	3.05	2.93	2.84	2.76	2.70	2.60	2.50	2.39	2.33	2.27	2.21	2.14	2.08	2.00
23	5.75	4.35	3.75	3.41	3.18	3.02	2.90	2.81	2.73	2.67	2.57	2.47	2.36	2.30	2.24	2.18	2.11	2.04	1.97
24	5.72	4.32	3.72	3.38	3.15	2.99	2.87	2.78	2.70	2.64	2.54	2.44	2.33	2.27	2.21	2.15	2.08	2.01	1.94
25	5.69	4.29	3.69	3.35	3.13	2.97	2.85	2.75	2.68	2.61	2.51	2.41	2.30	2.24	2.18	2.12	2.05	1.98	1.91
26	5.66	4.27	3.67	3.33	3.10	2.94	2.82	2.73	2.65	2.59	2.49	2.39	2.28	2.22	2.16	2.09	2.03	1.95	1.88
27	5.63	4.24	3.65	3.31	3.08	2.92	2.80	2.71	2.63	2.57	2.47	2.36	2.25	2.19	2.13	2.07	2.00	1.93	1.85
28	5.61	4.22	3.63	3.29	3.06	2.90	2.78	2.69	2.61	2.55	2.45	2.34	2.23	2.17	2.11	2.05	1.98	1.91	1.83
29	5.59	4.20	3.61	3.27	3.04	2.88	2.76	2.67	2.59	2.53	2.43	2.32	2.21	2.15	2.09	2.03	1.96	1.89	1.81
30	5.57	4.18	3.59	3.25	3.03	2.87	2.75	2.65	2.57	2.51	2.41	2.31	2.20	2.14	2.07	2.01	1.94	1.87	1.79
40	5.42	4.05	3.46	3.13	2.90	2.74	2.62	2.53	2.45	2.39	2.29	2.18	2.07	2.01	1.94	1.88	1.80	1.72	1.64
60	5.29	3.93	3.34	3.01	2.79	2.63	2.51	2.41	2.33	2.27	2.17	2.06	1.94	1.88	1.82	1.74	1.67	1.58	1.48
120	5.15	3.80	3.23	2.89	2.67	2.52	2.39	2.30	2.22	2.16	2.05	1.94	1.82	1.76	1.69	1.61	1.53	1.43	1.31
∞	5.02	3.69	3.12	2.79	2.57	2.41	2.29	2.19	2.11	2.05	1.94	1.83	1.71	1.64	1.57	1.48	1.39	1.27	1.00

续表

$\alpha = 0.01$

n_2 \ n_1	1	2	3	4	5	6	7	8	9	10	12	15	20	24	30	40	60	120	∞
1	4052	5000	5403	5625	5764	5859	5928	5982	6062	6056	6106	6157	6209	6235	6261	6287	6313	6339	6366
2	98.50	99.00	99.17	99.25	99.30	99.33	99.36	99.37	99.39	99.40	99.42	99.43	99.45	99.46	99.47	99.47	99.48	99.49	99.50
3	34.12	30.82	29.46	28.71	28.24	27.91	27.67	27.49	27.35	27.23	27.05	26.87	26.09	26.60	26.50	26.41	26.32	26.22	26.13
4	21.20	18.00	16.69	15.98	15.52	15.21	14.98	14.80	14.66	14.55	14.37	14.20	14.02	13.93	13.84	13.75	13.65	13.56	13.46
5	16.26	13.27	12.06	11.39	10.97	10.67	10.46	10.29	10.16	10.05	9.29	9.72	9.55	9.47	9.38	9.29	9.20	9.11	9.02
6	13.75	10.92	9.78	9.15	8.75	8.47	8.46	8.10	7.98	7.87	7.72	7.56	7.40	7.31	7.23	7.14	7.06	6.97	6.88
7	12.25	9.55	8.45	7.85	7.46	7.19	6.99	6.84	6.72	6.62	6.47	6.31	6.16	6.07	5.99	5.91	5.82	5.74	5.65
8	11.26	8.65	7.59	7.01	6.63	6.37	6.18	6.03	5.91	5.81	5.67	5.52	5.36	5.28	5.20	5.12	5.03	4.95	4.86
9	10.56	8.02	6.99	6.42	6.06	5.80	5.61	5.47	5.35	5.26	5.11	4.96	4.81	4.73	4.65	4.57	4.48	4.40	4.31
10	10.04	7.56	6.55	5.99	5.64	5.39	5.20	5.06	4.94	4.85	4.71	4.56	4.41	4.33	4.25	4.17	4.08	4.00	3.91
11	9.65	7.21	6.22	5.67	5.32	5.07	4.89	4.74	4.63	4.54	4.40	4.25	4.10	4.02	3.95	3.86	3.78	3.69	3.60
12	9.33	6.93	5.95	5.41	5.06	4.82	4.64	4.50	4.39	4.30	4.16	4.01	3.86	3.78	3.70	3.62	3.54	3.45	3.36
13	9.07	6.70	5.74	5.21	4.86	4.62	4.44	4.30	4.19	4.10	3.96	3.82	3.66	3.59	3.51	3.43	3.34	3.25	3.17
14	8.86	6.51	5.56	5.04	4.69	4.46	4.28	4.14	4.03	3.94	3.80	3.66	3.51	3.43	3.35	3.27	3.18	3.09	3.00
15	8.68	6.36	5.42	4.89	4.56	4.32	4.14	4.00	3.89	3.80	3.67	3.52	3.37	3.29	3.21	3.13	3.05	2.96	2.87
16	8.53	6.23	5.29	4.77	4.44	4.20	4.03	3.89	3.78	3.69	3.55	3.41	3.26	3.18	3.10	3.02	2.93	2.84	2.75
17	8.40	6.11	5.18	4.67	4.34	4.10	3.93	3.79	3.68	3.59	3.46	3.31	3.16	3.08	3.00	2.92	2.83	2.75	2.65
18	8.29	6.01	5.09	4.58	4.25	4.01	3.84	3.71	3.60	3.51	3.37	3.23	3.08	3.00	2.92	2.84	2.75	2.66	2.57
19	8.18	5.93	5.01	4.50	4.17	3.94	3.77	3.63	3.52	3.43	3.30	3.15	3.00	2.92	2.84	2.76	2.67	2.58	2.49
20	8.10	5.85	4.94	4.43	4.10	3.87	3.70	3.56	3.46	3.37	3.23	3.09	2.94	2.86	2.78	2.69	2.61	2.52	2.42

续表

$\alpha = 0.01$

$n_2 \backslash n_1$	1	2	3	4	5	6	7	8	9	10	12	15	20	24	30	40	60	120	∞
21	8.02	5.78	4.87	4.37	4.04	3.81	3.64	3.51	3.40	3.31	3.17	3.03	2.88	2.80	2.72	2.64	2.55	2.46	2.36
22	7.95	5.72	4.82	4.31	3.99	3.76	3.59	3.45	3.35	3.26	3.12	2.98	2.83	2.75	2.67	2.58	2.50	2.40	2.31
23	7.88	5.66	4.76	4.26	3.94	3.71	3.54	3.41	3.30	3.21	3.07	2.93	2.78	2.70	2.62	2.54	2.45	2.35	2.26
24	7.82	5.61	4.72	4.22	3.90	3.67	3.50	3.36	3.26	3.17	3.03	2.89	2.74	2.66	2.58	2.49	2.40	2.31	2.21
25	7.77	5.57	4.68	4.18	3.85	3.63	3.46	3.32	3.22	3.13	2.99	2.85	2.70	2.62	2.54	2.45	2.36	2.27	2.17
26	7.72	5.53	4.64	4.14	3.82	3.59	3.42	3.29	3.18	3.09	2.96	2.81	2.66	2.58	2.50	2.42	2.33	2.23	2.13
27	7.68	5.49	4.60	4.11	3.78	3.56	3.39	3.26	3.15	3.06	2.93	2.78	2.63	2.55	2.47	2.38	2.29	2.20	2.10
28	7.64	5.45	4.57	4.07	3.75	3.53	3.36	3.23	3.12	3.03	2.90	2.75	2.60	2.52	2.44	2.35	2.26	2.17	2.06
29	7.60	5.42	4.54	4.04	3.73	3.50	3.33	3.20	3.09	3.00	2.87	2.73	2.57	2.49	2.41	2.33	2.23	2.14	2.03
30	7.56	5.39	4.51	4.02	3.70	3.47	3.30	3.17	3.07	2.98	2.84	2.70	2.55	2.47	2.39	2.30	2.21	2.11	2.01
40	7.31	5.18	4.31	3.83	3.51	3.29	3.12	2.99	2.89	2.80	2.66	2.52	2.37	2.29	2.20	2.11	2.02	1.92	1.80
60	7.08	4.98	4.13	3.65	3.34	3.12	2.95	2.82	2.72	2.63	2.50	2.35	2.20	2.12	2.03	1.94	1.84	1.73	1.60
120	6.85	4.79	3.95	3.48	3.17	2.96	2.79	2.66	2.56	2.47	2.34	2.19	2.03	1.95	1.86	1.76	1.66	1.53	1.38
∞	6.63	4.61	3.78	3.32	3.02	2.80	2.64	2.51	2.41	2.32	2.18	2.04	1.88	1.79	1.70	1.59	1.47	1.32	1.00

$\alpha = 0.005$

续表

n_2 \ n_1	1	2	3	4	5	6	7	8	9	10	12	15	20	24	30	40	60	120	∞
1	16211	20000	21615	22500	23056	2 437	23715	23925	24091	24224	24426	24630	24836	24940	25044	25148	25253	25359	25465
2	198.50	199.00	199.20	199.20	199.30	199.30	199.40	199.40	199.40	199.40	199.40	199.40	199.40	199.50	199.50	199.50	199.50	199.50	199.50
3	55.55	49.80	47.47	46.19	45.39	44.84	44.43	44.13	43.88	43.69	43.39	43.08	42.78	42.62	42.47	42.31	42.15	41.99	41.83
4	31.33	26.28	24.26	23.15	22.46	21.97	21.62	21.35	21.14	20.97	20.70	20.44	20.17	20.03	19.89	19.75	19.61	19.47	19.32
5	22.78	18.31	16.53	15.56	24.94	14.51	14.20	13.96	13.77	13.62	13.38	13.15	12.90	12.78	12.66	12.53	12.40	12.72	12.14
6	18.63	14.54	12.92	12.03	21.46	11.07	10.79	10.57	10.39	10.25	10.03	9.81	9.59	9.47	9.36	9.24	9.42	9.00	8.88
7	16.24	12.40	10.88	10.05	9.52	9.16	8.89	8.68	8.51	8.38	8.18	7.97	7.75	7.65	7.53	7.42	7.31	7.19	7.08
8	14.69	11.04	9.60	8.81	8.30	7.95	7.69	7.50	7.34	7.21	7.01	6.81	6.61	6.50	6.40	6.29	6.18	6.06	5.95
9	13.61	10.11	8.72	7.96	7.47	7.13	6.88	6.69	6.54	6.42	6.23	6.03	5.83	5.73	5.62	5.52	5.41	5.30	5.19
10	12.83	9.43	8.08	7.34	6.87	6.54	6.30	6.12	5.97	5.85	5.66	5.47	5.27	5.17	5.07	4.97	4.86	4.75	4.64
11	12.23	8.91	7.60	6.88	6.42	6.10	5.86	5.68	5.54	5.42	5.24	5.05	4.86	4.76	4.65	4.55	4.44	4.34	4.23
12	11.75	8.51	7.23	6.52	6.07	5.76	4.52	5.35	5.20	5.09	4.91	4.72	4.53	4.43	4.33	4.23	4.12	4.01	3.90
13	11.37	8.19	6.93	6.23	5.79	5.48	5.25	5.08	4.94	4.82	4.64	4.46	4.27	4.17	4.07	3.97	3.87	3.76	3.65
14	11.06	7.92	6.68	6.00	5.86	5.26	5.03	4.86	4.72	4.60	4.43	4.25	4.06	3.96	3.86	3.76	3.66	3.55	3.44
15	10.80	7.70	6.48	5.80	5.37	5.07	4.85	4.67	4.54	4.42	4.25	4.07	3.88	3.79	3.69	3.52	3.48	3.37	3.26
16	10.58	7.51	6.30	5.64	5.21	4.91	4.96	4.52	4.38	4.27	4.10	3.92	3.73	3.64	3.54	3.44	3.23	3.22	3.11
17	10.38	7.35	6.16	5.50	5.07	4.78	4.56	4.39	4.25	4.14	3.97	3.79	3.61	3.51	3.41	3.31	3.21	3.10	2.98
18	10.22	7.21	6.03	5.37	4.96	4.66	4.44	4.28	4.14	4.03	3.86	3.68	3.50	3.40	3.30	3.20	3.10	2.99	2.87
19	10.07	7.09	5.92	5.27	4.85	4.56	4.34	4.18	4.04	3.93	3.76	3.59	3.40	3.31	3.21	3.11	3.00	2.89	2.78
20	9.94	6.99	5.82	5.17	4.76	4.47	4.26	4.09	3.96	3.85	3.68	3.50	3.32	3.22	3.12	3.02	2.92	2.81	2.69

续表

$\alpha = 0.005$

$n_2 \backslash n_1$	1	2	3	4	5	6	7	8	9	10	12	15	20	24	30	40	60	120	∞
21	9.83	6.89	5.73	5.09	4.68	4.39	4.18	4.01	3.88	3.77	3.60	3.43	3.24	3.15	3.05	2.95	2.84	2.73	2.61
22	9.73	6.81	5.65	5.02	4.61	4.32	4.11	3.94	3.81	3.70	3.54	3.36	3.18	3.08	2.98	2.88	2.77	2.66	2.55
23	9.63	6.73	5.58	4.95	4.54	4.26	4.05	3.88	3.75	3.64	3.47	3.30	3.12	3.02	2.92	2.82	2.71	2.60	2.48
24	9.55	6.66	5.52	4.89	4.49	4.20	3.99	3.83	3.69	3.59	3.42	3.25	3.06	2.97	2.87	2.77	2.66	2.55	2.43
25	9.48	6.60	5.46	4.84	4.43	4.15	3.94	3.78	3.64	3.64	3.37	3.20	3.01	2.92	2.82	2.72	2.61	2.50	2.38
26	9.41	6.54	5.41	4.79	4.38	4.10	3.89	3.73	3.60	3.49	3.33	3.15	2.97	2.87	2.77	2.67	2.56	2.45	2.33
27	9.34	6.49	5.36	4.74	4.34	4.06	3.85	3.69	3.56	3.45	3.28	3.11	2.93	2.83	2.73	2.63	2.52	2.41	2.29
28	9.28	6.44	5.32	4.70	4.30	4.02	3.81	3.65	3.52	3.41	3.25	3.07	2.89	2.79	2.69	2.59	2.48	2.37	2.25
29	9.23	6.40	5.28	4.66	4.26	3.98	3.77	3.61	3.48	3.38	3.21	3.04	2.86	2.76	2.66	2.56	2.45	2.33	2.21
30	9.18	6.35	5.24	4.62	4.23	3.95	3.74	3.58	3.45	3.34	3.18	3.01	2.82	2.73	2.63	2.52	2.42	2.30	2.18
40	8.83	6.07	4.98	4.37	3.99	3.71	3.51	3.35	3.22	3.12	2.95	2.78	2.60	2.50	2.40	2.30	2.18	2.06	1.93
60	8.49	5.79	4.73	4.14	3.76	3.49	3.29	3.13	3.01	2.90	2.74	2.57	2.39	2.29	2.19	2.08	1.96	1.83	1.69
120	8.18	5.54	4.50	3.92	3.55	3.28	3.09	2.93	2.81	2.75	2.54	2.37	2.19	2.09	1.98	1.87	1.75	1.61	1.43
∞	7.88	5.30	4.28	3.72	3.35	3.09	2.90	2.74	2.62	2.52	2.36	2.19	2.00	1.90	1.79	1.67	1.53	1.36	1.00

参 考 文 献

[1] 同济大学应用数学系．线性代数[M]. 4 版．北京：高等教育出版社，2003．

[2] 田振际，黄灿云．线性代数[M]．北京：科学出版社，2008．

[3] 陈建龙，周建华，等．线性代数[M]．北京：科学出版社，2007．

[4] 北京大学数学系几何与代数教研室代数小组．高等代数[M]. 2 版．北京：高等教育出版社，1988．

[5] 李尚志．线性代数[M]．北京：高等教育出版社，2006．

[6] 张贤科，许甫华．高等代数学[M]．北京：高等教育出版社，2004．

[7] 盛骤，谢式千，等．概率论与数理统计[M]. 3 版．北京：高等教育出版社，2001．

[8] 沈恒范．概率论与数理统计[M]. 4 版．北京：高等教育出版社，2002．

[9] 蒋承仪，等．概率论与数理统计[M]．重庆：重庆大学出版社，2002．

[10] 张民悦，等．概率论与数理统计[M]．重庆：重庆大学出版社，2002．

[11] 王松桂，等．概率论与数理统计[M]. 2 版．北京：科学出版社，2010．

[12] 陈魁．概率统计辅导[M]．北京：清华大学出版社，2011．

[13] 杨萍，等．概率论与数理统计学考指要[M]．西安：西北工业大学出版社，2006．